Der praktische Maschinenbauer

Ein Lehrbuch für Lehrlinge und Gehilfen
ein Nachschlagebuch für den Meister

Herausgegeben von

Dipl.-Ing. H. Winkel

Dritter Band

Maschinenlehre

Kraftmaschinen, Elektrotechnik
Werkstattförderwesen

Bearbeitet von

H. Frey, W. Gruhl

und

R. Hänchen

Mit 390 Textfiguren

Springer-Verlag Berlin Heidelberg GmbH

ISBN 978-3-662-01773-9   ISBN 978-3-662-02068-5 (eBook)
DOI 10.1007/978-3-662-02068-5

Vorwort des Herausgebers.

Mit dem „Praktischen Maschinenbauer" soll dem Lehrling und Gehilfen des Maschinenbaues ein Buch an die Hand gegeben werden, das ihnen während ihrer Ausbildung ein gewissenhafter Führer, in ihrer praktischen Tätigkeit ein zuverlässiger Ratgeber ist. In der Werkstatt werden der Lehrling und der junge Gehilfe vom Meister beruflich unterwiesen, in der Werk- und Fachschule übernehmen Techniker und Ingenieure die fachwissenschaftliche Ausbildung des Nachwuchses in unserer Maschinenindustrie. Nach diesen Gesichtspunkten ist das Werk gegliedert.

Der erste Band ist der Werkstattausbildung des jungen Maschinenbauers gewidmet und stellt einen Versuch dar, die überaus vielseitigen Arbeiten, die bei dem heutigen hochentwickelten technischen Stande unserer Industrie der Werkstatt zufallen, durch Wort und Bild dem Lernenden näher zu bringen. Es kann gar keine Frage sein, daß dieser Versuch unvollkommen sein muß; Erschöpfendes zu bringen ist ein einzelner außerstande, so umfassend auch seine Erfahrungen sein mögen. Soll hier etwas geleistet werden, so bedarf es der Hilfe vieler. Die Fachkollegen aller Grade werden gebeten, dem Verlage Wünsche und Anregungen mitzuteilen, die geeignet sind, den weiteren Ausbau des Werkes zu fördern.

Der zweite Band soll den Lehrling und Gehilfen in die wissenschaftlichen Grundlagen des Maschinenbaues einführen, Rechnung und Zeichnung ihrem Verständnis erschließen, die vielseitigen Baustoffe nach Gewinnung, Verarbeitung und Prüfung zeigen, die Werkzeugmaschinen nach Bau und Wirkungsweise erläutern und die erforderlichen mathematischen und naturwissenschaftlichen Kenntnisse übermitteln.

Der dritte Band umfaßt die Kraftmaschinen, die Feuerungsanlagen und die Beförderungsmittel in Betrieben, die nach Bau, Wirkungsweise und Wirtschaftlichkeit beschrieben werden. Beabsichtigt ist, den jungen Maschinenbauer auch mit Dingen bekannt zu machen, die zwar nicht unmittelbar mit seiner Ausbildung zusammenhängen, die aber doch wesentliche Bestandteile von neuzeitlich eingerichteten Betrieben sind.

Der vierte Band ist der Betriebsführung gewidmet und behandelt schwierigere Arbeitsvorgänge und ihre Hilfsmittel, die bei der Massenanfertigung unerläßlich sind. Der Leser wird darauf hingewiesen, daß alle in einem größeren Betriebe Tätigen nach sorgfältig durchdachten Plänen zusammenarbeiten müssen, wenn erfolgreiche Arbeit geleistet werden soll. Es wird der Versuch gemacht, das, was unsere heutige Technik unter „wissenschaftlicher Betriebsführung" versteht, dem jungen Maschinenbauer in einer Form zu bringen, die seinem Verständnis und seiner Auffassungsgabe angepaßt ist.

Das vollständige Werk lehnt sich somit eng an den Lehrplan an, den der Deutsche Ausschuß für technisches Schulwesen für Werkschulen aufgestellt hat; es zeigt nach Anlage und Durchführung das Bestreben, dem Grundsatz gerecht zu werden: Für Lehrlinge und Gehilfen des Maschinenbaues ist das Beste gut genug.

Möge das Werk zu seinem Teile dazu beitragen, daß der werdende Maschinenbauer in seinen Beruf hineinwächst, damit er früher, als es jetzt möglich ist, zu einer gewissen Berufsreife gelangt.

Für die Unterstützung, die der Verlag Julius Springer dem Unternehmen entgegenbringt, sei ihm auch an dieser Stelle bestens gedankt.

Berlin, im Dezember 1920.

Dipl.-Ing. H. Winkel.

Vorwort zum dritten Bande.

Es könnte scheinen, als ob der Inhalt dieses Bandes über den Rahmen Lehrling—Gehilfe—Meister hinausginge, da er mehr in das Gebiet der Maschinenlehre hineinspielt, die zwar im Lehrplan der preußischen Berufschulen nicht als besonderer Unterrichtsgegenstand vorgesehen ist, wohl aber bei den meisten Werkschulen. Doch darf nicht übersehen werden, daß schon heute einem großen Teile der mechanischen Industrie die Fortbildungschule nicht mehr genügt, die nur allgemeine Berufschule sein will, vielmehr tritt häufig die Forderung hervor, daß die Werkschule verpflichtet sei, außerdem einen hochwertigen Fachunterricht zu geben, und so — wie Free sagt — die Ziele der öffentlichen Fortbildungschule und einer Fachschule in sich zu vereinigen. Die grundsätzliche Berechtigung dieses Standpunktes erkennt auch Schwarze an, der in der Aufnahme des Faches „Maschinenlehre" in den Lehrplan der Werkschulen eine ausgezeichnete Gelegenheit sieht, den jungen Handwerker zu einem verständnisvollen, mit erhöhtem Nutzen verwendbaren Mitarbeiter heranzuziehen. Wie der Herausgeber stets betont hat, soll das vollständige Werk gerade dieses Ziel einer tiefergehenden Berufsausbildung verfolgen, so daß die Bearbeitung der Maschinenlehre einschließlich des gerade in der jüngsten Zeit an Bedeutung gewinnenden Werkstattförderwesens als notwendig erschien.

Da das Buch keine Konstrukteure ausbilden soll, wurde im Abschnitt „Kraftmaschinen" in erster Linie die Wirkungsweise von Maschinen und Anlagen betont und auf bauliche Einzelheiten absichtlich verzichtet. Dagegen sind einige Sonderaufgaben aus der Mechanik eingehender behandelt, weil sie nicht nur für den betreffenden Fall Bedeutung haben, sondern weil sie helfen sollen, dieses immerhin etwas schwierige Gebiet dem Leser in praktischen Beispielen näherzubringen.

Wie im ganzen Werk kam es auch hier wieder darauf an, Grundlagen für das Verständnis zu schaffen und das Wesentliche herauszuarbeiten; von dem Aufzählen und Beschreiben allzu vieler verschiedener Bauarten wurde deshalb abgesehen. Sollte auch an einer oder der andern Stelle den theoretischen Betrachtungen zu viel Platz gegönnt sein, so dürften diese doch eine Anregung sein, auch sonst mehr nach dem „Warum" als nach der äußeren Form zu fragen.

Im Abschnitt „Elektrotechnik" ist in Anlehnung an die im zweiten Bande gebrachte Lehre von der Elektrizität und dem Magnetismus das für die Anwendung Wichtigste in knapper Darstellung behandelt. Da die mathematische Behandlung des Stoffes über den Rahmen des Buches hinausgeht, ist sie vollständig vermieden worden und so dem angehenden Maschinenbauer Gelegenheit geboten, sich mit dem Wesen der Starkstromtechnik vertraut zu machen.

Der Abschnitt „Werkstattförderwesen" wurde ausführlicher gehalten, weil dieser mit der Fertigung so eng verknüpfte Betriebszweig von großem Einfluß auf die Leistung und Wirtschaftlichkeit der Werke ist. Da in den vielen kleinen Werken die Durchführung der Transporte noch allgemein von den Werkmeistern angeordnet wird, so ist die Kenntnis der Transportgrundlagen für den angehenden Maschinenbauer unerläßlich. Aufgabe des Abschnittes „Werkstattförderwesen" ist es, ihm diese Kenntnisse in leicht faßlicher, beschreibender Weise zu vermitteln.

Um an Herstellungskosten des Buches zu sparen, wurden Abbildungen, soweit es möglich war, einschlägigen Werken des Verlages Julius Springer und dem Studienbericht R. Hänchen „Das Förderwesen der Werkstättenbetriebe" (Beuthverlag) entnommen, für deren Benutzung an dieser Stelle ebenso bestens gedankt sei wie allen Firmen, die freundlicherweise Bildstöcke zur Verfügung gestellt haben. Besonderer Dank gebührt der Verlagsbuchhandlung Julius Springer für die Sorgfalt, die sie dem Buche gewidmet hat.

Berlin, im September 1925.

H. Winkel.

Elektrotechnik.

Bearbeitet von Dipl.-Ing. Wilhelm Gruhl.

Werkstattförderwesen.

Bearbeitet von Dipl.-Ing. R. Hänchen.

Kraftmaschinen.

Bearbeitet von Ing. H. Frey.

I. Energiequellen, Wirkungsgrad.

Als Kraftmaschinen bezeichnen wir die Maschinen, mit denen wir die uns von der Natur gebotene Energie in mechanische Arbeit verwandeln können. Solche Energiequellen sind die bewegte Luft als Wind, das Wasser, sofern es in gewisser Höhe über dem Meeresspiegel, d. h. mit einem Gefälle zur Verfügung steht und schließlich die bei chemischen Verbindungen freiwerdende Energie, in der Hauptsache die bei der Verbrennung in Form von Wärme erhaltene Energie. Fast die gesamte heute ausnutzbare Energie verdanken wir der Sonnenstrahlung. Sie verursacht die Temperaturunterschiede in der Atmosphäre und damit die Luftströmungen. Diese bringen das an der Meeresoberfläche verdunstete Wasser in Dampfform in große Höhen und über das Festland, wo es niedergeschlagen unsere Bäche und Flüsse speist. Während diese Energiemengen ständig neu gebildet werden, nützen wir in unseren Brennstoffen, abgesehen vom Holz, in den verschiedenen Kohlensorten und Erdölen vor Jahrtausenden oder Jahrmillionen entstandene Energievorräte aus, die gleichfalls der Sonnenwärme ihr Entstehen verdanken. Nur in sehr bescheidenem Maße nutzen wir bis jetzt die großen im Erdinnern vorhandenen Wärmemengen aus, wie z. B. etwa in Italien, wo aus großen Tiefen empordringender Wasserdampf unmittelbar zum Betriebe von Dampfkraftwerken dient.

Auch die in der bewegten Luft enthaltene Energie verwerten wir nur zu einem verschwindend kleinen Teile mit Hilfe von Windrädern, weil die Windgeschwindigkeit in weiten Grenzen schwankt, und wir die Windräder nur für die nach Erfahrung im Mittel etwa 4 m/sek, an günstigen Stellen etwa 5 bis 6 m/sek betragende Geschwindigkeit bauen können. Wollten wir auch größere Geschwindigkeiten ausnutzen, so müßten die Räder viel schwerer gebaut werden. Dann würde aber bei den weit häufigeren kleineren Windgeschwindigkeiten durch Reibung in den Lagern unverhältnismäßig viel von der gewinnbaren Energie verlorengehen, der Wirkungsgrad der Anlage also sehr schlecht sein. Es ist ferner zu beachten, daß für große Leistungen das Windrad entsprechend große Luftmengen verarbeiten und deshalb sehr großen Durchmesser erhalten müßte. Windräder für Leistungen bis zu 50 PS sind daher schon als äußerste Grenze anzusehen. Im allgemeinen werden wir nur etwa 5 bis 10 PS mit einem Windrad gewinnen können. Der ständige Wechsel der Windgeschwindigkeit verursacht weiter noch besondere Schwierigkeiten bei der Verwertung der gewonnenen Energie, weil wir in vielen Fällen für unsere Antriebe möglichst unveränderliche Umlaufzahlen brauchen. Es soll deshalb auf Einzelheiten der Windkraftausnutzung nicht weiter eingegangen werden.

Wir haben eben schon gesehen, daß die Rücksicht auf beste Ausnutzung der gebotenen Energie die Bauart der Kraftmaschinen in besonderem Maße bestimmt. Als Gesamtwirkungsgrad oder wirtschaftlichen Wirkungsgrad einer Kraftmaschine werden wir das Verhältnis der von ihr abgegebenen Leistung zu der der Energiequelle entnommenen bezeichnen. Der Unterschied beider, der Verlust, wird sich aus verschiedenen Einzelverlusten zusammensetzen, die, wie wir weiter sehen werden, nur zum Teil Unvollkommenheiten unserer Maschinen zur Last fallen und durch verbesserte Bauart vermindert werden können. Ein anderer Teil kann auch in einer als vollkommen gedachten Maschine nicht vermieden werden, sondern ist durch die Art der Energieumsetzung bedingt.

II. Wasserkraftmaschinen.

Steht in einem hochgelegenen Behälter, einem See oder einem künstlich angelegten Staubecken eine Wassermenge Q in m³/sek zur Verfügung, d. h. fließen diesem Behälter dauernd Q m³ in 1 sek zu, so ist die gewinnbare Leistung außer von Q noch abhängig von dem Gefälle, d. h. der Höhe, um die wir das Wasser heruntersinken lassen können. Bezeichnen wir das Gefälle mit h (in m), so ist die verfügbare Leistung = Kraft · Weg in 1 sek $= Q \cdot h$ mkg/sek oder $= \dfrac{1000\,Q \cdot h}{75}$ PS. Diese Leistung kann auf sehr verschiedenem Wege gewonnen werden. Wir könnten uns denken, daß an einem über eine Rolle laufenden Seil Kübel befestigst sind, die oben mit Wasser gefüllt werden und beim Herabsinken durch ihr Gewicht am anderen Ende des Seiles eine entsprechende Last haben. Praktisch wird diese Art der Energieausnutzung durchgeführt bei Wasserrädern, deren einzelne Zellen hintereinander mit Wasser gefüllt und unten wieder entleert werden. Wir können aber auch an den Behälter eine Rohrleitung anschließen. Führen wir diese bis h m unter dem Wasserspiegel im Behälter, so herrscht an dieser Stelle ein Wasserdruck, entsprechend dem Gewicht der Wassersäule. Auf jeden cm² drückt eine Wassersäule von $1 \cdot h \cdot 100$ cm³ oder $0,1 \cdot h$ dcm³, also ein Gewicht von $0,1 \cdot h$ kg. Ist z. B. unsere Rohrleitung durch einen Schieber von 50 mm l W. verschlossen, so drückt das Wasser bei $h = 60$ m auf jeden cm² Schieberfläche mit $0,1 \cdot 60 = 6$ kg und die Gesamtbelastung des Schiebers beträgt $19,63 \cdot 6 = 117,78$ kg. In Wirklichkeit ist der Druck auf den Schieber noch größer, denn auf die Wassersäule von h m drückt ja noch die Atmosphäre mit rd. 1 kg/cm². Die Belastung des Schiebers ist aber trotzdem nur $117 \cdot 78$ kg, weil auf seine Außenseite ja ebenfalls der Luftdruck wirkt. Wir müssen somit unterscheiden den absoluten Druck hinter dem Schieber = Wasserdruck plus Luftdruck $= \sim 7$ kg/cm² und den **Überdruck** des Wassers $= 6$ kg/cm².

Führen wir nun das Wasser unter dem Druck $p = 0,1\, h$ in einen Zylinder vom Durchmesser D mit einem beweglichen Kolben, so wird auf jeden cm² der Kolbenfläche, d. h. auf die Fläche $\dfrac{D^2\pi}{4}$ der Druck p wirken. Den Gesamtdruck von $p \cdot \dfrac{D^2\pi}{4}$ können wir zum Zusammenpressen irgendwelcher Gegenstände, also zu Arbeitsleistung verwenden (Hydraulische Presse). Wir können aber auch durch den Kolben mittels Kurbeltrieb[1]) eine Welle in Drehung versetzen und erhalten dann eine **Wasserdruckmaschine** (auch Wassersäulenmaschine genannt).

Wenn wir den Schieber an unserer Rohrleitung öffnen, so daß das Wasser frei ausströmen kann, so wird die ganze verfügbare Energie verbraucht, um das Wasser selbst zu beschleunigen. Es wird je nach dem Gefälle eine ganz bestimmte Höchstgeschwindigkeit annehmen und zwar unter der Voraussetzung, daß keinerlei Verluste auftreten, die Geschwindigkeit des freien Falles $v = \sqrt{2\,g\,h}$. Jetzt haben wir eine Wassermasse mit der Geschwindigkeit $v = \sqrt{2\,g\,h}$. Die in dieser bewegten Masse enthaltene lebendige Kraft, Bewegungsenergie oder Wucht ist $m\,\dfrac{v^2}{2}$ und muß natürlich gleich der ursprünglichen Energie der Lage $= Q \cdot h$ sein. Wir brauchen ja nur für $Q =$ Wassergewicht $m \cdot g$ und für h aus $v^2 = 2\,g\,h$ den Wert $\dfrac{v^2}{2\,g}$ setzen und erhalten $m \cdot g \cdot \dfrac{v^2}{2\,g}$ oder $m\,\dfrac{v^2}{2}$. Gelingt es uns nun, auf irgend eine Weise die Wassermasse mit der Geschwindigkeit v auf die Geschwindigkeit 0 zu verzögern, so müssen wir dabei wieder die Energie $Q \cdot h$ gewinnen können. Diesem Zwecke dienen die **Wasserturbinen**. Wir wollen uns gleich jetzt schon klarmachen, daß ein solches Vermindern der Wassergeschwindigkeit unbedingt eine Vergrößerung des Durchflußquerschnittes erfordert, denn es muß ja an jeder Stelle in der Sekunke die gleiche Wassermenge hindurchfließen. Sind F_1 und F_2 zwei verschiedene Querschnitte und v_1 und v_2 die entsprechenden Geschwindigkeiten, so ist $Q = F_1 \cdot v_1 = F_2 \cdot v_2$, somit $v_1 : v_2 = F_2 : F_1$. Ferner müssen für solche Anlagen stets ziemlich große Gefälle zur Verfügung stehen. Fließt z. B. in einem Bach das Wasser mit $v = 1,5$ m/sek (was schon ziemlich viel ist), so entspricht das einem Gefälle von $h = v^2 : 2\,g = 1,5^2 : 2 \cdot 9,81 = 0,115$ m. Führt der Bach 1 m³/sek, so stünde, wenn die Geschwindigkeit auf 0,5 m/sek verzögert werden könnte, eine Leistung zur Verfügung von

$$\frac{m\,v_1^2}{2} - \frac{m\,v_2^2}{2} = \frac{1000}{9,81}\,(1,5^2 - 0,5^2) = 204 \text{ mkg/sek} = 2,72 \text{ PS}.$$

Unvermeidliche Verluste, besonders die Reibung im Bachbett, würden die wirklich erzielbare Leistung noch erheblich vermindern.

---

[1]) Vgl. Abschnitt Maschinenteile S. 152.

A. Wasserräder.

Wie schon gesagt wurde, nützen die Wasserräder hauptsächlich die Energie der Lage $Q \cdot h$ aus. Am Umfang des Rades angebrachte Zellen werden durch das zulaufende Wasser gefüllt. Ihr Übergewicht gegen die leeren Zellen wirkt als Umfangskraft am Rad und ergibt ein Drehmoment an der Welle. Wir können das Wasser den Zellen nach Fig. 1 zuführen, oberschlächtige Wasserräder. Weil die Zelle sich während der Füllung weiterbewegt, muß das Wasser tangential zugeführt werden. Der wagerecht austretende Strahl erfährt dann durch die Schwerkraft eine Ablenkung nach unten, und die Radschaufel wird der Krümmung des Wasserstrahles entsprechend geformt. Damit das Wasser aber in der gewünschten Richtung in das Rad eintritt, muß die Austrittsöffnung im Zuleitungskanal so weit unter dessen Wasserspiegel liegen, daß die diesem Gefälle entsprechende Ausflußgeschwindigkeit im richtigen Ver-

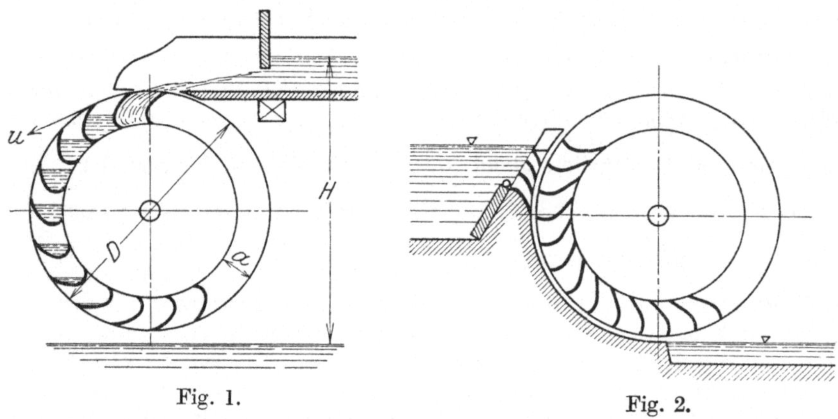

Fig. 1.   Fig. 2.

hältnis zur Umfangsgeschwindigkeit des Rades steht. Diese beträgt je nach dem verfügbaren Gefälle etwa 1,5 bis 2,5 m/sek. Der Durchmesser des Rades wird so gewählt, daß es nicht in das abfließende Wasser, ins Unterwasser eintaucht, vielmehr etwa 3 bis 10 cm freihängt. Es geht somit ein Teil des Gesamtgefälles verloren. Der Wirkungsgrad gut gebauter Räder kann 80% und mehr erreichen, wird aber in den meisten Fällen nur etwa 75% betragen. Oberschlächtige Räder werden verwendet bei Gefällen von über 3 m.

Für kleinere Gefälle werden rücken- oder mittelschlächtige und unterschlächtige Wasserräder verwendet. Bei diesen werden die mit Wasser gefüllten Zellen, bis sie die unterste Stellung erreicht haben, mehr oder weniger vollkommen geschlossen durch einen dem Radumfang angepaßten, meist aus Steinen gebildeten Mantel, den sogenannten „Kropf". Der Spielraum zwischen Rad und Kropf beträgt bei eisernen Rädern etwa 5 mm, bei hölzernen Rädern mehr. Man unterscheidet Räder mit festem Überfalleinlauf, Fig. 2, Räder mit Spannschützen, Fig. 3, und Räder mit Kulisseneinlauf, Fig. 4. Letzere werden bei veränderlichem Ober- und Unterwasserspiegel und Gefällen von 1,5 bis 5 m verwendet und geben im allgemeinen etwas bessere Wirkungsgrade als oberschlächtige Räder. Räder nach Fig. 3 für kleinste Gefälle erreichen Wirkungsgrade von 65 bis 75%. Alle diese angegebenen Wirkungsgrade gelten nur dann, wenn das Wasser ohne Stoß in die Radzellen eintritt und die Formen der Schaufel wie auch der Wasserzuleitung sorgfältig den jeweiligen Verhältnissen entsprechend gewählt werden. Gewöhnliche Stoßräder, bei denen also in der Hauptsache der Stoß des Wasserstrahles auf eine meist ebene Schaufel ausgenützt wird, haben Wirkungsgrade von meist weniger als 35%.

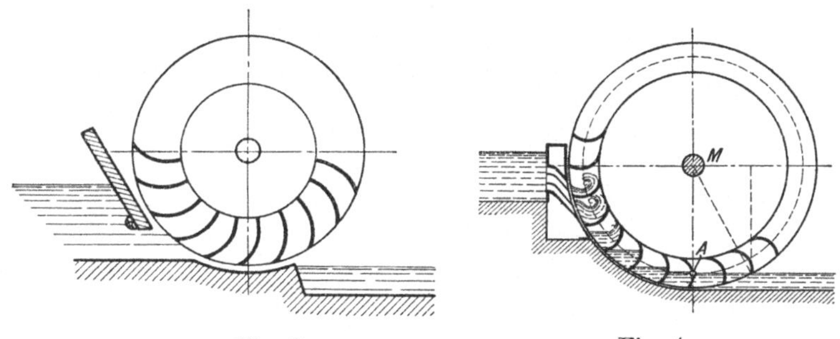

Fig. 3. Fig. 4.

Alle Wasserräder laufen mit nur niedrigen Umlaufzahlen, sind naturgemäß nur für kleine Gefälle und Wassermengen geeignet und geben deshalb trotz ihrer Größe nur kleine Leistungen. Das große Gewicht und die damit verknüpfte erhebliche Reibung in den Lagern sind der Hauptgrund für den meist mäßigen Wirkungsgrad. Ferner ist ein Regeln der Leistung nur in recht unvollkommener Weise möglich, so daß sie für empfindliche Betriebe nicht in Frage kommen können. Für stark verunreinigtes Wasser (Gebirgsbäche) und für Betriebe, die der Kraftmaschine keine besondere Aufmerksamkeit widmen können, sind sie infolge ihrer Einfachheit und Übersichtlichkeit immer noch häufig geeigneter als Turbinen.

B. Wasserdruckmaschinen.

Auch diese zweite Art, das Arbeitsvermögen des Wassers auszunützen, spielt nur eine untergeordnete Rolle. Die schon auf S. 3 angegebene Verwertung in Pressen wird nur bei sehr großen Druckhöhen in Frage kommen. Wir können zwar mit genügend großer Fläche des Pressenkolbens bei gegebenem Wasserdruck jeden beliebigen Preßdruck erzielen, da ja auf jeden cm^2 der dem Gefälle bzw. der Druckhöhe entsprechende Wasserdruck wirkt. Meist wird aber von derartigen Druckwasserpressen ein so hoher Gesamtdruck gefordert, daß die uns in der Natur zur Verfügung stehenden Druckhöhen bei praktisch ausführbarer Größe des Kolbens nicht ausreichen. (Es sind solche Anlagen mit rund 1650 m

Gefälle entsprechend einem Wasserdruck von 165 kg/cm² im Betrieb). In den meisten Fällen wird der für den Betrieb solcher Pressen erforderliche weit höhere Druck durch Preßpumpen künstlich erzeugt. Auch der Betrieb von Kolbenmaschinen durch Druckwasser ist auf ein kleines Verwendungsgebiet beschränkt. Der Grund dafür ist der, daß das Wasser in den Zu- und Ableitungen zum Arbeitszylinder nur mit verhältnismäßig kleiner Geschwindigkeit fließen darf. Bei Geschwindigkeiten von über 2 m/sek entsteht durch die Reibung des Wassers an der Rohrwand ein beträchtlicher Widerstand, der von der verfügbaren Arbeit einen großen Teil verzehren würde, das heißt, von der ursprünglichen Druckhöhe würde nur noch ein Teil für die Wirkung auf den Arbeitskolben übrigbleiben. Der andere, der die Reibung überwindet, geht praktisch verloren, indem das Wasser durch die Reibung erwärmt wird. Die Temperaturerhöhung ist aber so gering, daß wir mit dieser Energie in Form von Wärme nichts anfangen können. Würde z. B. in einer solchen Wasserdruckmaschine das Wasser nur um 1° durch Reibung erwärmt, so würden bei einer sekundlichen Wassermenge von 50 l dafür 50 WE $= 427 \cdot 50 = 21350$ mkg/sek oder ~ 75 PS verbraucht, oder von dem verfügbaren Gefälle gingen 427 m verloren! Wir sehen daraus, daß diese Wassererwärmung, die natürlich nie auch nur diesen geringen Betrag erreichen darf, nicht von Belang ist. Soll nun aber der Reibungsverlust klein bleiben, so müssen wir die Rohre und damit auch die den Wasserzufluß steuernden Schieber oder Ventile sehr groß machen. Das ergibt unförmlich große, schwere Maschinen. Die Verwertung des Wasserdrucks in Kolbenmaschinen beschränkt sich deshalb auf solche Fälle, wo nur vorübergehend und selten eine Bewegung des Arbeitskolbens gefordert wird. Solche Hilfsmaschinen, sogenannte Servomotoren, brauchen wir, wie wir später noch sehen werden, um die Zuflußmengen bei Wasserturbinen zu regeln. Ein gewöhnlicher Regler, der etwa für Dampfmaschinen zum Verstellen der Steuerung vollkommen ausreichen würde, ist nicht imstande, große Wasserschieber oder dgl. zu bewegen. Er kann aber den Wasserzufluß zu einem durch Druckwasser bewegten Kolben eines Druckwasserzylinders regeln, der selbst so groß bemessen ist, daß er die zum Bewegen des Wasserschiebers erforderliche Arbeit leisten kann. Auf diese Sonderfälle bleibt die Verwendung der Wasserdruckmaschine fast ausschließlich beschränkt. Beispiele dafür werden wir später bei den Vorrichtungen zum Regeln der Turbinen betrachten.

C. Wasserturbinen.

Für die Wasserturbinen ist, wie schon oben bemerkt, kennzeichnend, daß die Energie der Lage $Q \cdot h$ zunächst ganz oder teilweise verwandelt wird in Bewegungsenergie $\dfrac{m\,v^2}{2}$. Bevor wir uns mit den Turbinen selbst beschäftigen, wollen wir uns aber erst einmal klarmachen, was in der Rohrleitung vom Hochbehälter bis zur Ausflußöffnung vor sich geht.

An einen Stauweiher sei die Rohrleitung, Fig. 5, bei a angeschlossen, laufe dann annähernd wagerecht bis b, falle bis c auf die Höhe des Ausflußquerschnittes bei e. Von d bis e ist die Leitung, sie sonst überall gleichen Querschnitt haben möge, kegelig verjüngt und zwar aus folgendem Grunde: Einem bestimmten Gefälle entspricht eine Geschwindigkeit $v = \sqrt{2\,g\,h}$. Diese wird stets wesentlich höher sein als etwa 2 m/sek. Wir sahen aber schon, daß bei höherer Geschwindigkeit der Reibungswiderstand im Rohr unzulässig hoch ausfällt. Wir müssen deshalb bei längeren Leitungen die lichte Weite so wählen, daß v nur etwa 1 bis 1,5 m/sek beträgt. Der Ausflußquerschnitt bei e muß natürlich der verfügbaren Wassermenge entsprechen, da diese ja von v und von F ab

hängt, v aber durch das Gefälle bestimmt ist. Die Leitung erhält also bis d einen Querschnitt entsprechend einer Wassergeschwindigkeit von <2 m sek. Welcher Druck herrscht nun an den verschiedenen Stellen der Rohrleitung? Bei a offenbar entsprechend h_1 der Druck $0,1\ h_1$ in kg/cm² (h in m!). Bei e ist aller Druck zur Beschleunigung des Wassers auf die Geschwindigkeit v verbraucht, somit im Wasserstrahl kein Überdruck mehr vorhanden. Das erkennen wir schon daran, daß der Strahl nach dem Austritt noch ein Stück weit geschlossen bleibt. Wäre

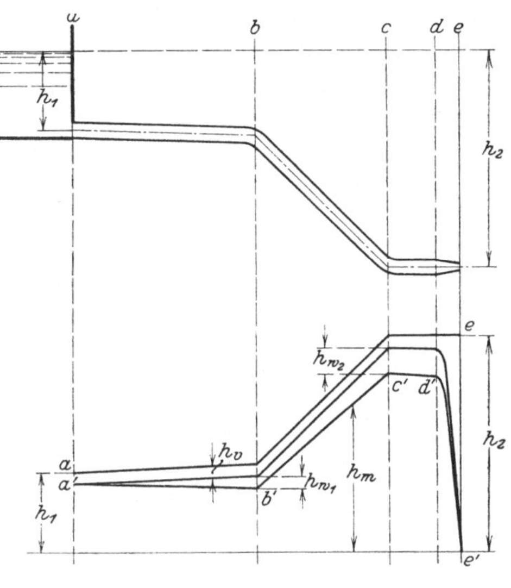

Fig. 5.

ein Überdruck gegen die Atmosphäre vorhanden, so würden die Wasserteilchen sofort nach dem Verlassen der Rohrmündung nach allen Seiten auseinandergetrieben und könnten keinen zusammenhängenden Strahl bilden. Wie ändert sich nun aber der Druck zwischen a und e? Wir denken uns zunächst einmal die Rohrmündung durch einen Schieber oder dgl. verschlossen und tragen die an den verschiedenen Stellen herrschenden Drücke über einer Wagerechten auf, für die wir die Projektion des Rohrstranges wählen können (Fig. 5). Von a bis b herrscht offenbar annähernd der Druck $0,1\ h_1$, von c bis e der Druck $0,1\ h_2$. Zwischen b und c wird er von $0,1\ h_1$ auf $0,1\ h_2$ zunehmen. Öffnen wir jetzt den Schieber, so fließt das Wasser mit $v \leqq 2$ m/sek von a bis d. Auf dieser Strecke der Rohrleitung kann jetzt nicht mehr der volle Druck herrschen, denn das Wasser ist ja bereits auf rd. 2 m/sek beschleunigt worden. Dieser Geschwindigkeit entspricht die „Geschwindigkeits"höhe $h_v = v^2 : 2\,g$.

Bei $v = 2$ m/sek ist $h_v = \sim 0{,}20$ m. Zunächst wäre also von dem Gefälle h überall h_v abzuziehen bis zum Punkt d. Von diesem ab wird der ganze noch vorhandene Druck zur Beschleunigung auf v verbraucht, d. h. bis e ist der Druck $= 0$, wie wir schon wissen. Nun muß aber in der ganzen Rohrleitung noch der Reibungswiderstand überwunden werden. Dazu wird ebenfalls ein Teil des Gefälles verbraucht, und zwar um so mehr, je länger die Leitung ist. Herrscht also bei a der Druck $0{,}1\,(h_1 - h_v)$, so muß bei b der Druck kleiner sein und damit auch das nutzbare Gefälle. Dieses ist vermindert um die sogenannte Widerstandshöhe oder Reibungshöhe h_w. Der tatsächliche in der Rohrleitung herrschende Druck nimmt somit von $h_1 - h_v$ auf $h_1 - h_v - h_{w1}$ ab. In gleicher Weise nimmt der Druck von b bis d entsprechend der Rohrlänge weiter ab. Auch von d bis e macht sich die Reibung noch geltend; nur ist dieses Stück meist so kurz, daß der Verlust im Verhältnis zum Gesamtverlust verschwindend klein bleibt. Der Druckverlauf kann im Betrieb somit durch den Linienzug $a'\,b'\,c'\,d'\,e$ dargestellt werden, während a bis e den Druck bei geschlossenem Schieber wiedergibt. Für die Berechnung von v kann jetzt offenbar nicht mehr $h = h_1 + h_2$ in Frage kommen, sondern nur $h - h_w$, wobei h_w gleich der Summe aller Einzelwiderstandshöhen sein muß. Wir sehen, daß je länger die Leitung ist, um so mehr darauf geachtet werden muß, die Widerstände an der Rohrwand so klein wie möglich zu halten. Für gerade Rohrstränge und kreisförmigen Querschnitt finden sich in fast allen Taschenbüchern Zahlentafeln der Widerstandshöhen (meist für 100 m Rohrlänge berechnet) für Geschwindigkeiten von etwa 0,1 bis 2 m/sek. Für Krümmer, eingebaute Schieber oder dgl. werden dann noch besondere Zuschläge berechnet, denn es ist klar, daß solche Teile Wirbelbildungen im Wasser und damit Energieverluste zur Folge haben müssen, und zwar in viel bedeutenderem Maße als glatte gerade Rohre.

Wir sahen also, daß die Ausflußgeschwindigkeit nicht so ohne weiteres aus dem gegebenen Gefälle berechnet werden darf, sondern daß wir von diesem zunächst einen Teil abziehen müssen, der hier zur Überwindung der verschiedenen Widerstände dient. Wir unterscheiden deshalb das Rohgefälle von dem Nutzgefälle. Für die Turbine selbst und für die Berechnung ihres Wirkungsgrades kommt nur letzteres in Betracht.

Beispiel: Zur Verfügung stehen 0,3 m³ Wasser in 1 Sekunde mit einem Rohgefälle von 80 m. Die Zuleitung hat 600 mm l. W. und ist 2,8 km lang. Die Widerstandshöhe bei einer Wassergeschwindigkeit von 1,06 m/sek ist nach den genannten Tabellen für 100 m $= \sim 0{,}2$ m, somit für 2800 m $= 5{,}6$ m. Die Widerstandshöhen für Krümmungen und Absperrschieber seien zu 1,4 m geschätzt, so bleibt ein Nutzgefälle von $80 - (5{,}6 + 1{,}4) = 73$ m. Die theoretische Ausflußgeschwindigkeit berechnet sich dann zu:

$$v = \sqrt{2\,g\,h} = \sqrt{2 \cdot 9{,}81 \cdot 73} = 37{,}9 \text{ m/sek.}$$

Je nach der Form des kegeligen Rohrendes wird dieser Wert infolge Reibung und nicht ganz vollkommener Umsetzung des Druckes mehr oder weniger vollkommen erreicht. Der Verlust beträgt bei den üblichen Ausführungen mindestens etwa 3%, so daß wir mit einer wirklichen Ausflußgeschwindigkeit von etwa 36,5 m/sek rechnen können.

Wie können wir nun die im Wasserstrahl enthaltene Energie nutzbar machen? Lassen wir zunächst einmal den Strahl in geringer Entfernung von der Mündung der Düse auf eine feste Wand senkrecht auftreffen. Die Geschwindigkeit der Wasserteilchen wird entgegen der Richtung des Strahles auf 0 verzögert. Die Kraft, die von der Platte ausgeübt werden muß, um mit dem Druck des Strahles im Gleichgewicht zu sein, gleich Masse $\times$ Beschleunigung, können wir somit leicht bestimmen. In einer Sekunde muß die Masse $\dfrac{F \cdot v \cdot \gamma}{g}$ von der Geschwindigkeit v auf 0, also um v verzögert werden. Der Druck P ist somit $\dfrac{F v^2}{g}$ (für $\gamma = 1$).

Setzen wir statt v^2 den Wert $2\,gh$ ein, so wird $P = 2\,F \cdot h$, d. h. der Druck auf die Platte ist doppelt so groß wie der Druck, den das Wasser auf die geschlossene Öffnung von der Größe F ausüben würde. Eine Arbeit wird aber offenbar in diesem Falle nicht geleistet, denn Arbeit ist ja Kraft $\times$ Weg, die Platte hatten wir aber als feststehend angenommen. Lassen wir die Platte sich mit der Geschwindigkeit v in der Strahlrichtung bewegen, so kann sie die Wasserteilchen nicht verzögern. Der Druck auf die Platte wird $= 0$ und damit die Arbeit ebenfalls $= 0$. Die größte Leistung durch den Flüssigkeitsdruck erhalten wir für den Fall, daß sich die Platte mit der Geschwindigkeit $c = 0,5\,v$ bewegt. Vorstehendes gilt unter der Voraussetzung, daß die Platte so glatt ist, daß die unvermeidliche Reibung des Wassers vernachlässigt werden kann. Denken wir uns nun die Platte auf den Umfang eines Rades aufgesetzt, so müßte dieses, wenn wir die Höchstleistung erzielen wollen, eine Umfangsgeschwindigkeit von $0,5 \cdot v$, für obiges Beispiel somit von $c = 0,5 \cdot 36,5 = 18,25$ m/sek haben. Offenbar ist es auf diese Weise nicht möglich, das Wasser auf $v = 0$ zu verzögern; es behält vielmehr noch die Geschwindigkeit $c = 18,25$ m/sek. Von der Gesamtenergie $\dfrac{m v^2}{2}$ geht uns ein Teil $\dfrac{m c^2}{2}$ verloren. Erstere beträgt

$$\frac{300 \cdot 36,5^2}{9,81 \cdot 2} = 20\,383,4 \text{ mkg/sek},$$

der Verlust dagegen

$$\frac{300 \cdot 18,25^2}{9,81 \cdot 2} = 5\,095,6 \text{ mkg/sek},$$

das ist genau ein Viertel der verfügbaren Energie. In Wirklichkeit wäre der Wirkungsgrad eines solchen einfachen Rades noch viel schlechter, weil ja nur in einem einzigen Augenblick der Strahl die Fläche senkrecht treffen könnte, und nach geringer Drehung die nächstfolgende Platte ebenfalls ungünstig vom Strahl getroffen würde.

Bilden wir nun aber die Platten zweckmäßig aus, daß sie möglichst lange den Wasserstrahl in der gewünschten Weise ablenken und außerdem möglichst auf $v = 0$ verzögern, so erhalten wir eine bràuchbare, viel verbreitete Turbinenform, die **Freistrahlturbine**, meist **Peltonrad** (auch Löffel- oder Becherturbine) genannt.

1. Das Peltonrad.

Nach den Betrachtungen über den freien Wasserstrahl ist es klar, daß das Verwendungsgebiet der Peltonräder beschränkt sein muß auf hohe Gefälle und verhältnismäßig kleine Wassermengen. Wir können zwar mehrere (bis zu vier) Düsen auf den Radumfang verteilen, doch wird man den Düsenquerschnitt nicht sehr groß (etwa bis 200 mm Durchmesser) ausführen können, da sonst die richtige Wasserführung an der Schaufel schwierig, wenn nicht unmöglich würde. Wir finden deshalb Peltonräder verwendet für Gefälle von 50 m aufwärts bis zu dem bisher größten ausgenutzten Gefälle von rd. 1625 m im Kraftwerk Fully (Schweiz). Bei kleineren Gefällen wird der Wirkungsgrad der Anlage dadurch erheblich beeinträchtigt, daß die ganze Turbine über dem Unterwasserspiegel aufgestellt werden muß, und damit ein Teil des Gesamtgefälles ohne weiteres verlorengeht. Fig. 6 u. 7 zeigen die meist übliche An-

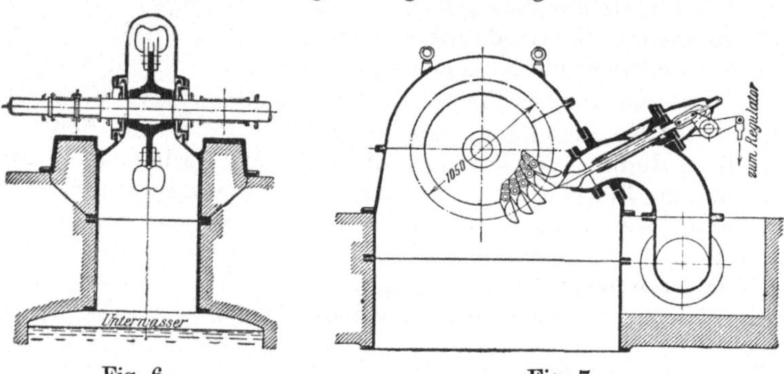

Fig. 6.   Fig. 7.

ordnung. Wir sehen am Radumfang einzelne eigenartig geformte Schaufeln, „Becherscheiben", Fig. 8. Der Wasserstrahl trifft die Schneide zwischen den beiden löffelartigen Schaufelhälften mit der Geschwindigkeit v, während die Schaufel selbst sich mit der Umfangsgeschwindigkeit c bewegt. Das Wasser fließt infolgedessen an der Schaufeloberfläche mit einer Geschwindigkeit $v - c$, der **Relativgeschwindigkeit** w entlang und verläßt die Schaufel am äußeren Rande mit dieser Relativgeschwindigkeit w, aber in beinahe entgegengesetzter Richtung, als es die Schaufel getroffen hat. Da sich die Schaufel mit der Geschwindigkeit c entgegen dieser Austrittsgeschwindigkeit w bewegt, so ergibt sich eine **absolute** Austrittsgeschwindigkeit $v_a = c - w$. Wäre c genau gleich $0,5\, v$ und die Austrittsrichtung genau entgegengesetzt der Eintrittsrichtung, so würde $v_a = 0$, d. h. das Wasser hätte gar keine Geschwindig-

keit mehr und würde nur unter dem Einfluß der Schwere aus dem Rad
herunterfallen dabei aber von den folgenden Schaufeln getroffen werden.
Man formt deshalb die Schaufeln so, daß das Wasser etwas nach außen
gerichtet die Schaufel verläßt, d. h. in axialer Richtung aus dem Rad
austritt. An der Vorderkante der Schaufeln ist ein Stück von etwa Strahl-
breite herausgeschnitten, weil sonst der Strahl vor dem Auftreffen auf
die Schneide erst den Rücken der Schaufel treffen würde. Größere Becher
werden meist aus Stahlguß, kleinere aus Bronze hergestellt. Ihre Befestigung an der Radscheibe erfordert größte Sorgfalt, da sie nicht nur
durch die Fliehkraft, sondern auch durch hämmernde Wirkung des
Wasserstrahles beansprucht wird.

Die Düse wird heute fast ausschließlich mit rundem Querschnitt
ausgeführt, da bei diesem die erforderliche Regelung der Wassermenge und

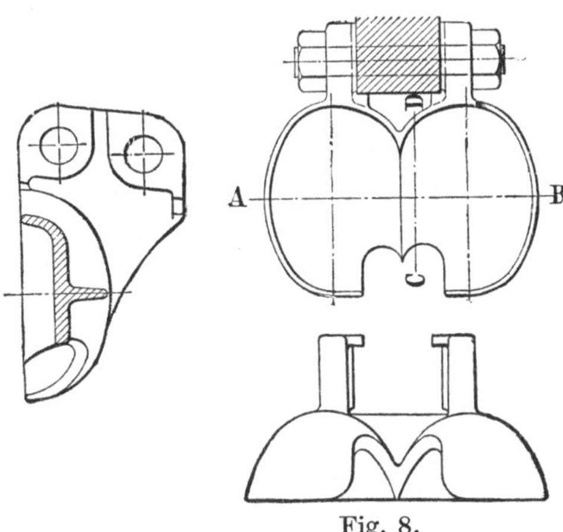

Fig. 8.

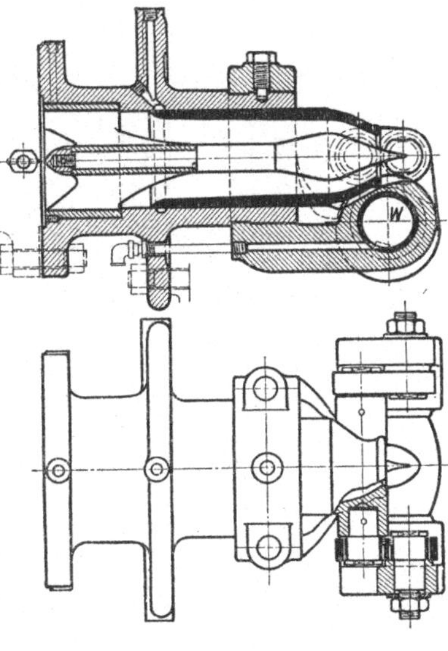

Fig. 9.

damit der Leistung der Turbine am einfachsten wird. Fig. 9 zeigt,
wie durch ein eigenartig geformtes Ventil, die Düsennadel, ein größerer oder kleinerer Ringspalt freigegeben wird und die Düse auch
ganz geschlossen werden kann. Damit sich ein glatter Strahl bilden kann,
muß die Nadel peinlich glatt geschliffen und poliert sein. Um Rost und
Anfressungen tunlichst zu verhüten, wird sie meist aus Nickelstahl hergestellt. Sie wird durch den Regler fast stets mittelbar, das heißt mit
Hilfe eines „Servomotors" (vgl. S. 6) verstellt. Daß eine Hilfskraft nötig
ist, sehen wir schon, wenn wir den Druck berechnen, der bei unserem
obigen Beispiele zu überwinden ist, um das Nadelventil zu öffnen. Der
Düsenquerschnitt ergibt sich zu $Q : v = 0{,}3 : 36{,}5 = 0{,}00\,821$ m²
$= 82{,}1$ cm² ($d = \infty\, 102$ mm), somit der Druck des Wassers auf die Nadel
$= 82{,}1 \cdot 8 = 656{,}8$ kg. Aus Fig. 10 ist zu erkennen, wie die Nadel mit dem
Servomotor verbunden ist. Der Regler steuert nur den Zufluß der Druck-

flüssigkeit zum Zylinder des Servomotors, hat somit nur eine kleine
Arbeit zu leisten, das Öffnen der Düse sowie deren Einstellen je nach
dem für die augenblicklich geforderte Leistung nötigen Wasserverbrauch
besorgt dann der Servomotor.

Besondere Einrichtungen finden wir häufig noch für das schnelle
Abstellen der Turbine bei Unfällen oder dgl. Würde z. B. in der oben
betrachteten Anlage die Turbine von Vollbelastung plötzlich, sagen wir
in 3 sek, ganz entlastet und dabei das Nadelventil durch den Regler geschlossen, so müßte in dieser kurzen Zeit die ganze in der Rohrleitung
enthaltene Wassermasse ebenfalls zur Ruhe kommen. Wir hatten nun
eine Wassergeschwindigkeit von 1,06 m/sek im Rohr und einen Rohr-

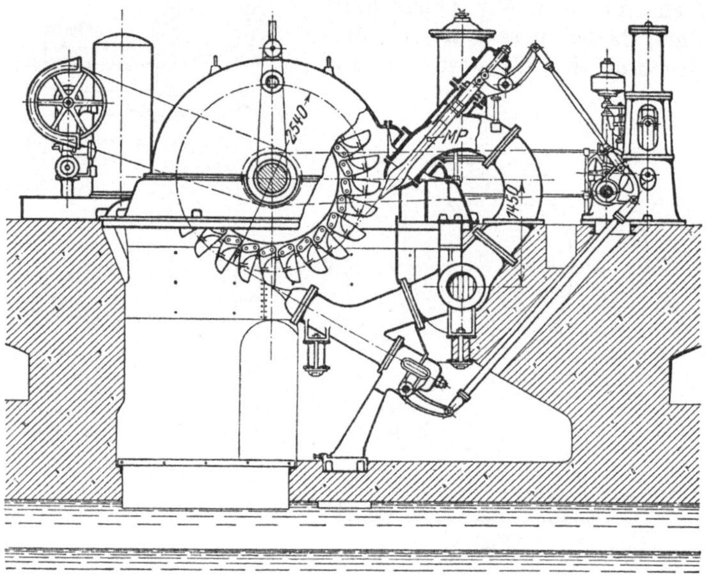

Fig. 10.

inhalt von $2800 \cdot 0,2827 = 791,6$ m³. Der zur Verzögerung erforderliche Gesamtdruck wäre unter den günstigsten Voraussetzungen

$$\text{Masse} \cdot \text{Verzögerung } \frac{1000 \cdot 791,6}{9,81} \cdot \frac{1,06}{3} = 28529 \text{ kg!}$$

Denken wir uns die Verzögerung herbeigeführt durch einen das Rohr
in 3 sek abschließenden Kolben, so würde dieser also 28529 kg ausüben
müssen oder mit jedem cm² Kolbenfläche $28529 : 2827 = \sim 10$ kg. Das
heißt, daß in diesem Fall der Wasserdruck im Rohr von 8 auf 18 kg/cm²
also mehr als das Doppelte ansteigen würde. Es kommen aber öfters
Fälle vor, wo das Abschalten in noch kürzerer Zeit gefordert wird. Auch
wird es nicht möglich sein, wie eben angenommen wurde, daß das Wasser

gleichmäßig verzögert wird, dann treten noch weit höhere Drücke auf, die der Rohrleitung und der Düse gefährlich werden könnten. Man schließt deshalb häufig in solchen Fällen die Düse nicht, sondern lenkt den Wasserstrahl vom Rade ab, indem man entweder die Düse selbst schwenkt, oder eine Ablenkplatte zwischen Düse und Rad in den Strahl bringt. Ferner gibt es auch Vorrichtungen, die, in die Düse selbst eingebaut, in solchem Falle die Ausbildung eines geschlossenen Wasserstrahles verhindern, so daß das Wasser beim Austritt aus der Düse zerstäubt wird.

Versagt der Regler bei plötzlicher Entlastung der Turbine, so steigt die Umlaufzahl rasch an. Im Gegensatz jedoch z. B. zu Dampfmaschinen, bei denen in solchem Falle der weiter zuströmende Dampf die Umlaufzahl immer weiter steigert, bis die Maschine zerstört wird, kann die Peltonturbine, wie übrigens jede Wasserturbine, nur eine bestimmte Höchstumlaufzahl erreichen. Wir hatten ja gesehen, daß der Wasserstrahl auf die bewegliche Platte keinen Druck mehr ausübt, sobald diese sich mit der Geschwindigkeit des Strahles bewegt. Beim Turbinenrad wird die Grenze schon etwas früher erreicht. Es ist dies ein wesentlicher Vorzug der Wasserturbinen, da man z. B. bei der Berechnung der Räder und Schaufelbefestigungen mit ganz bestimmten, nicht überschreitbaren Höchstgeschwindigkeiten rechnen kann, mit denen auch die Größe der Fliehkräfte beschränkt bleibt.

Die in Fig. 6 dargestellte Anordnung mit liegender Welle ist die übliche. Das Gehäuse um das Rad hat nur den Zweck, ein Herausspritzen von Wasser zu verhindern. Es wird häufig aus Blech hergestellt, damit es leicht erneuert werden kann, wenn es durch eine etwa losfliegende Schaufel beschädigt wurde, und um an Gewicht zu sparen.

Bei kleinen Gefällen müssen wir entsprechend große Wassermengen ausnützen, um nennenswerte Leistungen zu erzielen. Es handelt sich da oft um viele m³/sek. Dann ist die Zuleitung durch einzelne Düsen unmöglich. Wir müssen vielmehr das Wasser möglichst dem ganzen Radumfang zuführen und kommen damit zu der anderen Hauptform der Wasserturbinen, kurzweg „Turbinen" genannt, denen das Wasser nicht mehr in der Form eines freien Wasserstrahles zugeführt wird, sondern durch Schaufelkanäle, sogenannte Leitapparate. Hinsichtlich der Energieumformung besteht aber zwischen den Turbinen und Peltonrädern kein grundsätzlicher Unterschied. Auch hier handelt es sich nur darum, die Geschwindigkeit des zuströmenden Wassers in der Drehrichtung des Rades, d. h. in der Richtung, in der wir eine Kraft, die Umfangskraft am Rade erzielen wollen, möglichst weitgehend zu vermindern.

2. Turbinen.

Die einfachste Form der Turbine, die freilich heute aus Gründen, die wir bald erkennen werden, fast ganz verlassen ist, zeigt Fig. 11. In einem kreisringförmigen Gehäuse wird durch gleichmäßig verteilte Schaufeln eine Anzahl von Schaufelkanälen gebildet. Das Wasser tritt von oben mit mäßiger Geschwindigkeit senkrecht in die Kanäle ein und wird durch die Schaufeln so abgelenkt, daß es an der Unterseite unter einem möglichst kleinen Winkel gegen die Wagerechte ausströmt. Der freie Querschnitt aller Schaufelkanäle (senkrecht zum Wasserdurchfluß gemessen) soll zunächst so groß sein, wie der früher als Düsenquerschnitt aus Q und $v = \sqrt{2\,g\,h}$ berechnete, d. h. das Wasser hat beim Austritt aus

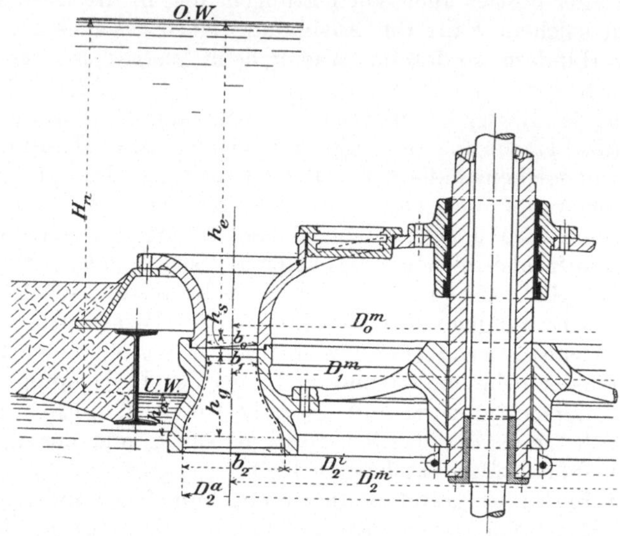

Fig. 11.

diesem Leitapparat die höchste dem Gefälle entsprechende Geschwindigkeit. Unmittelbar unter dem Leitapparat dreht sich das Laufrad der Turbine, das aus einem ähnlichen Kranz von Schaufelkanälen besteht. Fig. 12 zeigt einen Schnitt durch die Kanäle des feststehenden Leitapparates und des Laufrades, und wir wollen uns an diesem zunächst die Bewegung des Wassers im Laufrad klarmachen. Das Laufrad bewegt sich mit der Umfangsgeschwindigkeit u. Würde die Laufradschaufel eben sein und in der Richtung von w liegen, so würde ein Wasserteilchen, das sich in der Richtung des Schaufelendes des Leitapparates mit v bewegt, nach einer bestimmten Zeit nach A gelangen können, da in der gleichen Zeit auch der Punkt B der ebenen Schaufel mit der Geschwindigkeit u den Punkt A erreicht hätte. Das Wasserteilchen würde somit aus seiner Bahn nicht abgelenkt, somit auch keinen Druck auf die ebene

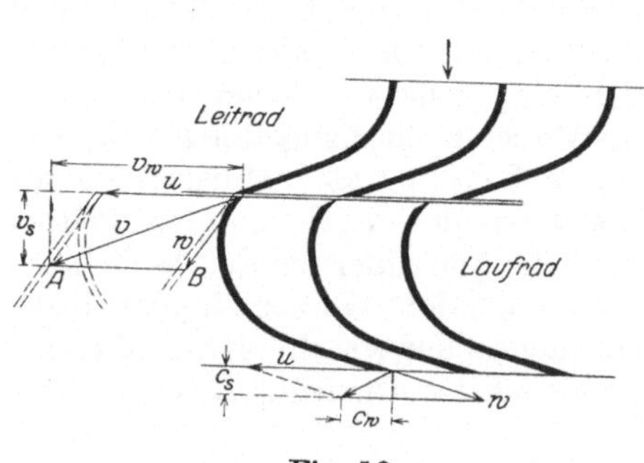

Fig. 12.

Schaufel ausüben. Hat also die gekrümmte Schaufel anfänglich die Richtung der ebenen Schaufel, d. h. hat die gekrümmte Schaufel am Anfang eine Tagente in Richtung von w, so tritt das Wasser ohne „Stoß" in das Laufrad ein. An der ebenen Schaufel entlang hätte es den Weg bis B zurückgelegt, somit wäre seine Geschwindigkeit an der Schaufel entlang, seine Relativgeschwindigkeit gleich w. Mit dieser Relativgeschwindigkeit w tritt es also auch bei gekrümmten Schaufeln ins Laufrad ein und hat, sofern der Wasserstrahl nicht durch den Querschnitt des Schaufelkanals beengt wird, keine Veranlassung, diese Geschwindigkeit zu verändern. Ein Wasserdruck, der es beschleunigen könnte, ist ja nicht mehr vorhanden, da aller Druck in Geschwindigkeit umgesetzt ist. Das Wasser strömt also mit der Geschwindigkeit w an der Laufradschaufel entlang und tritt mit dieser aus dem Laufrad aus. Die wirkliche „absolute" Austrittsrichtung und Austrittsgeschwindigkeit finden wir aber erst, wenn wir berücksichtigen, daß die Laufradaustrittskante sich ja auch mit der Umfangsgeschwindigkeit u bewegt. Wir setzen die beiden Geschwindigkeiten u und w zusammen und finden als resultierende die absolute Austrittsgeschwindigkeit c nach Größe und Richtung. Beim Durchfluß durch das Laufrad haben wir nun die Geschwindigkeit von v auf c vermindert. Welche Leistung können wir damit gewinnen? Hier ist zu beachten, daß wir v offenbar nicht voll ausnutzen können, sondern nur den Teil, der in die Bewegungsrichtung des Rades fällt. Wir müssen also v zerlegen in eine wagerechte und eine senkrechte Geschwindigkeit v_w und v_s. Verwertbar ist bloß das Arbeitsvermögen $\dfrac{m v_w^2}{2}$. Ebenso kommt es offenbar nur darauf an, wie groß die wagerechte Teilgeschwindigkeit von c ist, wenn wir den Verlust bestimmen wollen, der im austretenden Wasser enthalten ist. Wir zerlegen also c ebenfalls in c_w und c_s und finden als gewinnbare Arbeit

$$\frac{m \cdot (v_w^2 - c_w^2)}{2} \,.$$

Die senkrechte Geschwindigkeit des Wassers ist von v_s auf c_s vermindert, eine Bewegung der Turbine in dieser Richtung ist durch die Lagerung der Turbinenwelle verhindert. Es wird also nach dem über den Druck des Wasserstrahles auf eine feststehende Platte Gesagtem auch hier ein Druck in Richtung der Turbinenwelle auftreten und im vorliegenden Fall bei senkrechter Turbinenwelle die Belastung des Spurlagers durch Eigen- und Wassergewicht vermehren. Wir hatten angenommen, daß der Gesamtquerschnitt beim Austritt aus dem Leitapparat die größte verfügbare Wassermenge bei der Geschwindigkeit v aufnehmen kann. Beim Austritt aus dem Laufrad bilden die Schaufeln ähnlich spitze Winkel mit der Unterseite des Rades, die Kanalweite wird deshalb ebenfalls etwa so groß werden wie am Leitradaustritt. Nun hat das Wasser hier aber die gegen v wesentliche kleinere Geschwindigkeit w. Damit die gleiche Wassermenge hindurchgehen kann, müssen deshalb die Kanäle in radialer Richtung erheblich verbreitert werden. Das erklärt die bei solchen Turbinen stets vorhandene Kranzerweiterung an der Austrittseite des Laufrades (Fig. 11).

Wir können das jedem Laufradschaufelkanal zugeführte Wasser wieder betrachten als einen Wasserstrahl ohne inneren Überdruck, der an der Schaufel genau so ungezwungen entlang fließt, wie das Wasser über die Peltonradschaufel strömt. Der Schaufelkanal braucht deshalb nicht unbedingt an allen Stellen dem Querschnitt des Wasserstrahles zu entsprechen, sondern kann auch in der Mitte etwas weiter sein. Das ergibt sich ohne weiteres, wenn die Schaufeln aus Blech gepreßt in den gußeisernen Kranz eingegossen werden. Es entsteht dann in jedem Kanal ein lufterfüllter Hohlraum, der die Wirkungsweise der Turbine zunächst nicht beeinträchtigt. Nun wollen wir aber bei diesen Turbinen den Nachteil der Peltonräder vermeiden, daß uns durch die Aufstellung der Turbine Gefälle verloren geht. Wir können ja ohne weiteres die Unterseite des Laufrades direkt über den Unterwasserspiegel legen, so daß im eben betrachteten Fall an Gefälle nur die Laufradhöhe verloren ginge. Nun schwankt aber der Unterwasserspiegel je nach Jahreszeit und Witterung oft recht bedeutend. Taucht unser Laufrad aber ins Unterwasser ein, so füllen sich die Lufträume mit Wasser, das das freie Strömen des Arbeitswasser im Schaufelkanal behindert, ja sogar durch einen wenn auch geringen Überdruck recht bedeutend beeinflussen kann. Für solche Fälle müssen die Schaufeln in der Mitte bedeutend verstärkt werden, um einen Kanal zu bilden, der vom Wasserstrahl voll ausgefüllt wird. Dies kann nur mit gußeisernen Schaufeln ausgeführt werden, die

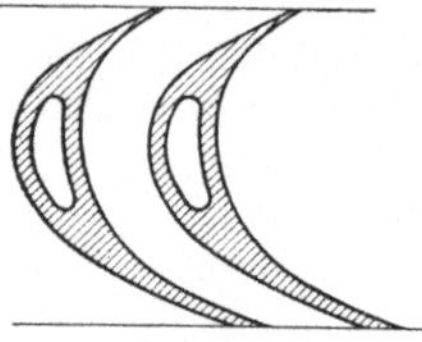

Fig. 13.

unter Umständen sogar hohl ausgebildet werden (Fig. 13). Solche Turbinen können dann unbedenklich auch ins Unterwasser eintauchen (Grenzturbinen).

Bevor wir uns die verschiedenen Bauarten der Turbinen ansehen, müssen wir aber noch eine weitere Möglichkeit der Energieumsetzung kennenlernen. Wir hatten angenommen, daß die Austrittsgeschwindigkeit v hinter dem Leitapparat gleich der erreichbaren Höchstgeschwindigkeit sei. An dieser Stelle im „Spalt" zwischen Leitapparat und Laufrad herrscht also kein Überdruck mehr. Die Geschwindigkeit des Wassers hat im Leitapparat allmählich auf den Höchstwert v zugenommen. Nun könnten wir aber den Austrittsquerschnitt des Leitapparates größer wählen und dafür im Laufrad eine Stelle so eng ausbilden, daß bei der Geschwindigkeit $v = \sqrt{2\,g\,h}$ gerade die gebotene Wassermenge hindurchfließt. Beim Austritt aus dem Leitapparat ist v somit kleiner als $\sqrt{2\,g\,h}$ und es muß an dieser Stelle noch Druck vorhanden sein. Im Spalt herrscht ein Überdruck. Solche Turbinen nennt man Überdruckturbinen und die zuerst besprochene Form im Gegensatz dazu Druckturbinen. (Erstere nennt man auch Reaktionsturbinen, letztere, zu denen auch die Freistrahlturbine d. h. das Peltonrad gehört, Aktionsturbinen).

Bei der Überdruckturbine ist die wesentlichste Änderung der Geschwindigkeitsverhältnisse in den Kanälen die, daß die Relativgeschwindigkeit beim Austritt aus dem Laufrad größer ist als beim Eintritt, weil ja erst im Laufrad der letzte Teil des Druckes in Geschwindigkeit umgesetzt wird. Näher auf die Einzelheiten einzugehen, würde uns zu lange aufhalten. Das Beispiel der Druckturbine soll nur ungefähr ein Bild der Verhältnisse geben. In Wirklichkeit werden diese ja noch durch die Reibung des Wassers an den Schaufeln nicht unerheblich beeinflußt. Hingegen ist noch hervorzuheben, daß ein Überdruck im Spalt dazu nötigt, diesen selbst so eng wie möglich auszubilden, um Wasserverlust an dieser Stelle zu vermeiden, während dies bei der Druckturbine nicht nötig ist. Die Überdruckturbine hat dafür den Vorzug, daß sie verhältnismäßig rascher läuft als die Druckturbine. Sie wird deshalb gerade bei kleinen Gefällen, wo die geringe Wassergeschwindigkeit zu niedrigen

Umlaufzahlen nötig, bevorzugt, während die Druckturbine in jeder Form besonders für hohe Gefälle vorteilhaft ist.

Wir können ferner die Turbinen unterscheiden nach der Art der Beaufschlagung. Entweder sind Leit- und Laufrad stets vollständig mit Wasser gefüllt — Vollturbinen — oder es wird nur ein Teil der Laufradzellen vom Wasser durchströmt, indem der Leitapparat nicht als voller Kranz ausgebildet wird, oder ein Teil der Leitradzellen abschaltbar ist — teilbeaufschlagte Turbinen, Partialturbinen.

Schließlich unterscheiden wir noch die Turbinen nach dem Wasserweg. Bei Axialturbinen,

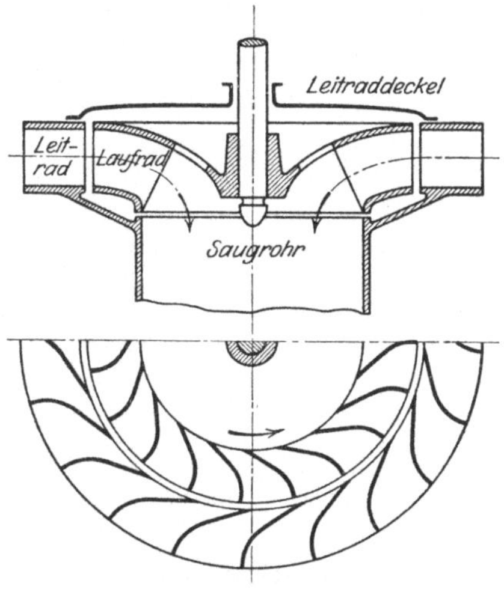

Fig. 14.

Fig. 11, fließt das Wasser parallel der Welle, bei Radialturbinen senkrecht zur Welle, Fig. 14, und bei Tangentialturbinen liegt der Wasserstrahl in der Radebene und in der Richtung der Berührenden zum Radumfang (Peltonrad).

Je nachdem bei größeren Wassermengen zwei, drei oder vier auf gleicher Welle sitzende Laufräder je einen entsprechenden Teil der Gesamtwassermenge aufnehmen, spricht man von zwei-, drei- oder vierfachen Turbinen, oder, wenn das Wasser bei hohen Gefällen zum Vermindern der Umlaufzahl zwei hintereinandergeschaltete Turbinen durchströmt, von Verbundturbinen.

Zur Zeit wird neben dem Peltonrad hauptsächlich die radiale Überdruckturbine — Francisturbine — gebaut, bei der das Wasser radial eintritt und mehr oder weniger axial austritt (Fig. 15). Die Schaufeln des Laufrades sind dabei doppelt gekrümmt, da die Teile am Eintritt einer Radialturbine, die am Austritt einer Axialturbine entsprechen müssen.

Die Unterscheidung in langsam-, normal- und schnellaufende Turbinen hat insofern nur beschränkte Berechtigung, als die Grenzen sich dauernd verschieben. Langsamlaufend nennt man Turbinen, bei denen die Umfangsgeschwindigkeit kleiner als v_w (Fig. 12), schnellaufend, wenn u größer als v_w gewählt wurde. Es muß heute das Bestreben jedes Turbinenbauers sein, für gegebene Verhältnisse eine möglichst rasch laufende Turbine zu bauen. Je rascher die Turbine läuft, desto kleiner wird sie selbst und, da es sich in vielen Fällen um die Erzeugung von elektrischem Strom handelt, auch der Stromerzeuger (Dynamomaschine). Damit verringern sich die Anschaffungskosten für Maschinen und Bauwerk. Diese bestimmen aber in der Hauptsache die Gestehungskosten der gewonnenen mechanischen oder elektrischen Leistung, da Unterhaltung und Wartung bei Wasserkraftanlagen verhältnismäßig nur sehr geringe Kosten verursachen. Einen Maßstab für die Schnelläufigkeit der Turbinen hat man in der sogenannten s p e z i f i s c h e n Umlaufzahl gefunden. Bei der Betrachtung der Fig. 12 hatten wir gar keine Voraussetzung bezüglich Wassermenge oder Größe der Turbine gemacht. Die Geschwindigkeitsverhältnisse gelten offenbar für die verschiedensten Durchmesser des Laufrades und Zellengrößen, sofern nur die Schaufelform und das Verhältnis von v zu u unverändert bleiben. Ändert sich v, d. h. das Gefälle, so ändern sich alle anderen Geschwindigkeiten im selben Maße. Wir können uns deshalb die gezeichneten Verhältnisse angewendet denken auf beliebige Wassermengen und Gefälle. Als Vergleichsturbine gilt eine solche für 1 m³/sek und 1 m Gefälle. Diese wird entsprechend der Umfangsgeschwindigkeit u und dem Verhältnis von Durchmesser zur Schaufelkanalbreite eine bestimmte Umlaufzahl haben müssen. Dies ist die spezifische Umlaufzahl n_s die für alle geometrisch ähnliche Turbinen angenähert gilt, und berechnet werden kann aus

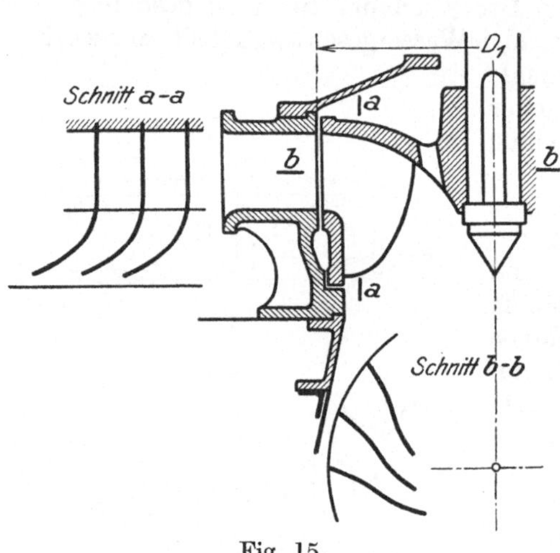

Fig. 15.

$$n_s = \frac{n}{\sqrt{H}} \sqrt{\frac{N}{H\sqrt{H}}},$$

worin n die Umlaufzahl, N die Höchtleistung in PS und H das Nutzgefälle bedeuten. Während für Peltonräder n_s stets klein bleibt (rd. 25), hat man bei Francisturbinen in den letzten zwei Jahrzehnten durch dauernde Verbesserung n_s von etwa 180 auf rd. 500 steigern können. In der Hauptsache war dies dadurch möglich, daß man den Durchmesser der Laufschaufeleintrittkanten immer mehr verkleinerte, weil ja bei gleicher Umfangsgeschwindigkeit u die Umlaufzahl mit abnehmendem Durchmesser steigt. Man ging schließlich so weit, daß man auf den unmittelbaren Anschluß an die Leitschaufelaustrittskanten verzichtete und damit auf die bisher streng gewahrte Wasserführung. Fig. 16 zeigt von *I* bis *VI* die aufeinanderfolgenden Radquerschnitte dieser Entwicklung. Mit der Verkleinerung des Eintrittsdurchmessers Hand in Hand ging eine Verkürzung der Laufradschaufeln, um die Wasserreibung an den Schaufeln tunlichst zu vermindern und damit den Wirkungsgrad zu verbessern. Querschnitt *VII* zeigt die letzte Stufe dieser Ent-

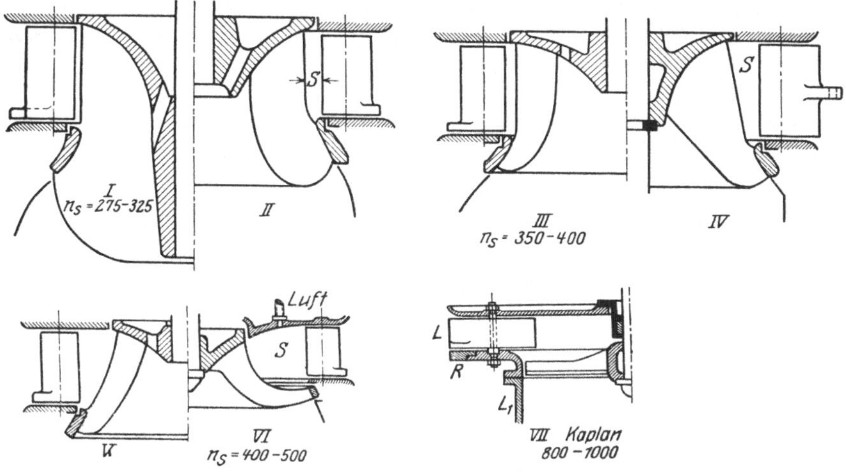

Fig. 16.

wicklung, die erst vereinzelt gebaute Kaplanturbine. Bei dieser wird das Wasser durch die Leitschaufeln L so in die Turbine eingeleitet, daß es in der Hauptsache eine kreisende Bewegung ausführt. Das Turbinenrad hat hier nur noch vier, ja sogar nur noch zwei Schaufeln erhalten, die Ähnlichkeit mit Luft- oder Schiffsschrauben haben und die Drehbewegung des Wassers so verzögern, daß dieses angenähert axial austritt. Mit dieser Turbine war es möglich n_s bis auf etwa 1000 zu steigern. Da die Bewegungsverhältnisse des Wassers hierbei nicht so genau vorher bestimmbar sind wie bei den bisher gebauten Turbinen, erfordert die Einführung dieser Turbine in die Praxis noch ausgedehnte und kostspielige Untersuchung, mit denen die ersten deutschen Turbinenfabriken zur Zeit beschäftigt sind.

Neben der Schnelläufigkeit wird der Turbinenbauer besonders einen hohen Wirkungsgrad anstreben müssen, besonders dann, wenn die vorhandene Wassermenge voll ausgenützt werden kann. Häufig liegen die

Verhältnisse ja so, daß während einer gewissen Zeit (Trockenzeit) die
vorhandene Wassermenge gerade noch ausreicht. Dann kommt es natürlich sehr darauf an, daß damit auch eine möglichst hohe Leistung erzielt
wird. Zu anderen Zeiten mit reichlichem Wasserzufluß wird die Turbine
gar nicht alles Wasser „schlucken" können. Das überflüssige Wasser
fließt über einen Überlauf oder durch eine Nebenleitung ungenützt ab.
Dann spielt der Wirkungsgrad der Turbine natürlich keine Rolle, somit
auch in den Fällen, in denen dauernd Wasser im Überfluß vorhanden ist.
Mit neuzeitlichen Turbinen werden im allgemeinen Wirkungsgrade von
75 bis 80% erzielt, wobei die höheren Werte von Langsamläufern leichter
erreicht werden als von Schnelläufern.

Wir haben gesehen, daß die Turbine gegenüber dem Peltonrad den
Vorteil bietet, daß sie unmittelbar über dem Unterwasserspiegel keinen
so großen Gefällverlust durch „Freihängen" bedingt. Wir können die
Turbine in einem offenen Schacht unmittelbar ins Wasser einbauen.
Damit wird sie aber unzugänglich und die Welle wird bei senkrechter

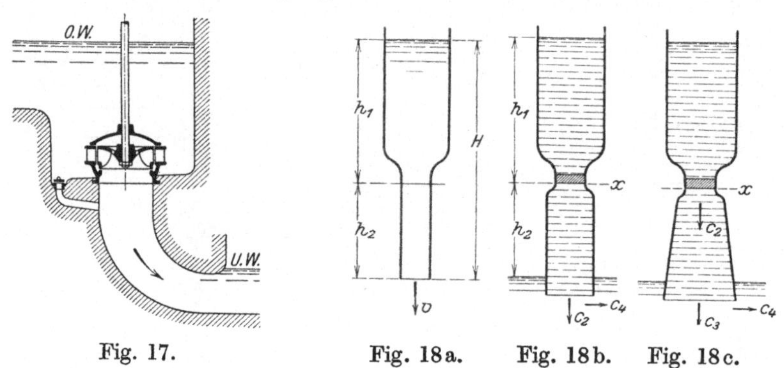

Fig. 17.   Fig. 18a.   Fig. 18b.   Fig. 18c.

Anordnung unter Umständen unzweckmäßig lang. Es ist nun aber möglich, die Turbine auch höher anzuordnen, ohne an Gefälle zu verlieren,
etwa nach Fig. 17. Hier ist an die Turbine ein besonderes bis in das
Unterwasser reichendes Saugrohr angeschlossen. Fließt Wasser unter
dem Gesamtgefälle h durch das in Fig. 18a dargestellte Rohr, so ist seine
Geschwindigkeit an der Austrittsstelle $= \sqrt{2gh}$; ebenso aber auch in
jedem gleich großen Querschnitt, somit also auch schon bei x. Die Verengung bei x können wir uns ausgeführt denken durch den Einbau des
Leitrades einer Turbine, mit der wir somit in dieser Lage die dem Gesamtgefälle $h_2 + h_2$ entsprechende Energie gewinnen könnten, wenn das
Wasser in der Turbine auf 0 verzögert würde. Das geht aber nicht. Es
verläßt das Laufrad vielmehr mit einer bestimmten Geschwindigkeit in
senkrechter Richtung c_2. Wir müssen unser Rohr unter der Turbine erweitern (Fig. 18b). Damit wird die gewinnbare Energie
$$Q\left[(h_1 + h_2) - \frac{c_2^2}{2g}\right],$$ wobei $Q\,\dfrac{c_2^2}{2g}$ den Austrittsverlust darstellt. Das Nutzgefälle ist um die Geschwindigkeitshöhe $\dfrac{c_2^2}{2g}$ verkleinert. Zu demselben

Ergebnis kommen wir auch, wenn wir den bis x herrschenden absoluten Druck bestimmen: Von oben wirkt die Wassersäule h_2 und der Luftdruck A. Von unten wirkt ebenfalls A, jedoch vermindert um den Druck der Wassersäule h_2. Ferner entsteht im Austrittsquerschnitt ein nach oben gerichteter Druck durch die Verzögerung des Wassers von c_2 auf 0, da die Geschwindigkeit in der Rohrrichtung im Unterwasser jedenfalls nur noch sehr klein sein kann. Die dieser Verzögerung entsprechende Druckhöhe ist wieder $\dfrac{c_2^2}{2\,g}$. Der gesuchte Überdruck ist somit

$$h_1 + A - \left(A - h_2 + \frac{c_2^2}{2\,g}\right) = h_1 + h_2 - \frac{c_2^2}{2\,g}.$$

Da die Wassersäule h_2 durch den Luftdruck von unten gehalten wird und deshalb höchstens $= A$ sein könnte, ergibt sich zunächst, daß wir theoretisch die Turbine höchstens 10,33 m über dem Unterwasserspiegel einbauen dürfen. Praktisch geht man nicht über 5 bis 6 m.

Erweitern wir das Rohr unter der Turbine, das „Saugrohr" so, daß die Wassergeschwindigkeit darin von c_2 auf c_3 abnimmt, Fig. 18c, so ist der Verzögerungsdruck im Austrittquerschnitt nur noch $\dfrac{c_3^2}{2\,g}$. Das verfügbare Gefälle wächst gegen vorhin auf $h_1 + h_2 - \dfrac{c_3^2}{2\,g}$. Wir gewinnen somit am Nutzgefälle $\dfrac{c_2^2 - c_3^2}{2\,g}$. Der Austrittsverlust wird durch die Rohrerweiterung um diesen Betrag vermindert. Meist wird das so ausgesprochen, daß durch die Rohrerweiterung Austrittsenergie zurückgewonnen wird. Wir sehen, daß es sich nicht darum handelt, daß im Saugrohr etwas zurückgewonnen wird, sondern darum, daß das Nutzgefälle für die Turbine vermehrt wird, das Wasser mit höherer Geschwindigkeit als beim zylindrischen Saugrohr der Turbine zufließen kann.

Das Saugrohr kann auch als Krümmer ausgebildet sein. Über die günstigsten Formen sind die Meinungen noch geteilt. Heute neigt man wieder mehr zu geraden kurzen und schwach erweiterten Saugrohren.

Selbsttätige Regeleinrichtungen sollen die arbeitende Wassermenge der jeweils von der Turbine geforderten Leistung anpassen, und zwar so, daß sich die Umlaufzahl dabei nur in mäßigen Grenzen (etwa 2 bis 5% über und unter die normale Umlaufzahl) ändert. Die der Turbine zugeführte Wassermenge wird heute fast allgemein in der Weise beeinflußt, daß die Leitradschaufeln verstellt wurden. Wir sahen ja in Fig. 12, daß die Wassermenge abhängig ist von dem am Leitradaustritt vorhandenen freien Kanalquerschnitt. Solche bewegliche Schaufeln zeigt Fig. 19 geöffnet und geschlossen. Alle Schaufeln sind mit kurzen Lenkern an einen Regulierring angeschlossen, werden also gleichzeitig bewegt. Dazu ist wegen der kurzen Verstellzeit (1 bis 3 sek) eine große Kraft erforderlich. Man schaltet deshalb zwischen den eigentlichen Regler und den Regulierring einen Hilfstrieb — Servomotor — ein (vgl. S. 6). Fig. 20 zeigt schematisch die erforderlichen Einrichtungen. Die Pendel F des von der Turbinenwelle zwangläufig gedrehten Fliehkraftreglers spannen durch die entstehenden Fliehkräfte die Feder mehr oder weniger, je nach der Umlaufzahl. Dadurch erhält die auf der Reglerwelle in der Pfeilrichtung gleitende Muffe eine bestimmte Stellung. Mit der Muffe ist der Hebel A verbunden, der sich bei einer Änderung der Muffenstellung um den zunächst als feststehend zu betrachtenden Drehpunkt in dem angedeuteten Gleitstück dreht und damit den Kolbenschieber in dem Gehäuse R verstellt. Dadurch kann Druckflüssigkeit auf eine der beiden Seiten des im Zylinder S beweglichen Kolbens treten, der nun den Regulierring bewegt. Damit dieser nicht zu weit verdreht wird, verschiebt er seinerseits wieder durch das Gestänge L das vorerwähnte Gleitstück und schließt damit den Steuerschieber. Besondere Einrichtungen ermöglichen es, trotz Belastungsänderung, stets die gleiche Umlaufzahl zu erzwingen (natürlich abgesehen von der Zeit des eigentlichen Regelvorganges). Fig. 21 zeigt die Einrichtung eines solchen Reglers mit Rückführung. Die Stange L (Fig. 20) ist hier in der Länge verstellbar. Der mittlere Teil wird durch Reibräder von der Reglerwelle gedreht, sobald die Reibscheibe

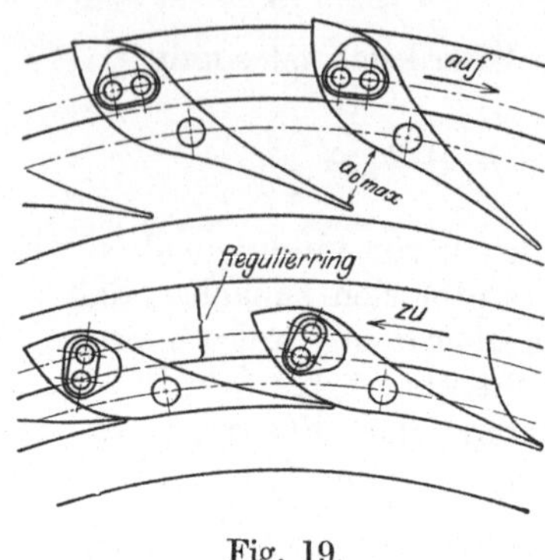

Fig. 19.

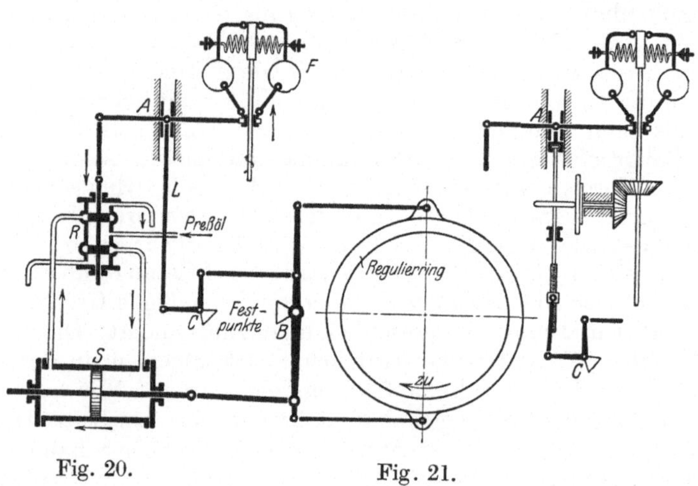

Fig. 20.   Fig. 21.

auf der Stange nicht genau in der Mitte der vom Regler getriebenen Reibscheibe steht. Bei jeder Stellung des Regulierringes und damit des Winkelhebels C wird somit der Regler immer wieder in seine Mittelstellung zurückgeführt. Das Spiel wiederholt sich so lange, bis die neue Leistung bei der Normalumlaufzahl des Reglers erreicht ist.

Auch bei Turbinen für niedrige Gefälle treten bei langen Zuleitungen die gleichen Schwierigkeiten auf, die wir schon beim Peltonrad kennengelernt haben (S. 12). Bei plötzlicher Entlastung wäre die hier meist ganz bedeutend größere Masse des Rohrinhaltes in kurzer Zeit zu verzögern. Das Wasser wie beim Peltonrad ungenützt abzuleiten, wäre eine große Verschwendung. Man hilft sich hier, wenn es die örtlichen Verhältnisse erlauben, in anderer Weise. Im Punkt b der in Fig. 5 skizzierten Rohrleitung wird ein bis über den Wasserspiegel bei a reichender, oben offener Schacht angeordnet, der also, wenn der Wasserzufluß zur Turbine abgestellt ist, bis zur Seespiegelhöhe gefüllt ist. Ist die Turbine im Betrieb, so stellt sich der Wasserspiegel im Schacht entsprechend einem bei b herrschenden Druck niedriger ein. Wird die Turbine plötzlich abgestellt, so ist in der Hauptsache nur der Inhalt des Rohres von b bis e zu verzögern. Der Rohrinhalt von a bis b strömt zunächst noch weiter, der Schachtspiegel steigt bis über den Seespiegel, bis der Überdruck in b dem jetzt noch erforderlichen Verzögerungsdruck gleich ist. Darauf strömt das Wasser mit geringer Geschwindigkeit von b nach a und nach einigem Hin- und Herfließen kommt der Rohrinhalt zur Ruhe. Der Schacht kann verschiedene Formen erhalten. Sein Inhalt muß aber so groß sein, daß er beim Abstellen nicht überläuft und beim plötzlichen Anstellen genügend Wasser hergibt, damit er nicht völlig entleert wird, bis das Wasser von a bis b mit genügender Geschwindigkeit nachströmt. Diese Einrichtung nennt man ein Wasserschloß.

III. Dampfkraftanlagen.

Wollen wir die Wärme, die bei rasch verlaufender Oxydation, d. h. Verbindung eines Elementes mit Sauerstoff (vgl. I. Teil, Seite 279) entsteht, in mechanische Arbeit verwandeln, so besteht die Aufgabe aus zwei Sonderaufgaben: Erst müssen wir dafür sorgen, daß bei der Verbrennung möglichst viel der theoretisch verfügbaren Wärme tatsächlich gewonnen und dann von dieser Wärme recht viel in mechanische Arbeit umgesetzt wird. Bei Dampfkraftanlagen geschieht dies auf dem Umweg über den Wasserdampf. Wir benützen die bei der Verbrennung entstehende Wärme zunächst zum Erzeugen von Wasserdampf, den wir dann in der Dampfmaschine Arbeit leisten lassen. Bei Verbrennungskraftmaschinen hingegen arbeiten in der Kraftmaschine unmittelbar die bei der Verbrennung entstehenden heißen Gase. Dieser Weg erscheint somit als der weitaus einfachere, der auch eine vollkommenere Ausnützung der Wärme verspricht. Es hat aber verhältnismäßig lange gedauert, bis man von dem Umwege über den Dampf zum Bau solcher Verbrennungskraftmaschinen gelangte. Wir betrachten, der zeitlichen Entwicklung folgend, zunächst die Dampfkraftanlagen und wollen, weil dem Wasserdampf als Übertragungsmittel wesentliche Bedeutung zukommt, uns zunächst dessen Eigenschaften an einem Versuch klarmachen (den wir zwar in der angegebenen Weise praktisch nicht durchführen könnten). Wir denken uns ein oben offenes zylindrisches und sehr dünnwandiges Gefäß, kurz Zylinder genannt, dessen Boden wir, etwa wie in Fig. 22 angedeutet, durch eine Gasflamme heizen können. Dem Durchmesser des Zylinders von 30 cm entspricht eine Bodenfläche von 706,85 cm². Im Zylinder befinde sich 0,1 kg Wasser, das also den Boden rund 1,5 mm hoch bedecken würde. Auf dem Wasser liegt ein dampfdicht im Zylinder eingeschliffener Kolben, der sich reibungslos auf und ab bewegen läßt. Der Kolben sei so belastet, daß das Gesamtgewicht 5654,8 kg betrage. Jeder cm² der Kolbenfläche drückt somit mit 5654,8 : 706,85 = 8 kg auf das Wasser. Weil außerdem noch der äußere Luftdruck auf den Kolben drückt mit rund 1 kg/cm², steht das Wasser unter dem absoluten Druck von 9 kg/cm² und übt auf die Gefäßwandungen einen Überdruck (über die Atmosphäre) von 8 kg/cm² aus. Das Wasser habe 0° C. Wir entzünden nun die Gasflamme und bestimmen die jeweils dem Gefäß zugeführte Wärmemenge durch Messen der verbrannten Gasmenge. Zunächst erwärmt sich das Wasser, ohne daß sich Dampf bildet, bis es die Temperatur von 174,6° C erreicht hat.

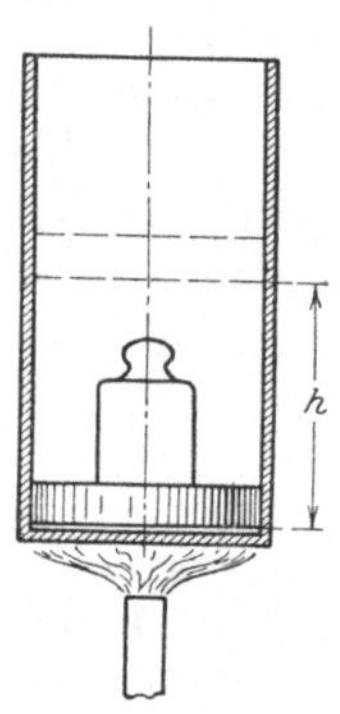

Hierfür müssen wir 17,64 Kcal[1]) zuführen entsprechend dem in der Dampftabelle angegebenen Wert q, der Flüssigkeitswärme von 176,4 Kcal für 1 kg. Erst wenn wir weiter Wärme zuführen, beginnt das Wasser zu verdampfen. Die Temperatur von Wasser und Dampf bleibt unverändert 174,6° C bis zu dem Augenblick, in dem alles Wasser verdampft ist. Ebenso bleibt natürlich der Druck, unter dem der Dampf steht, unverändert = 9 kg/cm² absolut, denn die Belastung, durch den Kolben bleibt ja auch unverändert, wenn auch der Kolben jetzt in eine höhere Stellung gekommen ist. Nach der Dampftabelle hat 0,1 kg Dampf von 9 kg/cm² absoluter Spannung „trocken gesättigt" einen Rauminhalt von 21,9 l. Der Kolben ist somit auf h = 21,9 : 7,0685 = 3,139 dcm gehoben. Damit ist aber eine

Fig. 22.

Arbeit geleistet worden von (9 · 706,85) 0,3139 = 1964,2 mkg. Diese entspricht (da 427 mkg = 1 Kcal) einer Wärmemenge von 4,6 Kcal. In Wirklichkeit haben wir aber zum Verdampfen des Wassers ganz bedeutend mehr Wärme verbraucht, nämlich 48,61 Kcal. Der Unterschied von 44,01 Kcal wurde verbraucht, um den Zusammenhang der kleinsten Wasserteile, der Moleküle, aufzuheben und heißt deshalb innere Verdampfungswärme (ϱ) im Gegensatz zu der äußeren Verdampfungswärme ($A\,p\,u$), die zum Überwinden des äußern Druckes bei der Volumvergrößerung also zur Arbeitsleistung verbraucht wird. Die für das Verwandeln von 0,1 kg Wasser von 0° in Dampf von 9 kg/cm² abs. verbrauchte Wärmemenge ist somit

$$q + \varrho + A\,p\,u = 17,6 + 44,01 + 4,6 = 66,25 \text{ Kcal}$$

----

[1]) Im folgenden wird statt der früher üblichen Bezeichnung WE (Wärmeeinheit) dem Reichsgesetz vom 7. August 1924 entsprechend für die Maßeinheit der Wärmemenge die Bezeichnung Kcal (Kilokalorie) gebraucht.

entsprechend der Gesamtwärme λ der Tabelle mit 662,5 Kcal für 1 kg. Die gewonnene Arbeit entspricht einer Wärmemenge von 4,6 Kcal, somit ergibt sich ein Wirkungsgrad $= \dfrac{4,6}{66,25} = 0,06$. Nur 6% der aufgewendeten Energie sind auf diese Weise in mechanische Arbeit verwandelt worden, wobei noch keinerlei Verlust durch Wärmeableitung nach außen, durch Reibung des Kolbens u. a. berücksichtigt wurde. Wir erkennen schon jetzt, daß wir versuchen müssen, die im Dampf enthaltene Wärme noch in anderer Weise auszunutzen und daß es nicht möglich sein wird, einen großen Verlust an Energie zu vermeiden, der dadurch bedingt ist, daß Wasserdampf, wie wir aus der Tabelle ersehen, auch bei niedrigstem Druck, ganz bedeutende Wärmemengen als Gesamtwärme enthält.

Zunächst wollen wir aber dem Dampf in unserer Versuchseinrichtung noch weiter Wärme zuführen. Jetzt wird offenbar seine Temperatur steigen, er wird überhitzt. Infolge der Temperaturzunahme muß bei unveränderlichem Druck auch sein Rauminhalt zunehmen. Er verhält sich jetzt in dieser Hinsicht angenähert wie ein Gas (Gay-Lussacsches Gesetz, Physik, S. 210). Für je 1° Temperaturzunahme müssen wir rund 0,5 Kcal für 1 kg, somit in unserem Falle nur rund 0,05 Kcal zuführen. Daß wir den Dampf heute vielfach überhitzen, ist aber nur zum geringsten Teile durch diese Raumvergrößerung begründet, sondern vielmehr durch die besondere Eigenschaft des überhitzten Dampfes, seine Wärme nicht so leicht an die umgebenden Wandungen abzugeben als nasser Dampf. Als solchen bezeichnen wir Dampf, in dem durch Wärmeabgabe an die Gefäßwand schon wieder ein Teil kondensiert, d. h. als Wasser vorhanden ist. Sobald die Gefäßwände durch teilweise Kondensation feucht werden, leiten sie die Wärme ganz erheblich schneller ab, und die dadurch entstehenden Wärmeverluste wachsen beträchtlich an. Umgekehrt ergibt sich aber daraus, daß es offenbar auch leichter ist, nassem Dampf durch die Gefäßwand Wärme zuzuführen, als überhitztem Dampf. Wir werden somit für das Zuführen einer bestimmten Wärmemenge bei gleichen Temperaturunterschieden zwischen Wand und Dampf bei überhitztem Dampf eine größere Heizfläche brauchen als bei nassem Dampf.

A. Dampfkessel.

1. Brennstoffe und Verbrennug.

Die für Dampfkessel in Betracht kommenden Brennstoffe enthalten in der Hauptsache als brennbaren Stoff Kohlenstoff, daneben Wasserstoff und kleine Mengen Schwefel. Sie sind mehr oder weniger verunreinigt durch nicht brennbare Stoffe, die als Asche oder, wenn sie bei der vorkommenden Temperatur schmelzen, als Schlacke zurückbleiben. Mittelwerte für die Anzahl der bei vollkommener Verbrennung gewinnbaren Kilokalorien, den Heizwert oder Brennwert des Brennstoffes enthält die Zusammenstellung im Abschnitt Physik S. 231/232. Die weiten Grenzen für die Brennwerte von Torf und erdiger Braunkohle von 1900 bis 4200 bzw. 3000 werden durch den verschiedenen

Wassergehalt, der leicht 45% betragen kann, bedingt. Zum genauen Bestimmen des Heizwertes wird eine genau abgewogene Durchschnittsprobe des Brennstoffes in die sogenannte kalorimetrische Bombe gebracht, ein dicht verschließbares Stahlgefäß, in das Sauerstoff unter hohem Druck eingeleitet wird. Die Probe, etwa 1 g, wird durch einen elektrisch bis zum Glühen erhitzten Draht entzündet und verbrennt in dem verdichteten Sauerstoff sehr rasch und vollkommen, soweit sie überhaupt Brennbares enthält. Die erzeugte Wärmemenge wird bestimmt aus der Temperaturzunahme einer vorher genau abgewogenen Wassermenge, die die Bombe allseitig umgibt. Gasförmige und flüssige Brennstoffe werden im Kalorimeter von Junkers untersucht, indem eine bestimmte abgewogene oder durch eine Gasuhr gemessene Menge verbrannt und die erzeugte Wärme aus der Temperatur einer bestimmten durch das Kalorimeter fließenden Wassermenge ermittelt wird.

Der durch die kalorimetrische Bombe bestimmte Heizwert heißt der obere Heizwert des Brennstoffes. Enthält der Brennstoff Wasser, oder entsteht bei der Verbrennung des im Brennstoff enthaltenen Wasserstoffes Wasser, so wird dieses zunächst bei den hohen Temperaturen verdampft sein. Zum Verdampfen ist aber eine bestimmte Wärmemenge erforderlich, die also den entstandenen Verbrennungsgasen entzogen sein muß. In der Bombe wird der entstandene Wasserdampf so weit abgekühlt, daß er kondensiert. Die zur Verdampfung benötigte Wärmemenge wird wieder frei und geht auch in das Kühlwasser der Bombe. Bei unseren Feuerungsanlagen werden die entstandenen Gase aber nur in Ausnahmefällen so weit abgekühlt, daß der in ihnen enthaltene Wasserdampf kondensiert wird, meist bleibt ihre Temperatur erheblich über der Siedetemperatur des Wassers beim Atmosphärendruck (rund 100°). Die zum Verdampfen des durch die Verbrennung entstandenen oder frei gewordenen Wassers erforderliche Wärme ist somit für uns nicht verwertbar. Die Zusammenstellung gibt deshalb nur die unteren Heizwerte, d. h. die Anzahl der Kcal, die von uns auch wirklich mit den üblichen Einrichtungen gewonnen werden können. Bei dem erheblichen Einfluß, den der Wassergehalt auf den Heizwert hat, ist große Sorgfalt geboten beim Aufbewahren und Verwenden von feuchten Brennstoffproben, damit nicht wesentliche Wassermengen verdunsten und infolgedessen die Heizwertbestimmung zu günstig ausfällt.

Der Heizwert kann auch nach der chemischen Zusammensetzung des Brennstoffes mit der vom Internationalen Verbande der Dampfkesselüberwachungsvereine aufgestellten Formel, der sogenannten Verbandsformel, berechnet werden. Bezeichnen c, h, o und s die in 1 kg Brennstoff enthaltenen Gewichte an Kohlenstoff, Wasserstoff, Sauerstoff und Schwefel, so ist der untere Heizwert angenähert

$$= [8100\,c + 29000\,(h + \tfrac{o}{8}) + 2500\,s - 600\,h_2o]\ \text{Kcal/kg}.$$

1 kg reiner Kohlenstoff erfordert nun zur vollkommenen Verbrennung zu Kohlensäure (CO_2) $\tfrac{8}{3}$ kg Sauerstoff. Es entstehen also $1\tfrac{1}{3}$ kg CO_2, 1 kg Wasserstoff verbrennt mit 8 kg Sauerstoff zu 9 kg Wasser und

1 kg Schwefel mit 1 kg Sauerstoff zu 2 kg Schwefeldioxyd (SO_2). Für unsere Feuerungen steht uns aber kein reiner Sauerstoff zur Verfügung, sondern nur das Gemisch Sauerstoff und Stickstoff der atmosphärischen Luft, wovon der Stickstoff ohne jeden Einfluß auf die chemischen Vorgänge bleibt. Da 100 kg Luft nur 23,2 kg Sauerstoff enthalten, müssen wir also, wenn wir das theoretisch zur Verbrennung erforderliche Luftgewicht bestimmen wollen, obige Zahlen noch mit $\dfrac{100}{23,2} = 4,3$ multiplizieren. Da 1 m³ trockene Luft bei 0° und 760 m Q.-S. 1,293 kg wiegt, und $\dfrac{1,293}{4,3} = 0,3$ ist, kann der Luftbedarf im m³ bestimmt werden aus

$$L = (\tfrac{8}{3}\,C + 8\,H + S - O)\,\tfrac{1}{0,3}\,m^3\,.$$

1 kg gute Steinkohle erfordert z. B.

$$(\tfrac{8}{3} \cdot 0,8 + 8 \cdot 0,042 + 0,008 - 0,05)\,\tfrac{1}{0,3} = 8,1\ m^3\ \text{Luft}$$

zur vollkommenen Verbrennung, wenn darin 80% Kohlenstoff, 4,2% Wasserstoff, 0,8% Schwefel und 5% Sauerstoff (dem Gewichte nach) enthalten sind. Diese Luftmenge genügt aber praktisch zur vollständigen Verbrennung nicht, da nicht jedes Sauerstoffteilchen rechtzeitig zu einem entsprechenden Kohleteilchen gelangen kann. Statt Kohlendioxyd, CO_2, bildet sich dann nur das sehr giftige Kohlenoxyd, CO. Bei der Verbrennung von C zu CO entstehen aber nur 2470 Kcal gegenüber den 8100 Kcal bei vollkommener Verbrennung zu CO_2. Eine derartige unvollkommene Verbrennung bedeutet somit eine sehr schlechte Ausnutzung des Brennstoffes. Wir führen deshalb lieber Luft im Überschuß zu, wobei wir freilich beachten müssen, daß wir damit auch noch erhebliche weitere Mengen des nutzlosen Stickstoffes dem Feuer zuführen, der nun auch mit erwärmt werden muß, somit offenbar die Anfangstemperatur der Verbrennungsgase, kurz Rauchgase genannt, herabdrücken wird. Für Feuerungen, die von Hand bedient werden, darf die zugeführte Luftmenge etwa das 1,4- bis 2fache der theoretischen betragen. Wir brauchen also für 50 kg Steinkohle obiger Zusammensetzung mindestens

$$50 \cdot 1,4 \cdot 8,1 = 567\ m^3\ \text{Luft.}$$

Aus der Zusammensetzung des Brennstoffes und dem Luftüberschuß kann auch die Menge der entstehenden Rauchgase berechnet werden, wenn wir uns diese auf 0° abgekühlt und bei 760 mm Barometerstand denken. Die Rauchgasmenge ist natürlich vom Luftüberschuß abhängig, doch kann man als Mittelwert die größte aus 1 kg Brennstoff entstehende Gasmenge zu 16 m³ annehmen. Wie groß der Luftüberschuß im gegebenen Falle ist, können wir offenbar leicht durch eine Untersuchung der Rauchgase hinter dem Kessel feststellen. Je mehr Luft zugeführt wurde, um so weniger Kohlendioxyd, CO_2 wird in 1 m³ der Rauchgase enthalten sein. Der Höchstgehalt bei der vollkommenen Verbrennung von reinem Kohlenstoff mit Luft kann theoretisch 21% betragen. Meist findet man bei einem Luftüberschuß = 2 (d. h. doppelte theoretisch erforderliche Luftmenge) einen Kohlensäuregehalt von rund 10%. Einem Luftüberschuß von 1,7 entspricht ein CO_2-Gehalt von rund 12%.

Bemerkung: Es ist allgemein üblich, von Kohlensäuregehalt der Rauchgase zu sprechen. Streng genommen versteht man unter Kohlensäure die Verbindung H_2CO_3 (vgl. Abschnitt Chemie S. 287), während es sich hier stets um Kohlendioxyd, CO_2, handelt.

Die hier zu betrachtenden Dampfkessel sollen hauptsächlich Dampf für Dampfmaschinen und Dampfturbinen liefern. Sie werden häufig nebenbei auch Dampf für Heiz- und Kochzwecke abgeben. Die besonderen Bauarten von Dampfkesseln für niedrigen Druck, wie sie für Heizungsanlagen allein gebraucht werden, bleiben unberücksichtigt. Die Dampfspannung wird für Kraftmaschinen meist über 6 kg/cm² gewählt. Man geht heute mit dem Druck immer höher und baut bereits Anlagen für 25 kg/cm² und mehr (bis 100 kg/cm²).

Feste Brennstoffe, wie Kohle, Holz, Torf usw , werden auf einem Rost verbrannt, flüssige Brennstoffe in den Feuerraum eingespritzt, gasförmige unter Druck ebenfalls durch Düsen in den Feuerraum eingeführt. In gleicher Weise wird auch fein gemahlener Kohlenstaub mit einem Teil der zur vollkommenen Verbrennung erforderlichen Luft durch Düsen in den Feuerraum eingeblasen. Die entstehenden Verbrennungsgase, Rauchgase, werden in den Feuerzügen an den Kesselwandungen entlang geführt und entweichen schließlich durch einen Verbindungskanal, den Fuchs, in den Kamin oder Schornstein. Zum Regeln der Gasgeschwindigkeit und zum Absperren dient der in den Fuchs eingebaute Rauchschieber.

Die von den Rauchgasen bestrichenen Kesselwandungen heißen Heizfläche. Man unterscheidet wasserberührte oder benetzte Heizflächen und dampfberührte, je nachdem die Kesselwand innen von Wasser oder Dampf bespült wird. Dampfberührte Heizflächen kommen am eigentlichen Kessel selten vor, da der Wärmeübergang von Kesselwand an Dampf wesentlich langsamer vor sich geht als von Kesselwand an Wasser. Bei hoher Rauchgastemperatur entsteht somit die Gefahr, daß das Kesselblech durch den Dampf nicht genügend abgekühlt wird, sich übermäßig erhitzt und dabei an Festigkeit einbüßt. Dampfberührte Heizflächen sollen deshalb am eigentlichen Kessel nur da vorkommen, wo diese Gefahr wegen geringer Temperatur der Rauchgase sicher vermieden wird. Wir brauchen aber dampfberührte Heizflächen zum Erzeugen von überhitztem Dampf in Überhitzern, die aber eine vom eigentlichen Kessel ganz gesonderte Heizfläche enthalten müssen; denn es soll ja im Überhitzer kein Wasser mehr vorhanden sein. Die Überhitzerheizflächen werden heute fast stets mit den Rauchgasen des eigentlichen Kessels geheizt. Es kommen aber auch Überhitzer mit eigenem Rost vor.

Die Rauchgase verlassen den Kessel je nach Bauart und Betrieb mit Temperaturen zwischen etwa 180 und 400°. Sie enthalten also oft noch bedeutende Wärmemengen. Diese nützt man aus durch Einbau eines Speisewasservorwärmers in den Rauchgasstrom (Rauchgasvorwärmer). Neuerdings werden auch die Rauchgase benützt, um die dem Rost zuzuführende Verbrennungsluft vorzuwärmen (Lufterhitzer); denn je höher die Temperatur der Verbrennungsluft ist, um so höher wird auch die Anfangstemperatur bei der Verbrennung sein.

2. Wichtige Dampfkesselbauarten.

Nach der Aufstellungsart kann man unterscheiden:

a) ortsfeste Kessel, am Arbeitsort fest und dauernd eingebaut.

b) bewegliche Kessel: Lokomobil-, Lokomotiv- und Schiffskessel; Kessel für den Betrieb von Baumaschinen (Rammen u. dgl.) und von Hebemaschinen (Dampfkrane u. a.).

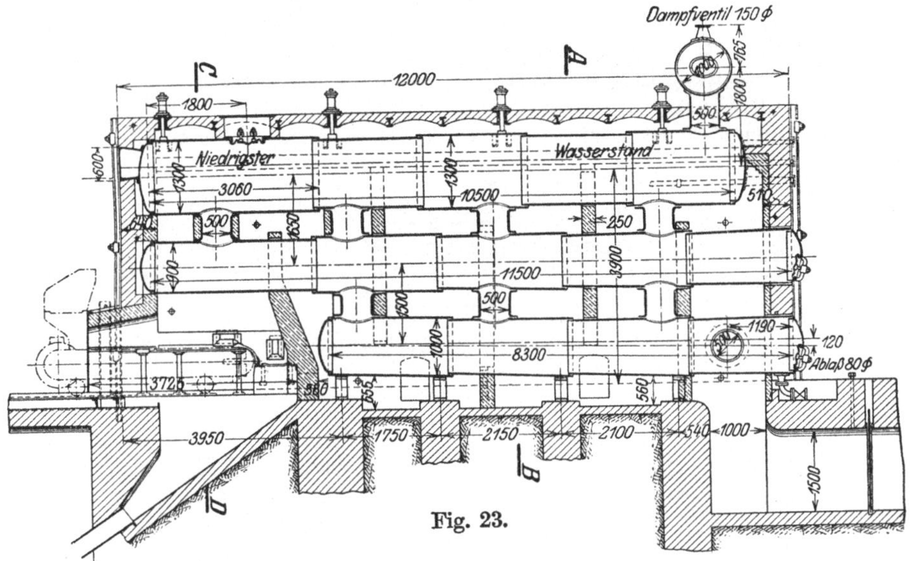

Fig. 23.

Nach der Form unterscheidet man:

a) Walzenkessel: ein oder mehrere zylindrische Kessel werden von außen geheizt.

b) Flammrohrkessel: in einem zylindrischen Kessel ist ein weiteres Rohr angeordnet, durch das die Rauchgase zunächst hindurchströmen. Meist ist auch der Rost in dieses Flammrohr eingebaut (Innenfeuerung).

c) Heiz- oder Rauchrohrkessel: die Rauchgase werden durch eine große Anzahl enger Rohre geführt, die von Wasser umgeben sind.

d) Wasserrohrkessel: das Wasser fließt durch zahlreiche Rohre, die außen von den Rauchgasen bespült werden.

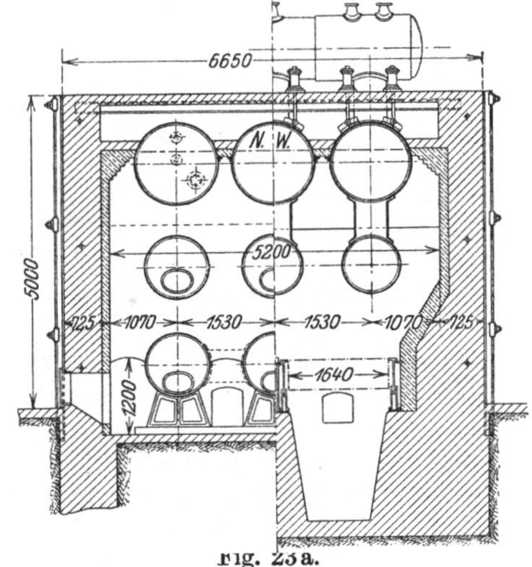

Fig. 23a.

e) Zusammengesetzte (kombinierte) Kessel: Vereinigung der unter a bis d aufgeführten Kesselarten.

Der Walzenkessel wird heute fast nur noch mit mehreren glatten zylindrischen Teilen, die unter sich durch weite Rohrstutzen verbunden sind, als „Batterie‟-Kessel gebaut. (Fig. 23 u. 23a). Seine Vorzüge sind: Der große Wasserinhalt (Großwasserraumkessel) wirkt bei stark schwankender Dampfentnahme ausgleichend auf die Dampfspannung, da in dem Wasser stets eine große Anzahl Wärmeeinheiten aufgespeichert sind. Die Verdampfungsoberfläche, d. h. die Summe der Wasserspiegelflächen ist verhältnismäßig groß; die aufsteigenden Dampfblasen reißen deshalb nicht so leicht Wasser mit; der Dampf ist verhältnismäßig trocken. Der

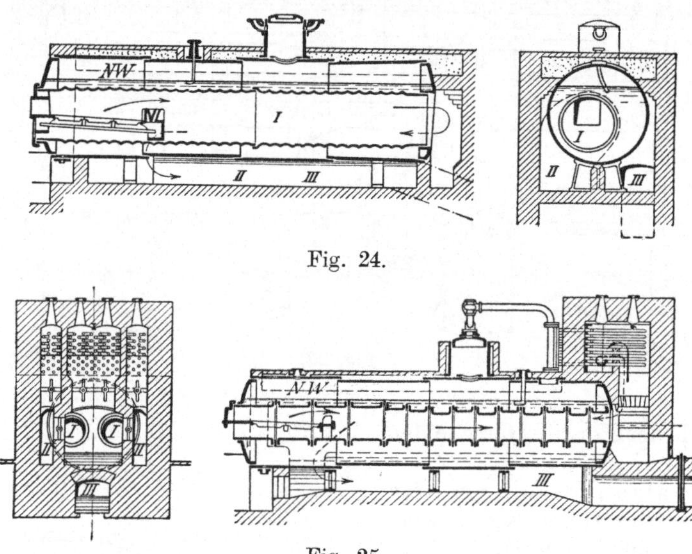

Fig. 24.

Fig. 25.

Walzenkessel läßt sich leicht reinigen und erfordert selten Ausbesserungsarbeiten. Nachteilig ist eine langsame Dampfentwicklung und die große erforderliche Grundfläche.

Der Flammrohrkessel (Fig. 24 u. 25) wird mit einem, zwei oder auch (seltener) mit drei Flammrohren ausgeführt, die durch den Dampfdruck von außen belastet sind und deshalb gegen Zusammendrücken genügend steif sein müssen. Da sie in der Längsrichtung wegen der verschiedenen Temperaturen der Kesselwandungen elastisch sein müssen, damit ihre Verbindung mit den Kesselböden nicht zu sehr leidet, werden sie in einzelne kurze Stücke mit federnden Flanschen zerlegt, oder als Wellrohre (Foxrohr, Fig. 26, und Morrisonrohr, Fig. 27) ausgeführt. Letztere wie auch das Stufenrohr von Paucksch bewirken zugleich, daß die Rauchgase gut durcheinandergewirbelt werden und damit ihre Wärme rasch an das Rohr abgeben. Eine gleiche Wirkung haben auch die zum Versteifen glatter Flammrohre eingebauten

Quersiederrohre (Gallowayrohre, Fig. 28). Auch der Flammrohrkessel gehört zu den Großwasserraumkesseln und hat als besondere Vorzüge den großen Wasserinhalt und die große Verdampfungsoberfläche.

Der **Heiz-** oder **Rauchrohr-kessel** (Fig. 29) hat im Gegensatz dazu einen verhältnismäßig kleinen Wasserinhalt, der rasch erwärmt werden kann. Der Kessel kann deshalb schnell angeheizt werden,

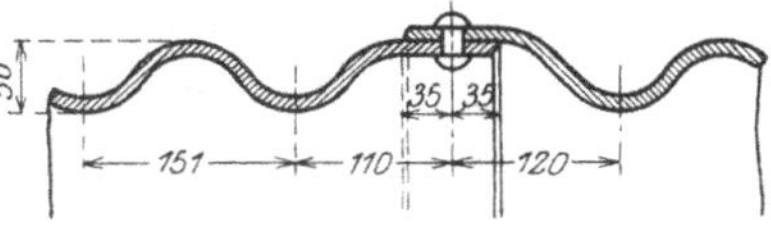

Fig. 26.

liefert aber gewöhnlich nasseren Dampf als der Flammrohrkessel. Als Feuerraum wird oft ein kurzes Flammrohr wie in Fig. 29 oder eine Feuer-

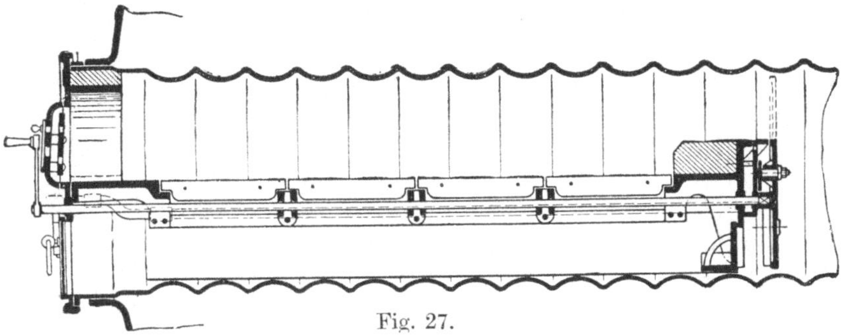

Fig. 27.

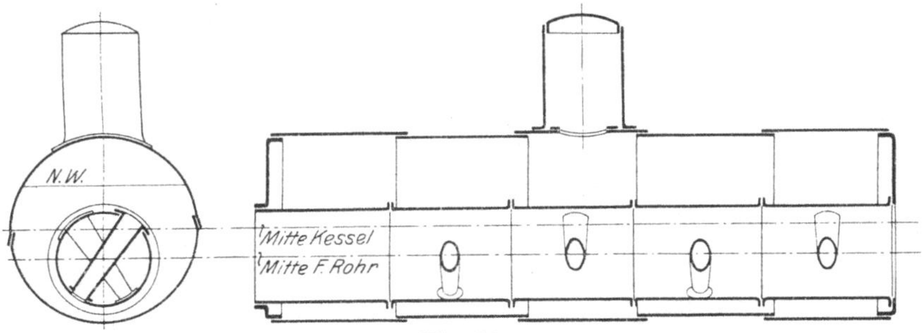

Fig. 28.

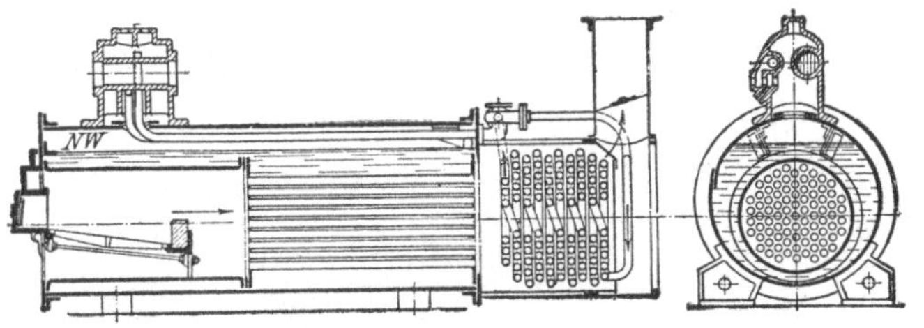

Fig. 29.

buchse (Feuerkiste) vorgebaut, wie z. B. meist bei Lokomotivkesseln (Fig. 30). Wenig angenehm sind die vielen Dichtungsstellen der Rohre in den Kesselstirnwänden. Ebenso ist die Reinigung des Kessels mühsam.

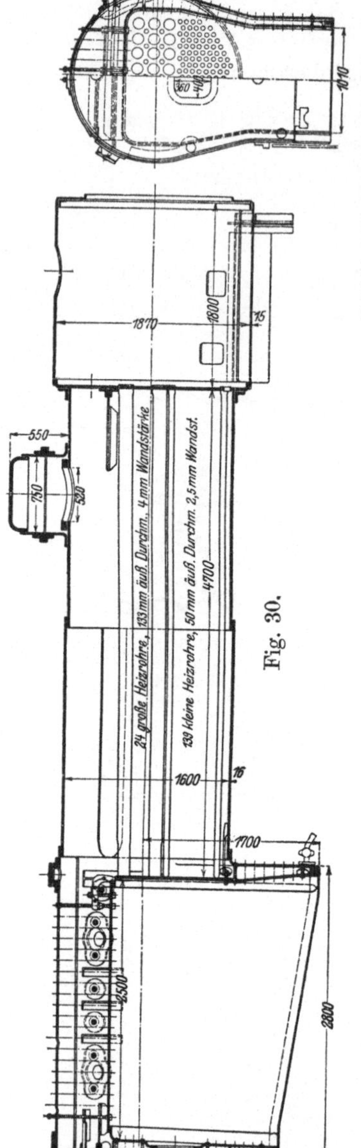

Fig. 30.

Beim Wasserrohrkessel (Fig. 31) sind eine große Anzahl enger Rohre meist an jedem Ende mit einer Wasserkammer verbunden, die ihrerseits an den Oberkessel angeschlossen sind. Die Rohre liegen stets schräg, um den Dampfblasen das Aufsteigen in den Oberkessel zu ermöglichen. Der Rauchrohrkessel gibt ebenfalls sehr rasch Dampf, der aber bei stärkerer Belastung rasch erheblich feucht wird. Einige besondere Ausführungsformen werden wir später noch kennenlernen.

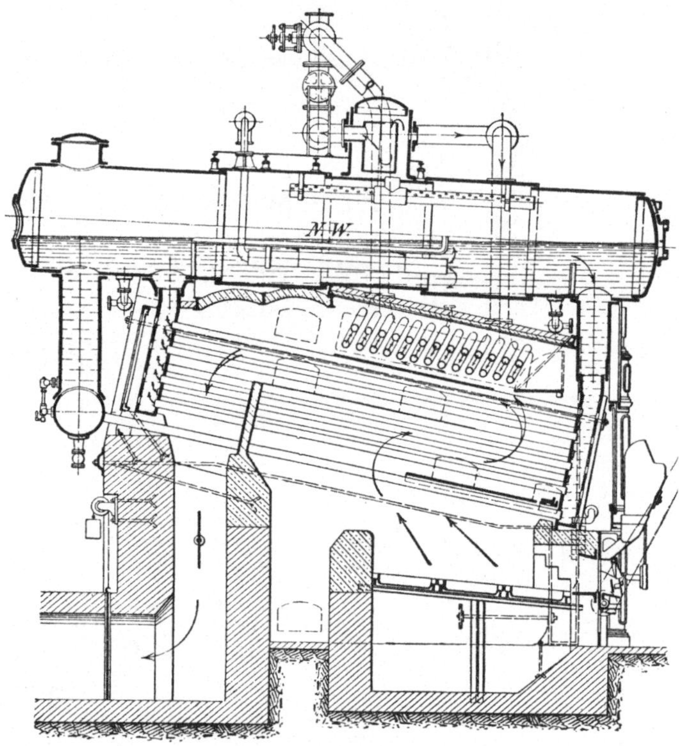

Fig. 31.

3. Die Feuerung.

Wir hatten schon gesehen, daß es bei der Verbrennung besonders darauf ankommt, den Luftsauerstoff so zuzuführen, daß der Kohlenstoff vollkommen zu CO_2 verbrennt und daß wir dazu zwar einen mehr oder weniger großen Luftüberschuß brauchen, daß wir aber keinesfalls mehr Luft zuführen sollten, als unbedingt erforderlich ist. Denn dadurch würde die Anfangstemperatur herabgedrückt und der theoretisch mögliche Wirkungsgrad hin-

sichtlich Wärmeausnutzung, der thermische Wirkungsgrad, von vornherein herabgedrückt (vgl. Abschnitt Physik, S. 230).

Damit eine Verbrennung überhaupt möglich ist, muß der Brennstoff
eine bestimmte Temperatur haben; denn nur wenn wir glühender
Kohle Luft zuführen, „verbrennt" sie. Wir müssen somit die Luft
durch die glühende Brennstoffschicht hindurchführen. Das geschieht
auf dem aus Roststäben oder Rostplatten zusammengesetzten Rost.
Die Größe der Gesamtrostfläche richtet sich nach der zu verbrennenden
Brennstoffmenge und ihrem Heizwert. Als Mittelwert kann man annehmen, daß rund 600000 Kcal stündlich auf 1 m² Rostfläche erzeugt
werden dürfen. Dabei ist vorausgesetzt, daß die Luft durch den natür-
lichen Zug durch die Brennstoffschicht hindurchgeführt wird. Unter
Zugstärke verstehen wir den Unterschied des Luft- bzw. Gasdrucks
vor dem Rost und hinter demselben, etwa am Rauchschieber gemessen.
Sie wird meist angegeben in mm Wassersäule. Dieser Druckunterschied
entsteht bei natürlichem Zug dadurch, daß die im Schornstein aufstei-
gende Rauchgassäule infolge ihrer hohen Temperatur leichter ist als die
Außenluft. Es muß also unter dem Rost ein Überdruck vorhanden sein
gegenüber dem Rauchgasdruck am Ende des Kessels. Bei stark bean-
spruchten Kesseln reicht dieser Überdruck nicht aus, genügend Luft
durch die Brennstoffschicht zu treiben. Man hilft dann nach, indem man
entweder den Druck vor dem Rost vermehrt durch ein Gebläse, das
die Verbrennungsluft mit höherem Druck als Atmosphärendruck zuführt, oder man stellt hinter dem Kessel einen Ventilator auf, der die Rauchgase absaugt und in den Schornstein drückt, oder man vermehrt die Geschwindigkeit der Rauchgase im Schornstein durch Einblasen von Luft
oder Dampf unter hohem Druck und vermehrt so künstlich den Überdruck. So wird z. B. bei Lokomotiven, wo der Schornstein so kurz ist,
daß er unmöglich eine genügende Zugwirkung hervorrufen kann, der
Abdampf der Maschine in das Blasrohr in der Rauchkammer unter
dem Schornstein geführt. Der austretende Dampfstrahl reißt dann die
Rauchgase mit in den Schornstein. Beim Einblasen der Luft in die
Feuerung besteht die Gefahr, daß beim Öffnen der Feuertür die heißen
Gase herausschlagen. Es muß deshalb dafür gesorgt sein, daß die Feuer-
tür nicht geöffnet werden kann, bevor das Gebläse abgestellt ist. Be-
Saugzuganlagen ist natürlich eine solche Maßregel nicht erforderlich.

Von der Gesamtrostfläche zu unterscheiden ist die freie Rostfläche, d. h. die Summe der zwischen den Roststäben freibleibenden
Rostspalten. Diese verhält sich zur Gesamtrostfläche etwa wie 1 : 2,3.
Die Weite der Spalten richtet sich natürlich nach dem Brennstoff. Die
Roststäbe enthalten schmale, aber sehr hohe Querschnitte, weil sie durch
die vorbeistreichende Luft so weit gekühlt werden sollen, daß die nicht
schmelzen. Meist sind sie aus Gußeisen, häufig aber auch aus Schmiedeeisen, besonders dann, wenn infolge künstlichen Zuges sehr hohe Temperaturen zu erwarten sind.

Es sind hauptsächlich drei Rostarten zu unterscheiden: der Planrost, der Treppenrost und der Wander- oder Kettenrost.

Der **Planrost** mit wagerechter oder wenig geneigter Oberfläche hat für stückige Brennstoffe und für Handbeschickung weiteste Verbreitung. Für erdige Braunkohle und ähnliche minderwertige Brennstoffe (Müll u. dgl.) muß der Treppenrost verwendet werden. Der Wanderrost kommt für große Rostflächen in Frage, die sowieso nicht mehr von Hand beschickt werden könnten. Bei kleiner oder mäßiger Rostgröße kann ein gewandter und gewissenhafter Heizer eine recht gute Verbrennung erzielen, trotzdem er öfters die Feuertür öffnen muß, wobei leicht übermäßig Luft zutritt und der Wirkungsgrad der Feuerung zeitweise herabgedrückt wird. Er wird auch Unebenheiten in der Brennstoffschicht ausgleichen können und verhüten, daß der Rost an irgendeiner Stelle freibrennt und damit Luft im Überschuß zutritt. Bei großen Rostflächen müssen wir zu mechanischer Beschickung des Rostes übergehen. Es gibt da eine Reihe von Vorrichtungen, die in mehr oder weniger vollkommener Weise durch mechanisch angetriebene Wurfschaufeln den Brennstoff auf den Rost werfen. Außer diesen **Wurffeuerungen** (Fig. 32) werden neuerdings in steigendem Maße auch sogenannte Unterschubfeuerungen verwendet, bei denen der frische Brennstoff durch Kolben oder dgl. von unten in die Brennstoffschicht gedrückt wird. Die

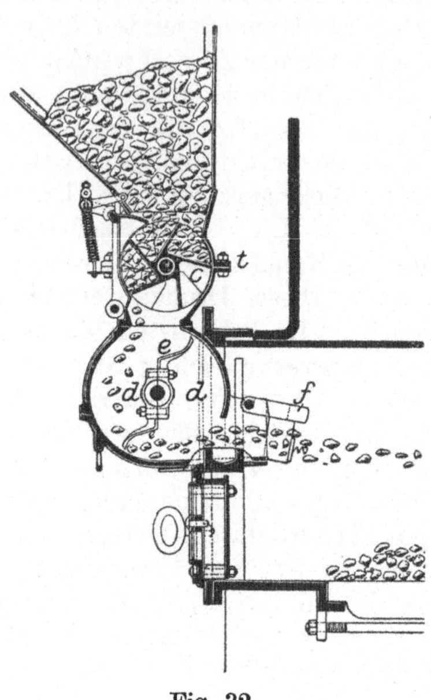

Fig. 32.

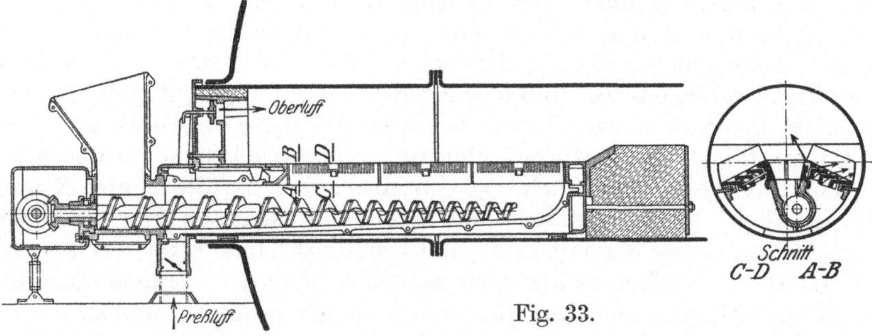

Fig. 33.

Rostfläche ist dann meist dachförmig, so daß der Brennstoff allmählich nach den Seiten herunterrutscht (Fig. 33). Der Planrost kann, wie wir schon gesehen haben, ins Flammrohr eingebaut werden (Innenfeuerung) oder unter dem Kessel liegen bei Walzenkesseln und Wasserrohrkesseln. Manchmal muß er auch vor Flammrohrkessel als **Vorfeuerung** angeordnet werden, wenn er für Holz- oder Spänefeuerung so groß ausfällt, daß er im Flammrohr nicht Platz hat. Bei Spänefeuerung kommt hinzu, daß es notwendig ist, über dem Rost ein Gewölbe aus feuerfesten Steinen anzuordnen, das durch das Feuer glühend erhalten wird und seinerseits die Wärme wieder auf die Brennstoffschicht zurückstrahlt. Damit wird das Verdampfen des in der Späne enthaltenen Wassers beschleunigt und ein Teil des Brennstoffes selbst vergast. Fig. 34 zeigt ein solches Gewölbe über einem sog. Schrägrost, der aus geneigt liegenden Stäben gebildet ist.

Hinter dem Planrost sehen wir in Fig. 27 die Feuerbrücke aus feuerfesten Steinen, die das Hineinfallen des Brennstoffes in das Flammrohr verhindert. Bei zu geringer Rostbedeckung infolge schwacher Inanspruchnahme des Kessels kann die Rostfläche leicht verkleinert werden, indem man vor die Feuerbrücke eine oder mehrere Lagen Ziegelsteine einlegt.

Der Treppenrost (Fig. 35) wird hauptsächlich für erdige Braunkohle verwendet, die auf einem Planrost nicht oder nur sehr unvollkommen verbrannt werden könnte. Er kann nur als Unter- oder Vorfeuerung verwendet werden. Durch einen Fülltrichter rutscht die Kohle dauernd auf das obere Ende des aus wagerechten gußeisernen Platten gebildeten Rostes. Wie bei der Spänevorfeuerung wird die Kohle durch die

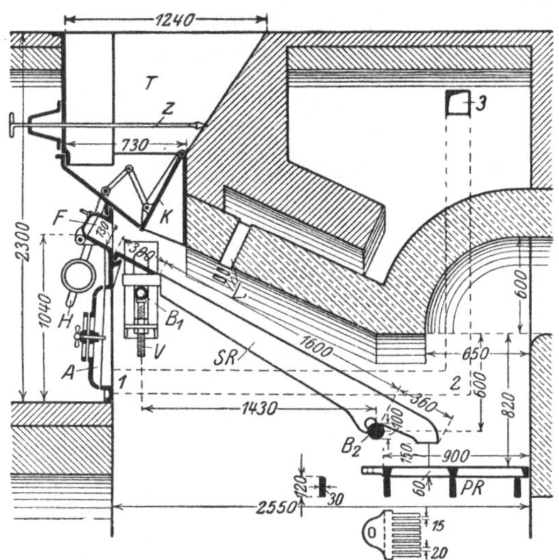

Fig. 34.

Strahlung des über dem Rost liegenden Gewölbes getrocknet und zum Teil vergast. Die brennbaren Gase streichen über den unteren Teil des Rostes, der mit glühender Kohle bedeckt ist und verbrennen mit diesem. Die zurückbleibende Schlacke sammelt sich auf einem kleinen wagerechten Schlackenrost, der von Zeit zu Zeit vorgezogen wird, so daß die Schlacke in den darunter befindlichen Schlackenraum fällt, aus dem sie durch Öffnen des Schiebers nach unten abgezogen werden kann. Im Maße, wie die Kohle unten wegbrennt, rutscht frischer Brennstoff nach, wenn die Rostneigung richtig gewählt ist. Meist kann diese durch Stellschrauben etwas verändert und dem jeweiligen Brennstoff angepaßt werden. Wegen der teilweisen Vergasung der Kohle spricht man auch von Halbgasfeuerung, die neuerdings auch in etwas anderen Formen für minderwertigen Brennstoff, Torf, Müll u. a. erprobt wird.

3*

Der **Wanderrost** oder **Kettenrost.** Eine ähnliche ununterbrochene Brennstoffzuführung wird dadurch erzielt, daß ein ebener Rost aus Roststabketten gebildet wird, die am vorderen und hinteren Ende

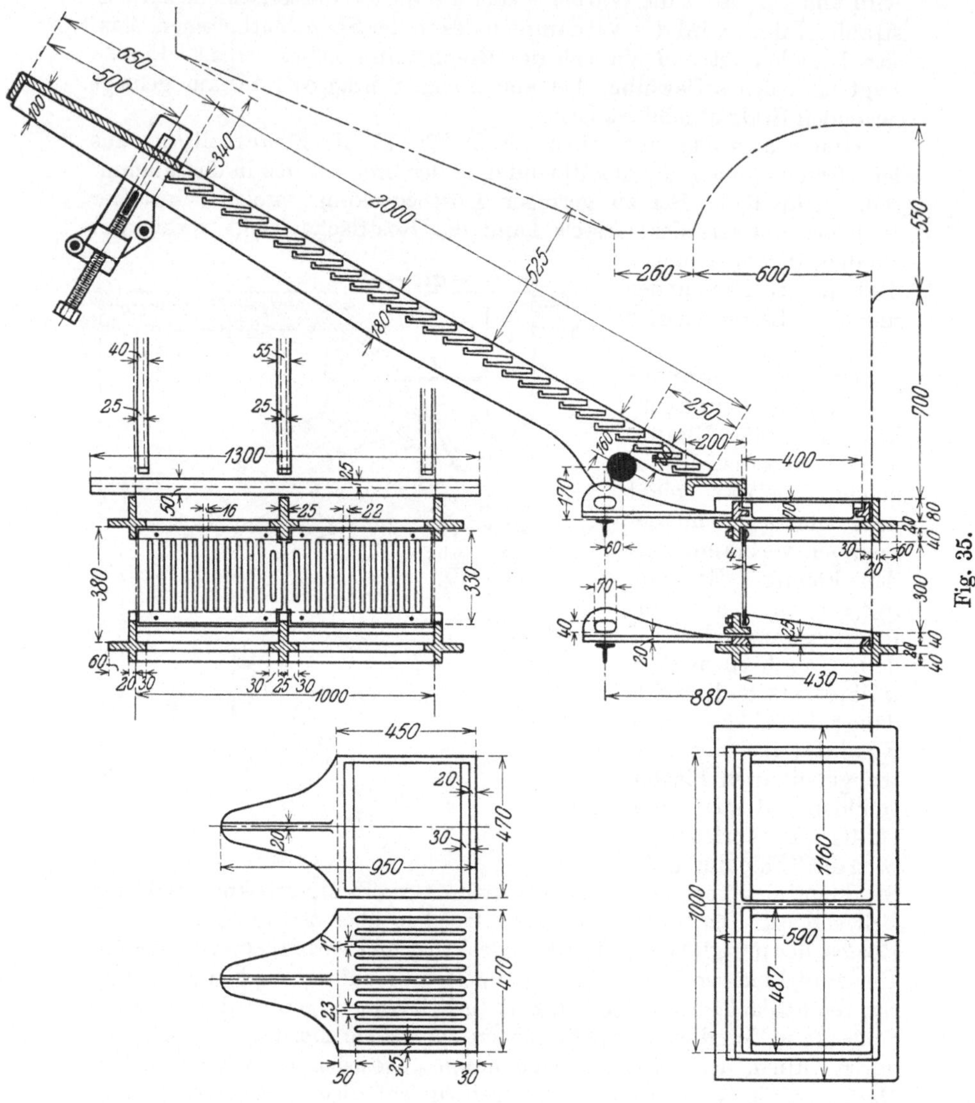

Fig. 35.

des Rostes über Kettenräder oder Trommeln laufen (Fig. 36). Durch einen Füllrumpf fällt die Kohle vorn auf den Rost und wandert mit den mechanisch durch Elektromotor oder Transmission angetriebenen Roststabketten langsam gegen das hintere Ende. Die Geschwindigkeit wird

so geregelt, daß der Brennstoff vollkommen ausbrennen kann, und am
Ende des Rostes nur noch Schlacken ankommen. Diese fallen dann über

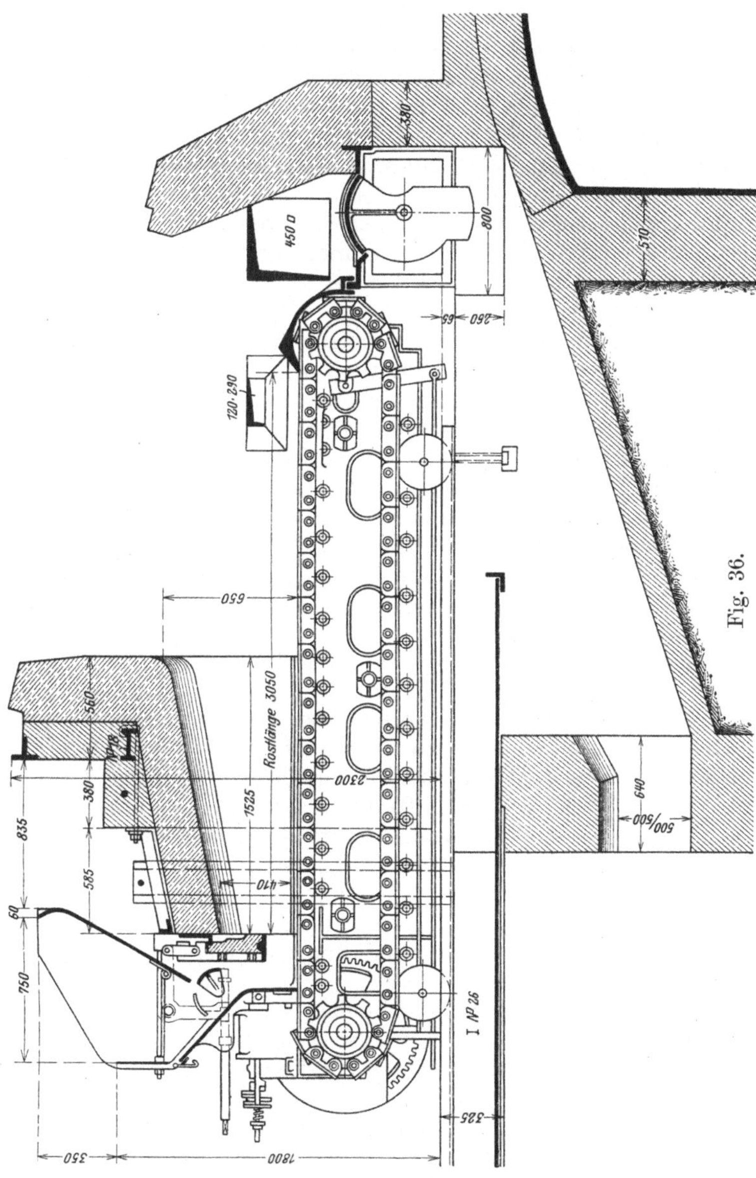

Fig. 36.

das Rostende in Sammelbehälter. Eine nicht zu kleine Schlackenbildung
ist für den Wanderrost vorteilhaft, weil das letzte Ende der Rostfläche
nur noch von Schlacke bedeckt sein soll, damit man sicher ist, daß keine

unverbrannte Kohle mit den Schlacken weggeht. Mit Schlacke muß das Rostende bedeckt sein, damit hier nicht zu viel Luft duch den Rost hindurchtreten kann. Auch beim Wanderrost wird der zunächst auffallende Brennstoff erst getrocknet und soweit erhitzt, daß die in den meisten Kohlen sich beim Erwärmen entwickelnden brennbaren Gase ausgetrieben werden. Wir finden deshalb auch hier meist ein Gewölbe über dem vordersten Teil des Rostes. Die Geschwindigkeit des Rostes wird je nach der Kesselbelastung geregelt, außerdem kann auch die Schütthöhe verändert werden. Vorteilhaft ist wie beim Treppenrost, daß Feuertüren u. dgl. nur selten geöffnet werden brauchen und der Brennstoff sehr gleichmäßig zugeführt wird. Dieser wird deshalb auch recht vollkommen ausgenutzt. Natürlich kommen solche Wanderroste nur für große Rostflächen in Betracht. Zum Antrieb sind für 1 m² Rostfläche etwa 0,2 bis 0,3 PS erforderlich.

Flüßige Brennstoffe, wie Rohpetroleum (Naphtha), deren Rückstände bei der Veredelung (Raffination) sog. Masut sowie Teer, werden fast nur im Schiffs- und Lokomotivbetriebe verwendet, wo der Vorteil hochwertiger und leicht unterzubringender Brennstoffe trotz hoher Kosten den Ausschlag gibt. Sie werden durch Dampf oder Preßluft oder in sog. Düsenzerstäubern zerstäubt in den Feuerraum geschleudert. Besondere Vorsichtsmaßregeln sind erforderlich, um ein Ausfließen von Öl in Betriebspausen zu verhüten, damit beim Wiederingangsetzen Explosionen zu vermeiden. Diese können dadurch entstehen, daß das Öl im heißen Feuerraum teilweise verdampft und mit der Luft ein explosives Gemisch bildet.

Gasfeuerungen werden ebenfalls für Dampfkessel nur ausnahmsweise verwendet. Es kann sich nur um Gas handeln, das wie bei der Koksbereitung und ähnlichen Betrieben sozusagen als Nebenerzeugnis gewonnen wird. Solches Gas wird aber heute viel vorteilhafter in Gasmaschinen verwertet. Wir haben aber gesehen, wie erdige Braunkohle auf dem Treppenrost auch zum Teil vergast wird. Es kann diese Vergasung nun in besonderen Gaserzeugern vollständig durchgeführt und das Gas zur Kesselheizung verwendet werden, wenn die Natur des Brennstoffes, Abfälle, Müll u. dgl. ein unmittelbares Verbrennen auf einem Rost ausschließt. Meist begnügt man sich aber mit teilweiser Vergasung und verbrennt den Rest mit den gewonnenen Gasen zusammen (Halbgasfeuerungen).

Trotz weit zurückliegender Versuche, Kohlenstaub in den Feuerraum einzublasen, haben diese Kohlenstaubfeuerungen in Deutschland bisher keine große Verbreitung gefunden. Vorteilhaft ist bei diesen, daß man bei genügend feiner Vermahlung der Kohle den Staub mit der Luft so gut mischen kann, daß man mit sehr kleinem Luftüberschuß auskommt. Der Wirkungsgrad der Feuerung wächst, da wesentlich höhere Anfangstemperaturen erreicht werden. Diese sind aber der Ausmauerung des Feuerraumes gefährlich. Die in den letzten Jahren in den Vereinigten Staaten von Nordamerika zahlreichen sehr großen Kesselanlagen für Staubfeuerung weisen deshalb durchweg ungewöhnlich große

Feuerräume auf, damit deren Wände wie auch die Kesselteile selbst nicht unmittelbar von der heißen Flamme getroffen werden. Das Mahlen der Kohle — es kann auch minderwertige und Abfallkohle verwendet werden — in besonderen Mühlen erfordert ein vorhergehendes Trocknen durch die abziehenden Rauchgase. Der Kohlenstaub wird mit etwa $1/4$ der erforderlichen Verbrennungsluft gemischt durch Düsen in den Feuerraum eingeblasen. Den Rest der Verbrennungsluft führt man unter mäßigem Überdruck oder auch nur unter Atmosphärendruck der Flamme von außen zu.

4. Die Heizflächen.

Als eigentliche Heizfläche eines Kessels gilt nur die wasserberührte Fläche, und zwar stets auf der Feuer- bzw. Rauchgasseite gemessen, da die Wärme viel langsamer von den Rauchgasen in die Kesselwandung übergeht, als von dieser an das Wasser. Dieser Wärmeübergang ist abhängig vom Temperaturunterschied, somit an den Stellen unmittelbar

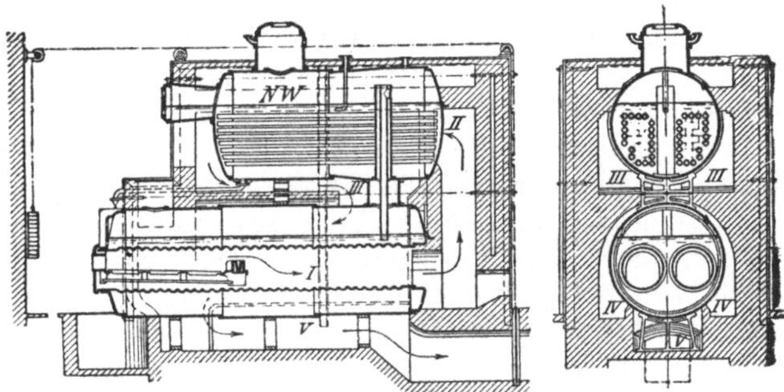

Fig. 37.

über dem Feuer ganz erheblich größer als am Ende der Züge, wo die Gase schon beträchtlich abgekühlt sind. Hierzu kommt, daß unmittelbar über dem Feuer ein großer Teil der Wärme nicht durch Leitung von den Gasen an das Kesselblech abgegeben wird, sondern durch Strahlung. Unmittelbar bestrahlte Heizflächen liefern deshalb in der gleichen Zeit ein Vielfaches an Dampf gegenüber den Flächen am Ende des Kessels. Man gibt aber meist die Leistung der Kesselheizfläche, das ist die Anzahl kg Dampf, die von einem m^2 stündlich erzeugt werden können, die Anstrengung der Heizfläche, als Mittelwert für die ganze Heizfläche.

Die verschiedenen Kesselbauarten können liefern:

Einflammrohrkessel	(Fig. 24)	20 bis 25 kg,
Zweiflammrohrkessel	(Fig. 25)	22 bis 28 kg,
Doppelkessel	(Fig. 37)	18 bis 20 kg,
Heizrohrkessel	(Fig. 29)	17 bis 22 kg,
Wasserrohrkessel	(Fig. 31)	15 bis 20 kg.

Die Leistungen werden aber oft erheblich überschritten, besonders dann, wenn der Dampf noch überhitzt werden soll. Steigt die Heizflächenanstrengung, so wird der den Kessel verlassende Dampf mehr Wasser mitreißen und daher erheblich feucht sein. Im Überhitzer ist es aber möglich, dieses mitgerissene Wasser nachträglich zu verdampfen (natürlich auf Kosten der Überhitzung). Die Leistung der Heizfläche ist nicht nur von der Temperatur der Rauchgase abhängig, sondern in erheblichem Maße von der Lage der Fläche. Es kommt darauf an, daß die an der Wand entstehenden Dampfbläschen so schnell wie möglich abgespült werden, damit die Heizfläche dauernd von Wasser berührt ist. Beschleunigt wird das Abführen der Dampfblasen durch lebhaften Wasserumlauf. Aus diesem Grunde wird z. B. beim Einflammrohrkessel (Fig. 24) das Flammrohr etwas seitlich zur Mitte des Kessels angeordnet. Im engeren Teil zwischen Flammrohr und Kesselmantel wird durch die Dampfblasen das Raumgewicht des Wassers kleiner werden als auf der anderen Seite. Das Wasser steigt hier hoch und es muß Wasser von der anderen Seite nachfließen. Beim Zweiflammrohrkessel (Fig. 25) steigt das Wasser zwischen beiden Flammrohren hoch, weil hier mehr Dampf entwickelt wird als zwischen Flammrohr und Kesselmantel. Wir sahen schon, daß beim Wasserrohrkessel die Rohre geneigt liegen müssen, damit die Dampfblasen aufsteigen können. Auch hier begünstigt der Wasserumlauf — durch die vordere Wasserkammer nach oben und durch die hintere zurück — das Loslösen der Dampfblasen. Eine besondere Form des Wasserrohrkessels findet immer weitere Verbreitung, der sogenannte Steilrohrkessel, von dem Fig. 38 eine der verschiedenen Ausführungen zeigt. Das Wasser steigt durch das vordere Rohrbündel hoch in einen querliegenden Oberkessel, der mit einem zweiten durch wagerechte Rohre verbunden ist. Aus diesem sinkt es durch ein zweites Bündel von Rohren hinab zu den zylindrischen Unterkesseln, da diese Rohre nicht mehr so stark erhitzt werden wie die im „ersten Zug" liegenden und der Strahlung mehr oder weniger ausgesetzten Rohre.

Auch bei geringer Anstrengung der Heizfläche werden die am Wasserspiegel platzenden Dampfblasen etwas Wasser mitreißen. Zweckmäßig ist deshalb ein nicht zu kleiner Dampfraum. Da, wo der Dampf dem Kessel entnommen wird, ist der Druck eine Kleinigkeit geringer als an anderen Stellen des Wasserspiegels. Er wird sich deshalb hier leicht etwas heben. Man ordnet daher die Dampfleitung so an, daß auch bei plötzlicher starker Dampfentnahme möglichst kein Wasser mitgerissen werden kann. Bei liegenden zylindrischen Kesseln (Walzen-, Flammrohr- und Rauchrohrkesseln) finden wir deshalb fast stets einen Dampfdom, der aus der Kesselummauerung herausragend den Stutzen für den Anschluß der Rohrleitung und meist auch das Sicherheitsventil trägt. Die Oberkessel der Wasserrohrkessel sind im Betrieb meist höchstens bis zur Hälfte mit Wasser gefüllt. Das Dampfentnahmerohr wird dann wagerecht durch den Dampfraum geführt und ist auf der Oberseite mit Schlitzen versehen, durch die der Dampf in das Rohr eintritt (vgl. Fig. 31).

Für alle Kesselheizflächen wird mit Ausnahme der aus Kupfer hergestellten Feuerbuchsen an Lokomotivkesseln Schmiedeeisen, und zwar fast ausschließlich Flußeisen verwendet. Die ausführlichen „Allgemeinen polizeilichen Bestimmungen über die Anlegung von Dampfkesseln" setzen genau die erforderlichen Eigenschaften der zu verwendenden

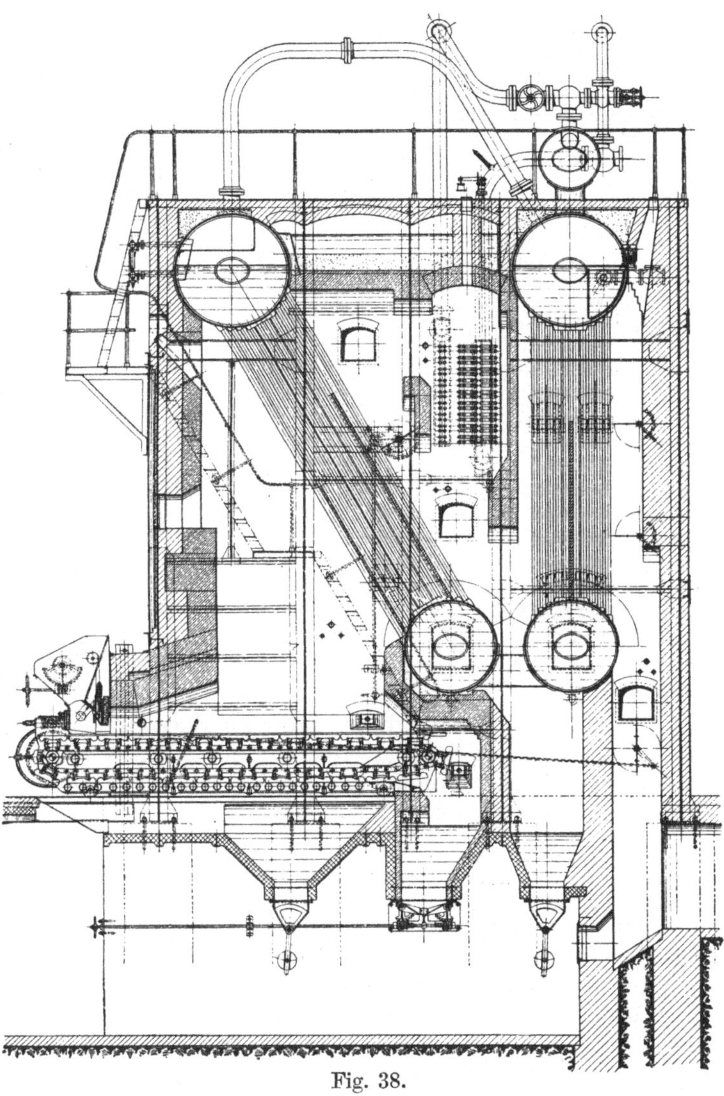

Fig. 38.

Materialien fest. Darnach darf z. B. für einen Dampfdruck über 10 at Gußeisen oder Temperguß gar nicht, Formflußeisen (Stahlguß) nur an Stellen, die nicht im ersten Feuerzuge liegen, verwendet werden. Die Bleche der zylindrischen Teile werden ausnahmslos zusammengenietet, die der Wasserkammern an Wasserrohrkesseln zusammengeschweißt. Verbindungen durch Schrauben finden sich an Lokomobilkesseln, wo das Rohrbündel mit den Platten, in die die Rohre eingewalzt sind, zum Zwecke der Reinigung aus dem Kessel herausgezogen werden sollen (Fig. 23). Statt der früher üblichen ebenen Stirnwände zylindrischer Kessel, Kesselböden, die gegen den Kesselmantel abgesteift werden mußten, verwendet man heute bei Landdampfkesseln fast durchweg gewölbte Böden, die aus ebenen Blechen gepreßt werden und für den Flammrohranschluß einen ein- oder ausgezogenen Flammrohrhals erhalten. Ebene Kesselwandungen, wie z. B. die Feuer-

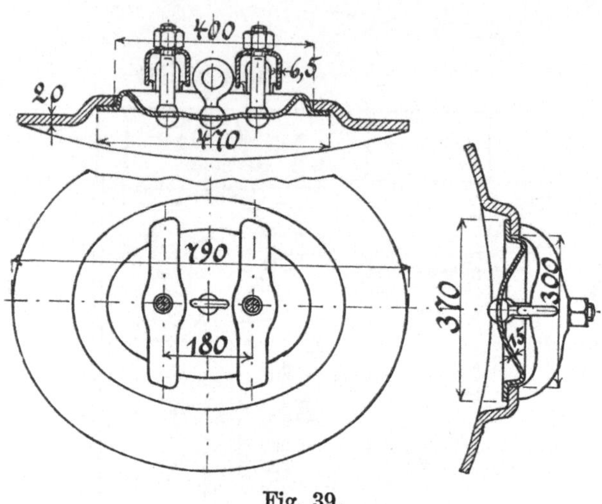

Fig. 39.

kiste der Lokomotiven oder Wasserkammern der Wasserrohrkessel werden durch Stehbolzen verankert. Zum Versteifen der ebenen Platten, in die die Heizrohre der Lokomobilkessel u. dgl. eingewalzt werden, werden einige besonders starke Rohre oder besondere Anker eingezogen.

Großwasserraumkessel sowie die zylindrischen Kesselteile an Wasserrohrkesseln müssen Mannlöcher erhalten, die ovalen Querschnitt erhalten, damit man den Verschlußdeckel von innen einsetzen kann. Auch hierfür werden heute vielfach gepreßte Teile verwendet (Fig. 39).

5. Ausrüstungsstücke der Dampfkessel.

Man unterscheidet grobe Armatur: Feuergeschränk, Roststäbe und Roststabträger, Feuerbrücke, Zugregler, Kesselstühle und Verankerung (für eingemauerte Kessel) und feine Armatur: Sicherheitsventile, Absperrventil, Speiseventile, Schlammablaß, Wasserstandszeiger und Manometer.

Es soll hier nur einiges über die feinen Armaturen gesagt werden.

Jeder ortsfeste Kessel muß mindestens ein, jeder bewegliche Kessel (Schiffs- und Lokomotivkessel) zwei Sicherheitsventile erhalten, die den Dampf entweichen lassen, sobald der festgesetzte Höchstdruck erreicht ist. Sie werden meist durch Hebel und Gewicht belastet (vgl. Maschinenteile S. 182), bei beweglichen Kesseln auch durch Federn.

Vollhubsicherheitsventile sind so eingerichtet, daß das Ventil sich zunächst nur wenig hebt, wenn die genehmigte Dampfspannung erreicht ist. Steigt der Druck weiter, so hebt sich auch das Ventil immer mehr infolge des Druckes des ausströmenden Dampfes auf eine besondere Hubvergrößerungsplatte über dem eigentlichen Ventil. Bei vollem Hub soll das Ventil so viel Dampf entweichen lassen, daß die Spannung selbst bei starkem Feuer nicht weiter steigen kann.

Das die Dampfentnahmeleitung abschließende Absperrventil muß unmittelbar am Kessel sitzen bzw. an einem an den Kessel aufgenieteten Stutzen.

Das Speisewasser muß natürlich dem Kessel unter Druck zugeführt werden (vgl. Abschnitt „Speisewasser"). Damit der Dampfdruck im Kessel nicht auf die Speisevorrichtung zurückwirken kann, muß ein Rückschlagventil, Speiseventil, in der Speiseleitung sitzen, das durch den Dampfdruck selbständig geschlossen wird. Zwischen diesem und dem Kessel ist noch ein Absperrventil eingebaut, damit man das Speiseventil, auch während der Kessel unter Druck ist, nachsehen kann.

Abgesehen von den Fällen, wo ein Kessel ganz entleert werden soll, ist es von Zeit zu Zeit nötig, einen Teil des Kesselinhalts während des Betriebes abzulassen und damit den sich etwa ansammelnden Schlamm. Es werden deshalb an der untersten Stelle der Kessel Ausblasevorrichtungen, Schlammablaßhähne, -ventile oder -schieber angebracht. Die anschließenden Rohre mehrerer Kessel sollten nie zusammengeführt werden, damit nicht bei Ausblasen eines Kessels das heiße Wasser in einen etwa gerade zum Reinigen geöffneten Kessel gelangen kann. Die Rohre sollen vielmehr einzeln in einen möglichst weiten Kanal geführt werden.

Die „Allgemeinen polizeilichen Bestimmungen" schreiben für jeden Dampfkessel mindestens zwei Vorrichtungen zum Erkennen des Wasserstandes im Kessel vor. Davon braucht bei Landdampfkesseln nur eine ein Wasserstandsglas zu sein. An Stelle des zweiten können 2 Probierhähne mit etwa 10 mm l. W. so angebracht werden, daß der obere beim Öffnen nur Dampf, der untere stets Wasser zeigt, solange der Wasserstand innerhalb der zulässigen Grenzen liegt.

Zum Erkennen des Dampfdruckes werden im praktischen Kesselbetrieb nur Federmanometer (Plattenfeder- und Röhrenmanometer) [s. Abschnitt Meßgeräte] verwendet, die gegen Erwärmung zu schützen sind. Das Verbindungsrohr mit dem Dampfraum des Kessels darf deshalb nicht zu kurz sein und muß eine „Wasserschleife" enthalten, eine Stelle, an der sich das kondensierte Wasser ansammelt und das Eindringen von Dampf in das Manometer verhindert. An dem Stutzen, auf dem das Manometer aufgeschraubt wird, ist meist der „Kontrollflausch" angebracht, an den bei der „Revision" des Kessels das Kontrollmanometer des Abnahmebeamten angeschraubt werden kann.

6. Überhitzer.

Für Kraftmaschinenbetrieb wird man heute, wenn irgend möglich, überhitzten Dampf verwenden. Für Heiz- und Kochanlagen hat die

Überhitzung meist nur geringe Bedeutung, da es hier ja gerade darauf ankommt, daß möglichst viel Wärme durch eine gegebene Heizfläche hindurchgeht, während wir gesehen haben, daß der Wärmedurchgang bei trockenen Heizflächen erschwert ist.

Die für Dampfantriebe üblichen Temperaturen betragen bis zu 350° C (selten mehr). Das zeigt schon, daß wir den Überhitzer nicht am Ende des Kessels unmittelbar vor dem Rauchschieber einbauen dürfen, denn die Rauchgase sollen ja, wenn irgend möglich, mit nur etwa 200° C in den Schornstein eintreten. Die Überhitzerheizfläche muß deshalb stets so in die Züge eingebaut werden, daß zwischen der gewünschten Dampftemperatur und der Rauchgastemperatur ein hinreichendes „Temperaturgefälle" vorhanden ist.

Die Überhitzerheizfläche wird fast stets aus nahtlos gezogenen, schlangenförmig gebogenen oder spiralförmig gewundenen Rohren von 25 bis 40 mm l. W. gebildet, weil trockener Dampf die Wärme sehr schlecht weiterleitet. In weiten Rohren würde deshalb der Dampf nur an der Rohrwand erheblich überhitzt werden können. Durch die Krümmungen der Überhitzerrohre wird der Dampf gut durcheinandergewirbelt und gleichmäßig erwärmt. Es wurde schon darauf hingewiesen, daß der Überhitzer meist auch noch etwas mitgerissenes Wasser verdampfen und seine Heiz-

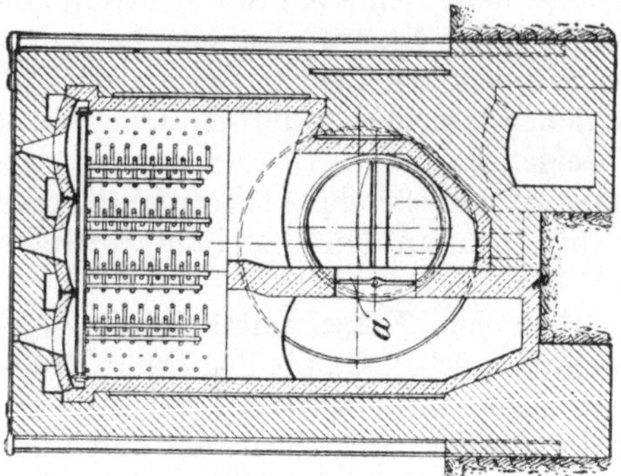

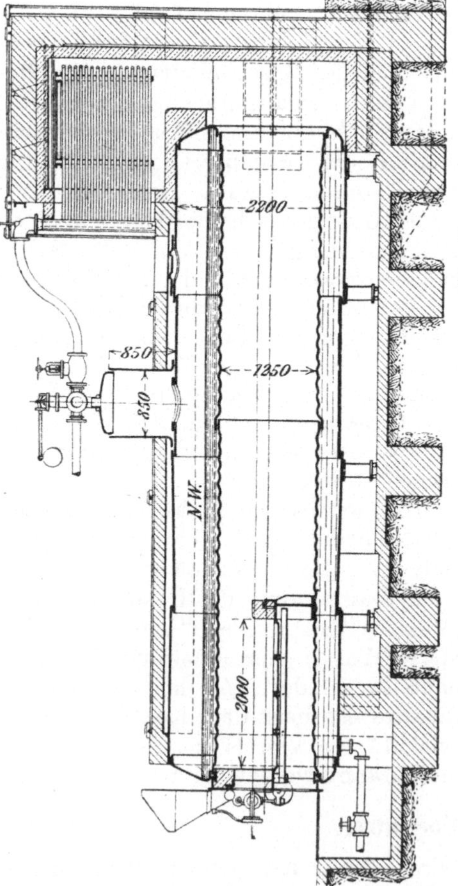

Fig. 40.

fläche deshalb entsprechend groß bemessen werden muß. Die einzelnen Dampfschlangen werden an besondere gußeiserne oder schmiedeeiserne weite Sammelrohre durch Verschraubung oder Flansch angeschlossen, die meist außerhalb des Kesselmauerwerks liegen, damit man Undichtigkeiten leicht beseitigen kann. Fig. 40 zeigt die Anordnung bei einem Flammrohrkessel. Bei Wasserrohrkesseln liegt der Überhitzer meist zwischen den Wasserrohren und dem Oberkessel (vgl. Fig. 31). Bei Rauchrohrkesseln werden die Überhitzerrohre häufig nach Fig. 41 oder ähnlich ausgebildet und in die entsprechend weiten Rauchrohre hineingesteckt. Damit der Wärmeübergang nicht durch Flugasche und Ruß beeinträchtigt wird, werden die Rohre außen von Zeit zu Zeit mit Preßluft oder Heißdampf gereinigt. Sattdampf ist nicht geeignet, weil er leicht auf den Rohren kondensiert und der Ruß dann erst recht auf den Rohren Krusten bildet. Meist kann die Überhitzung dadurch geregelt werden, daß man durch Klappen oder Schieber mehr oder weniger des

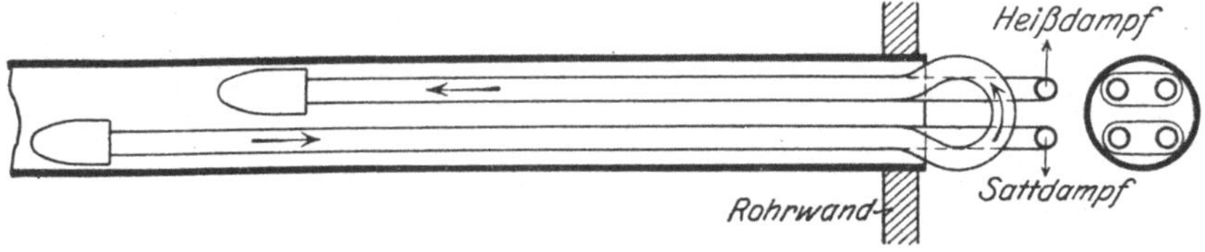

Fig. 41.

ganzen Rauchgasstromes den Überhitzerheizflächen zuführt. Vorteilhaft ist es, wenn man durch solche Klappen den Überhitzer für Ausbesserungen ganz ausschalten kann. Jeder Überhitzer muß ein Sicherheitsventil erhalten, wenn er aus der Dampfleitung ausgeschaltet werden kann. Am Austritt des Heißdampfes wird ein Thermometer angebracht.

7. Speisewasservorwärmer.

Wir sahen, daß bei der Dampferzeugung zunächst das Wasser auf die dem jeweiligen Dampfdruck entsprechende Temperatur gebracht und dazu die Flüssigkeitswärme aufgewendet werden muß. Da es sich dabei nur um Temperaturen bis etwa 180° C handelt, kann das Speisewasser zweckmäßig durch die Abgase des Kessels vorgewärmt werden. Die Rauchgase werden dabei auf eine tiefere Temperatur abgekühlt, als es sonst der Fall wäre, ihre Wärme wird daher vollkommen ausgenützt und der Wirkungsgrad des Kessels verbessert. Vertragen die Rauchgase mit Rücksicht auf den Schornsteinzug keine solche Abkühlung, so wird man zweckmäßig das Speisewasser durch andere sonst nicht ausnutzbare Wärme vorwärmen, z. B. durch den Abdampf der Dampfmaschine oder der Dampfspeisepumpen, der ja immer noch seine Verdampfungswärme, also beträchtliche Wärmemengen enthält. Dann wird zur Dampfentwicklung im Kessel zwar ebenfalls weniger Wärme verbraucht. Es wird aber nicht der Wirkungsgrad des Kessels, wohl aber der der ganzen Anlage verbessert. Was durch Vorwärmen des Speisewassers gewonnen werden

kann, ersehen wir aus folgendem Beispiel. Es soll Sattdampf von 10 at
Überdruck aus Wasser von 15° C erzeugt werden. Das erfordert bei
0° Speisewassertemperatur nach der Dampftabelle eine Gesamtwärme

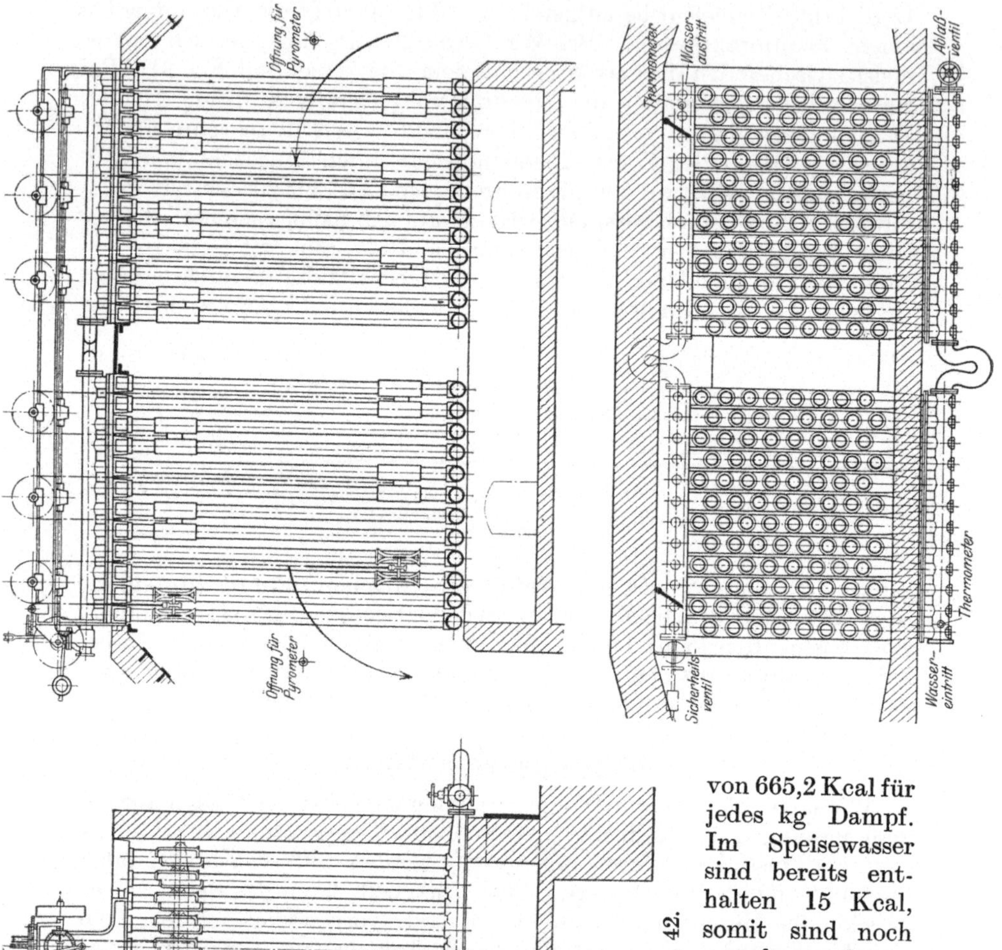

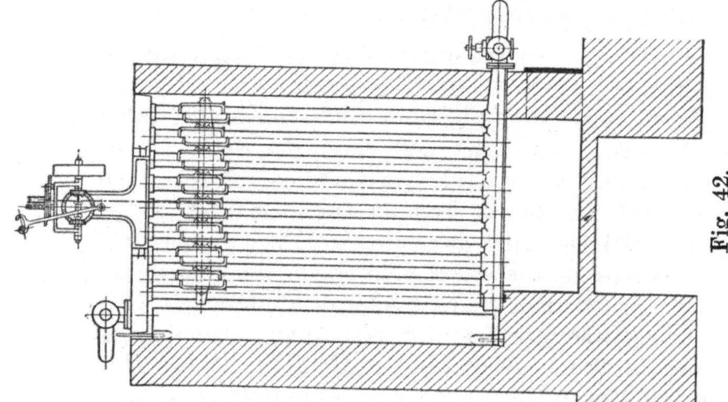

von 665,2 Kcal für
jedes kg Dampf.
Im Speisewasser
sind bereits ent-
halten 15 Kcal,
somit sind noch
aufzuwenden
650,2 Kcal. Wär-
men wir aber das
Speisewasser auf
90° C an, so ent-
hält es $90-15=75$
Kcal mehr, die
somit vom Kessel
nicht mehr erzeugt werden brauchen. Wir ersparen also $75 : 560,2 =$
$\sim 0,11$ oder 11% der bei der Dampfentwicklung aus Wasser von 15° C
erforderlichen Wärme, d. h. 11% Kohle. Daneben haben wir noch den

Vorteil, daß der Kessel selbst geschont wird, weil das Zuführen von kaltem Wasser und die dadurch eintretende Abkühlung beim Speisewassereintritt Wärmespannungen in den Kesselteilen hervorruft, die die Festigkeit der Bleche und der Nietverbindungen vermindern.

Zum Vorwärmen durch die Rauchgase benutzt man meistens gußeiserne Rohre, weil diese größere Wandstärken erhalten und deshalb mehr Wärme aufspeichern können als schmiedeeiserne dünnwandige Rohre, und ferner aus dem Grund weil Gußeisen nicht so leicht rostet wie Schmiedeeisen. Beim Eintritt des kalten Speisewassers wird der in den Rauchgasen enthaltene Wasserdampf an den Rohren kondensieren. Ruß und Flugasche kleben leicht fest und da die Rauchgase meist auch schweflige Säure enthalten, werden die Rohre schnell angegriffen. Das gilt besonders für schmiedeeiserne Rohre. Aber auch bei gußeisernen Rauchgasvorwärmern ist es vorteilhaft, wenn das Speisewasser schon mit etwa 40° C in den Vorwärmer eintritt.

Die gußeisernen Rohre werden stehend angeordnet, sind oben und unten ähnlich wie bei Wasserrohrkesseln durch Kammern verbunden und oft mit mechanisch angetriebenen Abstreifern versehen, die, durch ein Wendegetriebe bewegt, dauernd auf den Rohren auf und ab gleiten (Fig. 42).

Obschon sie eigentlich nicht mehr zum Kessel zu rechnen sind, sollen hier noch die Abdampfvorwärmer kurz besprochen werden. Sie werden stehend und liegend gebaut und bestehen meist aus einem zylindrischen Gefäß, an das sich beiderseits Kammern anschließen, in die die Vorwärmerheizfläche bildenden Rohre münden (vgl. Fig. 43). Diese Rohre aus Kupfer oder Messing sind an einem Ende fest eingewalzt, am anderen Ende durch eine einfache Stopfbüchse abgedichtet, damit sie sich bei den auftretenden

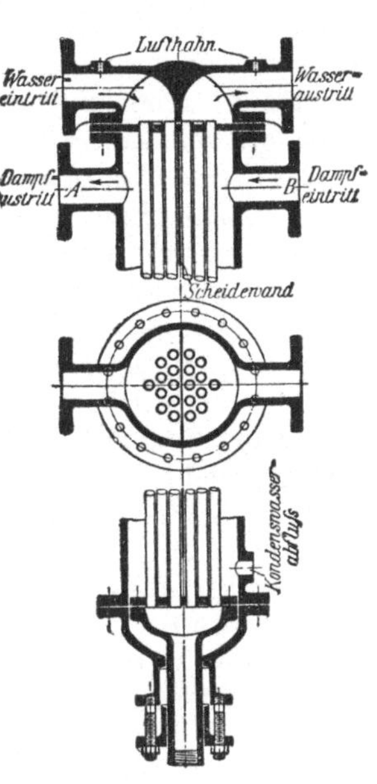

Fig. 43.

Temperaturunterschieden frei ausdehnen können. Sie können auch U-förmig gebogen nur in einem „Boden" befestigt sein; dann ist die an diesen anschließende Wasserkammer so geteilt, daß das Wasser aus der einen Hälfte in die Rohre und in die andere Hälfte der Kammern eintritt. Man vermeidet die Stopfbüchsen, kann aber die Rohre innen nicht so leicht reinigen. Der Raum um die Rohre wird vom Abdampf umspült, der zum großen Teil kondensiert. Das Kondensat muß ablaufen können.

8. Speisewasserreinigung, Speisevorrichtungen.

Das dem Kessel zuzuführende Wasser entnehmen wir meistens Brunnen oder Flüssen. Es ist durchaus nicht rein, sondern enthält Gase, in der Hauptsache Luft und verschiedene Salze gelöst. Säurehaltiges Wasser ist natürlich für Dampfkesselspeisung durchaus zu vermeiden.

Die im Wasser enthaltene Luft wird bei der Erwärmung ausgetrieben, kommt also mit in den Kessel und ist je nach der übrigen Beschaffenheit des Wassers insofern mehr oder weniger schädlich, als sie ein Rosten der Kesselbleche verursachen kann. Wir sahen ja aber schon, daß es leicht möglich ist, die Luft durch Erwärmen zu beseitigen, falls wir nur dafür sorgen, daß die ausgetriebene Luft entweichen kann. Meist genügt es, wenn das erwärmte Wasser nicht sofort in den Kessel geführt wird, sondern zunächst in einen offenen Behälter fließt.

Weit mehr Schwierigkeiten bereiten die im Wasser enthaltenen Salze. Unreinigkeiten, die das Wasser trüben, können durch Filter, meist Kiesfilter, leicht entfernt werden. Wir müssen deshalb sehen, die gelösten Salze so auszuscheiden, daß ein abfiltrierbarer Schlamm entsteht. In der Hauptsache sind im Speisewasser enthalten doppeltkohlensaurer Kalk, schwefelsaurer Kalk (Gips), kohlensaure Magnesia, schwefelsaure Magnesia und Chlormagnesium. Den Gehalt an solchen Karbonaten und Sulfaten bezeichnet man als Gesamthärte des Wassers. Man spricht von hartem und weichem Wasser, wobei aber in weichem Wasser, wie es in der Natur vorkommt, immer noch solche Salze, wenn auch in geringer Menge, vorhanden sind. Ein deutscher Härtegrad entspricht einem Gehalt von 10 mg Kalk (CaO) oder 7,15 mg Magnesia (MgO) in 1 l.

Erhitzen wir hartes Wasser, so verwandelt sich der doppeltkohlensaure Kalk, indem Kohlensäure entweicht, in einfachkohlensauren Kalk, der im Gegensatz zu ersterem in Wasser sehr wenig löslich ist und sich daher als Schlamm ausscheidet. Gleiches gilt für kohlensaure Magnesia. Die Härte des Wassers ist nun vermindert. Man spricht deshalb von bleibender Härte (nach dem Erhitzen) und von vorübergehender Härte. Was nach dem Erhitzen im Wasser gelöst übrigbleibt, scheidet sich erst aus, wenn das Wasser verdampft, d. h. unmittelbar auf den Heizflächen. Hierdurch entsteht der bekannte Kesselstein, der mehr oder weniger von dem vorher ausgeschiedenem Schlamm enthält und deshalb an verschiedenen Stellen des Kessels mehr oder weniger hart ist. Der Kesselstein leitet nun die Wärme sehr schlecht. Es ist somit die Wirkung der Heizfläche vermindert, außerdem aber auch die Gefahr vorhanden, daß die von den Rauchgasen an das Kesselblech abgegebene Wärme nicht rasch genug an das Wasser übergehen kann. Das Blech erhitzt sich weit über die Wassertemperatur und verliert dadurch an Festigkeit. Beide Folgeerscheinungen müssen wir zu vermeiden suchen, indem wir das Wasser enthärten. Speisewasserreinigungsanlagen haben also weniger die Aufgabe, Verunreinigungen des Wassers vom Kessel fernzuhalten, als die enthaltenen Salze so zu verändern, daß sie als Schlamm ausfallen und durch Filter zurückgehalten werden können. Eine Übersicht über die verschiedenen Möglichkeiten der Enthärtung findet sich im Abschnitt „Grundbegriffe der Chemie", S. 280 ff. Es soll deshalb hier nicht weiter darauf eingegangen werden. Je nach der Wasserbeschaffenheit ist das eine oder das andere Verfahren vorzuziehen. Zweckmäßig ist stets eine

H
Rohwasser
C1
J1
R
Wasser
C
Soda
Kalk
J
K
G
s
N
U
Gesättigtes
Kalkwasser
Q P V
B
D
E
S
'einwasser
T
M
Luft
l
Dampf
d
Y
X
F
L
O
W
Schlamm

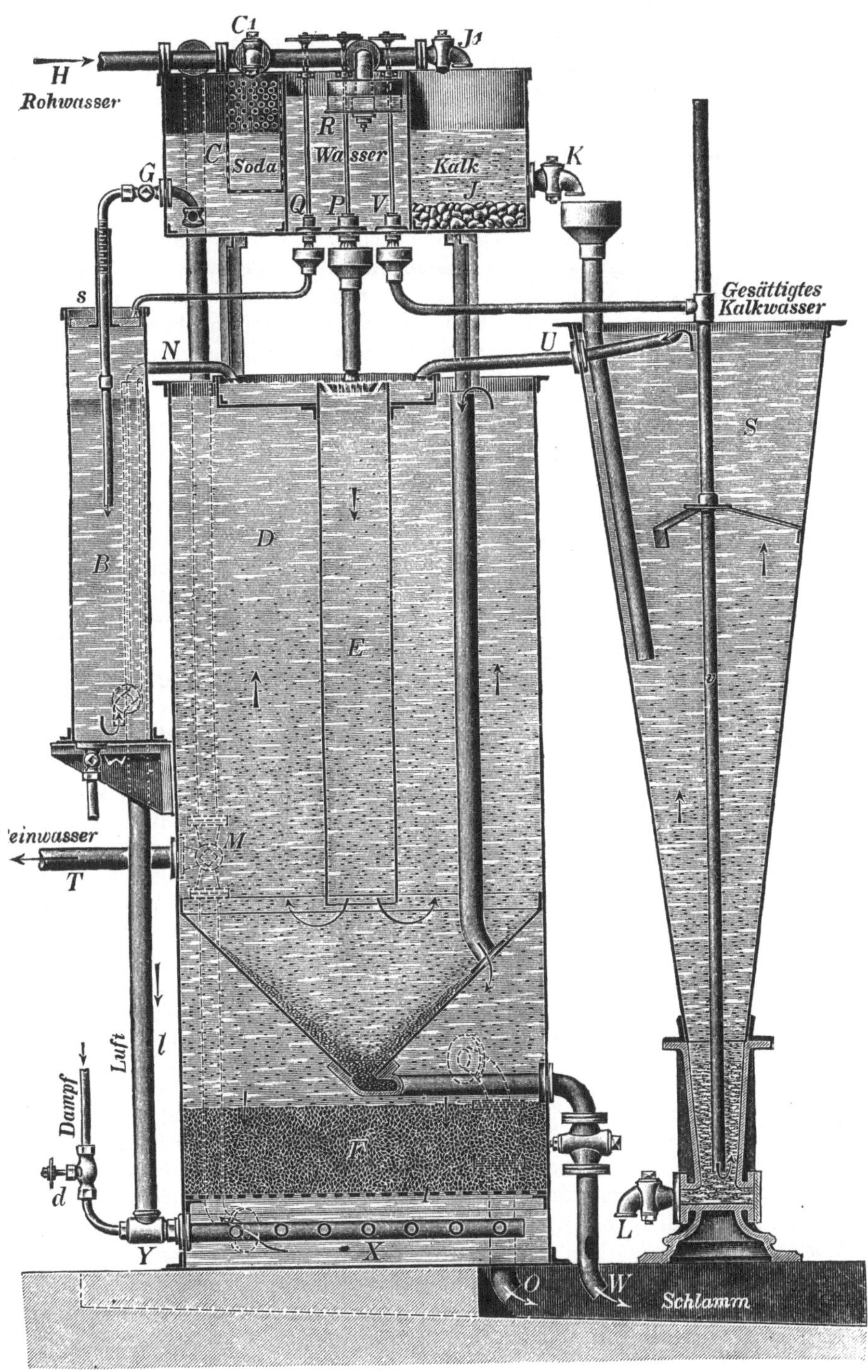

Fig. 44.

weitgehende Erwärmung vor der Reinigung, weil hierbei, wie wir gesehen haben, schon ein Teil der Schlammbildner ausscheiden. Bei veränderlicher Härte muß von Zeit zu Zeit geprüft werden, ob die zwecks Reinigung zugesetzten Chemikalien in der richtigen Menge gegeben werden.

Auch bei weitgehender Enthärtung bleiben nun aber noch Salze im Wasser gelöst, oder es bilden sich solche bei der Reinigung, die sich nicht ausscheiden, bevor die Lösung sehr „konzentriert" ist. Besonders unangenehm ist der verbleibende Gehalt an schwefelsaurem Natron, da dieses die Rotgußteile der feinen Armatur angreift. Aus diesem Grunde muß vom Kesselinhalt, auch wenn sich kein Schlamm mehr im Kessel bilden sollte, etwa alle 8 bis 14 Tage ein Teil abgelassen werden. Fig. 44 zeigt eine Reinigungsanlage für das Kalk-Soda-Verfahren.

9. Speisevorrichtungen.

Als eigentliche Speisevorrichtungen werden Kolbenpumpen, Dampfstrahlpumpen (Injektoren) und für sehr große Anlagen auch Kreiselpumpen mit Dampfturbinen- oder Elektromotorenantrieb verwendet. Für jede Kesselanlage sind zwei völlig voneinander unabhängige Speisevorrichtungen vorgeschrieben. Jede muß das $1^1/_2$ fache des für den normalen Betrieb erforderlichen Wassers liefern können. Bei ortsfesten Anlagen wählt man meist als Hauptspeisevorrichtung eine Kolbenpumpe und als Hilfsvorrichtung einen Injektor, da man dann die Leistung der Kolbenpumpe dem Dampfverbrauch so anpassen kann, daß dauernd gespeist wird. Dabei ändert sich die Temperatur des Kesselinhaltes am wenigsten. Der Kessel wird geschont und der Wasserstand dauernd auf gleicher Höhe gehalten.

Zu beachten ist noch, daß bei hoher Wassertemperatur das Wasser der Pumpe zufließen muß und nicht „angesaugt" werden kann. Aus der Dampftabelle ersehen wir z. B., daß bei einer Temperatur von 68,7° C Dampf von 0,3 kg/cm² Druck entstehen kann. Dieser Druck entspricht einer Wassersäule von 3 m Höhe. Theoretisch könnte das Wasser also höchstens 7 m statt 10 m hoch gesaugt werden. Praktisch werden wir die für kaltes Wasser etwa zulässige Saughöhe von 5 bis 6 m ebenfalls um mindestens 3 m vermindern müssen. Häufig wird es sogar nötig sein, schon bei Temperaturen von 40 bis 50° C das Wasser unter Druck der Pumpe zulaufen zu lassen, um einen störungsfreien Betrieb zu sichern.

10. Wirtschaftlichkeit.

Nachdem wir die für eine Dampfkesselanlage erforderlichen Einrichtungen und ihre Wirkungsweise in den Hauptzügen kennen, wollen wir noch untersuchen, was für einen hohen Wirkungsgrad der Gesamtanlage erforderlich sein wird, zunächst aber, was wir als Wirkungsgrad bezeichnen können.

Offenbar ist dieser das Verhältnis von gewonnener, im Dampf enthaltener Wärme zu der im Brennstoff enthaltenen. Ein Kessel habe z. B. Heißdampf von 12,5 kg/cm² Überdruck und 304° Dampftemperatur aus Wasser von 11° erzeugt, und zwar sei ein Rauchgasvorwärmer vorhanden, der das Wasser von 11° auf 88° vorwärmt, so verteilt sich die ganze Leistung wie folgt:

Im Vorwärmer sind gewonnen	$88-11 =$	77 Kcal/kg
„ Kessel „ „	$667-88 =$	579 „
„ Überhitzer „ „	$(304-192) \cdot 0{,}54 =$	60 „
In 1 kg Dampf sind enthalten		716 Kcal.

Dabei ist die spezifische Wärme des Heißdampfes zu 0,54 angenommen. Haben wir nun festgestellt, daß wir mit je 1 kg Kohle mit einem Heizwert von 6121 Kcal 6,84 kg Dampf erzeugt haben, so ist der Wirkungsgrad

$$\eta = \frac{6{,}84 \cdot 716}{6121} = 0{,}800 = 80\% \; .$$

Häufig wird auch noch die sogenannte Nettoverdampfung berechnet, das heißt ermittelt, wieviel kg „Normaldampf" dieser Leistung entspricht. Den Normaldampf denkt man sich erzeugt aus Wasser von 0° und bei 100°. Nach den Dampftabellen hat dieser einen Wärmeinhalt von 640 WE. Die Nettoverdampfung wäre dann in unserem

Falle $= \dfrac{6{,}84 \cdot 716}{640} = 7{,}65$fach, d. h., mit 1 kg Kohle wurden 7,65 kg

Normaldampf erzeugt.

In unserer Kesselanlage sind uns somit 20% der verfügbaren Wärme verlorengegangen. Ein Teil davon steckt, wie wir schon wissen, in den abziehenden Rauchgasen. Dieser Schornsteinverlust kann berechnet werden und wird in vorliegendem Falle vielleicht etwa 12% der Gesamtwärme betragen. Der Rest von etwa 8%, der Restverlust, ist bedingt durch Wärmeausstrahlung nach außen, durch unverbrannte Gase und durch Ruß. Wir sehen, daß der Verlust durch „Qualmen" des Schornsteins nicht so sehr groß sein kann, da er nur einen Teil dieses an und für sich kleinen Restverlustes darstellt. Zugegeben, daß der Gesamtwirkungsgrad hier recht hoch ist und in manchen Fällen der Restverlust ganz erheblich größer ausfällt, so ist doch zu bemerken, daß der Verlust durch das Rauchen des Schornsteins meist erheblich überschätzt wird. (Der Rauch ist auch nicht einfach unverbrannte Kohle, sondern sehr fein verteilter Kohlenstoff, der sich aus den brennbaren Gasen ausscheidet, wenn diese durch Mischung mit kalter Luft oder durch Auftreffen auf kalte Wände so stark abgekühlt werden, daß sie sich nicht mehr entzünden.) Der sich für dieses Beispiel ergebende hohe Wirkungsgrad ist nur möglich, wenn die einzelnen Verluste bei der Verbrennung wie bei der Wärmeübertragung an den Kesselinhalt alle sehr klein gehalten werden. Bei der Feuerung kommt insbesondere in Betracht geringer Luftüberschuß bei trotzdem vollkommener Verbrennung. Damit erzielen wir hohe Anfangstemperatur. Die Gase sollen dann auf möglichst niedrige Temperatur abgekühlt werden, aber natürlich nur durch Wärmeabgabe an das Wasser bzw. den Dampf und nicht etwa dadurch, daß wir sie mit kalter Luft verdünnen, die durch Undichtheiten des Kesselmauerwerks oder die sonstige Ummantelung des Kessels in die Züge eintritt. Ebenso auch nicht durch Wärmeabgabe durch das Mauerwerk und dergl. an die Außenluft, soweit sie nicht unmittelbar als Verbrennungsluft dient. Wir werden deshalb das Mauerwerk so ausführen, daß die Wärmeausstrahlung recht gering bleibt, d. h. die Außenwände wenn möglich mit einer den Wärmedurchgang hindernden Luftschicht, also hohl, ausführen und bewegliche Kessel durch Wärmeschutzmasse gegen Ausstrahlung schützen. Sind dauernd mehrere Kessel in Betrieb, so legt man auch stets mehrere Kessel zusammen in einen Kesselblock, um an Mauerwerk und Ausstrahlungsfläche zu sparen. Rauchschwache Verbrennung läßt sich bei den meisten Kesseln ohne weiteres erzielen durch großen Luftüberschuß und dementsprechende Verdünnung der Rauchgase. Wir wissen jetzt, daß eine rauchschwache Verbrennung durchaus kein Zeichen für gute Verbrennung ist. Wird bei günstigem Luftüberschuß übermäßig Rauch entwickelt, so liegt das an unzweckmäßiger Abkühlung der Rauchgase, der durch Vorwärmen der Verbrennungsluft oder geeignetere Rauchgasführung begegnet werden kann.

Die Verluste an brennbaren Stoffen in der Asche werden im allgemeinen bei richtiger Wahl der Roststäbe nur klein sein, meist unter 1%. Neuerdings werden besondere Anlagen gebaut, um die Kohle aus der Asche heraus zu gewinnen; diese werden sich natürlich nur für größere Kesselanlagen bezahlt machen, bei denen aus irgendwelchen Gründen der Anteil an brennbaren Stoffen in der Asche hoch ist.

Im allgemeinen können wir sagen, daß der Wirkungsgrad guter Dampfkessel recht hoch ist und daß die etwa noch vermeidbaren Verluste gegenüber dem Schornsteinverlust, d. h. also dem Verlust durch Wärme der abziehenden Gase, ganz zurücktreten. Wir haben rund 80% der bei der Verbrennung frei werdenden Wärme im Dampf und müssen nun sehen, wie wir mit dieser mechanische Energie erzeugen können.

Bei den Wasserkraftmaschinen hatten wir zwei verschiedene Möglichkeiten kennengelernt, die in einer gegebenen Wassermenge verfügbare Energie umzuwandeln. Wir konnten entweder den Wasserdruck unmittelbar auf den Arbeitskolben wirken lassen, oder zunächst dazu verwenden, dem Wasser eine möglichst hohe Geschwindigkeit zu erteilen und durch Verzögern dieser bewegten Masse die mechanische Arbeit zu gewinnen.

Genau so können wir den Dampfdruck unmittelbar auf einen Arbeitskolben wirken lassen, oder zunächst die Masse des Dampfes unter Verminderung des Druckes bis auf einen bestimmten Gegendruck beschleunigen und aus der bewegten Dampfmasse durch Verzögerung die mechanische Arbeit gewinnen. Unmittelbare Druckwirkung haben wir in Kolbendampfmaschinen, Umwandlung der Druckenergie in Geschwindigkeitsenergie und umgekehrt bei Dampfturbinen.

B. Dampfmaschinen.

1. Wirkung des Dampfes.

Wir betrachten zunächst noch einmal die Fig. 22 (S. 24). Wir sahen, daß durch die Dampferzeugung Arbeit geleistet wurde $= F.\,p.\,h.$, daß aber die hierfür aufgewendete Wärmemenge unverhältnismäßig groß ist. Der Wirkungsgrad betrug theoretisch nur 6%. Wie können wir diesen verbessern, d. h. können wir mit dem erzeugten Dampf nicht noch mehr Arbeit leisten? Denken wir uns einmal die Belastung des Kolbens durch ein mit einer schweren Flüssigkeit gefülltes Gefäß hergestellt, das mit einem Ablaufhahn versehen sei. Öffnen wir den Hahn, nachdem das Wasser gerade vollständig verdampft ist, und die Wärmezufuhr aufgehört hat, so wird der Druck auf den Kolben abnehmen, der Überdruck des Dampfes somit den Kolben heben und wieder Gleichgewicht herzustellen bestrebt sein. Dabei wird offenbar wieder Arbeit geleistet, denn es wird nicht nur der Atmosphärendruck überwunden, sondern auch das freilich jetzt immer kleiner werdende Gesamtgewicht von Kolben und Belastungsgefäß gehoben. Wir können zwar nicht ohne weiteres angeben, wie groß die Arbeit ist, stellen aber zunächst fest, daß ohne Wärmezufuhr weitere Arbeit geleistet wird durch die Ausdehnung des Dampfes unter gleichzeitiger Entspannung, d. h. bei Expansion des Dampfes. Der Wirkungsgrad unserer einfachen Kolbendampfmaschine wird somit nicht unwesentlich verbessert werden durch diese Expansionsarbeit. Tragen wir die jeweils vom Kolben erreichten Höhen h wagerecht und die den verschiedenen Stellungen entsprechenden Gesamtbelastungen des Kolbens, die stets gleich dem Dampfdruck $\times$ Kolbenfläche sind, senkrecht dazu auf, so erhalten wir das Kolbendruckdiagramm Fig. 45. Auf dem Wege h_1 nimmt der Dampf-

druck ungefähr nach einer gleichseitigen Hyperbel ab (Mittelpunkt bei A). Die Arbeit, die bei der Dampfentwicklung geleistet wurde, war $F \cdot p \cdot h$, somit in dem gewählten Maßstabe für $F \cdot p$ und für h gleich der Recht-

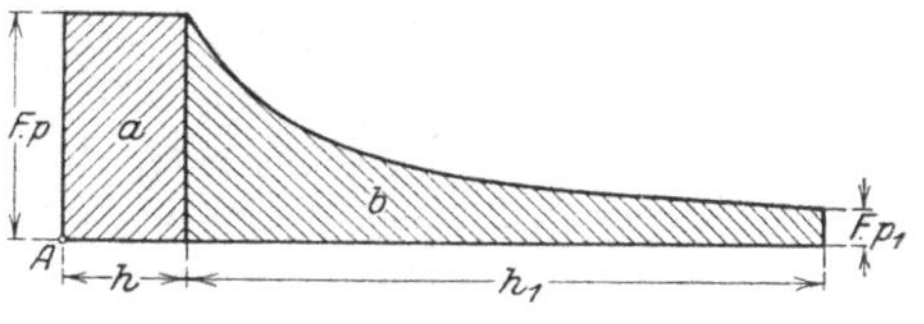

Fig. 45.

eckfläche a. Wir können diese ja auch ohne weiteres ansehen als Kraft ($F\,p$) $\times$ Weg (h). Die Arbeit während der Expansion wird geleistet durch eine veränderliche Kraft auf dem Wege h_1 und ist offenbar gleich dem Inhalt der Fläche b. Bei der Kolbenstellung h_1 herrscht nun noch der Enddruck der Expansion p_1 und die Größe der gewonnenen Arbeit wird davon abhängen, wie weit wir die Expansion getrieben haben oder vom Expansionsverhältnis $p : p_1$. Wir wollen $p_1 = 1{,}5$ kg/cm²-absolut annehmen. Die vom Dampf geleistete Arbeit entspricht dann der Fläche $A\,B\,C\,D\,E$ und kann aus dieser und dem gewählten Maßstab oder in anderer Weise berechnet werden zu 5316 mkg $= 12{,}45$ Kcal. In gesättigtem Dampf sind nach der Tabelle bei $p = 1{,}5$, $0{,}1 \cdot 642{,}6 = 64{,}26$ Kcal enthalten. Anfänglich waren 66,25 Kcal vorhanden, die 1964,2 mkg geleistet hatten. Durch die Expansion haben wir also 3351,8 mkg gewonnen, entsprechend 7,85 Kcal. Der Unterschied $66{,}25 - 64{,}26 = 2{,}99$ Kcal ist aber erheblich kleiner als 7,85 WE für die geleistete Expansionsarbeit. Es muß also dem Dampf mehr Wärme entzogen sein, sein Wärmeinhalt muß nach der Expansion auf 1,5 kg/cm² kleiner sein als der des trocken gesättigten Dampfes. Daraus folgt, daß der Dampf teilweise kondensiert ist, er ist naß geworden, und zwar ist die spezifische Dampfmenge, d. h. die Menge des Dampfes in 1 kg Naßdampf (Gemisch von Wasser und Dampf) = 0,895. Bei der Expansion trocken gesättigten Dampfes in einem Zylinder, dem von außen während der Expansion keine Wärme zugeführt wird, wird der Dampf mit zunehmender Expansion immer mehr kondensiert, es entsteht nasser Dampf. Eine derartige Änderung des Dampfzustandes, d. h. seines Druckes und Rauminhaltes, bei der weder Wärme zugeleitet noch abgeführt wird, nennt man eine adiabatische Zustandsänderung. Die Kurve, die eine solche Zustandsänderung darstellt, in Fig. 46 die Linie *CD*, heißt Adiabate.

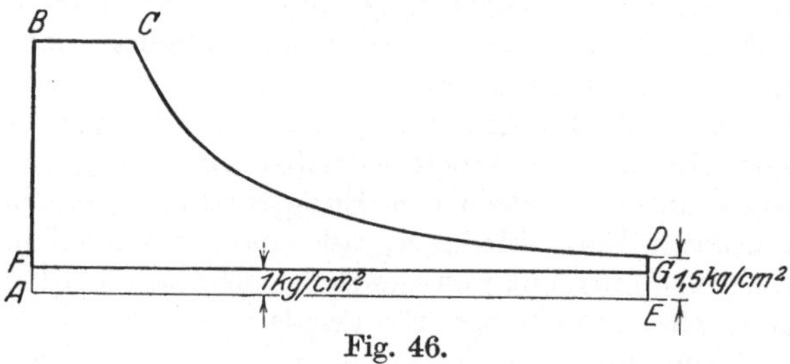

Fig. 46.

Würden wir überhitzten Dampf in gleicher Weise expandieren lassen, so würde seine Überhitzungstemperatur abnehmen, bis an einer bestimmten Stelle gerade noch trocken gesättigter Dampf vorhanden wäre. Bei weiterer Expansion würde der Dampf sofort naß werden.

Die berechnete Arbeit von 5316 mkg ist nun aber durchaus nicht die von uns verwertbare Arbeit, die Nutzarbeit. Denn der Dampf hat ja bei der Expansion den Kolben mit Gewicht gehoben, außerdem aber noch den Luftdruck überwunden. Es ist ein Gegendruck überwunden worden, die entsprechende Arbeit wird durch die Fläche *AEGF* (Fig. 46) dargestellt. Je kleiner der Gegendruck ist, um so größer wird die von demselben Dampf gewinnbare Nutzarbeit. Steht die Oberseite des Kolbens unter Atmosphärendruck, so kann der Gegendruck nicht unter diesen sinken. Das wäre erst dann möglich, wenn wir uns den oberen Teil unseres Zylinders geschlossen und mit einem Raum in Verbindung denken, in dem künstlich ein niedrigerer Druck hergestellt wird. Die theoretische Grenze ist die, daß in diesem Raume vollkommene Luftleere, ein „absolutes Vakuum", herrscht.

Wollten wir nun mit unserem einfachen Versuchsapparat dauernd Arbeit gewinnen, so müßte der Zylinder zunächst durch irgendein Ventil oder einen Schieber entleert werden. Darauf müßte er wieder mit 0,1 kg Wasser gefüllt werden und das Spiel könnte aufs neue beginnen.

Wir wissen aber schon, daß der Dampf von der Kraftmaschine getrennt im Dampfkessel erzeugt wird. Auch ist uns mit der nur hin und her gehenden Bewegung nicht gedient. Die einfachste Dampfmaschine ist heute deshalb bis auf ganz verschwindende Ausnahmen mit einem Kurbeltrieb versehen, der die vom Kolben geleistete hin und her gehende Bewegung in eine mehr oder weniger gleichförmige Drehbewegung verwandelt. Dabei kommen einfachwirkende Maschinen, bei denen der Dampf nur auf eine Kolbenseite wirkt, nur bei ganz kleinen untergeordneten Maschinen vor. Die Regel ist die doppeltwirkende Maschine. Das theoretische Dampfdiagramm einer solchen Maschine wäre durch die Fläche $FBCDG$ der Fig. 46 gegeben, wenn wir voraus-

setzen, daß, während der Kolben sich in der einen Richtung bewegt, auf der anderen Kolbenseite atmosphärischer Druck herrscht, d. h. diese Zylinderseite mit der Außenluft in Verbindung steht, der Dampf ins Freie „auspufft“, Auspuffmaschine.

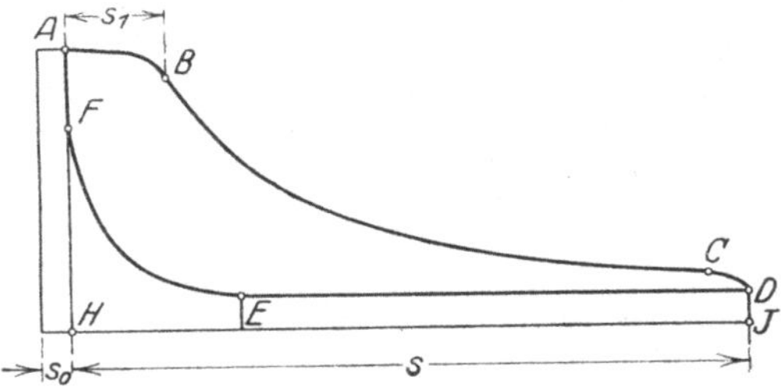

Fig, 47.

Wir können mit dem Indikator (siehe Abschnitt Meßgeräte) den auf den Kolben wirkenden Druck in jeder Kolbenstellung bestimmen. Schließen wir einen solchen Indikator, der den Druckverlauf selbsttätig aufzeichnet, an jede Zylinderseite an, so erhalten

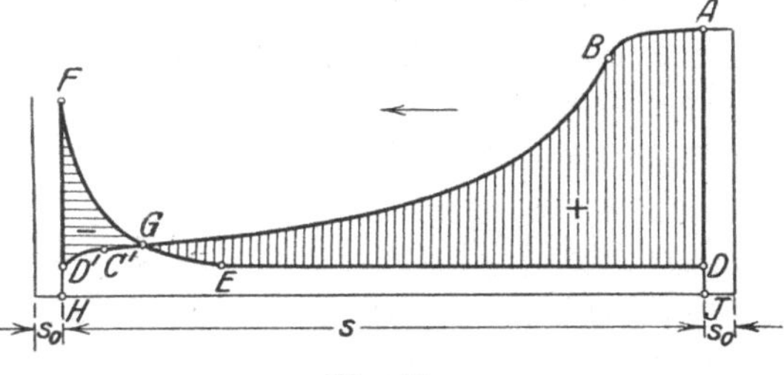

Fig. 48.

wir bei einer Umdrehung der Kurbel zwei Indikatordiagramme, die wohl eine gewisse Ähnlichkeit mit unserem gezeichneten Diagramm, Fig. 46, aufweisen, aber sich doch in wesentlichen Punkten davon unterscheiden. Es sei Fig. 47 ein solches vom Indikator aufgenommenes Diagramm. In Fig. 46 gibt uns die Linie FG den Druck auf der nicht arbeitenden Seite des Kolbens an. Im Indikatordiagramm Fig. 47 ist die Linie DEF nicht diese Gegendrucklinie, während der arbeitende Dampf seinen Druck von A über B nach D ändert, vielmehr kann hier DEF nur den Druckverlauf auf derselben Zylinderseite wiedergeben. Diese Linie kommt somit als Gegendruck in Betracht für den „Arbeits“hub der anderen Zylinderseite. Der wirklich vom Kolben in jeder Stellung abgegebene Druck würde somit erst gefunden, wenn wir, wie dies in Fig. 48 geschehen ist, die Kurve für den Arbeitsgang des Kolbens von rechts nach links mit der „Gegendruck“linie DEF der Fig. 47 zusammenzeichnen.

Wir erhalten so das Kolbenüberdruckdiagramm $A'B'C'D'FED$. Die Länge s entspricht dem „Hub" der Maschine. Von A' bis B' tritt Dampf aus der Leitung in den Zylinder. Der Druck sinkt dabei vor B' etwas, weil der zum Zylinder führende Dampfkanal nicht plötzlich geschlossen werden kann. Durch die zunehmende Verengung des Dampfeintrittes wird der Dampf „gedrosselt", d. h. ein Teil seines Druckes muß verbraucht werden, um die zunehmende Dampfgeschwindigkeit zu erzeugen und die mit der Geschwindigkeit wachsenden Reibungswiderstände zu überwinden. Bei B' ist die „Füllung" beendet, es beginnt die Expansion bis auf die im Punkt C' beendete Expansion. C' liegt noch vor dem Hubende, d. h. schon bevor die Kurbel im Totpunkt angelangt ist, wird der Dampfauslaßkanal geöffnet. Bei C' beginnt der „Voraustritt" des Dampfes. Während der Füllung und einem großen Teil der Expansion hat der Kolben den Gegendruck nach der Linie DE zu überwinden. Dieser nimmt gegen Ende des Hubes zu aus Gründen, die wir gleich kennenlernen werden. Zwischen E und F liegt ein Punkt G, für den der Arbeitsdruck und der Gegendruck gleich groß sind. In diesem Augenblick kann der Kolben offenbar keine Arbeit leisten. Bewegt er sich noch weiter, so ist der Gegendruck größer als der Arbeitsdruck. Die Bewegung ist somit nur möglich, wenn der Kolben durch das Kurbelgetriebe dazu gezwungen wird, d. h. wenn hier umgekehrt Arbeit vom Getriebe auf den Kolben übertragen wird. Die Fläche $FGC'D'$ entspricht somit nicht gewonnener Arbeit, sondern aufzuwendender Arbeit. Bezeichnen wir die senkrecht schraffierte Arbeitsfläche $ABGED$ als positiv, so ist bei jedem Kolbenhub die wagerecht schraffierte Fläche negativ, die wirklich geleistete Arbeit $ABGED - FGC'D'$.

Bei der Expansion von B bis C (Fig. 47) würde eine dem Teil s_1 des Hubes $\times$ Kolbenfläche entsprechende Dampfmenge beteiligt sein, wenn im Totpunkt der Kolben bis dicht an den Zylinderdeckel herankommen würde. Das ist aus praktischen Gründen nicht möglich. Außerdem ist auch der nicht unbeträchtliche Raum des Dampfkanals vom eigentlichen Zylinderraum bis zum steuernden Abschlußorgan mit Dampf gefüllt, der ebenfalls mit expandiert. Wir können diese Räume als Verlängerung des Zylinders ansehen, die aber nicht vom Kolben durchlaufen wird. In Fig. 48 ist angenommen, daß diese Räume beiderseits 5% des eigentlichen „Hubvolumens" (Hub $\times$ Kolbenfläche) ausmachen. Dementsprechend sind 5% des Hubes beiderseits angetragen. Wir finden so die Punkte, aus denen wir die Expansionslinie angenähert als gleichseitige Hyperbel ziehen müssen. Auf der jeweils mit der Außenluft verbundenen Kolbenseite herrscht natürlich auch in diesem Zusatzraume Atmosphärenspannung. Würde der Dampfauslaß erst im Totpunkt geschlossen und gleich darauf der Dampfeintritt für den Rückgang des Kolbens geöffnet, so müßte dieser Raum zunächst mit Dampf aufgefüllt werden, bis die Spannung des eintretenden Frischdampfes erreicht wäre. Es müßte somit bei jedem Hub ein solcher Raum mit Dampf frisch angefüllt werden, ohne daß der Kolben sich bewegt, ohne daß also Arbeit geleistet wird. Man bezeichnete deshalb diese Räume als schädliche Räume. Statt sie mit Frischdampf zu füllen, kann man nun aber dazu einen Teil des im Zylinder beim Rückgang des Kolbens vorhandenen Dampfes von Gegendruckspannung verwenden. Wir schließen etwa im Punkte E (Fig. 47) den Dampfaustritt. Der weitergehende Kolben verdichtet den eingeschlossenen Dampf bis auf die Spannung im Punkt F. Jetzt brauchen wir diesen durch vor dem Totpunkt eintretenden Frischdampf nur noch um Weniges bis auf die Frischdampfspannung zu vermehren. Wir können auch die Verdichtung (Kompression) so früh beginnen lassen, daß ohne weiteres die Frischdampfspannung erreicht wird. Dann ist zunächst die Bezeichnung „schädlicher Raum" unberechtigt, denn der oben geschilderte Dampfverlust ist vermieden. Wir werden später sehen, daß es trotzdem unser Bestreben sein muß, den schädlichen Raum so klein wie möglich zu halten.

Wie können wir uns aus einem vorliegenden Indikatordiagramm oder vielmehr aus den zwei Diagrammen für Hin- und Hergang des Kolbens die Leistung der Maschine berechnen? Wir sahen, daß uns das Kolbenüberdruckdiagramm Fig. 48 für den einen Kolbenweg die nutzbare Arbeitsfläche $ABGED - FGC'D'$ liefert. Diese Fläche können wir uns in ein gleich großes Rechteck verwandelt denken, z. B. mit der Länge s. Seine Höhe ist dann gleich der Überdruckdiagrammfläche dividiert durch die Länge s. Diese Höhe nennen wir den mittleren Kolbenüberdruck p_m, wenn wir die Kolbenfläche zu 1 cm² annehmen. Die Arbeit, die bei einer wirksamen Kolbenfläche von F cm² und dem Hub s in m bei einem Hub geleistet wird, ist somit $F \cdot p_m \cdot s$ in mkg. Als „wirksame" Kolbenfläche gilt die ganze Kolbenfläche $\dfrac{D^2 \pi}{4}$ nur dann, wenn die Kolbenstange nicht durch den Zylinderdeckel hindurchgeführt ist. Auf der Kurbelseite, wo die Stange bei doppeltwirkenden Maschinen stets durch den Zylinderboden hindurchgeht, muß davon der Querschnitt der Kolbenstange abgezogen werden. Die Leistung, Kraft × Geschwindigkeit, erhalten wir, wenn wir den Kolbendruck $F \cdot p_m$ multiplizieren mit der mittleren Kolbengeschwindigkeit. In der Minute legt der Kolben einen Weg zurück von $2 \cdot s \cdot n$ m. Die mittlere Kolbengeschwindigkeit ist somit $\dfrac{2 \cdot s \cdot n}{60} = \dfrac{s \cdot n}{30} = c_m$, die Leistung also $F \cdot p_i \cdot c_m = \dfrac{F \cdot p_m \cdot s \cdot n}{30}$ mkg/sek. Nun brauchen wir aber zum Bestimmen von p_i nicht erst das Kolbenüberdruckdiagramm Fig. 48 zu zeichnen. Seine Nutzarbeitsfläche ist gleich dem Unterschied der Flächen $A'B'C'D'HJ - DEFHJ$.

Entsprechend würde die Fläche für den Kolbenrückgang sein $= ABCDJH - D'E'F'JH$.

Die Arbeitsfläche für einen Hin- und Rückgang des Kolbens können wir dann auch so schreiben:

$$(ABCDJH - DEFHJ) + (A'B'C'D'HJ - D'E'F'JH).$$

Der Wert der ersten Klammern ist aber nichts anderes als die Indikatordiagrammfläche (Fig. 47) und der der zweiten Klammern die (nichtgezeichnete) Diagrammfläche für die andere Kolbenseite. Der für Hin- und Rückgang sich ergebende mittlere Kolbenüberdruck ist somit einfach gleich der Summe der beiden Indikatordiagrammflächen dividiert durch die doppelte Diagrammlänge. Bestimmen wir aus dem Indikatordiagramm den mittleren „indizierten" Druck in gleicher Weise wie den Kolbenüberdruck als Höhe eines gleich großen Rechtecks mit der Länge, so können wir auch hiermit unmittelbar die Leistung berechnen $= \dfrac{F \cdot \mathrm{p}_i \cdot s \cdot n}{30}$, wenn wir für F die mittlere wirksame Kolbenfläche gleich dem arithmetischen Mittel der wirksamen Kolbenflächen auf der Kurbel- und der Deckelseite der Maschine einsetzen. (Als Kurbelseite bezeichnet man die der Kurbel zunächstliegende Seite des Zylinders.)

Beispiel: Die beiden Indikatordiagrammflächen haben einen Inhalt von 1390 bzw. 1418 mm². Die Länge s des Diagramms sei 90 mm. Der Maßstab für den Druck sei 6 mm $= 1$ kg/cm², dann ist

$$p_i = \frac{1390 + 1418}{2 \cdot 90 \cdot 6} = 2{,}6 \ \text{kg/cm}^2 \,.$$

Der Zylinder habe 350 mm Dmr. Die Kolbenstange mit 70 mm Dmr. sei hinten nicht durch den Deckel hindurchgeführt. Dann ist die mittlere wirksame Kolbenfläche $= \dfrac{962{,}11 + (962{,}11 - 38{,}48)}{2} = 942{,}87$ cm². Bei einem Hub von 600 mm und einer Umlaufzahl $n = 150$ ist $c_m = \dfrac{0{,}6 \cdot 150}{30} = 3$ m/sek.

Die Leistung ist also $= F \cdot p_i \cdot c_m = 942{,}87 \cdot 2{,}6 \cdot 3 = 7354{,}38$ mkg/sek oder in „indizierten" Pferdestärken $Ni = 7354{,}38 : 75 = 98{,}06$ PS$_i$. Die wirkliche Leistung der Maschine wird durch die Verluste durch Reibung in den Lagern und sonstigen Gleitflächen geringer sein. Das Verhältnis der „effektiven" zur „indizierten" Leistung $\dfrac{Ne}{Ni}$ heißt mechanischer Wirkungsgrad. Er liegt bei gut gebauten Maschinen etwa zwischen 0,85 und 0,92.

2. Kondensator.

Wir sahen oben, daß die Nutzleistung erhöht wird durch Vermindern des Gegendruckes, d. h. der Abdampf der Maschine muß aus dem Zylinder in einen Raum überströmen, in dem dauernd ein niedrigerer Druck als Atmosphärendruck herrscht. Das kann natürlich nicht so gemacht werden, daß etwa durch eine Pumpe dauernd der einströmende Dampf abgesaugt wird. Das würde die gleiche Wirkung haben, wie wenn wir das Gefälle einer Wasserkraftanlage dadurch vergrößern wollten, daß wir die Turbine in einen tiefen Schacht stellen und das austretende Wasser durch eine Pumpe aus dem Schacht herausbefördern wollten. Die aufzuwendende Pumpenleistung würde wegen der unvermeidlichen Verluste durch Reibung u. dgl. größer sein als die durch die Gefällvermehrung gewonnene Leistung. Bei Dampf brauchen wir aber nicht das große Dampfvolumen durch eine Pumpe abzusaugen, wenn wir den Dampf zunächst so weit abkühlen, daß er kondensiert. Nun ist nur noch das kleine Wasservolumen aus dem geschlossenen Abdampfraum, dem Kondensator, abzusaugen. Die Leistung dieser Kondensatpumpe ist verhältnismäßig sehr gering. Dafür müssen wir aber dem Dampf im Kondensator ganz bedeutende Wärmemengen entziehen, denn im Kondensat ist ja nur noch die Flüssigkeitswärme enthalten. Die ganze Verdampfungswärme muß in das Kühlwasser übergehen. Wir können nun entweder die Oberfläche des Kondensators abkühlen, so daß die Wärme durch die Kondensatorwandungen hindurch abgeleitet wird, Oberflächenkondensator, oder wir spritzen kaltes Wasser in den Kondensatorraum ein, Einspritzkondensator. Im zweiten Fall muß die Pumpe nicht nur das Kondensat, sondern auch das Einspritzwasser aus dem Kondensator absaugen und gegen den äußeren Luftdruck herausfördern. Theoretisch würde im Kondensator ein Dampfdruck herrschen, der der Temperatur des Kondensators entspricht, der also nur abhängig

wäre von der Temperatur und Menge des Kühl- oder Einspritzwassers. Mit dem Dampf gelangt aber dauernd auch eine kleine Menge Luft in den Kondensator. Diese stammt zum Teil aus dem Speisewasser, das ja in fast allen Fällen Luft enthält, zum Teil tritt sie durch Undichtigkeiten

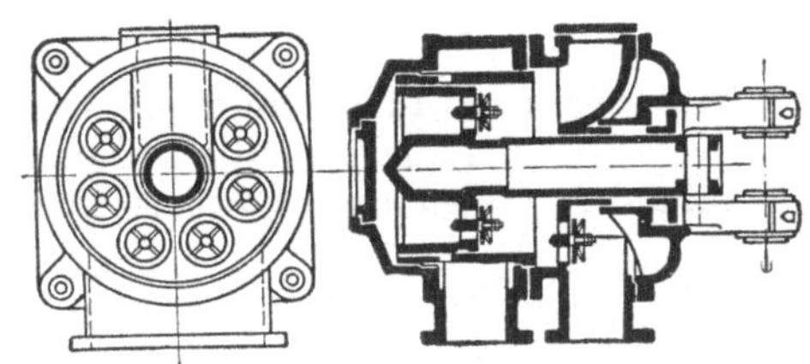

Fig. 49.

besonders an den Stopfbüchsen der Maschinen in den Dampfraum ein. Diese Luft können wir nicht kondensieren. Sie würde sich im Kondensator dauernd vermehren und damit den Gegendruck erhöhen, denn der im Kondensator herrschende Druck setzt sich zusammen aus dem Druck des Dampfes und dem der Luft. Herrscht im Kondensator die Temperatur 53,6° C, so entspricht dieser nach der Dampftabelle ein Dampfdruck von 0,15 kg/cm² absolut. Hat die Luft im Kondensator einen Druck von 0,1 kg/cm², so beträgt der Gesamtdruck im Kondensator 0,25 kg/cm². Wir verlieren also durch die eingedrungene Luft die Möglichkeit eines der Kühlwassertemperatur- und -menge entsprechend niedrigen Gegendrucks und damit gewinnbare Leistung. Gründliche Entfernung der eindringenden Luft durch eine besondere Luftpumpe und peinliche Überwachung der Stopfbüchsen und Rohrdichtungen ist somit Grundbedingung für eine niedrige Kondensatorspannung. Bei Oberflächenkondensation wird meist eine besondere „trockene" Luftpumpe angeordnet. Bei Einspritzkondensation begnügt man sich mit einer Naßluftpumpe (Fig. 49), die gleichzeitig Kondensat, Einspritzwasser und Luft aus dem Kondensator herausfördert. Für beide

Fälle werden sowohl Kolbenpumpen wie auch umlaufende (rotierende) Pumpen und Strahlpumpen verwendet. Vorteilhaft ist es, wenn die Umlaufzahl trockener Luftpumpen geändert werden kann, da die zu fördernde Luftmenge häufig stark schwankt und die Pumpenleistung dann dem jeweils abzusaugenden Luftvolumen angepaßt werden kann. Die Oberflächenkondensatoren werden ähnlich gebaut wie die Abdampfvorwärmer. Das Kühlwasser wird durch zahlreiche enge Rohre meist aus Messing oder Kupfer geschickt, während der Abdampf die Rohre außen bespült. Es ist dabei ganz besonders darauf zu achten, daß die Rohre weder innen durch Schlamm aus dem

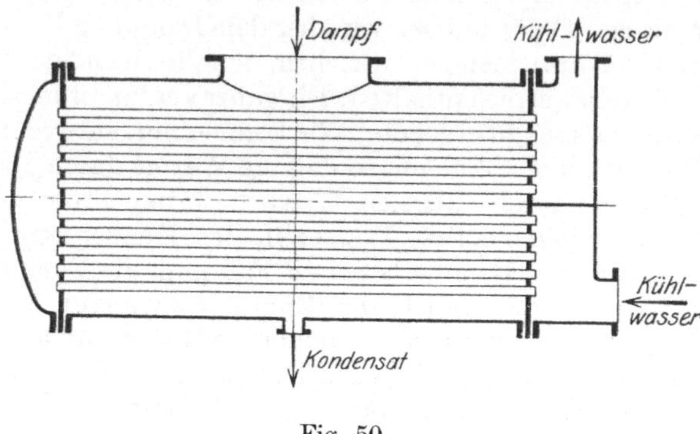

Fig. 50.

Kühlwasser noch außen durch Öl verschmutzt werden, da beides den Wärmeaustausch und damit die Leistung des Kondensators erheblich vermindert. Wird an den Oberflächenkondensator ein Ölabscheider in

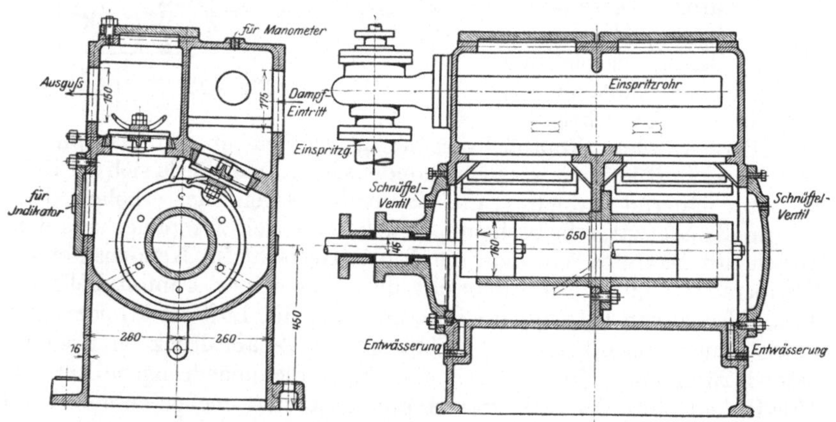

Fig. 51.

die Dampfleitung eingebaut, so kann das warme Niederschlagwasser ohne weiteres wieder zum Kesselspeisen verwendet werden. Bei Einspritzkondensation ist dies meist nicht lohnend, da die Temperatur des ablaufenden Wassers schon sehr niedrig ist und dieses auch vor der Verwendung als Speisewasser noch gereinigt werden müßte. Fig. 50 zeigt einen Oberflächenkondensator, Fig. 51 einen Einspritzkondensator mit der liegenden Naßluftpumpe zusammengebaut. Kann der Kondensator in ausreichender Höhe über dem Wasserspiegel des Sammelbehälters für das Ablaufwasser aufgestellt werden, so ist eine besondere Pumpe entbehrlich. Da das Wasser im „Fallrohr" (Fig. 52) höchstens 10,33 m hochstehen kann, wird weiterzufließendes Wasser ohne weiteres aus dem Rohre abfließen. Es ist dann nur eine trockene Luftpumpe erforderlich. Dafür braucht man aber bei solchen Anlagen eine Pumpe für das Einspritzwasser, da dies nicht mehr wie bei gewöhnlichen Einspritzkondensationen durch den äußeren Luftdruck in den Kondensator gefördert wird.

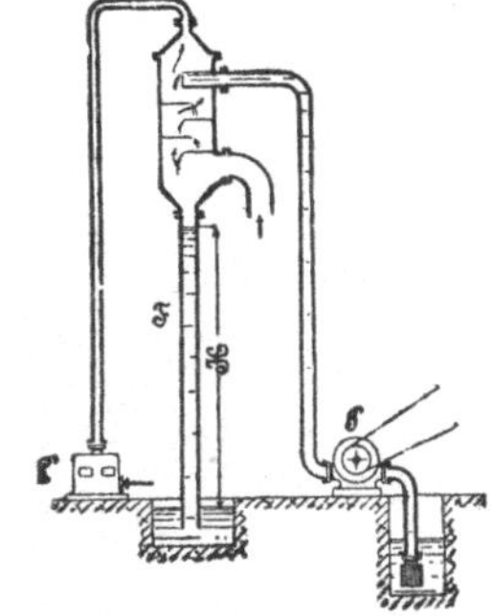

Fig. 52.

3. Bauarten der Dampfmaschinen.

Zunächst können wir die Dampfmaschinen jetzt einteilen in Auspuffmaschinen und Kondensationsmaschinen. Zu ersteren können wir auch solche Maschinen rechnen, die mit einem höheren Gegendruck arbeiten als Atmosphärendruck. Das wird etwa dann der Fall sein, wenn der Abdampf der Maschine zum Heizen verwendet wird und die Temperatur des Heizdampfes 100° C übersteigen muß. Nach der Anordnung des Zylinders zum Triebwerk unterscheiden wir liegende Maschinen und stehende Maschinen (Fig. 53). Bei letzteren liegt heute allgemein der Zylinder über der Kurbelwelle. Arbeiten mehrere Maschinen so auf eine gemeinsame Welle, daß jede gesondert für sich Frischdampf erhält, so sprechen wir von Zwillings- oder Drillingsmaschinen. Der Zweck ist dabei, ein möglichst gleichmäßiges Drehmoment an der Welle zu erzielen. Die verschiedenen Kurbeln werden deshalb gegeneinander versetzt. Wenn die eine Kurbel im Totpunkt steht, somit keine drehende Wirkung auf die Welle ausüben kann, steht eine andere Kurbel so, daß ein großes Drehmoment erzielt wird.

Nun finden wir aber auch Maschinen mit mehreren Zylindern, bei denen der Dampf erst in einem Zylinder arbeitet, dann einem zweiten, oft sogar noch einem dritten Zylinder zugeführt wird, sogenannte Verbunddampfmaschinen, deren Zweck wir uns zunächst klarmachen wollen.

Wir sahen, daß bei der Expansion des Dampfes die Dampfspannung im Zylinder fällt. Damit fällt auch die Temperatur des Dampfes. Während einer Umdrehung hat der Dampf somit sehr verschiedene Temperatur. Die Zylinderwandungen, zu denen auch Deckel und Kolbenflächen zu rechnen sind, werden infolgedessen eine wegen der kurzen Zeit, in der diese Schwankungen verlaufen, wenig veränderliche Mitteltemperatur annehmen. Der in den Zylinder eintretende Frischdampf trifft auf Wandflächen mit niedrigerer Temperatur, kühlt sich ab, indem er Wärme an die Zylinderwand abgibt und kondensiert teilweise. Der Wärmeüber-

gang wird erleichtert dadurch, daß die Wandung infolge dieser Kondensation naß wird. Gegen Ende des Hubes hat der Dampf niedrigere
Temperatur als die Wand. Es geht zwar wieder Wärme aus der Wand

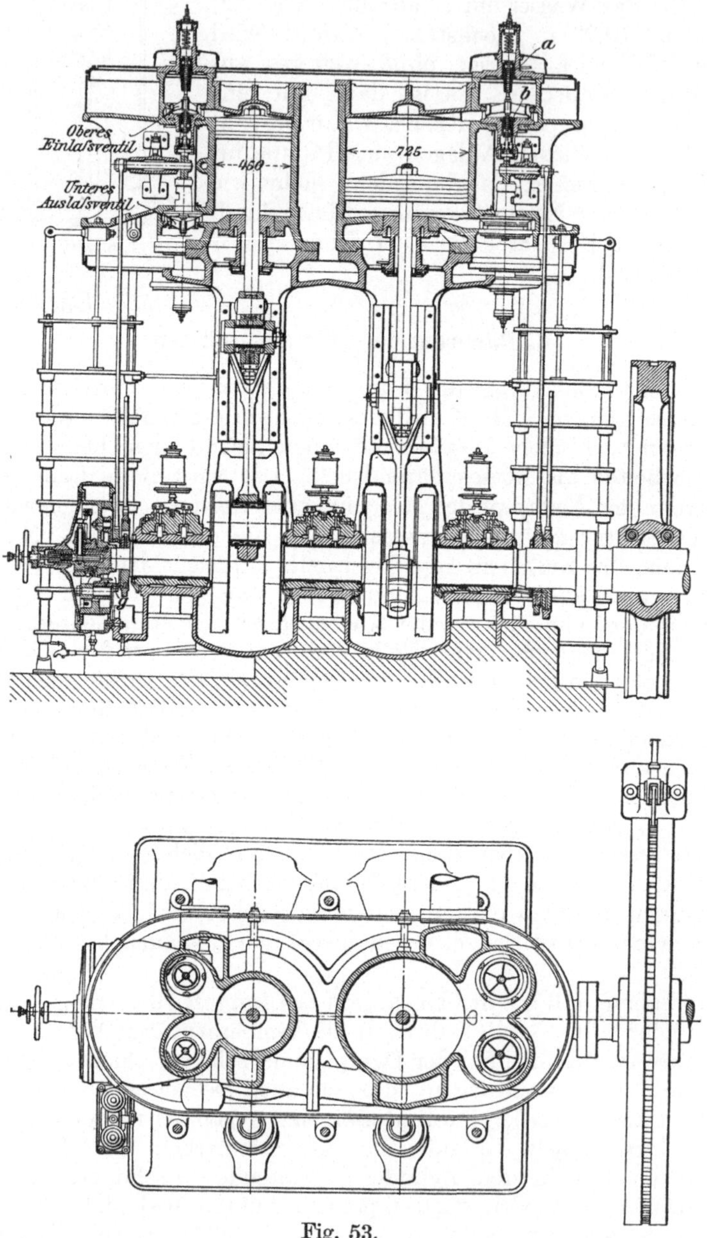

Fig. 53.

in den Dampf, aber das hilft nicht mehr viel, da ja sehr bald das Voraus-
strömen beginnt und damit die Wärme mit dem Abdampf den Zylinder
verläßt, also nicht mehr ausgenützt werden kann. Je höher Druck und
damit Temperatur des Frischdampfes sind, um so grösser werden die
Verluste durch diese Eintrittskondensation sein. Sie zu vermindern, ist die Hauptaufgabe des Dampfmaschinenbauers. Zunächst
werden wir darauf sehen, alle für diesen Wärmeaustausch in Betracht
kommenden Flächen so klein wie möglich zu halten. Dies gilt vor allem
für die Dampfzu- und -ableitungskanäle, in der Hauptsache also das,
was wir früher als schädlichen Raum bezeichnet haben. Seine ursprüng-
liche schädliche Wirkung haben wir durch die Kompression von Gegen-
druckdampf fast ganz beseitigen können. Die schädliche Vergrößerung
der Eintrittkondensation durch seine Wandungen, seine „schädliche
Fläche" können wir nur vermindern durch tunlichstes Verkleinern des
schädlichen Raumes. Es kann damit sehr viel gewonnen werden, wie
wir noch sehen werden.

Der Wärmeaustausch zwischen Dampf und Wand kann ferner vermindert werden dadurch, daß wir den Temperaturunterschied klein
halten. Diesem Zweck dient nun die Verbundanordnung. Wir lassen
den Dampf nicht auf den gegebenen Gegendruck expandieren, sondern
mit einer wesentlich höheren Spannung in einen „Aufnehmer" (Re-
ceiver, sprich: Ressüwer) ausströmen. Die Maschine arbeitet also mit
höherem Gegendruck, die Temperaturunterschiede sind wesentlich
kleiner. Aus dem Aufnehmer strömt der Dampf in einen zweiten Zylinder, den Niederdruckzylinder, und expandiert nun weiter auf die
gegebene Endspannung (Atmosphäre oder Kondensatordruck). Auch
hier ist der Wärmeaustausch vermindert, weil der Dampf mit niedriger
Temperatur eintritt. Der Aufnehmer wurde früher ziemlich groß gewählt und mußte dann wieder sorgfältig gegen Wärmeausstrahlung ge-
schützt werden. Heute begnügt man sich meist mit der ohnehin erforderlichen Verbindungsleitung zwischen den beiden Zylindern.

Die Zweizylinderverbundmaschine besteht somit aus einem kleineren
Hochdruck- und einem größeren Niederdruckzylinder. Dieser erhält
den Inhalt des Zylinders einer Einzylindermaschine für gleiche Umlaufzahl und gleiche Gesamtleistung. Die beiden Zylinder können gleichen
Hub und verschiedene Durchmesser erhalten; das ist das übliche.
Wir können uns aber auch zwei Zylinder denken mit gleichem Durchmesser und verschiedenem Hub. Nehmen wir an, daß auch die Indikatordiagramme der beiden Zylinder entsprechend verschiedene Länge erhalten, so können wir sie wie in Fig. 54 auf einer Nullinie übereinander
zeichnen. Aus den tatsächlichen Indikatordiagrammen zeichnen wir so
das rankinisierte Diagramm der Verbundmaschine. Vergleichen wir
mit diesem ein Diagramm einer Einzylindermaschine, die unter gleichen
Bedingungen arbeitet, so sehen wir, daß wir an Arbeitsfläche etwas verloren haben durch das Überströmen vom Hochdruck- in den Niederdruckzylinder. Diesen Verlust nehmen wir aber gern in Kauf, da wir
infolge der Verminderung der Eintrittskondensation erheblich an Dampf

sparen. Wir dürfen nicht vergessen, daß die Größe der Füllung noch gar nicht die Menge des verbrauchten Dampfes erkennen läßt, da der kondensierte, also als Wassertröpfchen im Zylinder vorhandene Dampf im Diagramm natürlich nicht erkennbar ist. Bei gleichem Dampfdruck und gleicher Länge s_1 in beiden Diagrammen (Fig. 47 und Fig. 54), d. h. wenn die Füllung gleich groß ist, wäre bei der Verbundmaschine ein kleineres Gewicht Dampf zugeführt worden als bei der Einzylindermaschine. Wir unterscheiden bei der Verbundmaschine:

$$\text{Hochdruckfüllung} \quad = s_1 : s_h\,,$$
$$\text{Niederdruckfüllung} \quad = s_2 : s_n$$
und $\qquad\qquad$ „reduzierte" Füllung $= s_1 : s_n$.

Nur die letzte gibt uns ein Bild des Expansionsverhältnisses und damit der Dampfausnutzung in der Maschine. Das Verhältniss $s_h : s_n$, das Zylinderverhältnis ist verschieden je nach der Dampfspannung und

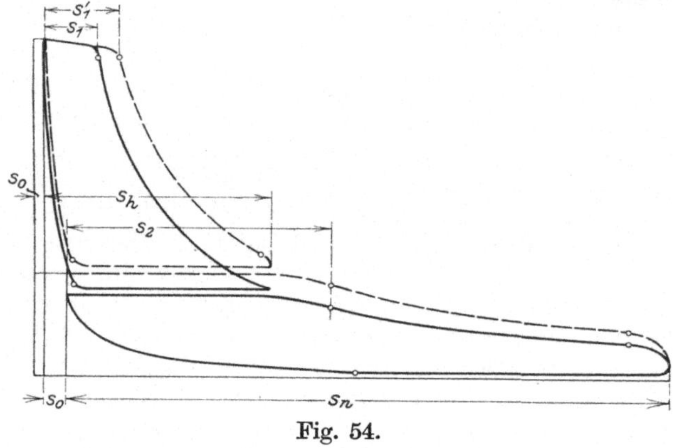

Fig. 54.

dem Gegendruck, bei Auspuffmaschinen rund 1 : 2,2, bei Kondensationsmaschinen etwa 1 : 2,5 bis 1 : 2,75 (für Sattdampf). Der Druck im Aufnehmer ist bei verschiedenen Füllungen verschieden, ferner auch abhängig vom Zylinderverhältnis und der Art der Steuerung des Dampfes. Man könnte ihn so wählen, daß bei der Normalleistung Hochdruck- und Niederdruckdiagramm gleiche Fläche erhalten. Bei wachsender Belastung der Maschine nimmt das Niederdruckdiagramm stets mehr zu als das Hochdruckdiagramm, ja letzteres kann sogar kleiner werden als bei Normalleistung. Die Leistungen sind dann also sehr ungleich auf beide Zylinder verteilt. Meist überwiegt die Rücksicht auf geringste Wärmeverluste bei der Wahl des Zylinderverhältnisses.

Wir können auch drei Zylinder in gleicher Weise hintereinanderschalten: Dreifachverbundmaschinen. Wir verlieren dabei nochmals etwas an Diagrammfläche beim Überströmen, sparen aber Dampf infolge kleinerer Temperaturunterschiede in den Zylindern. Der Vorteil ist gegenüber den Verbundmaschinen nicht mehr so erheblich. Dafür macht sich ein weiterer Nachteil der Verbundanordnung um so mehr bemerkbar. Wollen wir durch Vergrößern der Füllung an der Einzylindermaschine eine bestimmte Mehrleistung erzielen, so muß beispielsweise $s_1 : s$ von 0,2 auf 0,30 vergrößert werden. Wollen wir eine gleiche Mehrleistung mit der Verbundmaschine erreichen, so muß die reduzierte Füllung $s'_{1h} : s_n$ von rund 0,20 auf rund 0,30 vergrößert werden. In Fig. 54 sind die entsprechenden neuen Diagramme gestrichelt gezeichnet. Wir sehen, daß die Hochdruckfüllung $s'_1 : s_h$ der Verbundmaschine nun schon rund 30% beträgt. Eine bedeutende weitere Steigerung ist oft nicht möglich und die Expansion im Hochdruckzylinder schon mangelhaft. Das gilt ganz besonders für Verbundmaschinen mit Auspuff. Wir sehen daraus, daß letztere da nicht am Platze sind, wo vorübergehend große Mehrleistungen vorkommen. So wird man z. B. bei Lokomotiven trotz der erzielbaren und gerade für Lokomotiven so wichtigen Dampf- und damit Kohlenersparnis Verbundmaschinen nur verwenden, wenn die Normalleistungen nicht in starken Steigungen, in scharfen Kurven oder bei raschem Anfahren erheblich überschritten werden müssen. Lassen sich solche Überlastungen nicht vermeiden, so muß man bei der Zwillingsanordnung bleiben. Aus dem gleichen Grunde der geringen Überlastbarkeit finden wir die Verbundauspuffmaschine in ortsfesten Anlagen nur sehr vereinzelt. Ganz unangebracht wäre sie bei höherem Gegendruck hinter dem Niederdruckzylinder.

Dreifachverbundmaschinen finden wir dementsprechend hauptsächlich in Anlagen mit sehr gleichmäßiger Belastung. Bei sehr großen Maschinen (Schiffsmaschinen u. a.) trifft man auch vier Zylinder, jedoch meist in der Weise, daß der aus dem Mitteldruckzylinder kommende Dampf in zwei gleich große Niederdruckzylinder geleitet wird. Man erhält dann kleinere Niederdruckzylinder und durch die Unterteilung auf vier Kurbelgetriebe ein gleichmäßiges Drehmoment. Das sind dann also Dreifachverbundmaschinen mit geteiltem Niederdruckzylinder.

Bei liegenden Verbundmaschinen werden Hoch- und Niederdruckzylinder entweder nebeneinander angeordnet — Zwillingsanordnung, Zweikurbelverbundmaschinen- oder sie werden hintereinander gelegt, so daß die beiden Kolben auf einer gemeinsamen Kolbenstange sitzen und nur ein Kurbeltrieb erforderlich ist — Einkurbelverbundmaschine (Tandemmaschine). Die Zwillingsanordnung bietet den Vorteil eines gleichmäßigeren Drehmomentes an der Kurbelwelle, wenn die beiden Kurbeln gegeneinander versetzt sind. Das Schwungrad kann für gleiche Gleichförmigkeit der Umfangsgeschwindigkeit leichter gemacht werden als bei Einkurbelverbundmaschinen. Demgegenüber erfordert letztere nur einen Kurbeltrieb. Früher wurde bei Einkurbelverbundmaschinen der Hochdruckzylinder vor den Niederdruckzylinder gelegt, also unmittelbar an die Gradführung angeschlossen. Beide Kolben und die beiden mittleren Zylinderdeckel konnten nach hinten durch den Niederdruckzylinder herausgezogen werden. Heute wird meist der Niederdruckzylinder an die Gradführung angebaut mit Rücksicht

auf die fast allgemeine Verwendung von Heißdampf. Der Hochdruckzylinder braucht dann nur eine Kolbenstangenstopfbüchse zu erhalten.
Ferner wird vermieden, daß die Gradführung mit dem heißen Hochdruckzylinder in unmittelbarer Berührung steht. Besonders bei großen Maschinen ergaben sich durch die Wärmeableitung an die Gradführung
Schwierigkeiten, weil der hintere Teil der Kreuzkopfführung sich im
Betriebe infolge der Erwärmung erweitert. Um den Kolben und hinteren
Deckel des Niederdruckzylinders zu entfernen, muß bei dieser Anordnung freilich das Zwischenstück, die „Laterne", zwischen den beiden
Zylindern mit ausreichend großen Öffnungen versehen werden. Bei
großen Maschinen wird an Stelle zweier seitlichen Öffnungen nur eine
schräg oder nach oben gerichtete Öffnung vorgesehen, damit man die
schweren Kolben und Deckel an den Kran hängen kann. Bei liegenden
Dreifachverbundmaschinen werden meist Hoch- und Mitteldruck-

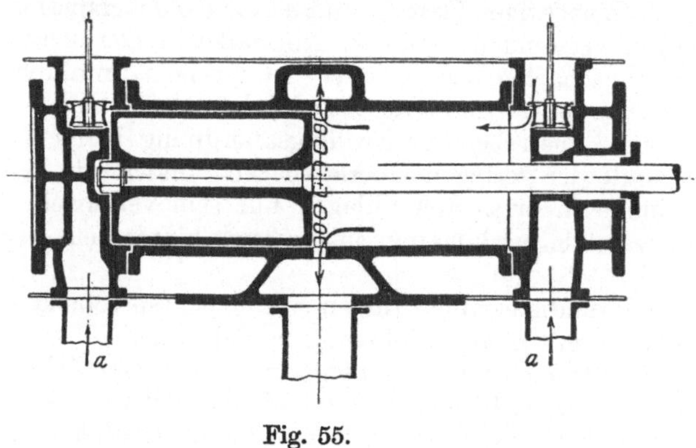

Fig. 55.

zylinder hintereinandergelegt und der Niederdruckzylinder mit dem an
die verlängerte Kolbenstange angeschlossenen Triebwerk für die Konden-
sationspumpen arbeitet auf eine zweite Kurbel.

Bei stehenden Maschinen kommt die Einkurbelverbundanordnung nur
ganz vereinzelt vor, da die Maschine sehr hoch und die Bedienung erschwert
wird. Meist arbeiten die zwei bzw. drei Zylinder auf einer gekröpften Kurbelwelle, die bei liegenden Maschinen nur in Sonderfällen verwendet wird.

Seit etwa dem Jahre 1909 wird eine besondere Bauart der Dampfmaschinen als Gleichstromdampfmaschine bezeichnet, so daß man
die bis dahin üblichen Bauarten Wechselstromdampfmaschinen nennen
kann. Bei letzteren, also der auch heute noch überwiegenden Mehrzahl
der Dampfzylinder wird der Dampf an den Stirnseiten zu- und auch abgeführt. Der Frischdampf strömt entweder durch denselben Kanal in
den Zylinder, durch den kurz vorher der Abdampf ausgeströmt ist, oder
er kommt mindestens gleich beim Eintritt in den Zylinder mit der Wandung des Ausströmkanals in Berührung. Er wird sich somit gleich
beim Eintritt an diesen verhältnismäßig kalten Wänden erheblich abkühlen. Bei der Gleichstromdampfmaschine (Fig. 55) wird der Dampf

an den Stirnseiten des Zylinders nur zugeführt und tritt nach beendeter
Expansion durch Schlitze in der Mitte des Zylinders in den Abdampf-
kanal. Er strömt somit stets nur in gleicher Richtung durch den Zylinder.
Bei dieser Anordnung wird ein beträchtlicher Teil der Eintrittskondensation vermieden, nicht nur dadurch, daß der Dampf erst nach der Expansion mit den kühlen Flächen des Dampfauslasses in Berührung kommt,
sondern auch, weil der schädliche Raum selbst viel weiter beschränkt
werden kann als bei der gewöhnlichen Bauart. Während also die neue
Bauart den Dampfverbrauch erheblich vermindert, so stark, daß man
auf die Verbundanordnung verzichten kann, also statt zwei Zylindern
nur einen einzigen braucht, müssen einige Nachteile in Kauf genommen
werden. Wie aus Fig. 55 zu ersehen ist, muß der Kolben sehr lang werden,
rund 90% des Hubes. Außerdem wirkt der volle Dampfdruck auf die
große Kolbenfläche, die ja ungefähr dem Niederdruckkolben einer Verbundmaschine entsprechen muß. Der auf die Kolbenstange und damit
auf das Triebwerk ausgeübte Höchstdruck übersteigt somit bedeutend
auch den in der Einkurbelverbundmaschine auftretenden Höchstdruck.
Das Triebwerk muß dementsprechend kräftig sein. Weil die Kompression sehr früh beginnt — der Kolben deckt ja nach etwa 10% des
Rückganges die Auslaßschlitze schon wieder zu — darf der Gegendruck
nur gering sein. Die Gleichstrommaschine ist deshalb nur für Kondensationsbetrieb geeignet, wenn sie auch vorübergehend mit Auspuff
arbeiten kann. Dazu wird der schädliche Raum durch Zuschalten besonderer Zusatzräume von Hand oder selbsttätig je nach dem Gegendruck
zeitweilig vergrößert, damit die Kompressionsendspannung nicht zu
hoch wird.

Schließlich unterscheiden wir die Dampfmaschinen noch nach der
Art der Steuerung, d. h. der Dampfzuleitung und -ableitung in Schieber-
maschinen und Ventilmaschinen.

4. Steuerung der Dampfmaschinen.

Zum Öffnen und Schließen der Dampfkanäle können wir entweder Schieber verwenden, die auf den abdichtenden Flächen
gleiten, oder Ventile, die sich senkrecht zu den Dichtflächen bewegen.
Der sofort auffallende Unterschied besteht darin, daß der Schieber
dauernd in Bewegung bleiben kann, während das Ventil zeitweilig in
Ruhe bleiben muß. Dementsprechend wird sich der Antrieb des Schiebers oder des Ventils, die äußere Steuerung in beiden Fällen unterscheiden müssen. Aus dem Indikatordiagramm (Fig. 47 S. 55) sehen wir,
daß der Dampfeinlaß kurz vor der Totpunktstellung des Kolbens geöffnet werden muß — Voreinströmen oder Voreintritt, um dann,
nachdem der Kolben einen Teil des Hubes zurückgelegt hat, geschlossen
zu werden — Ende der Füllung, Beginn der Expansion. Der Dampfauslaß wird wieder vor dem anderen Totpunkt geöffnet — Voraus-
strömen oder Voraustritt, und bei einer bestimmten Kolbenstellung geschlossen — Beginn der Kompression. Wir wollen

diese vier wichtigen Punkte weiterhin kurz mit Voreintritt, Füllung, Voraustritt und Kompression bezeichnen. Gewöhnlich werden wir im Betrieb nur eine Größe verändern wollen, die Füllung, denn

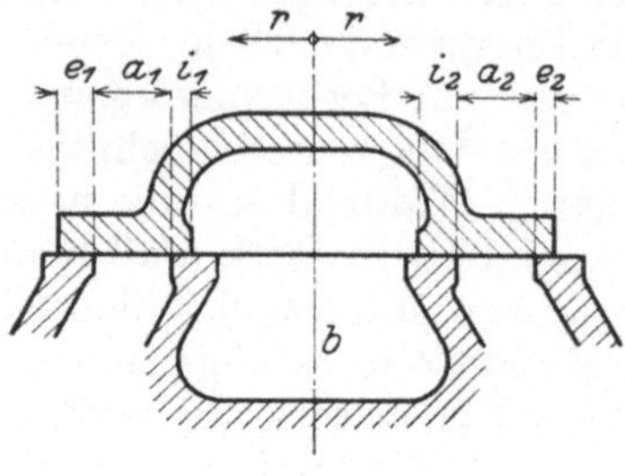

Fig. 56.

von dieser hängt ja die Leistung der Maschine bei gleichbleibendem Druck vor und hinter der Maschine in der Hauptsache ab. Arbeitet die Maschine mit unveränderlicher Belastung, so kann auch die Füllung unverändert bleiben. Dies gilt auch für die Mitteldruck- und Niederdruckzylinder von Verbundmaschinen, deren Füllung nur in Ausnahmefällen verändert wird, da meist eine Veränderung der Füllung nicht solche Vorteile bietet, daß die Mehrkosten für den hierfür erforderlichen verwickelteren Bau der äußeren Steuerung berechtigt wären. Von den zahlreichen verschiedenen Bauarten sollen nachstehend nur einige der wichtigsten besprochen werden.

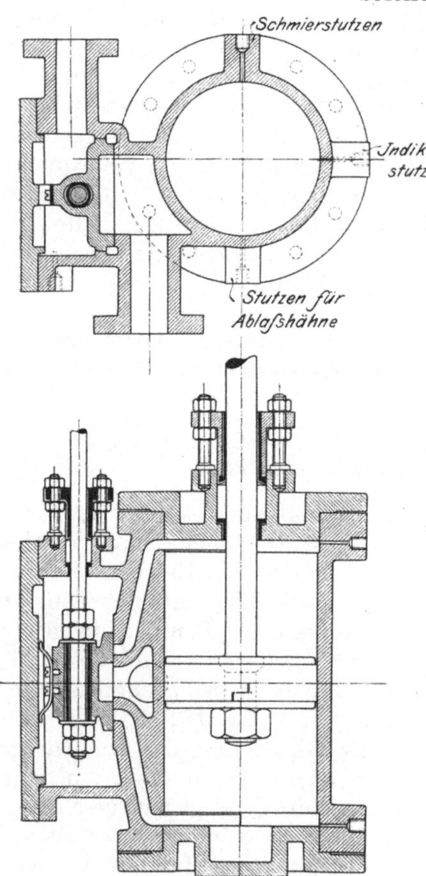

Fig. 57.

a) Schiebersteuerungen.

Der einfache Muschelschieber besteht, wie Fig. 56 und 57 zeigen, aus einer mit einer Höhlung versehenen Platte, die in der Mittelstellung die zu den beiden Zylinderenden führenden Kanäle a abschließt. Der Raum b steht mit der Abdampfleitung in Verbindung. Über dem Schieber, im Schieberkasten, ist Frischdampf, der den Schieber gegen die Lauffläche am Zylinder, den Schieberspiegel, preßt. Der Schieber überdeckt die Kanäle in der gezeichneten Mittelstellung nach außen um die Längen e_1 und e_2, die äußeren Deckungen und den Ausströmkanal um die inneren

Deckungen i_1 und i_2. Bewegt sich nun der Schieber, durch ein auf der Maschinenwelle sitzendes Exzenter angetrieben um e_1 nach rechts, so wird der linke Kanal a_1 geöffnet — Voreintritt. Je nach der Exzentrizität r, d. h. dem halben Schieberhub, wird der Kanal ganz oder teilweise geöffnet, darauf kehrt der Schieber wieder zurück und schließt den linken Kanal wieder ab — Füllung. Er geht dann weiter über seine Mittelstellung hinaus um i_1 nach links und öffnet den Kanal nach dem Dampfauslaßkanal hin — Voraustritt, kehrt dann wieder um und schließt den Dampfaustritt wieder — Kompression, wenn er um i_1 vor seiner Mittelstellung steht. In letztere gelangt er, wenn das Exzenter ungefähr senkrecht zur Bewegungsrichtung des Schiebers steht — ungefähr, weil die Exzenterstange nicht unendlich lang ist. Steht die Maschinenkurbel im Totpunkt, so soll der Schieber den Dampfeintritt bereits geöffnet haben, der Schieber soll nun bereits mehr als e_1 aus seiner Mittelstellung herausgerückt sein. Folglich darf das Exzenter in diesem Augenblick nicht etwa senkrecht zur Maschinenkurbel stehen, sondern muß in der Drehrichtung der Welle schon weiter vorgerückt sein um den Voreilwinkel δ. Maschinenkurbel und Exzenter bilden somit den Winkel $90° + \delta$.

Steht die Maschinenkurbel senkrecht zur Kolbenstangenrichtung, so steht der Kolben nicht in der Mitte, sondern etwas nach der Kurbelseite hin verschoben. Diesen Kurbelstellungen entsprechen deshalb nicht 50% Kolbenhub, sondern von den Totpunkten aus gerechnet mehr oder weniger. Der Unterschied ist abhängig von dem Verhältnis Kurbelarm : Schubstangenlänge, das meist 1 : 5 beträgt. Das heißt also soviel als : Soll z. B. der Schieber 50% Füllung auf beiden Seiten geben, so sind die Kurbelstellungen in beiden Fällen verschieden, also auch die Exzenterstellungen. Daraus folgt, daß der Schieber bei Füllung auf der Deckelseite nicht ebenso weit von seiner Mittelstellung entfernt sein darf als bei Füllung auf der Kurbelseite. Die äußere Deckung auf der Deckelseite muß dementsprechend vergrößert werden. In gleicher Weise ist für gleiche Kompression auf beiden Seiten die innere Deckung auf der Deckelseite kleiner zu wählen als auf der Kurbelseite. Gleiches gilt auch für andere Füllungen. Es ist aber nicht möglich, für alle Füllungsgrade gleiche Füllung auf beiden Zylinderseiten zu erzielen. Man begnügt sich damit, die Deckungen so zu wählen, daß Füllung und Kompression für die Normalleistung der Maschine gleich werden. Der Einfluß der Deckungen und des Voreilwinkels auf die Dampfverteilung können übersichtlich dargestellt werden durch Schieberdiagramme, deren eingehende Betrachtung uns aber zu weit führen würde.

Wollen wir nun während des Betriebes die Füllung und damit die Leistung verändern, so müssen entweder der äußere Antrieb, d. h. Voreilwinkel und Exzentrizität, oder der Schieber selbst, d. h. die Deckungen verändert werden. Für den einfachen Muschelschieber ist nur das erstere möglich, jedoch ergibt sich hier eine besondere Schwierigkeit. Denken wir uns z. B. Voreilwinkel und Exzentrizität in der Weise verstellbar, daß das Exzenter auf der Welle entsprechend verdreht oder verschoben wird, so muß die jeweils erforderliche Stellung durch den Regler hervorgerufen und auch festgehalten werden. Nun entsteht aber auf dem Schieberspiegel eine ganz bedeutende Reibung, da der volle Dampfdruck auf dem Schieber lastet. Diese Reibung muß das Exzenter überwinden und somit auch der Regler, der also schon für kleinere Schieber sehr kräftig sein müßte. Wir werden deshalb bei einer solchen Verstellbarkeit des Exzenters darauf sehen müssen, den Schieber zu entlasten. Das einfachste Mittel ist das, daß wir den Schieber nicht als Flachschieber, sondern als Kolbenschieber (Fig. 58) ausbilden. Aus der ebenen Schieberplatte ist ein zylindrisches Rohr geworden mit einem der „Muschel" entsprechenden Ringraum. Der im Innern des Rohres herrschende Dampfdruck wirkt nach allen Seiten gleichmäßig, die Schieberreibung ist bei stehenden Maschinen ganz beseitigt, bei liegenden Maschinen nur noch durch das Eigengewicht der Schieber verursacht und somit sehr

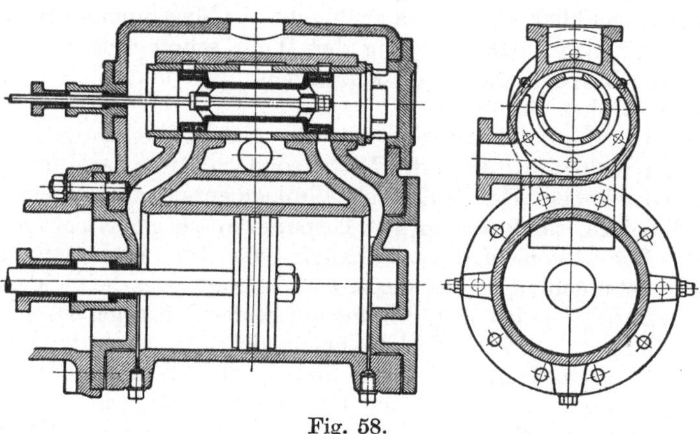

Fig. 58.

klein gegenüber der Reibung des Flachschiebers. Bei der Ausführung nach Fig. 58 ist noch eine weitere Veränderung vorgenommen worden. Es ist der Dampf dem Ringraum des Schiebers zugeführt worden und der Innenraum des Rohres mit dem Auspuff verbunden. Die Deckungen werden vertauscht. Es entsteht der Schieber mit Inneneinströmung. Beim Flachschieber ist diese Anordnung unmöglich, weil der hohe Frischdampfdruck den Schieber vom Schieberspiegel abheben würde. Als Nachteil des Kolbenschiebers kann zunächst erscheinen, daß der Schieber nicht mehr auf die Lauffläche gepreßt wird und damit Dampfverluste durch Undichtheit entstehen können. Man kann aber den Kolbenschieber ähnlich wie den Kolben selbst mit Dichtungsringen versehen, wobei freilich durch Anordnung besonderer Stege im Dampfkanal dafür gesorgt sein muß, daß die Ringe beim Übergang über die Kanalöffnung nicht in diese hineinspringen können.

Der einfache Muschelschieber und in gleicher Weise der einfache Kolbenschieber mit festen Deckungen ist besonders für größere Maschinen noch in sehr verschiedener Weise verbessert worden. In der Hauptsache wird durch solche Veränderungen angestrebt, daß der Dampfkanal möglichst rasch geöffnet und geschlossen werden soll, denn je langsamer dies geschieht, um so länger wird der Dampf gedrosselt werden, und um so mehr wird von der Arbeitsfläche des Indikatordiagramms verlorengehen. Viel verwendet wird z. B. der **Trickschieber**

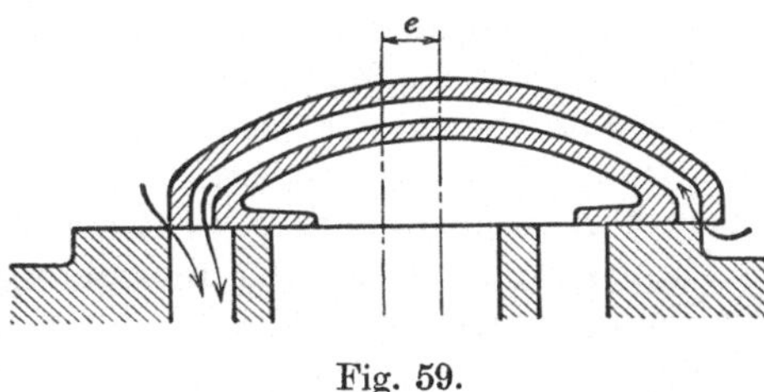

Fig. 59.

(Fig. 59). Im Schieber selbst ist ein Überströmkanal angeordnet. Geht der Schieber nach rechts, öffnet er also den Kanal links, so wird im gleichen

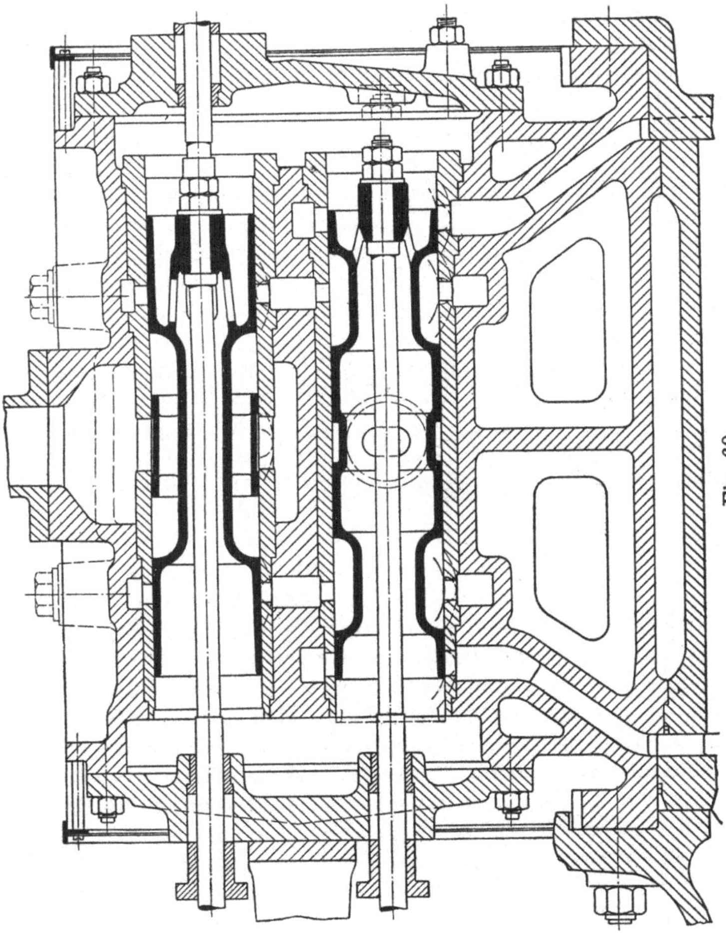

Fig. 60.

Augenblick auch der Überströmkanal rechts geöffnet. Es kann also gleichzeitig Dampf von links und von rechts (durch den Kanal) dem Dampfkanal mit Zylinder zugeführt werden. Der Trickschieber kann ebenfalls als Kolbenschieber ausgebildet werden und wird dann besonders an Niederdruck zylinder stehenden Maschinen sehr häufig verwendet. Überhaupt ist die Verwendung der betrachteten Schieber in der Hauptsache auf die Steuerung von Niederdruckzylindern beschränkt. Werden sie für Hochdruckzylinder angewendet, bei denen die Füllung durch Verstellen des Exzenters verändert werden muß, so ergibt sich der Übelstand, daß mit der Füllung auch gleichzeitig Voraustritt, Kompression und Voreintritt geändert werden. Letzterer darf aber nur in sehr engen Grenzen geändert werden und nur ausnahmsweise 2% überschreiten. Durch zweckmäßige Anordnung der Exzenterverstellung kann dies auch für weite Grenzen der Füllungsänderung erreicht werden, doch ändert sich dann besonders die Kompression recht erheblich, was vielfach nicht zugelassen werden kann. Wollen wir nur die Füllung verändern, so bleibt nichts anderes übrig, als zwei getrennte Schieber zu verwenden, von denen der eine nur die Füllung und damit die Expansion des Dampfes festlegt, der andere Voraustritt, Kompression und Voreintritt. Wir erhalten eine Doppelschiebersteuerung, die aus dem Expansionsschieber und dem Grundschieber besteht. Dabei kann nun der Expansionsschieber vom Grundschieber völlig getrennt sein, so daß der Dampf aus dem Schieberkasten durch den Expansionsschieber in Kanäle des Zylinders eintritt, die den Expansionsschieber mit dem Grundschieber verbinden (Fig. 60), Zweikammerbauart, oder der Expansionsschieber läuft unmittelbar auf dem Grundschieber, wobei für die Dampfverteilung offenbar nicht mehr die absolute Bewegung des Expansionsschiebers, sondern die Relativbewegung beider Schieber maßgebend ist. Bei der Steuerung (Fig. 60) wird der Expansionsschieber wie die bisher besprochenen Schieber mit unveränderlicher Deckung durch ein verstellbares Exzenter angetrieben. Bei der Einkammerbauart wird meist die Deckung des Expansionsschiebers geändert. Die einfachste Form einer

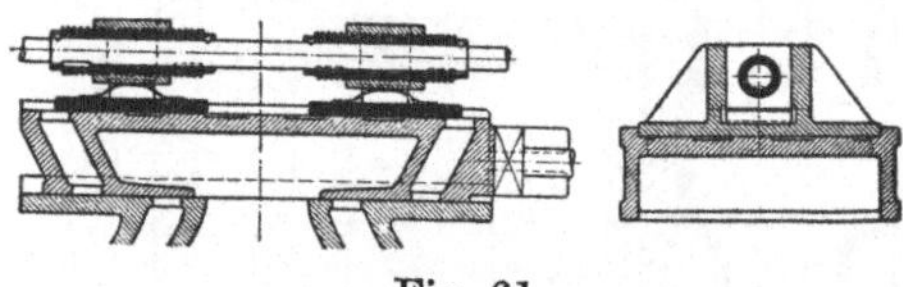

Fig. 61.

solchen Doppelschiebersteuerung zeigt Fig. 61, den Meyer-Schieber. Der Expansionsschieber besteht aus zwei getrennten Platten, deren steuernde Kanten in der Mittelstellung einen der Deckung e entsprechenden Abstand von der betreffenden Kante der Kanäle im Grundschieber haben. Die Expansionsschieberstange ist mit Rechts- und Linksgewinde versehen und kann vom Regler verdreht werden. In den Schieberplatten sind entsprechende Muttern eingelassen, so daß durch die Drehung der Stange die steuernden Kanten gleichzeitig in entgegengesetztem Sinn verschoben werden. Der Grundschieber hat die üblichen Deckungen, und zwar ist e so bemessen, daß der Grundschieber außer festem Voreintritt, Voraustritt und fester Kompression eine bestimmte Füllung ergibt,

die der Höchstleistung der Maschine entspricht. Die wirkliche Füllung
bei kleinerer Belastung der Maschine wird aber durch den Expansionsschieber bestimmt, der also den Dampfzutritt zum Grundschieber schon
früher abschließt, als der Grundschieber den Zylinderkanal absperrt.
Durch geeignete Wahl der Steigung der Gewinde kann die Füllung auf
beiden Zylinderseiten mindestens für zwei Füllungsgrade gleichgemacht
werden und ist dann auch für andere Füllungen nicht mehr so erheblich
verschieden wie beim einfachen Schieber. Für große Füllungsänderung
wird man sehr steile Gewinde anwenden, damit die Schieberstange nicht
zu oft gedreht werden muß. Rascher kann die Füllung geändert werden
bei der Rider[1]-Steuerung (Fig. 62 a—d). Die Kanalkanten laufen an

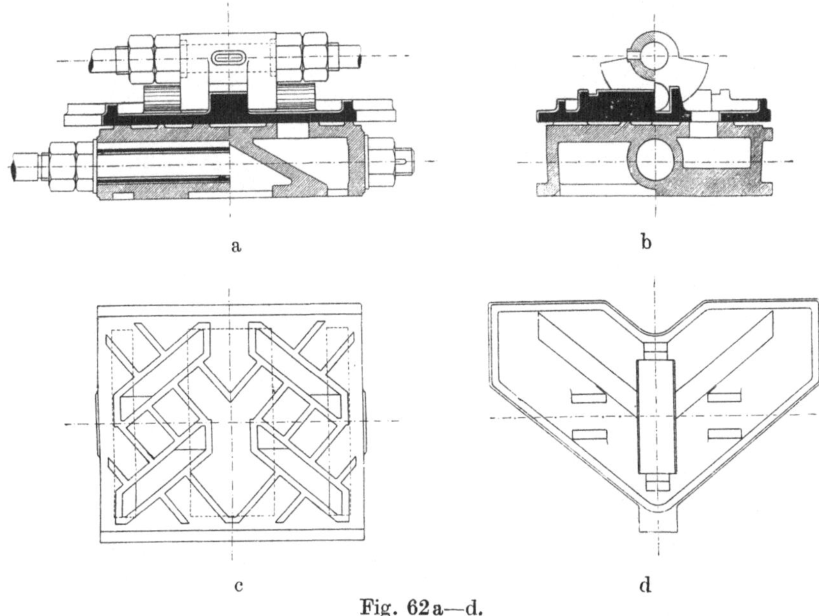

Fig. 62 a—d.

der Oberseite des Grundschiebers (Fig. 62 c) schräg. Der Expansionsschieber (Fig. 62 d) besteht aus einer Platte mit entsprechend schrägen
Steuerkanten, deren Entfernung von den Kanalkanten dadurch geändert
werden kann, daß der Expansionsschieber quer zur Bewegungsrichtung
der Schieber verstellt wird. Die Expansionsschieberstange erhält einen
Zahn, der bei einer Drehung der Stange den Schieber verstellt und gleichzeitig mit seinen Stirnflächen den Schieber in der Stangenrichtung mit-
nimmt. Beim offenen Rider-Rundschieber (Fig. 63) ist die Oberseite
des Grundschiebers halbzylindrisch ausgeführt. Schließlich kann der
Expansionsschieber auch ein geschlossenes Rohr mit entsprechend schräg
bzw. schraubenförmig verlaufenden Schlitzen sein und in einer Bohrung

---

[1] Sprich: Reider.

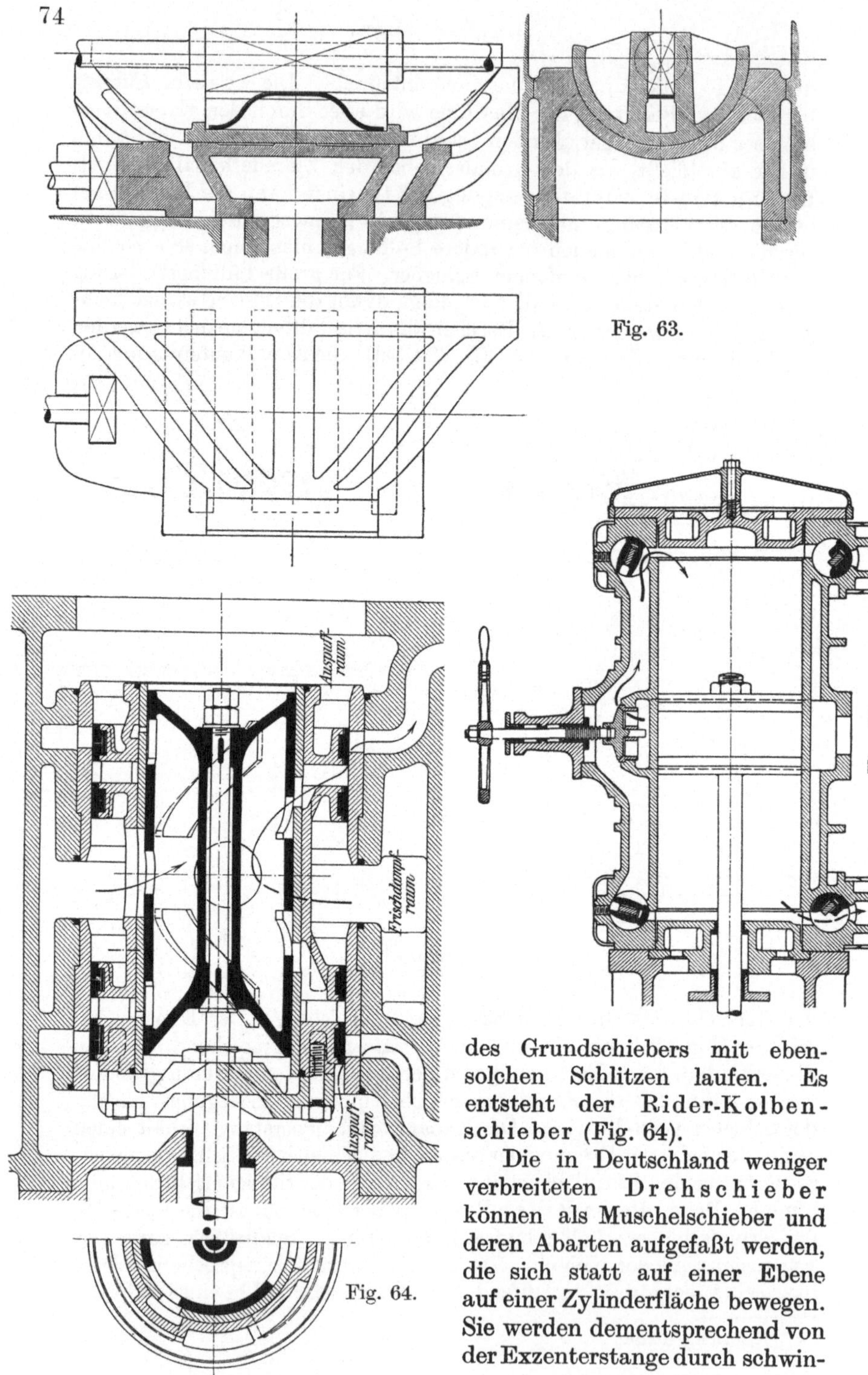

Fig. 63.

Fig. 64.

Fig. 65.

des Grundschiebers mit ebensolchen Schlitzen laufen. Es entsteht der Rider-Kolbenschieber (Fig. 64).

Die in Deutschland weniger verbreiteten Drehschieber können als Muschelschieber und deren Abarten aufgefaßt werden, die sich statt auf einer Ebene auf einer Zylinderfläche bewegen. Sie werden dementsprechend von der Exzenterstange durch schwin-

gende Hebel angetrieben und da verwendet, wo man kurze Dampfkanäle und damit kleine schädliche Räume anstrebt. Für größere
Maschinen werden meit vier getrennte Schieber, zwei für Einlaß und
zwei für Auslaß, angeordnet (Fig. 65).

b) Ventilsteuerungen.

Bei hohem Dampfdruck und hoher Dampftemperatur ergeben auch
gut durchgebildete Kolbenschieber allerlei Schwierigkeiten, die durch die
Anwendung von Steuerventilen vermieden werden können. Dagegen
sind statt eines bzw. zwei Schiebern im allgemeinen vier gesondert zu
bewegende Ventile erforderlich, zwei für den Dampfeinlaß, bei liegenden
Maschinen meist oben angeordnet, und zwei Auslaßventile (Fig. 66).
Nur bei der Gleichstrommaschine fallen, wie wir gesehen haben, die Auslaßventile weg, da der Dampfaustritt durch den Kolben selbst gesteuert
wird, der also hier als eine Art Kolbenschieber wirkt. Es werden fast
ausschließlich zweisitzige, bei sehr großen Maschinen auch viersitzige
Rohrventile verwendet[1]). Für den
Antrieb der Ventile sind zahllose
Ventilsteuerungen erfunden worden,
die hauptsächlich zwei Schwierigkeiten zu überwinden suchten. Einmal muß das Ventil möglichst rasch
gehoben werden, um schnell den erforderlichen Durchgangsquerschnitt
freizugeben, ebenso schnell aber geschlossen werden, damit der Dampf
möglichst wenig gedrosselt wird,
bevor die Expansion beginnt. Erfordert das schnelle Öffnen größere
Beschleunigung und entsprechend

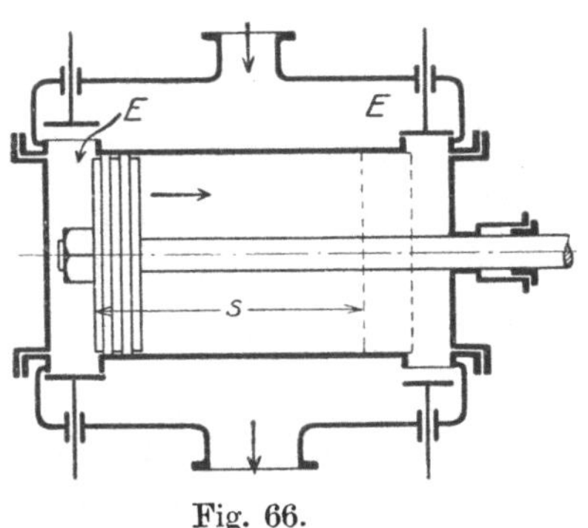

Fig. 66.

große Kraft, so ist beim Schließen die Hauptsache, daß das Ventil nicht
mit großer Geschwindigkeit auf seinen Sitz aufprallt, sondern sanft aufsetzt. Zweitens ergibt sich der Übelstand, daß durch den erforderlichen
Exzenterantrieb der Ventilhub bei kleinerer Füllung unverhältnismäßig
klein ausfällt gegenüber dem Ventilhub bei großer Füllung.

Zunächst können zwei Gruppen von Ventilsteuerungen unterschieden
werden: Auslösende oder Ausklink-Steuerungen und zwang-
läufige Steuerungen. Bei den auslösenden Steuerungen wird das Ventil
mit Ventilspindel durch den Antrieb vom Exzenter nur angehoben.
Kurz bevor die Füllung beendet sein soll, wird die Verbindung zwischen
Ventilspindel und Antrieb gelöst. Das Ventil fällt auf seinen Sitz zurück
meist noch unter der Wirkung von Belastungsfedern. Soll es nun nicht
mit einem harten Stoß auf den Ventilsitz auftreffen, so muß seine Fall-
geschwindigkeit kurz vor dem Schluß vermindert werden. Für ruhigen,

---

[1]) Vgl. Bd. II, 2, S. 184.

möglichst geräuschlosen Gang sind deshalb besondere Bremsvorrichtungen erforderlich, die meist aus einem mit der Ventilspindel verbundenen Kolben bestehen, der in einem Zylinder Luft verdichtet oder aus einem mit Öl gefüllten Zylinder dieses durch enge Schlitze herauspreßt. Der Luftdruck oder die verdrängte Ölmenge können durch kleine Drosselventile geregelt werden, so daß die Fallzeit beliebig verändert werden kann. Solche Steuerungen kommen nur für langsamlaufende Maschinen in Betracht. Bei raschlaufenden Maschinen wird die Fallzeit zu lang oder die Verzögerung durch die Luft- oder Ölbremse zu unsicher. Fig. 67 zeigt eine auslösende Steuerung. Während das Ventil gehoben wird,

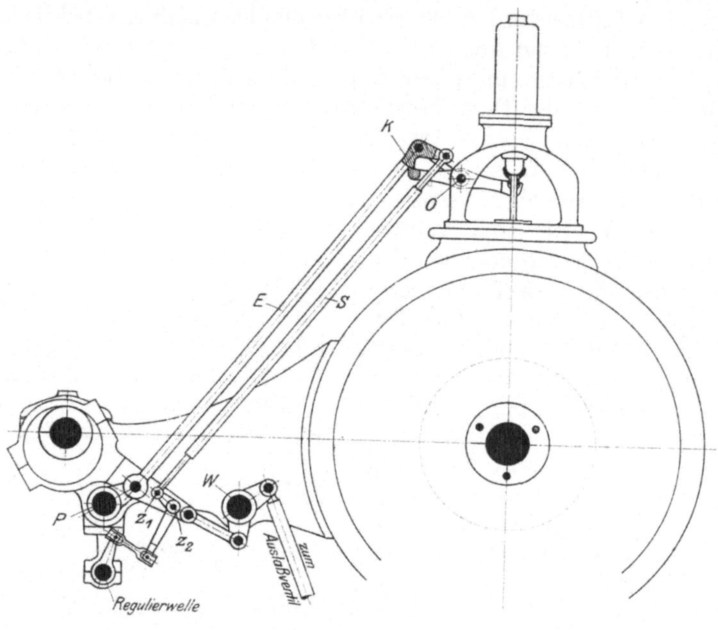

Fig. 67.

gibt die Klinke, die am Ventilhebel angreift, je nach ihrer durch den Regler bestimmten Stellung, der jeweiligen Füllung entsprechend, den Ventilhebel früher oder später frei.

Bei zwangläufigen Steuerungen wird auch die Schließbewegung des Ventils durch den Antrieb geregelt. Das Ventil ist aber auch hier so mit dem Antriebgestänge verbunden, daß es nur durch Federdruck auf seinen Sitz gepreßt wird, weil sonst sofort etwas brechen müßte, wenn das Ventil einmal durch irgendeinen Zufall verhindert wäre, in seine Schlußstellung zu gelangen. Auch muß ja das Antriebgestänge sich weiter bewegen können, während das Ventil geschlossen ist. Die Füllung kann verändert werden durch Verstellen der Gelenkpunkte im Antrieb. Fig. 68 zeigt eine Steuerung mit Wälzhebel. Ein mit der

Ventilspindel gelenkig verbundener krummlinig begrenzter Hebel setzt sich bei Beginn des Ventilhubes möglichst dicht unter dem Drehpunkt in der Ventilspindel auf eine ebenfalls krummlinig begrenzt feste Wälzbahn. Der Berührungspunkt beider Wälzflächen rückt bei weiterer Bewegung immer mehr von diesem Drehpunkt weg, so daß das Übersetzungsverhältnis des Wälzhebels dauernd wächst. Das Ventil bewegt sich daher zunächst langsam, dann schneller und beim Schließen umgekehrt. Dadurch wird ein sanfter Schluß angestrebt, der übermäßige Ventilhub bei großen Füllungen freilich vermehrt. Für feste Steuerungen, also für Auslaßventile und Einlaßventile an Niederdruckzylindern, werden auch Kurvenscheiben, Daumenscheiben mit Rollen ähnlich der Fig. 69 verwendet. In Fig. 69 ist die Kurvenbahn nicht unmittelbar auf der umlaufenden Scheibe, sondern auf einem Exzenterbügel angebracht.

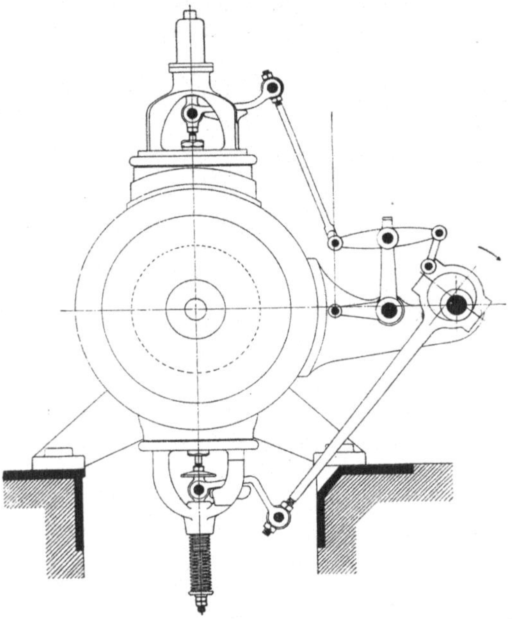

Von den zahlreichen verschiedenen Ventilsteuerungen werden heute nur noch verhältnismäßig wenige weiter ausgeführt, seit man erkannt hat, daß die Form der Steuerung für den Wärmewirkungsgrad,

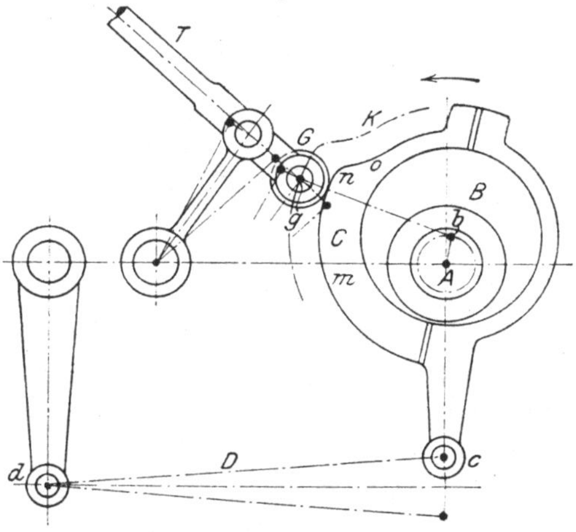

Fig. 68.

Fig. 69.

auf den es uns doch vor allem ankommt, längst nicht von solcher Bedeutung ist, wie man früher wohl annahm. Es sei aber noch eine Steuerung hier angeführt, die in einfacher Weise die anfangs erwähnten Schwierigkeiten beseitigt und deshalb, hier und da mit geringen Abweichungen, heute weite Verbreitung gefunden hat. Diese Lentzsteuerung (Fig. 70) hebt das Ventil durch einen hin und her schwingenden „Daumen", der unter die in der Ventilspindel bzw. deren Führung gelagerte Rolle greift. Der Ventilhub ist begrenzt durch die Form des Daumens und kann auch bei größter Exzenterbewegung einen Höchstwert nicht überschreiten, der andererseits bereits bei kleinen Füllungen erreicht werden kann. Das Anheben und Aufsetzen des Ventils kann beliebig rasch und doch mit Sicherheit ohne Stoß erfolgen.

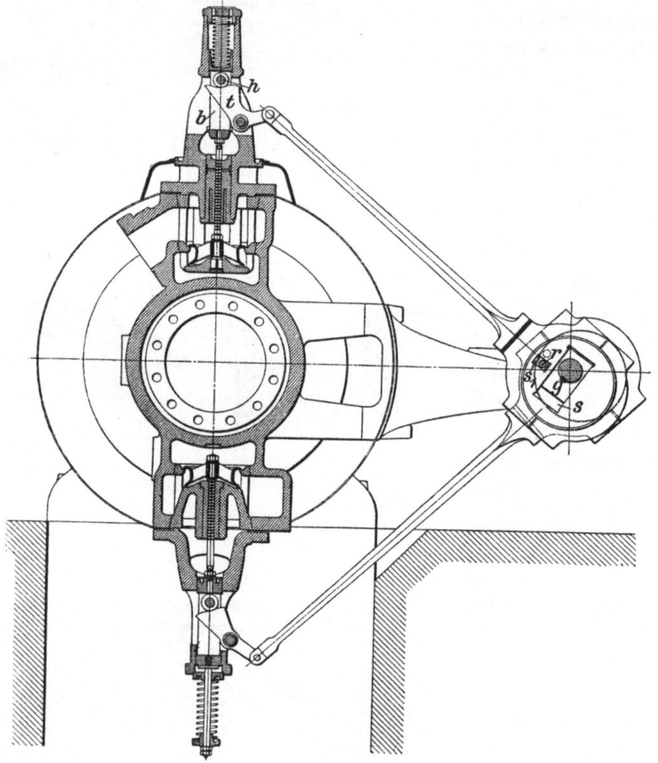

Fig. 70.

Da die Bewegung von Ventilen durch solche Kurvenhebel oder Daumenscheiben auch bei Verbrennungskraftmaschinen sehr häufig anzutreffen ist, soll auf die Bewegungsverhältnisse hier etwas näher eingegangen werden.

Der Einfachheit halber nehmen wir an, das Ventil soll durch eine gleichförmig umlaufende Daumenscheibe geöffnet und durch Federdruck geschlossen werden. Ferner denken wir uns die Bahn der Hubkurve als Gerade, entsprechend einem unendlich großen Halbmesser der Kurvenscheibe. Die Ventilerhebung zu verschiedenen Zeiten finden wir, wenn

wir zur Begrenzung der Daumenscheibe eine Linie in Abstand gleich
dem Rollenhalbmesser ziehen (Fig. 71). Wir können nun auf einer Geraden, die uns als Zeitmaßstab dient, die Ventilerhebungen s auftragen
und erhalten so eine Kurve des Ventilweges, die uns ohne weiteres erkennen läßt, wie hoch das Ventil zu einer bestimmten Zeit gehoben
ist. Diese Wegkurve enthalte zwischen a und b ein kurzes gerades Stück.
Zwischen a und b ist die Geschwindigkeit v, mit der sich das Ventil hebt,
gleich Weg : Zeit, somit

$$v = \frac{\triangle s}{\triangle t} = \operatorname{tg} \alpha \, .$$

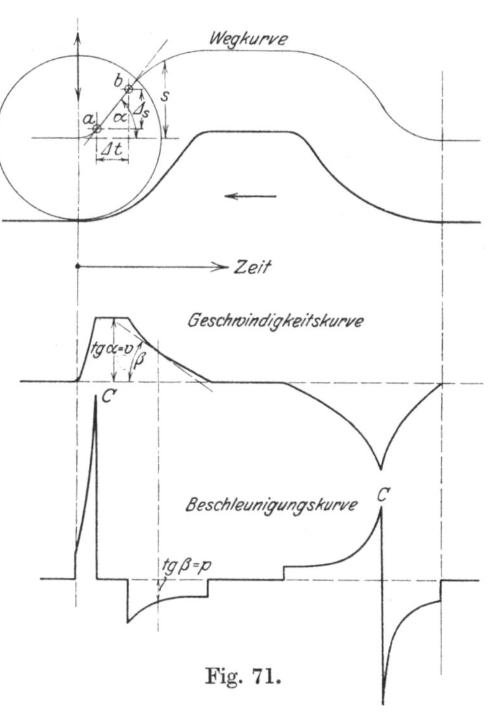

Fig. 71.

D. h. die Geschwindigkeit
ist gleich der Tangente des
Neigungswinkels der Weg-
kurve an der Stelle a bis b.
Nun können wir uns an
einer anderen Stelle der
Kurve ein sehr kleines
Stück wieder geradlinig
denken. Auch für dieses
muß dann $\dfrac{\triangle \cdot s}{\triangle t} = \operatorname{tg} \alpha$
sein, wobei jetzt freilich α
einen anderen Wert hat.
Nehmen wir $\triangle s$ unendlich
klein, so wird auch $\triangle t$ unendlich klein. Wir schrei-
ben jetzt für diese unendlich kleinen Werte der Veränderung von s und t statt
$\triangle s$ bzw. $\triangle t$ ds und dt und
werden auch jetzt noch
immer sagen können, es ist

$$\frac{ds}{dt} = \operatorname{tg} \alpha = v \, ,$$

wobei α offenbar der Winkel ist, den die Tangente an der Kurve in dem
betreffenden Punkte mit der Wagrechten bildet. (Einen solchen Quo-
tienten unendlich kleiner Differenzen nennt man Differentialquotient.)
Wollen wir somit die Geschwindigkeit für irgendeinen Punkt unserer
Wegkurve bestimmen, so brauchen wir nur die Tangente an die Kurve
in diesem Punkt zu ziehen und den Winkel α zu bestimmen. Es ist
dann $\operatorname{tg} \alpha = v$. Für die zahlenmäßige Bestimmung von v muß natürlich der Maßstab berücksichtigt werden, in dem s und t aufgetragen
wurde. In Fig. 71 sind nun die Werte von v wieder auf dem Zeitmaßstab aufgetragen. Wir erhalten so die Geschwindigkeitskurve.
Sie liegt für das Öffnen des Ventils über, für das Schließen unter der

Nullinie, da beim Schließen die Bewegung entgegengesetzt, also als negativ anzusehen ist. Wir sehen, daß bei der gewählten Form der Kurve die Geschwindigkeit beim Anheben allmählich von 0 zunimmt und ebenso beim Schließen nicht etwa plötzlich auf 0 abfällt.

Jetzt wollen wir aber noch wissen, welche Kräfte erforderlich sind, um das Ventil zu heben, oder was noch wichtiger ist, um das Ventil so zu schließen, daß die Rolle dauernd auf der Kurve läuft und nicht etwa gegen diese zurückbleibt. Damit können wir bestimmen, welche Abmessungen die Belastungsfeder für das Ventil erhalten muß. Es ist Kraft = Masse × Beschleunigung. Die Masse des Ventils mit Rolle, Ventilspindel u. a. setzen wir als bekannt voraus. Es handelt sich also nur darum, für jeden Punkt die erforderliche Beschleunigung bzw. Verzögerung zu bestimmen. Beschleunigung ist aber Zunahme der Geschwindigkeit in der Zeiteinheit. Hätte unsere Geschwindigkeitskurve wieder ein gerades Stück wie die Wegkurve, so könnten wir wieder schreiben

$$\frac{\triangle v}{\triangle t} = \operatorname{tg}\beta = p,$$

wobei β der Winkel wäre, den dieses Stück der Geschwindigkeitskurve mit der Wagerechten bildet. Machen wir $\triangle v$ und damit $\triangle t$ wieder unendlich klein und schreiben dementsprechend

$$\frac{dv}{dt} = \operatorname{tg}\beta = p,$$

so heißt das, daß die Beschleunigung in jedem Punkt gleich der Tangente des Neigungswinkels β ist, den eine Tangente in dem betreffenden Kurvenpunkt an der Kurve mit der Wagerechten bildet. Bestimmen wir also $\operatorname{tg}\beta$, so können wir nun auch die Beschleunigungskurve (Fig. 71 unten) aufzeichnen. Die Höchstwerte für v und auch für p ergeben sich da, wo die Tangente am steilsten verläuft. Die Verzögerung im Punkte c würde somit die erforderliche Federkraft bestimmen.

Würde das Ventil bei d nicht allmählich von 0 beschleunigt, so würde die Geschwindigkeitskurve an dieser Stelle senkrecht beginnen. Dann wäre in diesem Punkt $\beta = 90°$ und $\operatorname{tg}\beta = \infty$, d. h. die Beschleunigung und damit die Kraft zum Heben des Ventils müßten unendlich groß sein. Es würde ein Stoß auftreten, dem kein Material standhalten könnte. Der Stoß wird aber stets dadurch gemildert, daß das Material zusammendrückbar ist und daher solche plötzliche Geschwindigkeitsänderungen gar nicht vorkommen können. Immerhin zeigt uns die Untersuchung, wie wichtig es ist, gerade an dieser Stelle die Ventilgeschwindigkeit möglichst genau festzulegen und daß Ungenauigkeiten, z. B. schon ein geringer Abstand der Rolle von der Kurvenbahn bei geschlossenem Ventil, einen sehr heftigen Stoß zur Folge haben müssen.

In ähnlicher Weise können auch die Verhältnisse bei schwingenden Daumen untersucht werden. Nur ist es dann nötig, beim Aufzeichnen der Wegkurve die gleichen Zeitabschnitten entsprechenden Stellungen des Daumens festzustellen.

c) Umsteuerungen.

Sollen Dampfmaschinen vorwärts und rückwärts laufen, wie z. B. bei Lokomotiven, Schiffsmaschinen, Fördermaschinen u. a., so kann die innere Steuerung, der Schieber oder der Schieberspiegel verstellbar sein, so daß entweder Ein- und Auslaßkanäle vertauscht werden, oder der Schieber mit äußerer oder mit innerer Einströmung arbeitet. Meist wird aber das Antriebsexzenter verstellt oder der Schieber durch zwei Exzenter und eine Kulisse bewegt, Kulissensteuerungen. Fig. 72 u. 73 zeigen das Schema solcher Steuerungen, und zwar mit offenen (Fig. 72) und mit gekreuzten Exzenterstangen (Fig. 73). Die beiden Stangen greifen am Ende der meist gekrümmten Kulisse an, die durch den Steuerhebel so verstellt werden kann, daß in den beiden Endstellungen hauptsächlich das eine oder das andere Exzenter für die Schieberbewegung wirksam ist. In den Zwischenstellungen beeinflussen beide Exzenter die Schieberbewegung. Das entspricht angenähert der Bewegung der Einschiebersteuerung mit verstellbarem Exzenter, d. h. es werden mit der Füllung auch Voraustritt, Kompression und meist auch etwas der Voreintritt verändert. Statt des einen Exzenters kann auch der Kreuzkopf der Maschine am einen Ende der Kulisse angreifen, oder es kann diese an einem festen Punkt drehbar gelagert sein.

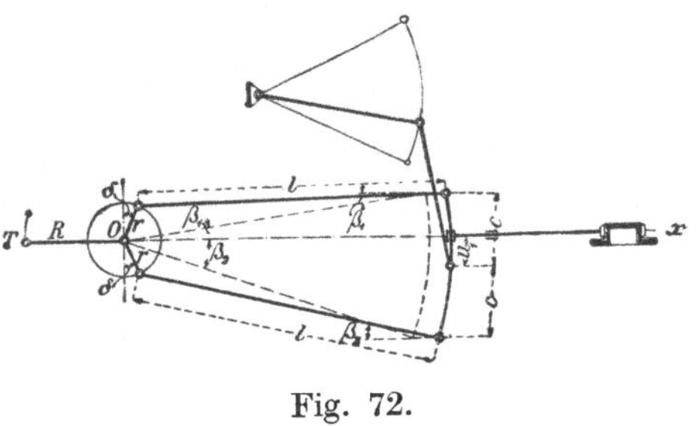

Fig. 72.

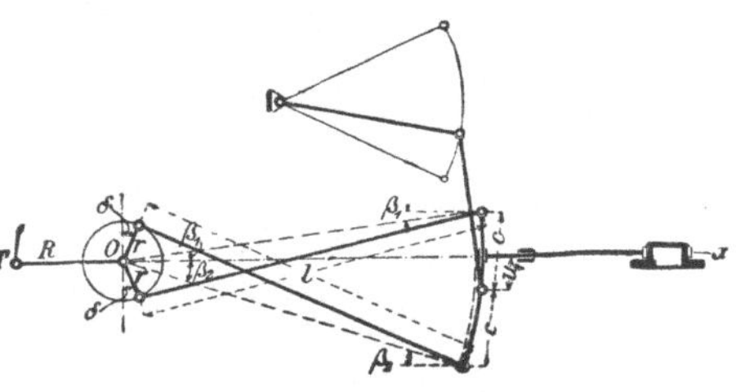

Fig. 73.

Es können ferner zum Umsteuern verschiedene Getriebe von Ventilsteuerungen verwendet werden, bei denen der Einfluß der Bewegung einen festen Exzenters durch Verändern der Bewegungsrichtung der Exzenterstange geändert wird. Schließlich kann, besonders bei Ventilsteuerungen, Ein- und Auslaß getrennt durch auf der Steuerwelle axial verschiebbare Daumenscheiben getrennt werden, die als eine Vereinigung zahlreicher schmaler Daumenscheiben für die verschiedenen Öffnungszeiten angesehen werden können und somit durch doppelt gekrümmte Flächen begrenzt sind.

5. Wirtschaftlichkeit der Dampfmaschine.

Wenn wir im Auge behalten, daß wir bestrebt sein müssen, die erzeugte Wärme so weit wie möglich in mechanische Arbeit zu verwandeln, so ist uns schon bei der Betrachtung der Vorgänge bei der Verdampfung klar geworden, daß wir die Wärme des dem Zylinder zugeführten Dampfes während der Füllung überhaupt nicht ausnützen. Ist in unserem gedachten Versuchsapparat (S. 24) die Verdampfung beendet, so enthält der Dampf noch die ganze Verdampfungswärme. Wollten wir den Vorgang wiederholen, also dauernd Arbeit gewinnen, so müßten wir den Dampf mit seinem ganzen Wärmeinhalt aus dem Zylinder entfernen. Erst durch die Expansion des Dampfes wird der Wärmeinhalt des ausströmenden Dampfes geringer als der des Frischdampfes. Die Wärme wird somit um so besser ausgenützt, je größer das Expansionsverhältnis ist. Nach unten dürfen wir dabei nicht zu weit gehen, damit die Temperatur des austretenden Dampfes nicht zu gering wird, was die Verluste durch Wärmeaustausch zwischen Dampf und Zylinderwand vergrößern würde. Nach oben werden die Grenzen immer weiter geschoben. Die für neue Maschinen gebräuchlichen Dampfspannungen von 10 bis 14 kg/cm² werden heute, wenn auch nur vereinzelt oder versuchsweise, weit überschritten (bis 100 kg/cm²). Nimmt man zum Vergleich eine Maschine an, die keine Verluste durch Wärmeableitung oder -strahlung aufweist, so findet man, daß gut gebaute Dampfmaschinen die Wärme recht vollkommen ausnützen und nur etwa 10% der Wärme verlorengehen, die in einer idealen Maschine in mechanische Arbeit umgesetzt werden kann. Daß wir von der zugeführten Wärme nur höchstens 12 bis 14% als mechanische Arbeit wiedergewinnen, liegt nur daran, daß wir mit Wasserdampf als Zwischenträger arbeiten, dessen innere Verdampfungswärme sehr hoch ist. Von dieser inneren Verdampfungswärme können wir, wie wir gesehen haben, nur einen kleinen Teil durch die Expansion des Dampfes verwerten. Der Rest, rund 500 WE in jedem kg Dampf, ist noch in dem aus der Maschine ausströmenden Dampf enthalten und für uns vollständig verloren, wenn wir den Dampf ins Freie strömen lassen, oder im Kondensator die Abdampfwärme an das Kühl- bzw. Einspritzwasser überleiten und dieses unausgenutzt ablaufen lassen. Der Vorteil der Kondensation liegt nur darin, daß wir die Expansion weitertreiben können als bei höherem Gegendruck und damit einen kleinen Teil der inneren Verdampfungswärme mehr gewinnen. Dadurch verringert sich natürlich der Dampfverbrauch für eine bestimmte Leistung. Es ist üblich, den Dampfverbrauch für eine Pferdestärke in einer Stunde anzugeben, und zwar meist für die indizierte Pferdestärke, die sich aus dem Indikatordiagramm ergibt. Dieser Dampfverbrauch, meist mit C_i bezeichnet, kann nur in Ausnahmefällen bei überhitztem Dampf angenähert aus dem Dampfdiagramm berechnet werden. Zur genauen Feststellung muß entweder das dem Kessel während längerer Betriebszeit zugeführte Speisewasser gemessen und gleichzeitig die Maschinenleistung durch häufiges Indizieren bestimmt werden, oder es wird bei Oberflächenkondensation die Menge des niedergeschlagenen Dampfes bestimmt. Das zweite Verfahren gibt leichter einen genauen Wert, weil dabei nur der wirklich durch die Maschine gegangene Dampf bestimmt wird, während von dem gemessenen Speisewasser meist allerlei

Abzüge, z. B. für Kondensat in der Dampfzuleitung u. a. gemacht werden müssen, deren genaue Bestimmung oft schwierig ist. Der indizierte Dampfverbrauch ist natürlich außer von der Bauart der Maschine von ihrer Größe, der Spannung des Frischdampfes und bei Überhitzung des Dampfes von der Dampftemperatur abhängig. Nachstehende Zusammenstellung gibt einige Werte für ortsfeste liegende Ventildampfmaschinen guter Bauart, die für trocken gesättigten Dampf und nicht stark schwankende Belastung als leicht erreichbare Mittelwerte angesehen werden können. Dampfüberhitzung verringert den Dampfverbrauch, und zwar kann man annehmen, daß je 7% Überhitzung (über die Sättigungstemperatur) den Dampfverbrauch bei gesättigtem Dampf um 1% vermindert. Ist die Umlaufzahl geringer, so steigt der Dampfverbrauch um etwa 0,1 kg für je 10 Umdrehungen.

Leistung und Dampfverbrauch bei trocken gesättigtem Dampf und günstigster Füllung.

Hub mm	Zyl.-Dmr. mm	Uml./min	Leistung in eff. PS und Dampfverbrauch C_i bei der Eintrittsspannung p_e								Mech. Wirkungsgrad in %
			$p_e=6$		$p_e=8$		$p_e=10$		$p_e=12$		
			PS_e	C_i	PS_e	C_i	PS_e	C_i	PS_e	C_i	
Einzylindermaschine mit Auspuff:											
400	300	160	44	12,0	50	11,0	62	10,2	—	—	84
600	350	150	90	11,4	100	10,4	130	9,6	—	—	86
750	450	135	160	10,8	180	9,7	220	9,0	—	—	87
950	550	125	290	10,2	320	9,1	410	8,3	—	—	87
Einzylindermaschine mit Kondensation:											
400	300	160	50	10,2	55	9,4	60	8,6	—	—	84
600	350	150	100	9,4	112	8,7	124	8,0	—	—	86
750	450	135	180	9,0	200	8,3	235	7,7	—	—	87
950	550	125	320	8,8	350	8,1	425	7,5	—	—	87
Zweizylinder-Verbundmaschine mit Auspuff:											
400	300/480	160	70	12,0	97	10,8	110	9,9	125	9,3	85
600	350/580	140	140	11,5	190	10,4	215	9,5	240	8,9	86
850	530/850	120	370	11,0	510	10,0	580	9,0	650	8,4	87
1150	680/1140	105	780	10,6	1075	9,6	1200	8,6	1350	8,0	88
Zweizylinder-Verbundmaschine mit Kondensation:											
400	300/480	160	90	8,1	100	7,4	110	6,9	115	6,2	85
600	350/580	140	180	7,8	200	7,1	215	6,6	240	5,9	86
850	530/850	120	480	7,4	580	6,7	580	6,2	600	5,5	87
1150	680/1140	105	1030	7,1	1120	6,4	1200	5,9	1260	5,2	88

Als erreichbaren Mindestwert bei großen Maschinen von mindestens 1000 PS, etwa 12 kg/cm², Eintrittspannung und 350° Dampftemperatur, kann etwa 4,1 kg für 1 PS_i und 1 Stunde angesehen werden.

Für Maschinen mit stark wechselnder Belastung können nur sehr angenähert geltende Mittelwerte nach Erfahrung mit Maschinen ähnlicher Bauart angegeben werden, weil die mit der Füllung wechselnden Temperaturen den Dampfverbrauch stark, und zwar stets nachteilig beeinflussen.

Sofern es sich um Anlagen handelt, bei denen die Abdampfwärme nicht ausgenützt werden kann, ist es natürlich durchaus berechtigt, der Maschine mit kleinstem Dampfverbrauch den Vorzug zu geben, denn wenn wir für eine bestimmte Leistung mit einer besseren Maschine 10% Dampf sparen, so sparen wir damit auch meist rund 10% Kohlen. Ganz anders sieht die Sache aber aus, sobald wir Dampf niedriger Spannung oder warmes Wasser zu Heiz- oder Trockenzwecken benötigen. Können wir von der Abdampfwärme auch nur die Hälfte nutzbar machen, so würden also von der Gesamtwärme vielleicht 10% in der Maschine und etwa 40% zu Heizzwecken verwendet. Der Dampfverbrauch der Maschine hat dann längst nicht mehr solche Bedeutung und verliert diese ganz, sobald wir mehr Dampf zum Heizen verbrauchen, als durch die Maschine hindurchgeht. Dann gewinnen wir die mechanische Arbeit der Dampfmaschine beinahe kostenlos, denn diese erfordert nur den geringen Mehraufwand an Wärme für jedes kg Dampf, das dem Unterschied der Gesamtwärme von Betriebsdampf und Heizdampf entspricht, z. B. bei 8 und 1 kg/cm² absolut $660,9 - 638,2 = 32,7$ WE. Damit kann ein Dampfverbrauch von rund 5% des Dampfverbrauchs ohne Ausnutzung des Abdampfes errechnet werden, was aber natürlich keine Bedeutung hat.

In manchen Betrieben wird nun zwar Heizdampf in bedeutenden Mengen gebraucht, aber mit einer Temperatur über 100° C. Die Gegendruckspannung wäre dann so hoch, daß nur Einzylindermaschinen verwendet werden könnten. Zeitweilig wird aber kein Heizdampf gebraucht; dann wird eine Einzylindermaschine unwirtschaftlich sein. Man verwendet hier Maschinen mit Zwischendampfentnahme, Verbundmaschinen, denen der erforderliche Heizdampf aus dem Aufnehmer zwischen beiden Zylindern entnommen wird. Weil je nach der Dampfmenge, die die Heizung verbraucht, der Niederdruckzylinder verschiedene Dampfmengen verarbeitet, auch wenn die Füllung des Hochdruckzylinders unverändert bleibt, sind für solche Maschinen besondere Einrichtungen erforderlich, um trotz der Dampfentnahme das Einhalten einer angenähert gleichen Umlaufzahl zu sichern.

C. Dampfturbinen.

1. Allgemeines.

Wir sahen bei den Wasserkraftmaschinen, daß die verfügbare Energie der Lage sowohl unmittelbar durch Wirkung des Wasserdrucks auf einen Kolben ausgenützt werden kann als auch mittelbar dadurch, daß wir sie zunächst zur Beschleunigung des Wassers selbst verwenden, sie in Bewegungsenergie umwandeln und durch Verzögern der bewegten Masse mechanische Arbeit gewinnen können. Es liegt nahe, dies auch mit der im gespannten Dampf enthaltenen Energie durchzuführen, also auch den

Dampf zunächst eine möglichst höhe Geschwindigkeit annehmen zu lassen und diese dann in einem Schaufelrad, ähnlich wie bei Wasserturbinen, zu verzögern. Wegen der an und für sich, bezogen auf die Raumeinheit, geringen Masse des Dampfes wird dabei eine sehr hohe Geschwindigkeit erstrebt werden müssen, wenn nennenswerte Leistungen erzielt werden sollen. Wir wollen deshalb zunächst untersuchen, mit welchen Geschwindigkeiten wir hier rechnen können. Es liegt nahe, zunächst auch hier die Formel $v = \sqrt{2\,g\,h}$ anzuwenden, wobei h die Höhe einer Dampfsäule sein müßte, die den Druck von p kg/cm² ausübt, der dem vorhandenen Dampfüberdruck entspricht. Weil aber bei Dampf, besonders bei höheren Spannungen, die Verhältnisse doch wesentlich anders liegen als bei Wasser, kommen wir damit nicht zum Ziele. Der Dampf nimmt ja beim Ausströmen im Gegensatz zu Wasser einen viel größeren Raum ein als anfangs, wobei auch die Temperaturänderung eine bedeutende Rolle spielen wird. Wir gehen deshalb aus von dem Ausdruck $\dfrac{m\,v^2}{2}$ für das Arbeitsvermögen in mkg. In 1 kg Dampf steht uns eine Anzahl mkg in Form von Wärme zur Verfügung, entsprechend der Gesamtwärme i_1. Davon können wir aber nur einen Teil ausnützen, da ja aus der Turbine natürlich nicht Wasser von 0° austreten kann, sondern Dampf mit der Gesamtwärme i_2. In mkg steht uns somit zur Verfügung $427 \cdot (i_1 - i_2)$. Die Masse von 1 kg Dampf ist $1 : g$, so daß wir schreiben können $427\,(i_1 - i_2) = v^2 : 2g$ oder

$$v = \sqrt{2\,g \cdot 427 \cdot (i_1 - i_2)} = 91{,}53\,\sqrt{i_1 - i_2}\,.$$

Das ist somit die Geschwindigkeit, die 1 kg Dampf annehmen kann, wenn die Wärme $i_1 - i_2$ zu seiner Beschleunigung von 0 auf v verbraucht wird. Auch hier wird der Wirkungsgrad am günstigsten sein, wenn während der Zustandsänderung dem Dampf weder Wärme zugeführt noch entzogen wird, wenn er also adiabatisch vom Anfangsdruck auf den gegebenen Enddruck expandiert. Bei einer solchen adiabatischen Expansion wird aber, wie wir wissen, anfangs trocken gesättigter Dampf feucht. Für den Endzustand dürfen wir also nicht etwa den Wärmeinhalt nach der Dampftabelle einsetzen, sondern einen kleineren, da ein Teil des Dampfes kondensiert ist, seine Verdampfungswärme also abgegeben hat. In nachstehender Zusammenstellung ist in der zweiten Spalte die Gesamtwärme von 1 kg Dampf bei adiabatischer Expansion von 10 kg/cm² auf 0,05 kg/cm² absolut angegeben, die dritte enthält die bei der Expansion bis auf den betreffenden Druck verfügbaren Wärmemengen und die vierte die sich daraus ergebenden Geschwindigkeiten. Letztere wachsen bei den geringen Druckunterschieden gegen das Ende der Reihe hin noch ganz beträchtlich. Wir sehen daraus, wie wichtig es ist, wenn wir bei Dampfturbinen den Gegendruck bzw. den Kondensatordruck so niedrig wie möglich halten. Die nächste Spalte gibt das spezifische Volumen des Dampfes wieder mit Berücksichtigung der zunehmenden Dampffeuchtigkeit, und schließlich ist aus dem spez. Volumen und der Geschwindigkeit der jeweils erforderliche Querschnitt für den Durchgang von 1 kg Dampf berechnet. Dieser nimmt zunächst ab und hat einen Mindestwert bei etwa 5 kg/cm². Von da ab ist ein immer größerer Querschnitt erforderlich.

Dampfdruck absolut kg/cm²	Wärmeinhalt i_1 WE	Verfügbare Wärme $i_1 - i_2$ WE	Geschwindigkeit $v = 91,53 \sqrt{i_1 - i_2}$ m/sek	Spezifisches Volumen V m³	Erforderlicher Querschnitt $V : v$ cm²
10	660,8	0	0	0,198	∞
9	656,3	4,5	194	0,212	10,92
8	651,5	9,3	279	0,237	8,50
7	645,8	15	354	0,266	7,51
6	639	21,8	428	0,304	7,10
5	631	29,8	500	0,352	7,04
4	621,5	39,3	574	0,432	7,54
3	609,5	51,3	655	0,558	8,54
2	594	66,8	747	0,794	10,60
1	569	91,8	876	1,47	16,80
0,6	551,8	109,0	955	2,6	27,20
0,4	538	128,8	1012	4,6	45,50
0,2	516,5	144,3	1100	7,6	69,00
0,1	497	163,8	1170	12,5	107,0
0,05	480	180,8	1230	28,0	228,0

Aus diesen Zahlen ergibt sich, daß eine solche adiabatische Expansion, bei der nur der Dampf beschleunigt und keine weitere Arbeit verrichtet wird, eine zunächst verengte und dann erweiterte Düse erfordert. Würden wir nur eine Austrittsöffnung verwenden, die dem ersten Teil einer solchen Düse bis zum engsten Querschnitt entspräche, so würde zwar auch 1 kg Dampf in der Sekunde hindurchgehen, die Dampfspannung in der Austrittsöffnung aber nur auf rund 5 kg/cm² sinken und die Geschwindigkeit nur rund 500 m/sek betragen statt 1230 m/sek, die wir bei Expansion auf 0,05 kg/sek in der erweiterten Düse mit demselben kg Dampf erzielen könnten. Da sich die gewinnbaren Leistungen verhalten wie die Quadrate der erzielten Geschwindigkeiten, wäre die Leistung bei nicht erweiterter Düse nur etwa $\frac{1}{6}$ der Leistung bei Düsenerweiterung. Erst nachdem der Schwede De Laval die erweiterte Düse bei seiner Dampfturbine anwandte, konnte diese mit der Dampfmaschine hinsichtlich Energieausnützung in Wettbewerb treten.

Den ersten Teil der Düse kann man verhältnismäßig sehr kurz halten, die nachfolgende Erweiterung muß aber langsam erfolgen, damit der Dampfstrahl sich nicht von der Düsenwand ablöst. Meist nimmt man den Kegelwinkel der Düse zu 10°. Wir sind also in der Lage, mit einer zweckmäßig geformten Düse die dem Wärmeinhalt entsprechende Dampfgeschwindigkeit zu erzielen und müssen nun in einem Schaufelrad diese wieder tunlichst vermindern in ganz ähnlicher Weise wie bei den Wasserturbinen. Wir sahen aber dort, daß die Eintrittsgeschwindigkeit in Beziehung zur Umfangsgeschwindigkeit des Laufrades steht. Offenbar ergeben sich hier Schwierigkeiten, da die Dampfgeschwindigkeit weit höher steigen kann als die Umfangsgeschwindigkeit, die durch die Materialbeanspruchung infolge der Fliehkraft begrenzt ist. Nehmen wir als oberste Grenze für Räder aus geschmiedetem Stahl etwa 400 m/sek, so würde bei $v = 1230$ m/sek der Dampf noch mit sehr hoher Geschwindigkeit das Rad verlassen und damit der Wirkungsgrad der Turbine sehr schlecht werden. Das kann man dadurch vermeiden, daß man den mit hoher Geschwindigkeit aus dem Laufrad austretenden Dampf durch einen feststehenden Leitapparat schickt, in dem seine Geschwindigkeit nicht, aber seine Richtung so geändert wird, daß er in ein zweites mit dem ersten verbundenes Laufrad eintritt und in diesem auf das gewünschte Maß verzögert wird. Wir haben dann die Gesamtgeschwindigkeit in zwei Stufen ausgenützt und bezeichnen solche Turbinen als Turbinen mit Geschwindigkeitsstufen. Wie beim Peltonrad im Wasserstrahl kein Überdruck herrscht, so hat auch der aus der Düse austretende Dampfstrahl keinen Überdruck über die Abdampf- bzw. Kondensatorspannung. Die Laufräder sind somit allseitig von Dampf gle cher (Gegendruck-) Spannung umgeben. Die beiden Laufradkränze können ohne weiteres an ein und derselben Radscheibe sitzen.

Nun gibt es aber noch eine weitere Möglichkeit, die Umfangsgeschwindigkeit und damit die Umlaufzahl herunterzudrücken. Wir lassen den Dampf in der Düse nicht die Abdampfspannung erreichen, machen die Düse also kürzer. Der Dampf tritt mit dementsprechend kleinerer Geschwindigkeit aber höherem Druck in das Laufrad und aus diesem aus. Wir haben also hinter dem Laufrad Dampf mit höherem Druck als der Druck im Kondensator und können den Unterschied in einem Leitapparat, der als Vereinigung vieler Düsen anzusehen ist, weiter in Geschwindigkeit umsetzen und diese in einem zweiten Laufrad ausnutzen. Wir haben also hier das Druckgefälle geteilt und sprechen von Turbinen mit Druckstufen. Der zweite Leitapparat schließt meist unmittelbar an das erste Laufrad an, so daß der Dampf seine absolute Austrittsgeschwindigkeit nicht erst verliert, sondern die Geschwindigkeit im Leitapparat durch die weitere Expansion nur gesteigert wird. Meist werden mehrere solcher Druckstufen (bis etwa 25) angeordnet. Da jedes Rad mit einem anderen Druck arbeitet, müssen die einzelnen Laufräder durch Zwischenwände, in denen die Leitradschaufeln sitzen, voneinander getrennt sein. Bei diesen wie auch bei den Turbinen mit Geschwindigkeitsstufen herrscht zu beiden Seiten eines Rades derselbe Druck. Es ist deshalb nicht zu befürchten, daß der Dampf etwa durch den Spalt zwischen Laufrad und Leitrad ungenutzt um das Rad herumgeht. Der Spielraum im Spalt wie auch zwischen Rad und Gehäusewand kann infolgedessen reichlich bemessen werden.

Bei den Wasserturbinen haben wir nun aber bereits gesehen, daß der Druck zum Teil auch im Laufrad in Geschwindigkeit umgesetzt werden kann. Das kann auch bei Dampf geschehen. Die Laufradkanäle sind dann als Fortsetzung der Düse anzusehen und in jedem Laufrad expandiert der Dampf weiter. Das besagt aber, daß der Dampfdruck vor und hinter einem solchen Laufrad nicht mehr derselbe sein kann. Wir kommen so zu den Überdruckturbinen. Der Druckunterschied zwischen beiden Radseiten zwingt aber dazu, den Spielraum im Spalt und außen am Rad möglichst klein zu halten. Ferner ist es zur Vermeidung beträchtlicher Dampfverluste offenbar zweckmäßig, die Druckunterschiede recht klein zu nehmen, d. h. sehr viele Stufen zu verwenden. Solche Überdruckturbinen können deshalb nicht mehr aus einzelnen Rädern zusammengesetzt werden, sondern es werden die einzelnen Laufradkränze auf einer gemeinsamen Trommel angeordnet. Die reine Überdruckturbine nach der Bauart von Parsons erfordert für hohe Dampfspannungen sehr viele Stufen und lange Trommeln. Man verwendet deshalb heute meist eine Vereinigung der verschiedenen Turbinen, indem man den Dampf zunächst in Turbinen mit Geschwindigkeitsstufen oder mit Druckstufen oder auch mit beiden bis auf einen mäßigen Druck expandieren läßt und ihn dann weiter in einer Überdruckturbine (Niederdruckturbine) ausnützt.

Als Vorzüge der Dampfturbinen gegenüber Kolbendampfmaschinen sind anzusehen das Fortfallen des Kurbelgetriebes und damit einer Anzahl hoch belasteter Zapfen mit ihren unvermeidlichen Reibungsverlusten, kleine Abmessungen und praktisch ölfreies Kondensat. Die hohen Umlaufzahlen sind nur für bestimmte Verwendungsgebiete als Vorteil anzusehen, denn in manchen Fällen ist eine Übersetzung ins Langsame durch Zahnradvorgelege nicht zu umgehen. Da die Turbine im Innern keine aufeinander gleitenden Teile aufweist, ist eine Schmierung nur für die Stopfbüchsen erforderlich. Wird diese zweckmäßig ausgebildet, so kann das Kondensat ohne besondere Reinigung wieder zum Speisen des Dampfkessels verwendet werden. Auch die Steuerung bietet keine besonderen Schwierigkeiten. Durch einen auf der Turbine oder der Vorgelegewelle sitzenden kleinen Flachregler wird ein Drosselventil betätigt, so daß also die Turbine bei verschiedenen Belastungen mit verschieden hohem Dampfdruck arbeitet. Durch das Abdrosseln des Druckes geht fast keine Energie verloren, da die Wärme ja im Dampf bleibt und es, wie wir gesehen haben, nur auf das ausnutzbare „Wärmegefälle" ankommt. Wäre z. B. der Dampf von dem Drosselventil gerade trocken gesättigt, so wird der gedrosselte Dampf etwas überhitzt sein. Um die Grenzen, zwischen denen der Dampfdruck durch die Drosselung geändert wird, eng zu halten, kann bei großen Turbinen mit mehreren Düsen der Regler nacheinander einzelne Düsen oder Düsengruppen zu- oder abschalten. Dazu ist im allgemeinen eine größere Verstellungskraft erforderlich als der Regler hergibt. Es wird dann ebenso wie bei den Wasserturbinen ein meist durch Drucköl betätigter Hilfskolben (Servomotor) zwischengeschaltet, ganz ähnlich wie bei Wasserturbinen.

2. Die wichtigsten Bauarten der Dampfturbine.

Die einfachste Form der Dampfturbine ist die de-Laval-Turbine mit einem Laufradkranz (Fig. 74 u. 75). Sie hat, wie aus dem oben Gesagten klar ist, den Nachteil sehr hoher Umlaufzahlen (10 500—30 000 pro Min.) und wird deshalb fast stets unmittelbar mit einem Pfeilradvorgelege zusammengebaut, das diese auf 750—3000 Min. ermäßigt. Der Dampf tritt durch eine oder mehrere erweiterte Düsen seitlich in den Laufradkranz ein (teilweise, axiale Beaufschlagung). Fig. 76 zeigt die Schaufelform und -befestigung. Die Radscheibe aus Nickelstahl ist in der Mitte stark verdickt, damit die durch die Fliehkraft hervorgerufenen Spannungen möglichst überall gleich sind (Scheibe gleicher Festigkeit). Bei größeren Turbinen wird aus dem gleichen Grunde die Welle nicht durch das Rad hindurchgeführt, sondern beiderseits mit Flanschen befestigt. In der Figur fällt besonders die äußerst dünn gehaltene Welle auf. Diese Ausführung ist veranlaßt durch die Rücksicht auf die kritische Umlaufzahl der Welle. Denken wir uns eine senkrechte

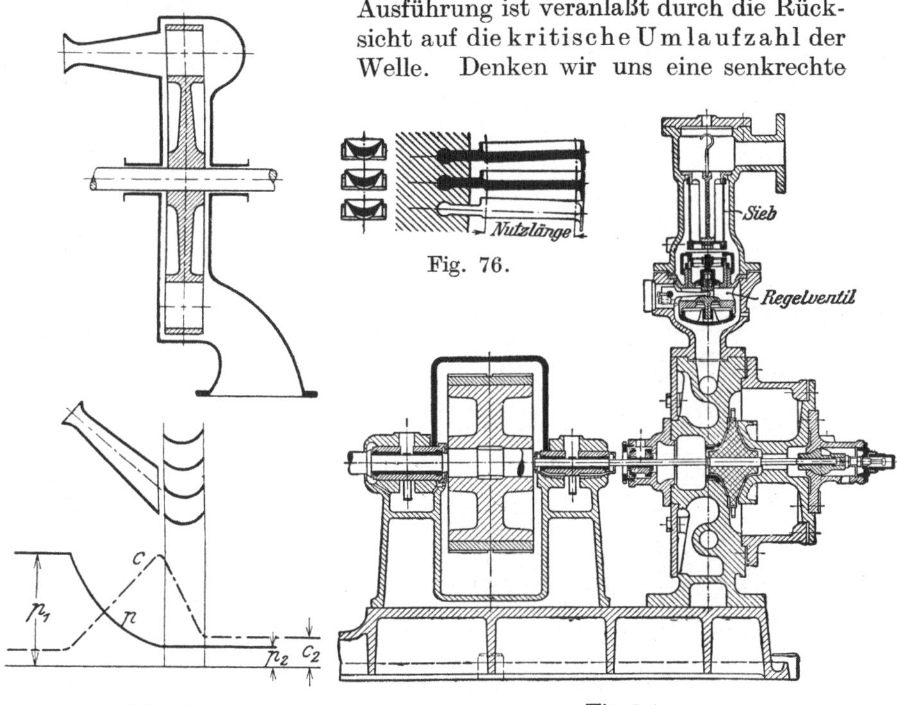

Fig. 74.   Fig. 75.

Welle zwischen zwei Lagern, auf der irgendeine Scheibe aufgesetzt ist, so wird es nie möglich sein, den Schwerpunkt der Scheibe mathematisch genau in die Drehachse hineinzuverlegen. Kleine unvermeidbare Ungenauigkeiten der Herstellung oder Ungleichheit des Gefüges ergeben einen vielleicht nur Hundertstelmillimeter betragenden Abstand des Schwerpunktes von der Mitte. Dann muß aber bei der Drehung der Welle eine Fliehkraft auftreten, die mit dem Quadrat der Umlaufzahl wächst. Diese Fliehkraft biegt die Welle durch, wobei wieder der Schwerpunktsabstand wächst. Es läßt sich nun eine bestimmte kritische Umlaufzahl berechnen, für die die Durchbiegung unendlich groß würde. Schon bei Annäherung an diese Umlaufzahl würde die Welle brechen. Sorgen wir aber dafür, daß die Welle sich nicht stark durchbiegen kann, etwa dadurch, daß wir dicht neben der Scheibe Führungsbuchsen für die Welle anbringen und steigern wir die Umlaufzahl über die kritische hinaus, so nimmt die Durchbiegung wieder ab, die Welle streckt sich wieder gerade. Dasselbe können wir auch erreichen, wenn wir die Umlaufzahl so schnell zunehmen lassen, daß die Welle keine Zeit hat, sich stark durchzubiegen. Bei den de-Laval-Turbinen liegt nun die kritische Umlaufzahl weit unter der Betriebsumlaufzahl, weil erstere für die dünne Welle klein ausfällt. Beim Anlassen wird sie den Bereich der gefährlichen Umlaufzahlen und Durchbiegungen sehr rasch durchlaufen. Die Nähe solcher kritischer Umlaufzahlen kann auch bei raschlaufenden Wellensträngen und ungeschickter Anordnung von Riemenscheiben schon störende Durchbiegungen und damit unruhigen Gang der Welle veranlassen. Der auf der Vorgelegewelle sitzende

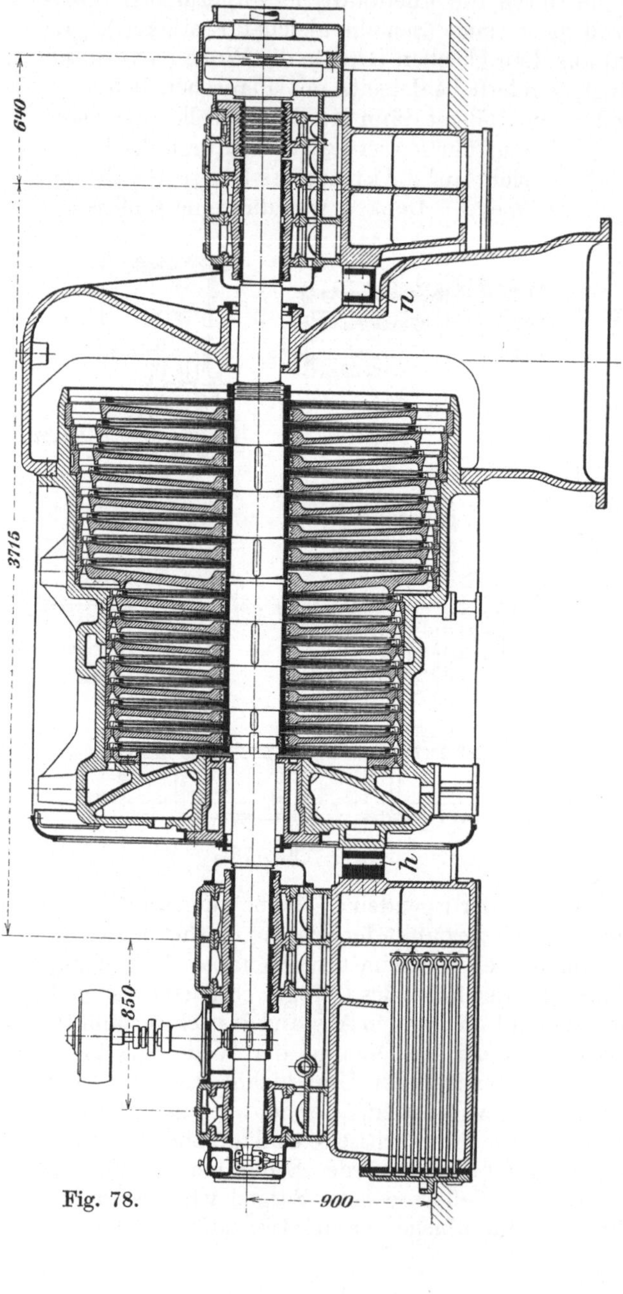

Fig. 78.

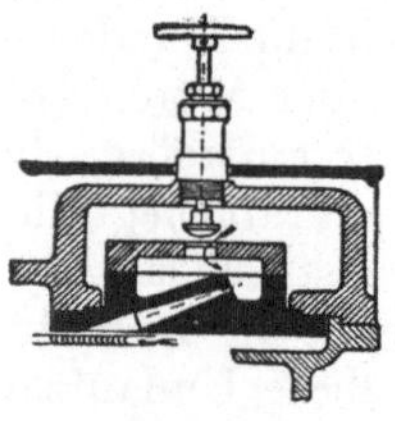

Fig. 77.

Regler bewegt ein Drosselventil. Bei Turbinen mit mehreren Düsen können diese einzeln von Hand abgesperrt werden (Fig. 77). Für Leistungen über 500 PS werden mehrere Geschwindigkeitsstufen verwendet.

Eine Druckturbine mit verhältnismäßig wenig Druckstufen ist die Zoelly-Turbine (Fig. 78). An Stelle einzelner Düsen wird das erste Laufrad durch einen vollen Leitradkranz oder durch mindestens mehrere Düsengruppen, die Teile eines solchen Schaufelkranzes darstellen, beaufschlagt. Die Leitapparate zwischen den einzelnen Laufrädern sitzen in Scheiben, die außen gegen die Gehäusewand abdichten und innen dicht an die Laufradnabe anschließen. Eine Labyrinthdichtung verhindert Dampfverluste an dieser Stelle. In den einzelnen durch diese Scheiben gebildeten Kammern herrscht nach oben Gesagtem verschiedener Druck. Die Welle muß an irgendeiner Stelle durch ein Kammlager oder dgl. gegen Verschieben gesichert werden. Zum Abdichten der Stoffbüchsen werden meist mehrteilige Ringe aus Kohle (ähnlich den Kohlebürsten an Elektromotoren) verwendet, die durch übergelegte Federn zusammengehalten werden. Die Laufräder erhalten je nach Umlaufzahl und Leistung etwa 900 bis 2500 mm Dmr. Übliche Umlaufzahlen

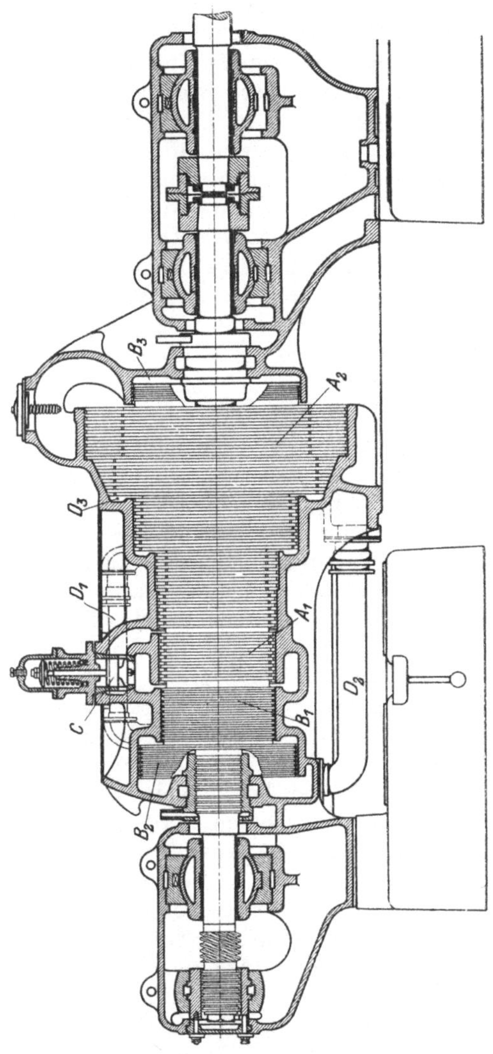

Fig. 79.

sind 3000, 1500, 1000 und 750 Min. Für Kondensationsbetrieb werden 8 bis 20 Stufen, für Auspuffbetrieb nur 5 Stufen bzw. Laufräder verwendet. Die Baulänge der Turbine bleibt somit stets mäßig. Wegen des für reine Druckturbinen reichlich ausführbaren Spaltspielraumes sind diese Turbinen weniger gefährdet bei raschen Temperaturwechseln, z. B. beim Anfahren, als Überdruckturbinen.

Die **Parsons-Turbine** (Fig. 79) ist, wie schon oben erwähnt, eine reine Überdruckturbine mit je nach der Größe 30 bis 80 Druckstufen. Die vielen (bis zu 60 000) Laufradschaufeln sind auf den Umfang einer meist stufenförmig abgesetzten Trommel aufgesetzt. Die Leitschaufeln sitzen immer in dem zweiteiligen Gehäuse. Die Schaufellängen ändern sich bald stufenweise, bald fortlaufend entsprechend dem zunehmenden Dampfvolumen. Die Umfangsgeschwindigkeit kann verhältnismäßig niedrig gehalten werden (40 bis 100 m/sek). Der Druck in Richtung der Achse wird durch Entlastungskolben an einem oder an beiden Enden der Turbine ausgeglichen, die mit Labyrinthdichtung gegen die Bohrung des Gehäuses abdichten. Die Dampfzufuhr wird durch ein Doppelsitzventil geregelt, das dauernd in Bewegung bleibt (etwa 175 bis 350 Hübe/min), damit sich keine Teile der Regelvorrichtung festsetzen können. Die Überdruckturbine muß natürlich stets am ganzen Umfang beaufschlagt werden wegen des im Laufrad abnehmenden Druckes. Das würde bei kleineren Leistungen und hohem Dampfdruck unter Umständen sehr kurze Schaufeln erfordern, damit der Gesamtdurchgangsquerschnitt nicht zu groß ausfällt. Die reine Parsons-Turbine ist deshalb nur am Platze für sehr große Leistungen, für niedrige Anfangsspannungen oder für Schiffsantriebe, wenn Leistungen, die wesentlich unter der Normalleistung liegen, nur ausnahmsweise vorkommen können. Meist wird heute die Parsons-Turbine nur als Niederdruckteil einer gemischten Bauart verwendet, bei der der Dampf zunächst in einer Druckturbine mit Geschwindigkeitsstufen, **Curtis-Turbine**, oder mit Druckstufen so weit entspannt wird, daß sich für die Überdruckturbine nicht mehr allzuviel Stufen und genügend große Querschnitte und damit gute Schaufellängen ergeben. Fig. 80 zeigt eine solche Turbine mit zwei Geschwindigkeitsstufen in einem auf die Trommel aufgesetzten Hochdruckrad. Es ergibt sich dadurch eine erheblich kleinere Baulänge und eine bessere Wirtschaftlichkeit bei Teilbelastungen. Solche Vereinigungen von Druck- und Überdruckturbinen werden noch in einigen anderen grundsätzlich nicht verschiedenen Ausführungen gebaut.

Fig. 81 zeigt die Vereinigung einer Druckturbine mit Geschwindigkeitsstufen mit einer solchen mit Druckstufen. Statt letzterer wird auch eine zweite Turbine mit Geschwindigkeitsstufen verwendet, die dann auch mit niedrigerer Anfangsspannung arbeitet. Die beiden Räder laufen dann in zwei getrennten Kammern.

Die Turbine (Fig. 81) kann in ähnlicher Weise für Sonderzwecke gebaut werden. Soll z. B. wie bei den Dampfmaschinen mit Zwischendampfentnahme, S. 84, Dampf zu Heizzwecken entnommen werden, so arbeitet der Frischdampf zunächst in dem Hochdruckteil. Aus dem Raum vor der Turbine mit Druckstufen kann dann ein Teil des Dampfes entnommen werden — **Anzapfturbine**, wobei der Regler unter dem Einfluß des Druckes in der Heizung stehen kann und bei größerem Heizdampfbedarf entsprechend mehr Frischdampf der Turbine zuführt. Es

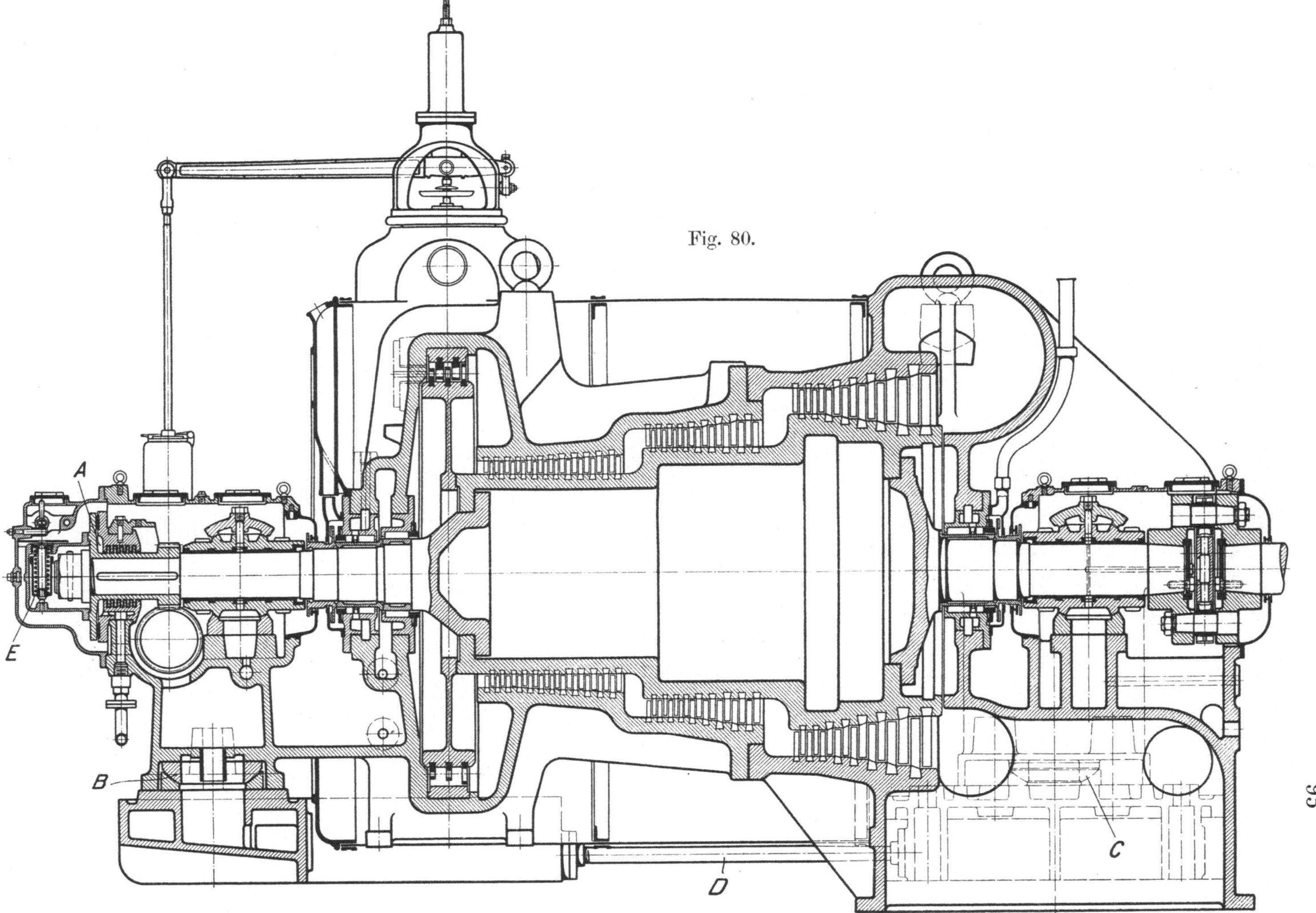
Fig. 80.
A
B
C
D
E
93

kann aber auch der Niederdruckteil zunächst durch Abdampf von Aus-
puff- oder Gegendruckkolbendampfmaschinen betrieben werden, die

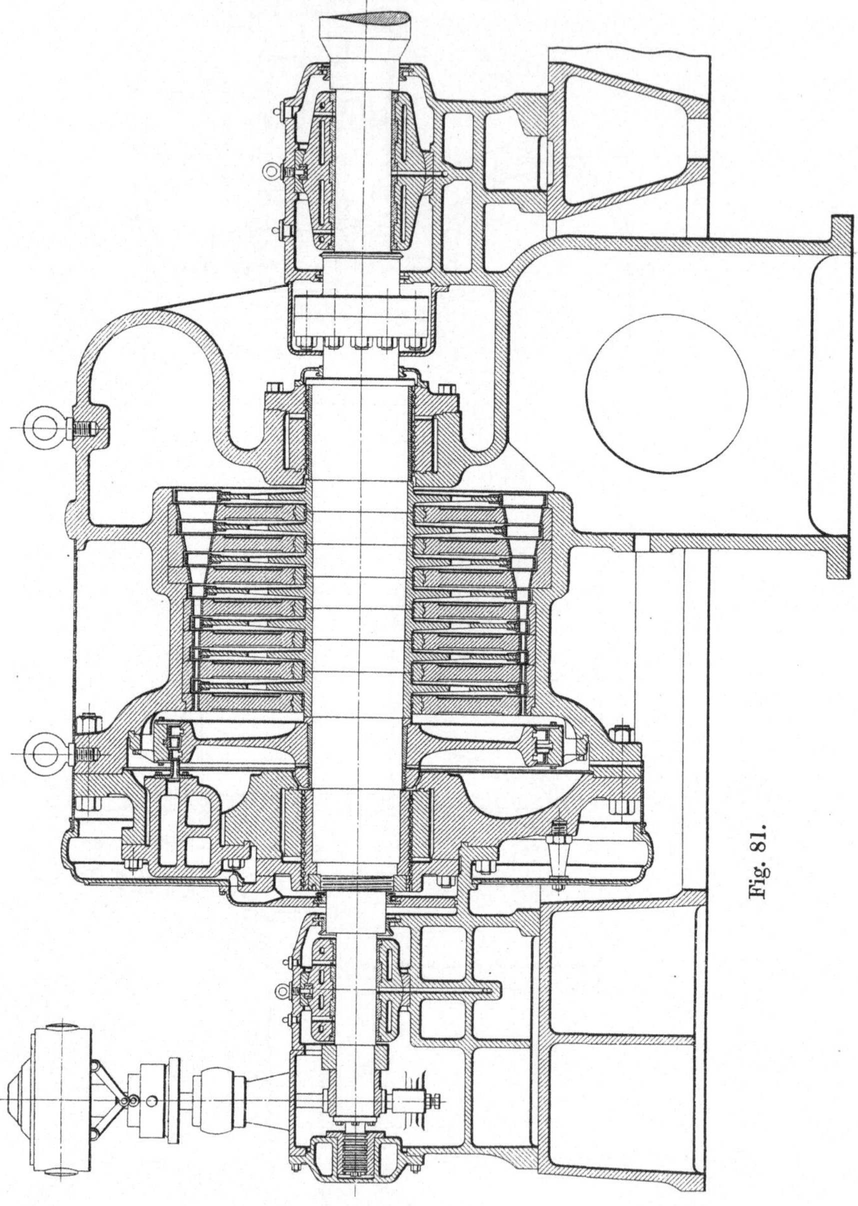

Fig. 81.

nicht gut mit Kondensation arbeiten können, wie z. B. Fördermaschinen,
Walzenzugmaschinen u. a. Bei diesen Maschinen, die mit sehr verschie-

dener Füllung arbeiten und bald vor-, bald rückwärts laufen müssen, bringt die Kondensation nur mäßige Vorteile im Dampfverbrauch, erschwert aber die genaue und empfindliche Steuerung. Man nutzt deshalb vorteilhafter den Dampf in solchen Abdampfturbinen aus, weil, wie wir gesehen haben, die Dampfturbine gerade diese niedrigen Dampfspannungen noch vorteilhaft zu verwerten gestattet. Bei der stark schwankenden Menge an Abdampf muß aber der eigentlichen Abdampfturbine eine Hochdruckturbine vorgeschaltet sein, Zweidruckturbine, durch die ersterer genügend Zusatzdampf zugeführt wird, damit sie stets die gewünschte, meist wenig veränderliche Leistung hergeben kann. Auch hier wird also der Regler von der Spannung des Maschinenabdampfes beeinflußt sein müssen (oder wenigstens das Frischdampfdrosselventil).

Zum Ausgleich der stark schwankenden Dampfmengen für den Betrieb der Abdampfturbine verwendet man Dampfspeicher. In einem großen Behälter, in den der Abdampf der Dampfmaschine einströmt, sind flache Wasserschalen eingebaut. Das Wasser nimmt die Temperatur des Abdampfes an. Sinkt die Dampfzufuhr und damit der Druck und die Temperatur des Dampfes, so verdampft ein Teil des Wasserinhaltes. Umgekehrt wird bei reichlicher Dampfzufuhr und damit steigender Temperatur Abdampf an der kälteren Wasseroberfläche kondensieren. Die Schwankungen im Dampfdruck können dadurch in mäßigen Grenzen gehalten werden.

Die bisher besprochenen Turbinen sind ausschließlich Axialturbinen und werden meist mit liegender Welle gebaut. Von Radialturbinen sei die Elektraturbine von Kolb erwähnt, bei der die aus der Radscheibe seitlich vorstehenden Schaufeln abwechselnd von innen und von außen beaufschlagt werden. Sie wird mit Geschwindigkeitsstufen, für höhere Leistungen auch mit Geschwindigkeits- und Druckstufen gebaut.

3. Wirtschaftlichkeit.

Die Energieverluste in der Dampfturbine sind naturgemäß von denen in der Dampfmaschine erheblich verschieden. Da der Dampf bei gleichbleibender Belastung der Turbine seine Temperatur nicht ändert, so entfallen offenbar die der Eintrittskondensation entsprechenden Verluste, die bei der Dampfmaschine den Hauptteil des Gesamtwärmeverlustes ausmachen. Wir können deshalb für die Dampfturbine den indizierten Wirkungsgrad am Radumfang, d. h. das Verhältnis der an die Schaufeln abgegebenen Energie zur verfügbaren Energie berechnen, wenn wir nur die Geschwindigkeit des Dampfes beim Eintritt in das Laufrad und die Umfangsgeschwindigkeit kennen. Jedoch muß dabei die Veränderung der Geschwindigkeiten infolge der Reibung an den Schaufeln u. dgl. berücksichtigt werden. Es kommt somit zunächst offenbar darauf an, daß diese Reibung so klein wie möglich, d. h. die Schaufeln sehr glatt sind. Ferner wird der Wirkungsgrad beeinflußt sein von der zugelassenen Austrittsgeschwindigkeit. Die Ausnutzung des Dampfes ist bei Dampfturbinen nur bei Leistungen von etwa 800 PS an besser als in Dampfmaschinen. Für kleinere Leistungen sind dann eben die sonstigen Vorteile der Dampfturbine ausschlaggebend. Kleine Turbinen bis etwa 100 PS verbrauchen erheblich mehr Dampf für 1 PS als Dampfmaschinen, besonders bei Auspuffbetrieb und sind für diesen nur da am Platze, wo der ganze Abdampf zu Heizzwecken verwertet werden kann. Wie wir ja gesehen haben, ist für die Dampfturbine ein hohes Vakuum ganz besonders wichtig. Sie wird deshalb fast ausschließlich an Oberflächenkondensatoren angeschlossen, die allein imstande sind, eine so weitgehende Luftleere dauernd zu erhalten. Die erforderlichen Pumpen (vgl. S. 59) werden meist elektrisch oder durch besondere kleine Dampfturbinen angetrieben.

IV. Verbrennungskraftmaschinen.

A. Allgemeines.

Wir sahen, daß bei Dampfkraftanlagen ein beträchtlicher Verlust dadurch unvermeidlich wird, daß wir den Wasserdampf als Zwischenglied bei der Verwandlung der Wärme in mechanische Energie verwenden. Bei der Verbrennung entstehen große Mengen heißer Gase, mit denen wir aber so ohne weiteres nicht viel anfangen können, denn bei der Verbrennung von Kohle auf einem Rost haben die entstehenden Rauchgase zwar hohe Temperatur, aber nur Atmosphärendruck. Wir können sie nicht etwa wie Dampf unter diesen Druck expandieren lassen, denn wir können sie nicht oder nur teilweise kondensieren wie z. B. den Wasserdampf im Kondensator. Wir müssen also dafür sorgen, daß die Gase sich in einem geschlossenen Raum entwickeln und infolgedessen, da sie sich nicht beliebig ausdehnen können, hochgespannt sind. Wir denken uns wieder einen oben durch einen Kolben verschlossenen Zylinder. Unter dem Kolben sei eine bestimmte Menge eines brennbaren Gases und die dazu erforderliche Verbrennungsluft innig gemischt eingeschlossen. Der Gesamtdruck des Kolbens sei P, somit die Spannung des Gemisches $P : F \cdot \text{kg}$. Entzünden wir nun das Gemisch etwa durch einen im Zylinderinnern überspringenden elektrischen Funken, so nehmen die entstehenden Verbrennungsgase infolge der Erwärmung durch die bei der Verbrennung frei werdende Wärme ein größeres Volumen ein und schieben den Kolben dementsprechend ein Stück höher. Nun können wir die Gase genau wie den Dampf durch fortschreitende Entlastung des Kolbens weiter expandieren lassen und damit weitere Arbeit gewinnen. Dies würde eine Verbrennung unter gleichbleibendem Druck mit nachfolgender Expansion sein. Nehmen wir aber etwa an, daß die Masse des Kolbens sehr groß ist, so daß zunächst ein großer Beschleunigungsdruck erforderlich ist, damit er sich überhaupt in Bewegung setzt, so wird während der Verbrennung das Volumen nicht oder doch nur sehr wenig zunehmen können. Die Folge ist, daß der Gasdruck weit höher ansteigt als $P : F$. Oder wir könnten uns den Kolben vor der Verbrennung festgehalten denken; dann würde die Verbrennung bei gleichbleibendem Volumen vor sich gehen. Die Spannung der Verbrennungsgase wäre zunächst weit höher als $P : F$, so daß wir nun, wenn wir die Gase expandieren lassen wollen, den Kolben zunächst noch höher belasten müßten, bevor wir ihn freigeben. Geht die Verbrennung so rasch vor sich, daß der Kolben während der Verbrennung sich nicht oder nur unwesentlich bewegt, so sprechen wir von Explosion oder Verpuffung der Gase. Beim Verbrennen von Brennstoffen im Arbeitszylinder von Kraftmaschinen unterscheiden wir deshalb das Gleichdruckverfahren vom Verpuffungsverfahren, Gleichdruck- und Verpuffungs-Verbrennungskraftmaschinen. Da sich die Grenze beider Verfahren bei den neuesten Maschinen immer mehr verwischt, werden wir noch ein anderes Unterscheidungsmerkmal heranziehen müssen.

Das eben beschriebene Gleichdruckverfahren ist offenbar nur dann möglich, wenn die Verbrennung nicht allzu rasch vor sich geht; das wird abhängen von der Zündgeschwindigkeit des Gemisches, d. h. der Schnelligkeit, mit der die eingeleitete Verbrennung sich im Gemisch überall hin fortpflanzt. Denn wie das brennbare Gemisch erst dann zu brennen anfängt, wenn an einer Stelle die Temperatur eine bestimmte Höhe, die Entzündungstemperatur erreicht hat, so kann auch das übrige Gemisch nur dann weiterbrennen, wenn diese Entzündungstemperatur überall erreicht wird, was im allgemeinen bei einer einmal eingeleiteten Verbrennung durch die dabei frei werdende Wärme ohne weiteres der Fall sein wird. Strenggenommen ist also auch bei der Verpuffung die Verbrennung keine augenblickliche, doch pflanzt sie sich sehr rasch fort, und ein Gleichdruckverfahren wäre in dieser Weise kaum durchführbar. Dazu ist vielmehr erforderlich, daß wir den Brennstoff nur allmählich zuführen, während die Verbrennung fortschreitet. Wir dürfen also nicht die ganze Brennstoffmenge vor der Entzündung in den Zylinder bringen. Brennbare Gase müßten wir zunächst auf die im Zylinder auftretende Spannung verdichten und während der Verbrennung zuführen. Dazu brauchten wir besondere Kompressoren, die das Verfahren unwirtschaftlich machen würden. Das Gleichdruckverfahren kommt deshalb nur für flüssige Brennstoffe in Frage, und wir werden die beiden Verfahren nun dadurch unterscheiden können, daß beim Verpuffungsverfahren Brennstoff und Verbrennungsluft vor der Entzündung im Zylinder enthalten sind, beim Gleichdruckverfahren nur die Verbrennungsluft, der Brennstoff dagegen erst während der Verbrennung allmählich zugeführt wird.

Es sei hier gleich bemerkt, daß Versuche, feste Brennstoffe, wie Kohlenstaub u. dgl., in der Verbrennungskraftmaschine, d. h. unmittelbar im Zylinder zu verbrennen, bisher zu keinem Erfolg geführt haben und auch wenig Aussicht auf Erfolg haben. Bei der Schnelligkeit, mit der die Verbrennung in einer Kraftmaschine vor sich gehen muß, ist es nötig, die Bedingungen für eine vollkommene Verbrennung so günstig wie möglich zu gestalten. Dazu gehören vor allem richtiges Verhältnis von Brennstoff zu Luftmenge, innige Mischung und genügend hohe Temperatur. Die innige Mischung ist naturgemäß am leichtesten bei gasförmigen Brennstoffen. Es ist daher auch die Gasmaschine zunächst gebaut worden (von Otto und Langen 1867).

1. Der Viertakt.

Bei den weitaus vorherrschenden Viertaktmaschinen gehören zu einem Arbeitsspiel des Kolbens je vier aufeinanderfolgende Hübe. Meist werden die Maschinen einfach wirkend gebaut, so daß wir also nur eine Kolbenseite zu betrachten haben. Beim ersten Kolbenhub nach der Kurbel hin wird ein Gemisch von Gas und Luft angesaugt. Beim Rückgang verdichtet der Kolben das Gemisch auf eine nach der Gasbeschaffenheit gewählte Verdichtungsspannung. Dann wird, etwas vor dem Totpunkt, die Verbrennung eingeleitet, die sehr rasch erfolgt (Verpuffung) und kurz nach dem Totpunkt beendet sein soll. Jetzt folgt der eigentliche Arbeitshub, bei dem die Verbrennungsgase expandieren. Vor dem Kurbeltotpunkt läßt man die Gase austreten, und bei dem folgenden Rückgang des Kolbens werden sie bis auf einen im Verdichtungsraum zurückbleibenden Rest aus dem Zylinder ausgetrieben. Darauf beginnt das Spiel von neuem. Es leistet also nur ein Hub Nutzarbeit, die drei anderen dienen zum Laden und Entladen. Fig. 82 zeigt das Indikatordiagramm eines solchen Viertaktverpuffungsmotors, Fig. 83 das eines Gleichdruckmotors. (Die gestrichelte Linie ist das theoretische Diagramm.) Die drei Hilfshübe erfordern einen Arbeitsaufwand von etwa 5 bis 10% der Motorleistung, der vom Schwungrad abgegeben werden muß. Für Leistungen von über 150 PS werden auch doppelt wirkende Viertaktmotoren gebaut. Der einfach wirkende Viertaktmotor ist im Aufbau wesentlich einfacher als der Zweitaktmotor. Der Kolben wird meist gleich als Kreuzkopf verwendet. Er gibt aber sehr stark schwankende Kurbeldrehkräfte und erfordert deshalb für gleichförmige Geschwindigkeit ein schweres Schwungrad. Die spezifische Hubleistung, d. h. die Leistung bezogen auf den vom Kolben durchlaufenen Raum, ist verhältnismäßig klein, die Abmessungen sind dementsprechend groß. Nachteilig ist ferner, daß das angesaugte Gasgemisch durch die im Verdichtungsraum zurückbleibenden verbrannten Gase verunreinigt wird.

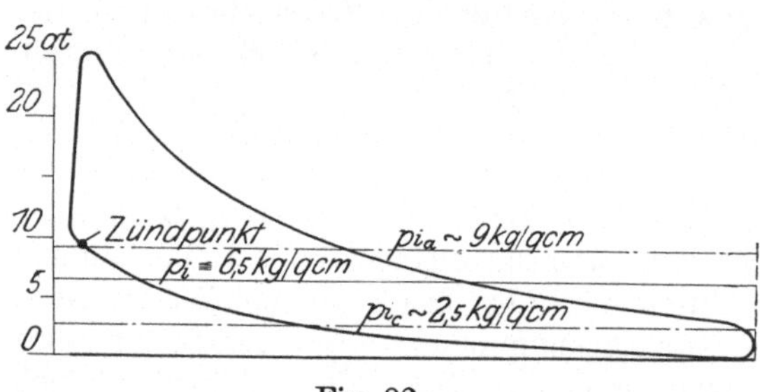

Fig. 82.

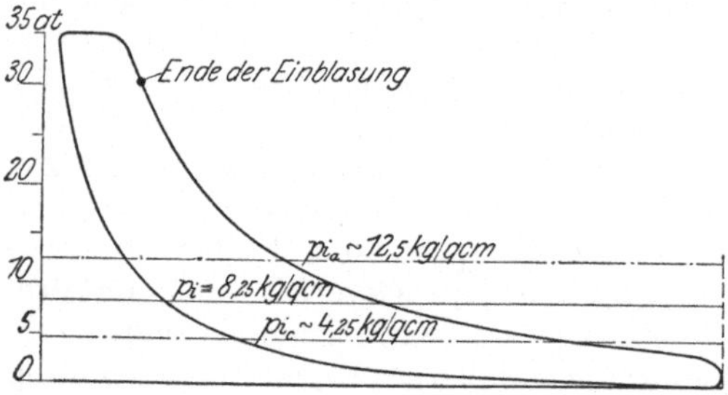

Fig. 83.

2. Der Zweitakt.

Bei großen Gasmotoren, die mit sogenannten armen Gasen, d. h. solchen mit geringem Heizwert arbeiten, werden Gas und Luft in getrennten Gas- und Luftpumpen zunächst auf 0,15 bis 0,3 kg/cm² Überdruck vorverdichtet (Fig. 84) und am Ende des Ausdehnungshubes (nach beendeter Expansion der Verbrennungsgase) so in den Zylinder geführt, daß sie die verbrannte Ladung vor sich her und durch vom Kolben freigelegte Schlitze im Zylinder aus diesem heraustreiben. Beim Rückgang des Kolbens wird das frische Gemisch gleich weiterverdichtet und im Totpunkt entzündet. Es folgt somit stets auf einen

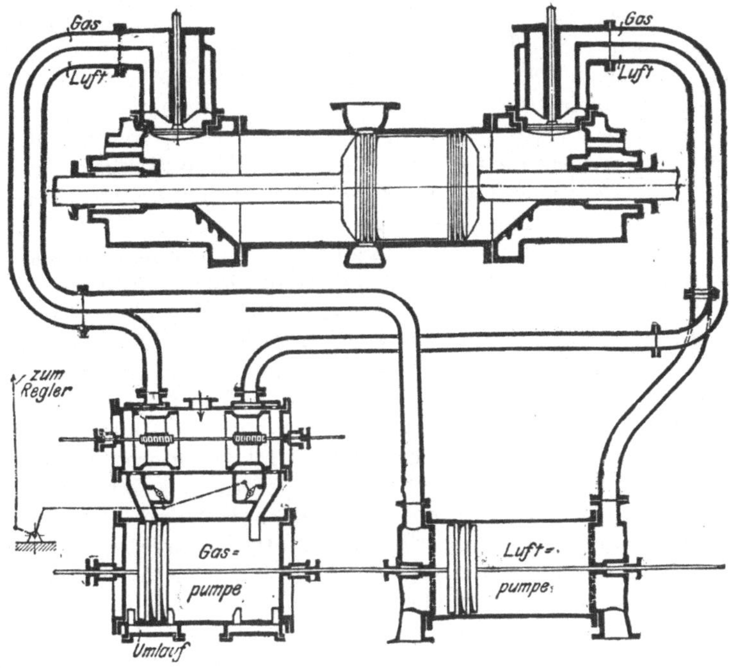

Fig. 84.

Arbeitshub ein Verdichtungshub. Zu einem Arbeitsspiel sind also nur zwei Hübe erforderlich — Zweitakt. Die spezifische Arbeitsleistung ist 70 bis 95% größer als beim Viertakt, d. h. Maschinen gleicher Größe leisten beim Zweitaktverfahren 170 bis 195% der Leistung des Viertaktmotors. Die Arbeit zum Verdichten und Einführen der Ladung erfordert etwa 7 bis 12% der Gesamtleistung, also etwas mehr als beim Viertakt. Vorteilhaft ist der gleichmäßigere Verlauf der Kurbeldrehkräfte. Bei geeigneter Bauart werden die verbrannten Gase vollkommen ausgetrieben. Dagegen ist das Verfahren wegen der kurzen Zeit, die zum „Auswaschen" des Zylinders und dem Einblasen der neuen Ladung zur Verfügung steht, nur bei langsamlaufenden Motoren angebracht. Doppelt wirkende Zweitaktmotoren sind ebenso wie beim Viertakt nur für größere Leistungen zweckmäßig. Die Bauart ist aber verwickelter und teurer als die gleich starker einfach wirkender Motoren.

3. Brennstoffe.

Für Gasmaschinen werden verwendet: Reiche Gase: (Steinkohlen-) Leuchtgas, Fettgas, Koksofengas und andere Industriegase mit einem Heizwert von mindestens 3000 Kcal/m³; und arme Gase: Kraftgas (Sauggas), Hochofengase u. a. mit 1000 bis 1500 Kcal/m³. Bei ersteren unterscheidet man je nach dem Zusatz von Verbrennungsluft reiche Gemische mit 1 Raumteil Gas auf 6 bis 7 Raumteile Luft und arme Gemische mit 1 Raumteil Gas auf 10 bis 15 Raumteile Luft. Bei reichen Gemischen beträgt die Verdichtungsendspannung 4 bis 5 kg/cm², der Höchstdruck bei der Verpuffung 15 bis 20 kg/cm² und der mittlere indizierte Kolbendruck 5 bis 6 kg/cm², bei armen Gemischen dagegen die Verdichtungsspannung 5 bis 8 kg/cm², der Verpuffungsdruck 20 bis 25 kg/cm² und der mittlere indizierte Kolbendruck 4,5 bis 5,5 kg/cm². Bei armen Gasen ist das Mischungsverhältnis meist 1 : 1 bis 1 : 2, die Verdichtungsspannung 8 bis 12 kg/cm², eine Verpuffungsspannung 18 bis 25 kg/cm² und der mittlere indizierte Druck 4,5 bis 5,5 kg/cm².

Da bei armen Gasen nur sehr wenig Luft gebraucht wird, also verhältnismäßig viel Gas angesaugt werden kann, ist die Leistung einer gegebenen Maschine beim Betrieb mit armen Gasen nur wenig, etwa 10 bis 15%, geringer als beim Betrieb mit reichen Gasen.

Je höher die Verdichtungsspannung getrieben wird, um so besser ist die Ausnutzung der Wärme, doch ist die Grenze dadurch gegeben, daß mit steigender Verdichtung auch die Temperatur des Gemisches steigt. Jedes Gasgemisch hat aber eine bestimmte Entzündungstemperatur, die bei der Verdichtung natürlich nicht erreicht werden darf, damit sich das Gemisch nicht schon vorzeitig, d. h. erheblich vor dem Totpunkt entzündet, was unter Umständen die Maschine zum Stillstand oder gar zum Rückwärtslaufen bringen würde. Reine wasserstoffreiche Gemische entflammen schon bei etwa 500° C, stark verunreinigte dagegen erst bei über 600° C. Bei Verpuffungsmaschinen dürfen wir deshalb die durch die Verdichtung verursachte Temperaturerhöhung niemals diese Werte erreichen lassen. Entzündet wird das Gemisch überwiegend durch den elektrischen Funken, weil dabei der Zeitpunkt der Zündung sehr genau eingestellt werden kann.

Leuchtgas entsteht bei der trockenen Destillation der Steinkohle und hat einen mittleren Heizwert von etwa 4800 WE/m². Der früher im Kleingewerbe viel verbreitete Leuchtgasmotor ist heute meist durch den Elektromotor verdrängt.

Generatorgas wird in besonderen Gaserzeugern aus Anthrazit, Koks, Braunkohlenbriketts oder Torf erzeugt (vgl. den Abschnitt Kraftgasanlagen) und hat etwa 1100 bis 1300 Kcal/m³.

Gichtgas entsteht im Hochofen, ist ähnlich wie Generatorgas zusammengesetzt, hat aber nur etwa 700 bis 750 WE/m³. Auf jede Tonne Roheisen werden rund 4000 m³ Gichtgas erzeugt, somit von einem mittleren Ofen bei 150 t Tagesleistung 600 000 m³ Gas. Davon wird etwa die Hälfte für die Winderhitzung, d. h. für den Ofen selbst gebraucht. Der Rest wurde früher zur Dampfkesselfeuerung verbraucht, wobei mit der angegebenen Menge etwa 1500 PS an Maschinenleistung gewonnen werden konnten. Jetzt wird das Gichtgas in Gasmaschinen weit vorteilhafter verwendet, so daß rund 4000 PS gewonnen werden können.

Koksofengas. In Kokereien ist im Gegensatz zu Gasanstalten der Koks das Haupterzeugnis, das Gas wird nebenbei gewonnen. Entstehung und Zusammensetzung ist aber ganz ähnlich wie in Gasanstalten. Auch hier dient ein Teil zur Ofenheizung, der größere Teil kann in Gasmaschinen verwertet werden.

Flüssige Brennstoffe werden vor oder während der Mischung mit der Verbrennungsluft verdampft. Benzin und ähnliche Brennstoffe mit niedrigem Siedepunkt verdampfen schon in warmer Luft. Es genügt deshalb, die Luft durch das flüssige Benzin zu leiten, wobei es verdunstet und ein Gemisch von Luft und Benzindampf in den Zylinder gelangt. Man nennt dies Verdunstungskarburation. Fig. 85 zeigt schematisch einen Vergaser. Durch einen durch Gewichte belasteten Schwimmer wird der Brennstoffspiegel ungefähr in der Höhe der Düsenöffnung gehalten. Die von unten

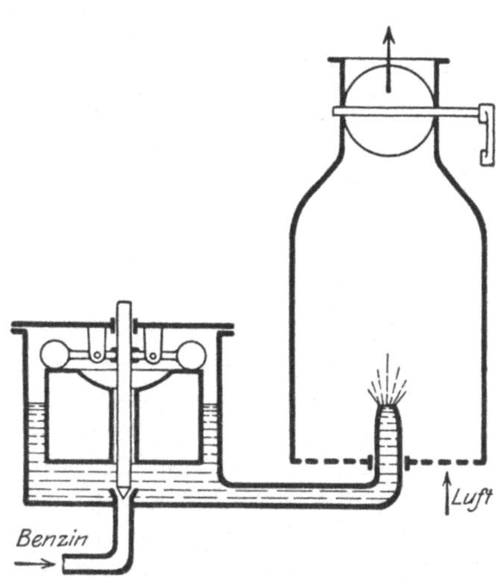

Fig. 85.

zutretende, vom Motor angesaugte Luft verdampft das aus der Düse tretende Benzin. Man kann aber auch das Benzin in den Luftstrom zerstäubt einführen — Einspritz- oder Zerstäuberkarburation. Schwerer siedende Öle werden zerstäubt und durch Vorbeiführen der mit dem Brennstoffnebel beladenen Luft an heißen Wandungen verdampft. Dazu dienen auch besonders beheizte Vergaser.

Benzin wird aus Erdöl bei 150° C destilliert, hat einen Heizwert von 11 000 Kcal/kg und ein Gewicht $\gamma = 0,68$ bis $0,77$ kg/l.

Benzol entsteht bei der Destillation der Steinkohle, läßt sich ebenso leicht vergasen wie Benzin, braucht aber eine höhere Entzündungstemperatur. $H = 9800$ Kcal/kg. $\gamma = 0,88$.

Spiritus ($H=5200$ Kcal/kg), eine Mischung von Alkohol und Wasser, gestattet hohe Verdichtung im Zylinder, erfordert aber hohe Entzündungstemperatur. Der Motor muß deshalb meist mit Benzin angelassen werden.

Als Schweröle bezeichnet man die Destillate des Erdöls, die erst bei höheren Temperaturen gewonnen werden, sowie Destillate des Steinkohlen- und Braunkohlenteeres:

Gasöl ($H = 10\,200$ Kcal/kg, $\gamma = 0,85$ bis $0,88$ kg/l) wird aus Erdöl gewonnen,

Paraffin- und Solaröl ($H = 10\,000$ Kcal/kg, $\gamma = 0,85$ bis $0,95$ kg/l) aus Braunkohlenteer.

Teeröl mit $H = 8800$ Kcal/kg und $\gamma = 1$ bis $1,1$ kg/l entsteht bei der Destillation des Steinkohlenteers bei 230 bis 320° C, ist verhältnismäßig billig, aber ungleich in der Zusammensetzung und entflammt oft zu langsam, so daß man die Zündung durch leichte Öle einleiten muß.

4. Zündung.

Wie schon gesagt, wird das Gemisch bei Verpuffungsmotoren heute meist durch einen elektrischen Funken entzündet. Die früher vielverbreitete Glührohrzündung benützt ein glühend gehaltenes, nach dem Zylinderinnern offenes Porzellanrohr, das zunächst mit nicht brennbaren Gasrückständen gefüllt ist. Bei der Verdichtung wird brennbares Gemisch hineingedrückt, das sich zwar entzündet, aber die Zündung noch nicht auf die Zylinderladung überträgt, weil die Zündgeschwindigkeit kleiner ist als die entgegengesetzte Bewegung der Gase im Glührohr. Erst wenn die Verdichtung beinahe beendet ist, überwiegt die Zündgeschwindigkeit, und die Ladung wird deshalb erst etwa im Totpunkt entzündet.

Bei der elektrischen Zündung ist zu unterscheiden zwischen Zündung mit Zündkerze und Abreißzündung. Bei Zündkerzen wird ein Strom hoher Spannung unterbrochen. Der Funke beim Unterbrechen zündet das Gemisch. Bei der Abreißzündung braucht man nur einen Strom geringer Spannung. Die plötzliche Unterbrechung ergibt durch Selbstinduktion einen kurzen, gleichgerichteten Strom hoher Spannung. Es werden Magnetmaschinen verwendet, die sehr sparsam arbeiten, weil sie den Strom nur in dem Augenblick geben, in dem er gebraucht wird. Fig. 86a u. b zeigt die Magnetmaschine, Fig. 87 die Abreißvorrichtung. Zwischen den Polen des Magneten a befindet sich ein feststehender Anker b mit einer (nicht gezeichneten) Wicklung. Zwischen den Polen und dem Anker sind an einem Hebel weiche Eisenbleche befestigt. Der Hebel wird durch die Federn e in der gezeichneten Lage gehalten. Durch den Daumen a an der Steuerwelle wird der Hebel gedreht. Es entsteht durch Drehung des Feldes ein schwacher Strom, der durch a und g (Fig. 87) in den Zylinder geführt ist und geschlossen ist, solange die Nase c auf dem Ende von a aufliegt. Läßt der Daumen d (Fig. 86b) den Hebel los, so entsteht bei der raschen Rückwärtsdrehung des Hebels und damit der Bleche c ein Strom hoher Spannung, der aber unterbrochen wird, indem gleichzeitig die Stange f die Nase c im Zylinder von a abhebt. (h in Fig. 86a entspricht a in Fig. 87.)

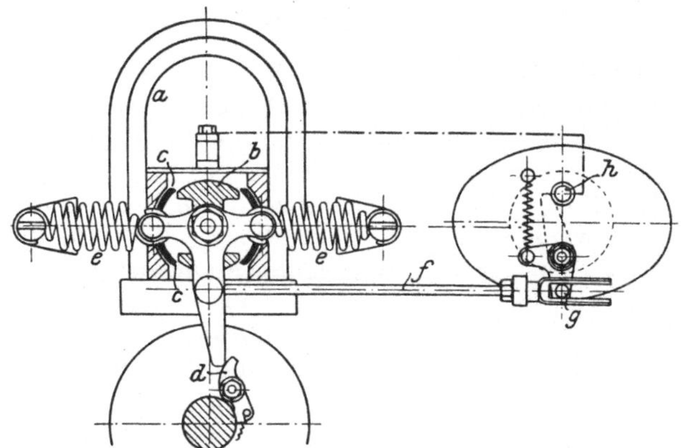

Fig. 86 a.

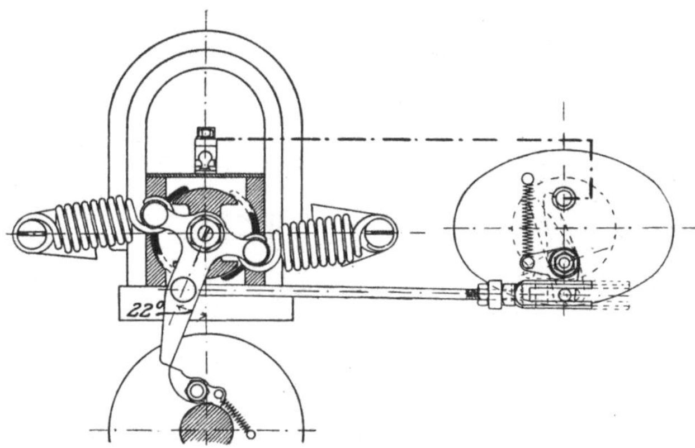

Fig. 86 b.

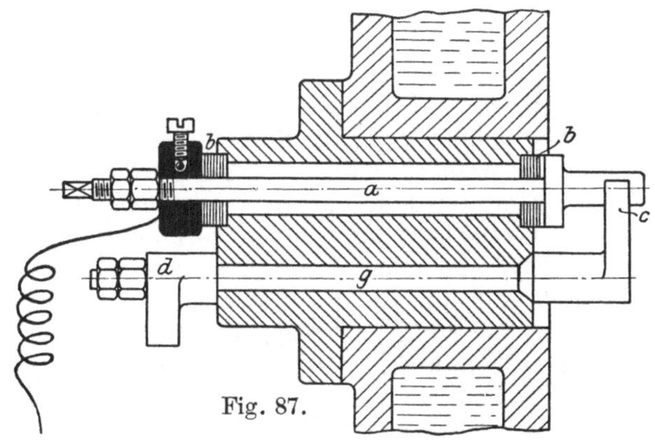

Fig. 87.

5. Regelung.

Hinsichtlich der Wärmeausnutzung ist es am günstigsten, wenn die Maschine stets mit gleichbleibender Mischung von Gas und Luft arbeitet und auch die bei jedem Arbeitshub verbrannte Gasmenge dieselbe bleibt. Das ist möglich bei der Regelung durch Aussetzen. Der Regler sperrt, sobald die Maschine zu schnell geht, das Gas ganz ab und läßt es erst wieder zutreten, wenn die Geschwindigkeit unter die gewünschte Normalgeschwindigkeit gesunken ist. Der Nachteil dieser Art der Regelung liegt auf der Hand. Die Umlaufzahl wird bei wechselnder Belastung dauernd zwischen zwei nicht unerheblich verschiedenen Werten schwanken. Einen gleichmäßigeren Gang erzielt man durch Verändern der Mischung oder der Füllung durch Drosseln von Gas- und Lufteintritt, doch wird dabei der Gasverbrauch etwas ungünstiger. Beim Gleichdruckverfahren, das, wie wir gesehen haben, nur für flüssige Brennstoffe in Frage kommt, wird der Brennstoff nicht mit der Verbrennungsluft zusammen eingeführt. Hier kann also seine Menge unabhängig von dieser geregelt werden. Meist fördert eine kleine, vom

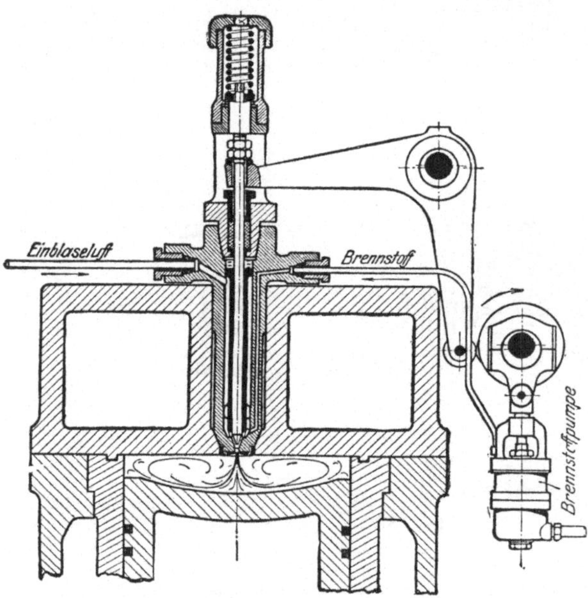

Fig. 88.

Motor getriebene Brennstoffpumpe eine der Höchstleistung entsprechende Ölmenge. Der Regler betätigt ein in der Druckleitung befindliches Ventil, durch das mehr oder weniger Öl in den Saugraum der Pumpe zurückfließen kann. Beim Dieselmotor, dem Hauptvertreter der Gleichdruckmotoren, wird das von der Brennstoffpumpe gelieferte Treiböl durch hoch verdichtete Luft in den Zylinder eingeblasen (Fig. 88). Die Verdichtungsspannung der Verbrennungsluft steigt auf etwa 32 bis 35 kg/cm². Die Einblaseluft mit 45 bis 60 kg/cm² wird durch einen vom Motor getriebenen zweistufigen Kompressor geliefert und zerstäubt das Öl beim Austritt aus dem im Zylinderdeckel sitzenden Brennstoffventil. Neuerdings werden kompressorlose Dieselmaschinen gebaut, bei denen das Öl nur durch die Brennstoffpumpe in den Zylinder eingespritzt wird. Durch die hohe Verdichtung erhitzt sich die Verbrennungsluft so hoch, daß auch schwer siedende Öle sofort entflammen. Eine besondere Zündung ist deshalb bei Gleichdruckmotoren nicht erforderlich. Bei der Verdichtung der Verbrennungsluft allein (ohne Brennstoff) ist es möglich, diese weit höher zu treiben als bei einem brennbaren Gemisch. Dadurch wird die Wärmeausnutzung wesentlich gesteigert.

6. Kühlung.

Die hohen bei der Verbrennung auftretenden Temperaturen vermindern die Festigkeit der Baustoffe ganz erheblich. Zudem würden leicht übermäßige Spannungen infolge ungleicher Ausdehnung auftreten können. Wir sind deshalb gezwungen, alle den hohen Temperaturen ausgesetzten Wandungen wirksam zu kühlen. Meist werden Zylinder und Zylinderdeckel, bei doppelt wirkenden Maschinen auch der Kolben und die Kolbenstange, durch Wasser gekühlt, bei Flugzeugmotoren auch durch Luft. Die in das Kühlwasser übergehende Wärme ist für uns verloren und muß daher auf das geringste Maß beschränkt werden. Ist die Anordnung des Kühlwassermantels so getroffen, daß mit Sicherheit überall gleichmäßiger Wasserumlauf und damit gleichmäßige Kühlung gewährleistet erscheint, so kann man die Kühlwasserablauftemperatur wesentlich höher zulassen als bei weniger gut durchgebildeter Kühlung. Man geht neuerdings sogar so weit, das Kühlwasser unter Druck zuzuführen, wodurch die Ablauftemperatur höher als 100° C gewählt werden kann, ohne daß man befürchten muß, daß sich an einzelnen Stellen Dampf entwickelt, der den Wärmedurchgang stark vermindern und damit die Kühlwirkung beeinträchtigen würde. Bei Luftkühlung muß der Zylinder außen mit Kühlrippen versehen sein, damit die Kühlfläche vergrößert wird, da die Luft als schlechter Wärmeleiter und wegen ihrer geringen spezifischen Wärme nur ganz wesentlich geringere Wärmemengen bei gleicher Berührungsfläche aufnehmen kann.

B. Bauarten der Verbrennungskraftmaschinen.

Es können hier nur einige Vertreter der Hauptformen aufgeführt werden. Fig. 89 zeigt eine liegende Viertaktmaschine üblicher Bauart. Mit Rücksicht auf den hohen Druck, der bei der Zündung auf den Kurbelzapfen wirkt, wird im Gegensatz zur Dampfmaschine auch bei liegender Bauart die Kurbelwelle gekröpft und beiderseits vom Kurbelzapfen gelagert. Der nach der Kurbel hin offene Kolben dient mit als Kreuzkopf. Nur bei sehr großen Maschinen wird ein besonderer Kreuzkopf verwendet. Die Lauffläche des Arbeitszylinders ist auswechselbar als besondere Buchse in das Maschinengestell eingesetzt und wird durch den Zylinderdeckel gehalten. In diesem sitzen übereinander das Einlaß- und das Auslaßventil, die beide durch Hebel und Übertragungsgestänge von der Steuerwelle angetrieben werden. Diese muß beim Viertakt nur halb so schnell laufen wie die Maschinenwelle und wird von dieser meist

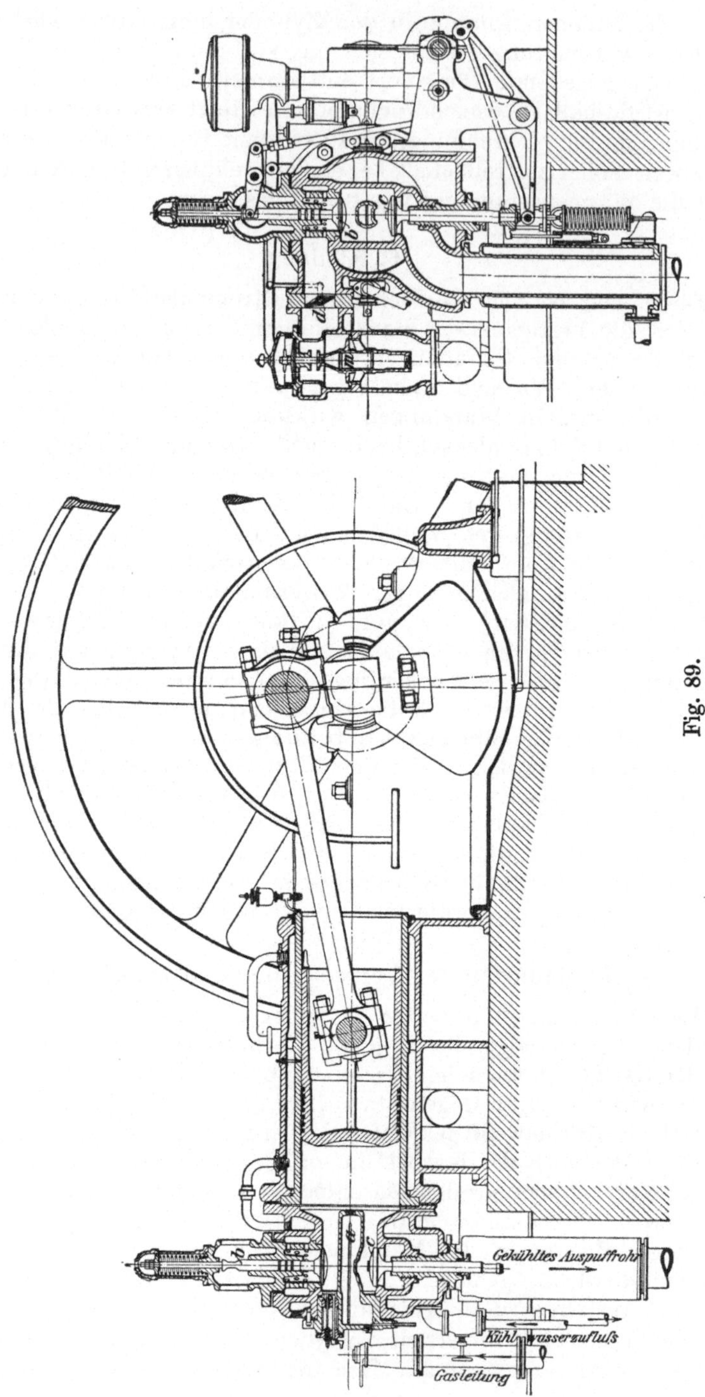

Fig. 89.

durch Schraubenräder gedreht. Vor dem Einlaßventil sitzt ein selbsttätiges Mischventil und zwischen beiden eine am Regler eingestellte
Drosselklappe. Es wird also durch Abdrosseln der Ladungsmenge geregelt. Bei Maschinen über 20 PS muß ein besonderes von Hand bedienbares Ventil für die Anlaßdruckluft im Zylinderdeckel angeordnet werden. Da ja nicht wie bei der Dampfmaschine aufgespeicherter, hochgespannter Dampf bzw. Gas zur Verfügung steht, der Druck vielmehr erst
während des Ganges in der Gasmaschine erzeugt wird, so muß jede Verbrennungskraftmaschine erst durch eine weitere Kraftquelle in Gang
gebracht werden. Kleine Motoren werden mit Hilfe von Sicherheits-

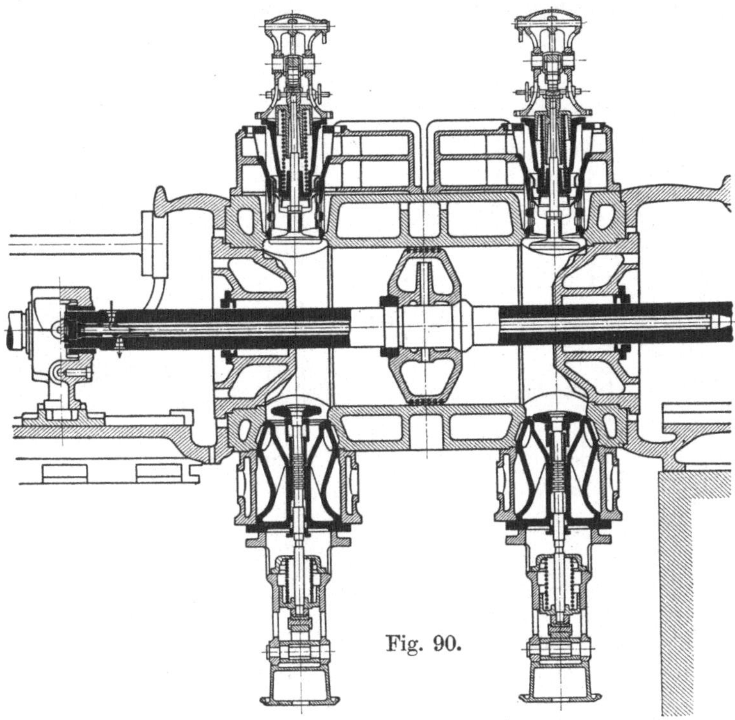

Fig. 90.

kurbeln von Hand „angedreht“ oder „angeworfen“. Bei größeren
Motoren nimmt man dazu Druckluft oder verdichtete Abgase, die zu
diesem Zweck in einem Druckluftbehälter aufgespeichert werden. Entweder können die Ventile der Maschine zeitweise so gesteuert werden,
daß die Abgase nicht oder nur teilweise ins Freie gehen, vielmehr durch
den Arbeitskolben verdichtet und in den Druckbehälter gepreßt werden,
oder es wird Anlaßluft durch einen besonderen Kompressor verdichtet.
Beim Dieselmotor dient dazu der Kompressor, der die Einblaseluft liefert.

Doppelt wirkende Viertaktmaschinen zeigen den Ventildampfmaschinen ähnliche Formen. Sie werden für Leistungen von über 250 oder
300 PS in einem Zylinder gebaut. Fig. 90 zeigt den Zylinder einer solchen

Maschine. Oben auf dem Zylinder sind die Zuleitungen für Gas und Luft, unten die Auslaßventile mit wassergekühlten Ventilsitzen. Dem Kolben wird ebenfalls Kühlwasser durch die hohle Kolbenstange zugeführt.

Fig. 84 stellt schematisch den Zusammenhang zwischen Arbeitszylinder, Luft- und Gaspumpe einer doppelt wirkenden Körtingschen Zweitaktmaschine dar. In der Mitte des Zylinders sind die Schlitze, durch die durch die Spülluft die Abgase ausgetrieben werden, sobald der Kolben die Schlitze freigibt. Die Gaspumpe wird durch einen Kolbenschieber gesteuert, der Gas erst in den Arbeitszylinder treten läßt, wenn schon so viel Frischluft im Zylinder ist, daß keine Gefahr besteht, daß sich das Gas mit den noch im Zylinder befindlichen Abgasen mischen kann.

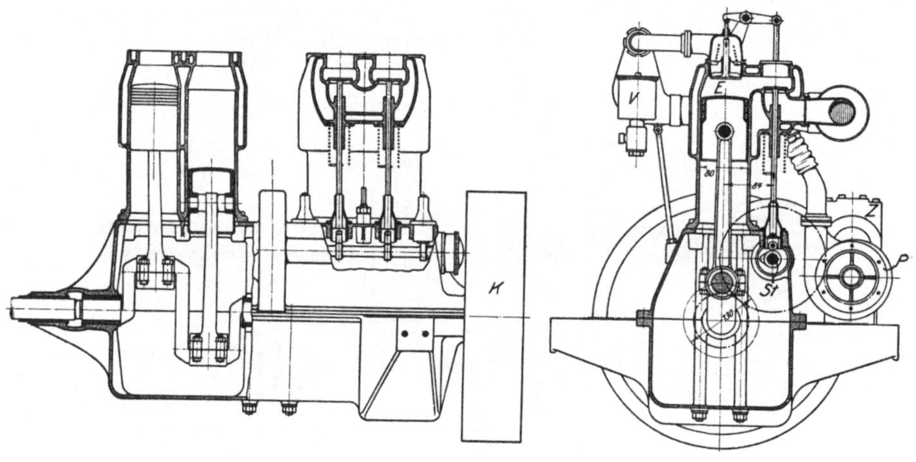

Fig. 91.

In der Fig. 91 eines Kraftwagenmotors mit vier Zylindern ist der Längsschnitt durch zwei Zylinder und dann durch die Auslaßventile geführt. Solche Motoren und noch mehr die Motoren für Flugzeuge müssen so leicht wie möglich ausgeführt werden. Man verwendet deshalb weitgehend Leichtmetalle, Aluminium u. dgl., und hat bei Flugmotoren das Gewicht schon so weit herabgedrückt, daß für je 1 PS-Leistung weniger als 1 kg gebraucht werden. (Bei Kraftwagenmotoren 10 bis 12 kg/PS.)

Stehende Gasmaschinen werden weniger häufig gebaut; hingegen ist die übliche Bauart für die mit hohem Druck arbeitenden Gleichdruck-Ölmotoren die in Fig. 92 und Fig. 93 dargestellte Form eines Zweizylinder-Dieselmotors. Im Querschnitt sehen wir den zweistufigen Kompressor für Einblase- und Anlaßluft, der durch einen Schwinghebel von der Schubstange aus angetrieben wird. Fig. 88 zeigt die Brennstoffpumpen und das nadelförmige Brennstoffventil.

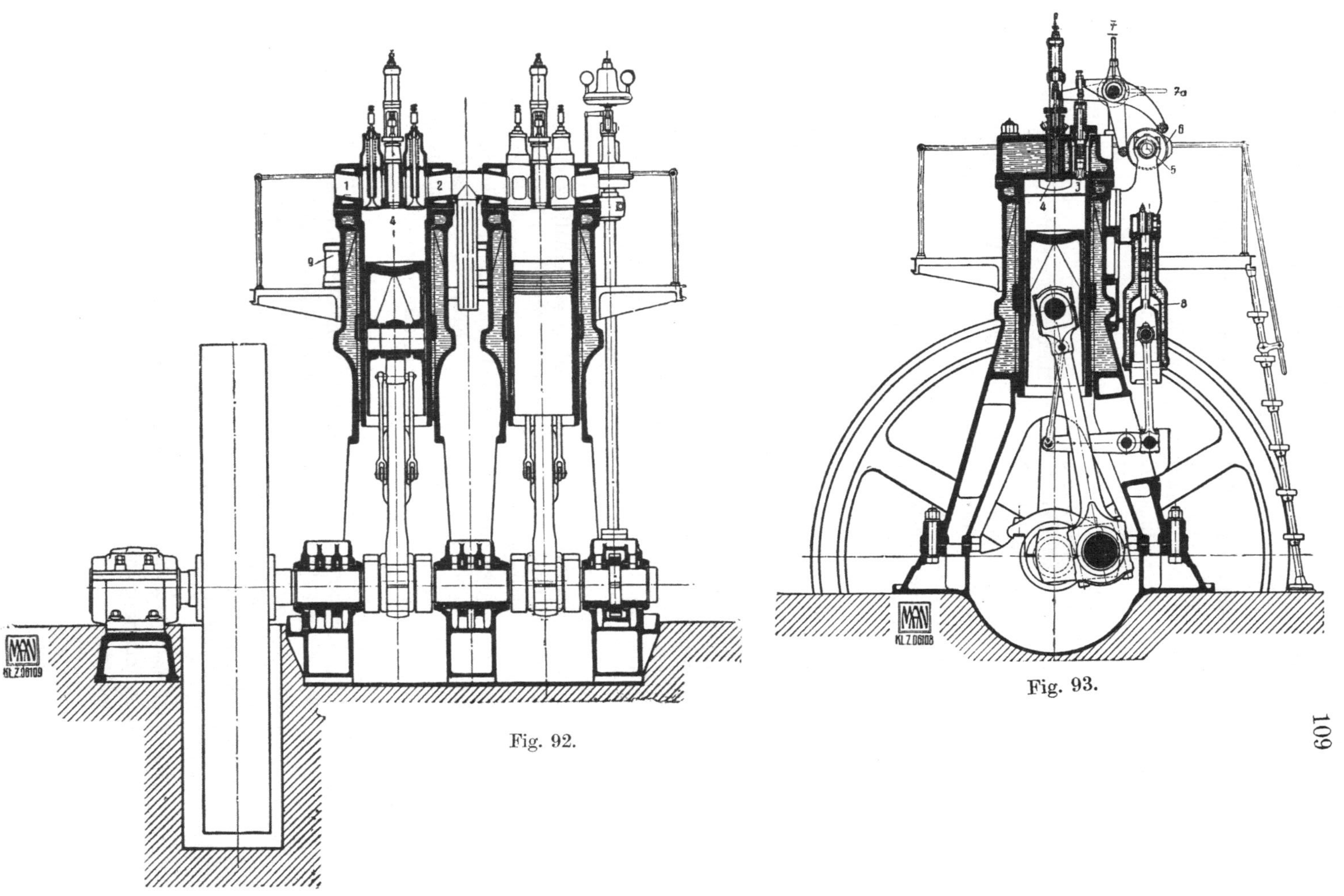

Fig. 92.

Fig. 93.

C. Wirtschaftlichkeit.

Wir sahen schon oben, daß die im Brennstoff verfügbare Wärme an und für sich in der Verbrennungskraftmaschine weit besser ausgenützt werden kann als beim Umweg über den Wasserdampf. Allerdings können wir die Verbrennungsgase nicht so weit abkühlen wie im Dampfkessel und haben somit zunächst mit einem größeren Verlust in Form von Wärme der Auspuffgase zu rechnen. Eine weitgehende Expansion und damit Abkühlung der Gase würde unverhältnismäßig große Zylinder mit hohen Reibungsverlusten und teure Maschinen erfordern. Bei Verpuffungsmotoren beträgt die Endspannung der Expansion 2,5 bis 5 kg/cm und die Endtemperatur 900 bis 1300° C. Die am Auspuffventil gemessenen Temperaturen sind wegen der inzwischen erfolgten Entspannung auf nahezu Atmosphärendruck wesentlich geringer, rund 550 bis 750° C. Neben diesem Abgasverlust ist besonders groß der Verlust im Kühlwasser. Bei einer Kühlwasser-Ablauftemperatur von rund 60° C sind bei Verpuffungsmotoren 20 bis 40 l stündlich für je 1 PS_e erforderlich. Es werden damit je nach Größe und Bauart der Maschine 800 bis 1500 Kcal für je 1 PS_e stündlich abgeführt. Gleichdruckmotoren erfordern weniger Kühlwasser (rund 10 l für je 1 PS_e in 1 Stunde). Der Wärmeverlust im Kühlwasser beträgt 25 bis 38% der zugeführten Gesamtwärme. Ferner ist zu berücksichtigen, daß der mechanische Wirkungsgrad natürlich kleiner sein wird als bei Dampfmaschinen, da die Reibungsverluste höher sein müssen, weil ja immer nur auf vier bzw. zwei Hübe ein Arbeitshub kommt und bei Zweitaktmaschinen auch noch die Gas- und Luftpumpen, beim Dieselmotor der Kompressor angetrieben werden muß, deren Leistungsbedarf von der indizierten Leistung abzuziehen ist. Man unterscheidet den indizierten thermischen Wirkungsgrad $\eta_i =$ Verhältnis der indizierten Leistung zu der in Form von Wärme verbrauchten Leistung, den mechanischen Wirkungsgrad $\eta_m =$ Verhältnis der indizierten Leistung zur tatsächlich abgegebenen Leistung und den wirtschaftlichen Wirkungsgrad $\eta_w = \eta_i \cdot \eta_m =$ Verhältnis der abgegebenen Nutzleistung zum Wärmeaufwand. Der mechanische Wirkungsgrad kann bei Verpuffungsmotoren 80 bis 85%, bei Gleichdruckmotoren 70 bis 78% betragen.

Der wirtschaftliche Wirkungsgrad beträgt bei Gasmaschinen 20 bis 27%, bei Motoren für flüssige Brennstoffe 12 bis 28% und beim Gleichdruckmotor 25 bis 32% je nach der Größe des Motors. Zu beachten ist dabei, daß der Brennstoffverbrauch für 1 PS_e und Stunde bei Teilbelastungen stets höher ist, unter Umständen mehr als das Doppelte betragen kann. Daher wird auch als wirtschaftlichste Belastung, also als **Normleistung** der Motoren meist eine Belastung angegeben, die sich nur noch wenig steigern läßt. Im Gegensatz zur Dampfmaschine ist deshalb der Verbrennungsmotor nur sehr wenig überlastbar. Folgende Zusammenstellung gibt die im gewöhnlichen Betrieb erreichbaren Verbrauchszahlen.

	Heizwert für 1 m³ bzw. 1 kg	Brennstoffverbrauch bei Nennleistung für 1 PS e und Stunde bei einer Motorgröße von			
		5 PS	10 PS	50 PS	100 PS
Leuchtgas { arm	4500	0,70 m³	0,57 m³	0,54 m³	0,525 m³
Leuchtgas { gewöhnlich . .	5000	0,63 ,,	0,52 ,,	0,48 ,,	0,47 ,,
Leuchtgas { reich	6000	0,53 ,,	0,475 ,,	0,40 ,,	0,39 ,,
Kraftgas aus { Anthrazit . .	1250	—	2,7 ,,	2,2 ,,	2,1 ,,
Kraftgas aus { Koks	1150	—	2,9 ,,	2,4 ,,	2,3 ,,
Kraftgas aus { Braunkohle .	1100	—	3,5 ,,	2,8 ,,	2,6 ,,
Hochofengas.	950	—	3,7 ,,	3,0 ,,	2,8 ,,
Koksofengas	4500	—	1,0 ,,	0,75 ,,	0,7 ,,
Rohöl im Dieselmotor . .	10000	0,25 kg	0,24 kg	0,21 kg	0,2 kg
Petroleum (Verpuffung) .	10500	0,55 ,,	0,50 ,,	—	—
Benzin	11000	0,30 ,,	0,28 ,,	—	—
Benzol	9500	0,28 ,,	0,26 ,,	0,23 kg	—
Rohspiritus (90%)	5700	0,50 ,,	0,46 ,,	0,40 ,,	—

Ein Punkt ist noch zu beachten, falls die Motoren in größerer Höhe über dem Meeresspiegel arbeiten sollen. Infolge des verminderten Luftdruckes wird auch das in den Zylinder gelangende Frischluftgewicht geringer und reicht dann nicht mehr zum Verbrennen des zugeführten Brennstoffes. Die Nutzleistung des Motors muß dementsprechend abnehmen. Das macht sich besonders bei Flugzeugmotoren bemerkbar. Man kann sich u. U. dadurch helfen, daß man die anzusaugende Luft durch einen Ventilator vorverdichtet.

D. Kraftgasanlagen.

Feste Brennstoffe können wir in Verbrennungskraftmaschinen nicht unmittelbar verwerten, sondern nur vergast. Solches Kraftgas (im Gegensatz zu Leuchtgas) wird in geschlossenen Schachtöfen aus Anthrazit, Koks oder Braunkohlenbriketts erzeugt, indem man den Brennstoff mit wenig Luft und mit einem Zusatz von Wasserdampf verbrennt. Durch die infolge des Luftmangels unvollkommene Verbrennung entsteht nicht Kohlendioxyd (CO_2), sondern Kohlenoxyd (CO). Ferner zersetzt sich der Wasserdampf in Wasserstoff (H) und Sauerstoff (O). Letzterer wird zur Bildung von CO verbraucht. Es entsteht also ein Gasgemisch, das an brennbaren Bestandteilen hauptsächlich CO und H enthält. Für das Anheizen, durch unverbrannte Rückstände, Strahlung u. a. gehen etwa 15 bis 20% Kohle verloren. Der Heizwert des übrigen Teiles ist im Gas als solcher enthalten oder hat dazu gedient, das Gas auf eine wesentlich höhere Temperatur zu bringen als die der zugeführten Luft. Diese „fühlbare" Wärme des Gases kann nur dann ausgenützt werden, wenn sie auf dem Wege zum Motor nicht verlorengeht. Das entstandene Gas kann aber nicht unmittelbar verwendet werden, weil bei der Verbrennung auch Flugasche entsteht, die mitgerissen den Motor sehr schnell verschmutzen und stark angreifen würde. Es muß erst gereinigt werden, und zwar zunächst meist auf nassem Wege, etwa in der Art, daß man es durch einen Behälter führt, über dessen Füllung mit

Stückkoks Wasser herunterrieselt. Zum trockenen Reinigen dienen mit Sägemehl gefüllte Behälter, in die das Gas natürlich nur geleitet werden darf, wenn es keine Teerdämpfe oder andere die Sägemehlfüllung verschmierende Stoffe mehr enthält.

Früher wurden Luft und Dampf unter Druck dem Gaserzeuger zugeführt, und dabei der Wasserdampf meist in besonderen Dampfkesseln erzeugt, Druckgasanlagen. Das erzeugte Gas mußte dann in einer Gasglocke gesammelt werden. Einfacher gestaltete sich die Anlage, wenn der Motor bei jedem Saughub nur so viel Gas aus dem Gaserzeuger absaugt, wie er gerade braucht. Der Gasbehälter kann fortfallen. Der Wasserdampf wird gleich im Gaserzeuger selbst erzeugt und mit der Luft angesaugt. Fig. 94 zeigt schematisch eine solche Sauggasanlage, Fig. 95 die wirkliche Ausführungsform. Ein Handventilator dient zum Anheizen; die dabei entstehenden Gase werden durch das Rauchrohr ins Freie geleitet. Ein Gastopf zwischen Trockenreiniger und Motor verhindert die Fortpflanzung der durch das absatzweise Ansaugen entstehenden Druckschwankungen.

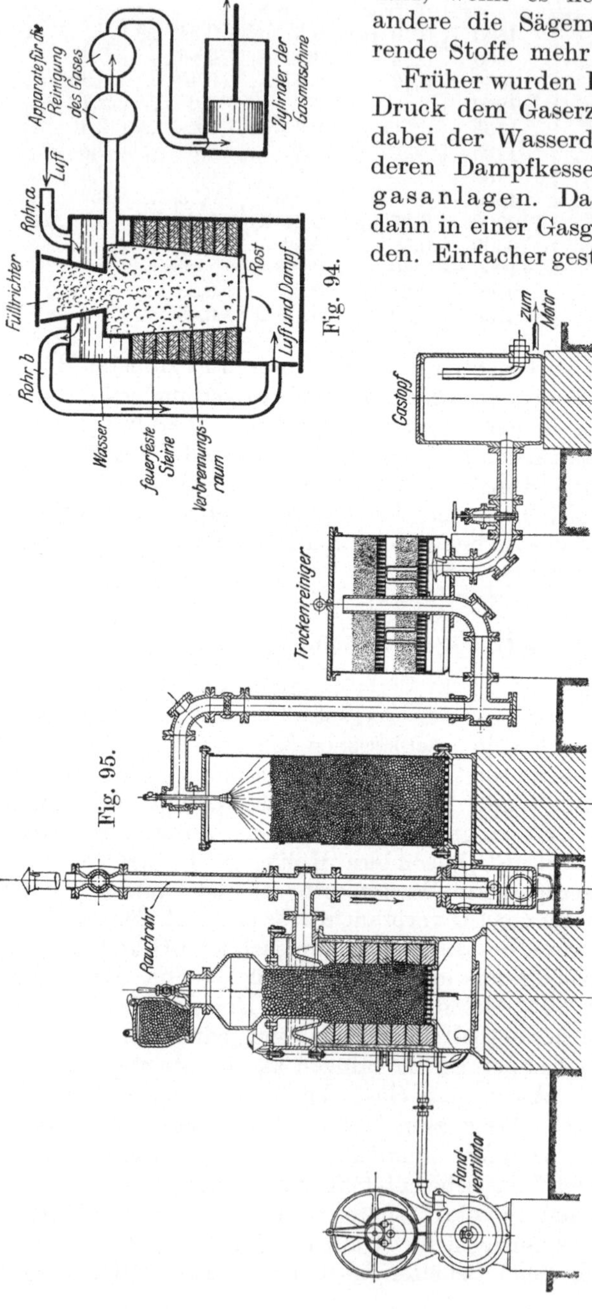

Bei Gebläse-Sauggasanlagen saugt ein Ventilator das Mischgas aus dem Gaserzeuger und drückt es dem Motor zu. Sie werden für teerhaltige, kleinkörnige Brennstoffe und für Anlagen mit ausgedehntem Verteilrohrnetz verwendet. Zum Erzeugen großer Gasmengen sind entsprechend große Schachtquerschnitte erforderlich. Dann macht es Schwierigkeit, überall eine gleichmäßige Verbrennung und ein gleichmäßiges Nachsinken des Brennstoffes aus dem Fülltrichter zu sichern. Um auch die Asche und Schlacke gleichmäßiger und möglichst ununterbrochen abziehen zu können, wird ein sich langsam drehender Rost verwendet — Drehrostgenerator (Fig. 96). Auch mit Rührwerken, die die Oberfläche der Brennstoffschicht einebnen, sucht man es zu verhüten, daß an einzelnen Stellen in der Brennstoffschicht Löcher oder Kanäle entstehen, durch die die zugeführte Luft schlecht ausgenutzt in den Gasstrom gelangen kann. Besondere Bedeutung haben die Gaserzeuger für die Verwertung sehr minderwertiger Brennstoffe, die auf keinem Rost oder

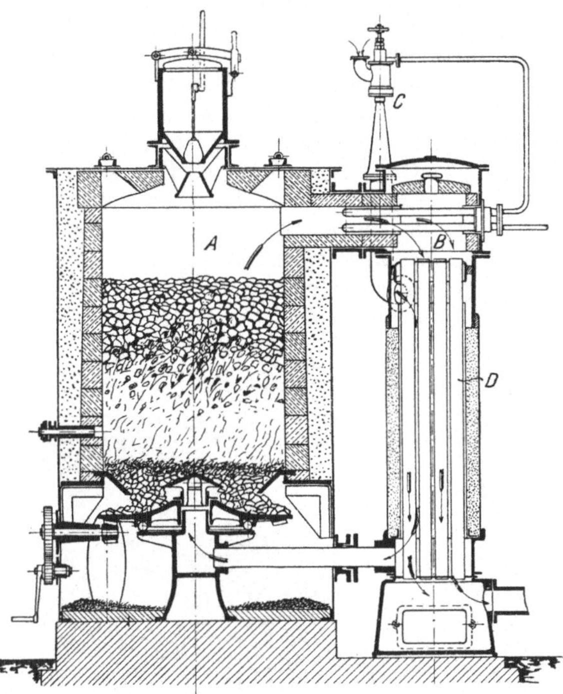

Fig. 96.

unter Dampfkesseln verbrannt werden können. Es kann dann häufig noch ein im Gasmotor sehr gut verwendbares Gas erzeugt werden, denn wir haben ja gesehen, daß auch Gase mit sehr geringem Heizwert, wie z. B. die Gichtgase, noch sehr gut ausnutzbar sind und für eine bestimmte Leistung nicht einmal wesentlich größere Motoren erfordern als reiche Gase.

V. Meßgeräte.

Für die Betriebsüberwachung, zum Feststellen der Leistung usw. brauchen wir verschiedene Meßgeräte, von denen nur die gebräuchlichsten hier besprochen werden sollen.

1. Messen des Luftdrucks.

Für genaue Messungen ist nur das bekannte Quecksilberbarometer geeignet, d. h. eine mit reinem Quecksilber gefüllte U-förmige Röhre (Fig. 97), die für genaue Messungen, etwa wie in der Abbildung angegeben, durch eine Stellschraube so verschoben werden kann, daß der Quecksilberspiegel im kürzeren Schenkel stets auf den Nullpunkt der Teilung eingestellt werden kann. Metall- oder Aneroidbarometer müssen von Zeit zu Zeit mit einem guten Quecksilberbarometer verglichen werden. Sie wirken in der Weise, daß die Form einer Metallkapsel oder eines gebogenen, an beiden Enden verschlossenen Rohres, aus denen die Luft zum größten Teil entfernt ist, durch den äußeren Luftdruck mehr oder weniger verändert wird. Bei dem Barometer nach Fig. 98 wird z. B. eine flache Kapsel K mit gewellten Böden bei steigendem Luftdruck zusammengedrückt, und zwar entgegen der Spannung der Blattfeder P, deren Bewegung durch m, t und s auf den Zeiger übertragen wird. Die feine Kette, die um die Zeigerwelle geschlungen ist und die Bewegung übermittelt, wird durch eine kleine Spiralfeder gespannt gehalten.

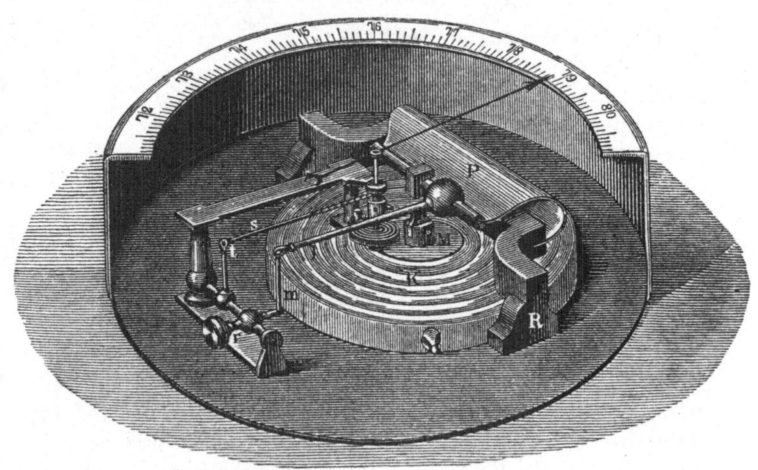

Fig. 97.   Fig. 98.

2. Messen von Gas- und Flüssigkeitsdruck.

Offene Flüssigkeitsmanometer nach Fig. 99 werden entweder mit Quecksilber oder mit Wasser gefüllt. Wir erhalten die dem Überdruck gegen die Atmosphäre entsprechende Flüssigkeitssäule als Unterschied der Spiegelhöhen in beiden Schenkeln. Natürlich muß dieser senkrecht gemessen werden. Für kleine Druckunterschiede, etwa zum Messen der Zugstärke an Dampfkesseln, werden diese offenen Flüssigkeitsmanometer auch flach geneigt verwendet, da man dann größere Abstände der beiden Spiegel erhält. Die Teilung muß aber die Schräglage berücksichtigen. Wir können damit also kleine Druckschwankungen sehr gut beobachten. Als Sperrflüssigkeit wird bei Zugmessern stets Wasser verwendet, da es sich nur um Druckunterschiede von einigen Millimetern W.-S. handelt.

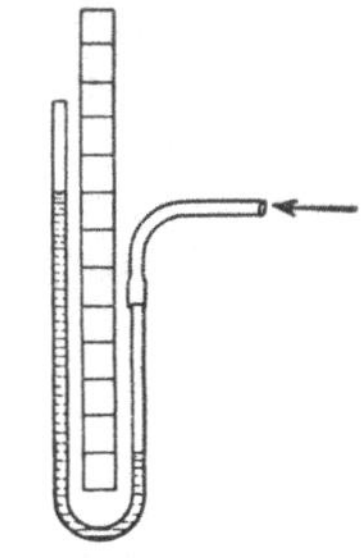

Fig. 99.

Für Drucke von mehreren Atmosphären verwendete man nur selten und nur dann, wenn größere plötzliche Schwankungen nicht oft vorkommen, offene Quecksilbermanometer. Heute werden ausschließlich Metallmanometer benutzt, die ganz ähnlich gebaut sind wie die Metallbarometer. Bei Fig. 100, einem Plattenfedermanometer, wirkt der Dampfdruck von unten gegen die gewellte federnde Scheibe, deren Bewegung durch den Zahnbogen auf den Zeiger übertragen wird. Fig. 101 zeigt ein Röhrenfedermanometer. Die Druckflüssigkeit steht mit dem Innern des Rohres mit elliptischem Querschnitt in Verbindung,

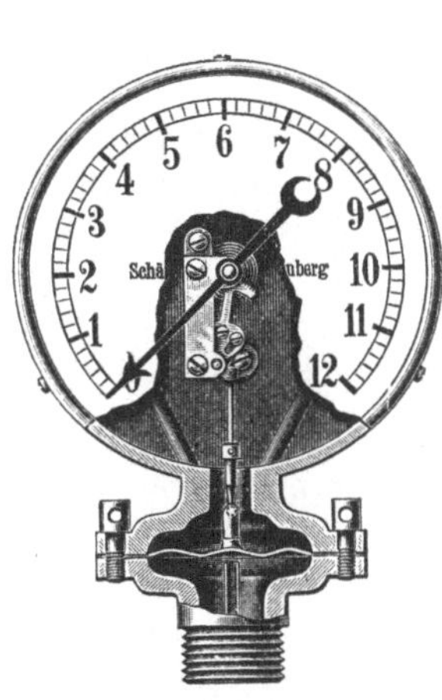

Fig. 100.

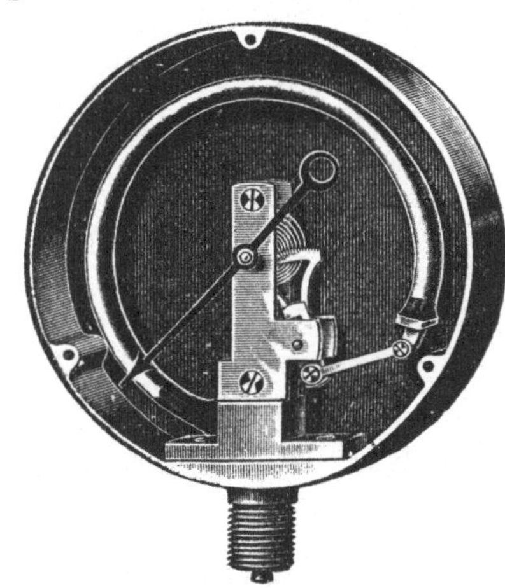

Fig. 101.

das sich bei stärkerem Druck aufbiegt. Federmanometer müssen zeitweilig geprüft werden. Bei genauen Dampfkesseluntersuchungen muß deshalb stets ein zuverlässiges amtlich geprüftes Kontrollmanometer verwendet werden. Manometer zum Messen von Unterdrücken unter der Atmosphäre, sogenannte Vakuummeter, sind entweder so eingeteilt, daß man unmittelbar den Druckunterschied gegen die Atmosphäre in Kilogramm oder in Zentimeter Quecksilbersäule oder in Prozenten des absoluten Vakuums ablesen kann. Sind solche Vakuummeter zeitweise auch Überdruck ausgesetzt, so darf die Teilung nicht mit 0 aufhören, besonders darf der Zeiger nicht in der Nullstellung an einen Anschlagstift auftreffen. Erhält das Vakuummeter dann Überdruck, so wird leicht der Zeiger auf seiner Welle verdreht und zeigt bei späteren Unterdruckmessungen falsch. Ferner ist zu berücksichtigen, daß die Nullstellung einem Atmosphärendruck von 760 mm Q.-S. entspricht. Ändert sich der Luftdruck, so steht der Zeiger nicht mehr auf 0. In größerer Höhe zeigt infolgedessen das Vakuummeter nicht mehr richtig, da es ja nur den Druckunterschied zwischen Atmosphäre und dem zu messenden Druck angeben kann.

3. Messen von Gasmengen.

Hier ist zu unterscheiden zwischen unmittelbarer Messung der Gasmenge und der mittelbaren Messung durch Bestimmung der Durchflußgeschwindigkeit.

Zum unmittelbaren Messen von Gasmengen dienen trockene oder nasse Gasmesser (Gasuhren). Im nassen Gasmesser (Fig. 102) tritt das Gas von der Mitte in der Pfeilrichtung in eine durch gekrümmte Wände in vier Abteile getrennte, an den Stirnwänden geschlossene Trommel. In der gezeichneten Stellung kann es durch die Öffnungen b und c in zwei Kammern eintreten. Durch d' und a' werden augenblicklich die beiden anderen Kammern entleert. In den verschiedenen Kammern stellt sich der Wasserspiegel der Sperrflüssigkeit (meist Wasser mit Glyzerin gemischt) verschieden hoch ein. Durch den Druckunterschied, entsprechend etwa 5 mm Wassersäule, wird die Trommel gedreht. Bei jeder Umdrehung kann somit eine bestimmte Gasmenge durch den Messer gehen, so daß man nur die Anzahl der Umdrehungen mittels Zählwerk festzustellen

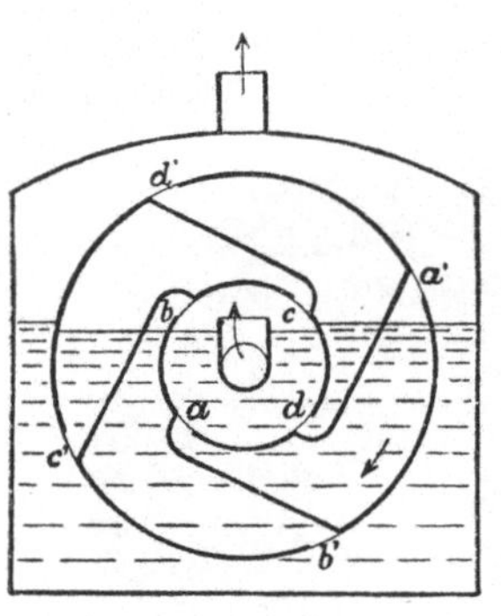

Fig. 102.

braucht. Beim trockenen Gasmesser werden durch einen geringen Gasüberdruck mehrere blasbalgähnliche Kammern abwechselnd geöffnet und geschlossen. Beide Zähler müssen geeicht werden, d. h. es muß die Angabe des Zählwerks mit einer bekannten, durch den Zähler geschickten Gasmenge verglichen werden. Die Zähler geben nur für bestimmte Gasmengen und Gasüberdrücke genügend genaue Werte, werden deshalb für bestimmte Gasmengen in verschiedenen Größen gebaut.

Mittelbar kann die Gasmenge gemessen werden, indem man entweder den Meßquerschnitt verändert, wobei der Druckunterschied vor und hinter der Meßstelle unverändert bleibt, oder indem man bei gleichbleibendem Meßquerschnitt den Druckunterschied vor und hinter der Meßstelle bestimmt. Ein Beispiel der ersten Art zeigt schematisch Fig. 103. Auf einem feinen Draht sitzt eine Scheibe T, die infolge der Gewichtsbelastung P die kegelig verengte Durchflußöffnung absperren will. Das Gas oder der Dampf wirkt P entgegen und stellt je nach der Geschwindigkeit im ringförmigen Durchflußquerschnitt T höher oder tiefer. Diese Stellung kann durch einen mit dem Draht verbundenen Schreibstift auf einer durch ein Uhrwerk gedrehten Trommel aufgezeichnet werden. Soll z. B. das durchfließende Dampfgewicht bestimmt werden, so muß nebenher auch dauernd der Dampfdruck bestimmt werden, bei überhitztem Dampf noch die Temperatur.

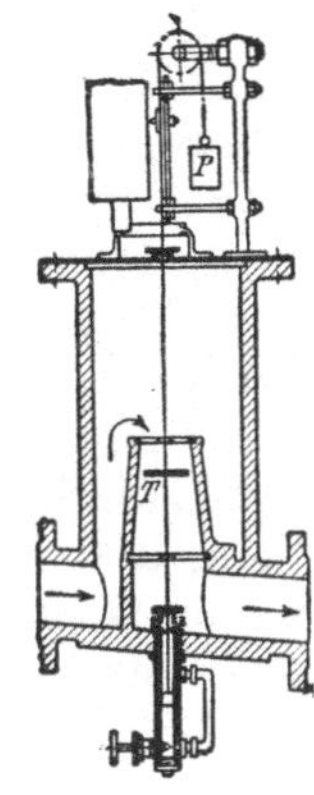

Wird an irgendeiner Stelle der Gas- oder Dampfleitung eine Drosselscheibe eingesetzt, d. h. eine Scheibe mit einer kleineren Öffnung, als der Rohrquerschnitt beträgt, so ist der Druck vor und hinter der Drosselscheibe etwas verschieden. Mißt man den Druckunterschied, so kann die Geschwindigkeit des Gas- oder Dampfstromes berechnet werden. Zum Bestimmen des durchfließenden Gewichtes ist auch hier die Kenntnis der Spannung und der Temperatur erforderlich. Die beiden letztgenannten Verfahren der Gas- bzw. Dampfmessung geben

Fig. 103.

keine sehr genauen Werte, sind aber der Einfachheit halber zur Überwachung des Betriebes sehr nützlich. Bei sachgemäßer Ausführung und Behandlung betragen die Fehler der Angaben weniger als $\pm 5\%$.

4. Messen von Flüssigkeitsmengen.

Auch hier kann das Volumen unmittelbar gemessen oder aus der Geschwindigkeit bei bekanntem Durchflußquerschnitt berechnet werden.

Zum unmittelbaren Messen dienen zwei Meßgefäße bekannten Inhaltes, die durch Schwimmer abwechselnd gefüllt und geleert werden. Die Zahl der Hübe wird selbsttätig aufgezeichnet. Oder es werden die Inhalte der beiden Gefäße selbsttätig gewogen. Kolbenwassermesser arbeiten ähnlich wie Wasserdruckmotoren. Der Kolben in einem Zylinder wird durch das Wasser dauernd hin und her bewegt. Er steuert in den Endstellungen den Wasserzufluß um, und die Anzahl der Hübe gibt in Verbindung mit dem bekannten Zylinderinhalt die Wassermenge. Für unreines Wasser und stoßweisen Betrieb sind sie nicht geeignet. Im

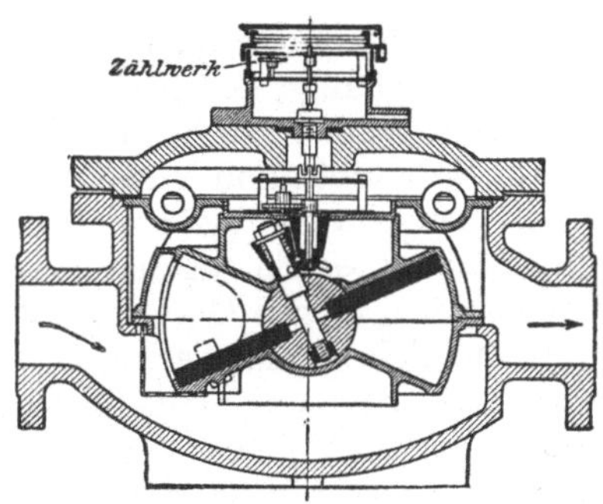

Fig. 104.

Scheibenwassermesser (Fig. 104) bewegt sich unter dem Einfluß des zuströmenden Wassers eine Scheibe, die die Meßkammer in zwei gleiche Hälften teilt, so daß die beiden Hälften abwechselnd gefüllt werden. Die Bewegungen werden selbsttätig aufgezeichnet bzw. durch ein Zählwerk gezählt.

Bei den Geschwindigkeitswassermessern ist zu unterscheiden die Messung der Geschwindigkeit selbst und ihre Bestimmung aus Druckunterschieden (Geschwindigkeitshöhen).

Für große Wassermengen geeignet ist der Woltmannflügel (Fig. 105). Ein Flügelrad wird durch den Wasserstrom gedreht. Das Zählwerk gibt meist unmittelbar die Anzahl der m³ bzw. l, die durch das betreffende Rohr hindurchgehen. Er ist geeignet für unreines Wasser, da die Flügel nicht bis an die Rohrwand zu reichen brauchen, und für große Rohrdurchmesser. Der Apparat muß nach praktischen Messungen geeicht werden. In ähnlicher Weise arbeiten die kleinen, für Hauswasserleitungen vielfach gebräuchlichen Flügelradwassermesser (Fig. 106).

Schwierigkeiten bietet das Messen der großen Wassermengen bei Wasserkraftanlagen. Man bestimmt entweder die Wassergeschwindigkeit im Oberwasser- oder Unterwassergraben durch Messen an verschiedenen Stellen eines Kanalquerschnittes mit dem Woltmannflügel, oder es wird, falls eine gerade, genügend lange Kanalstrecke zur Verfügung

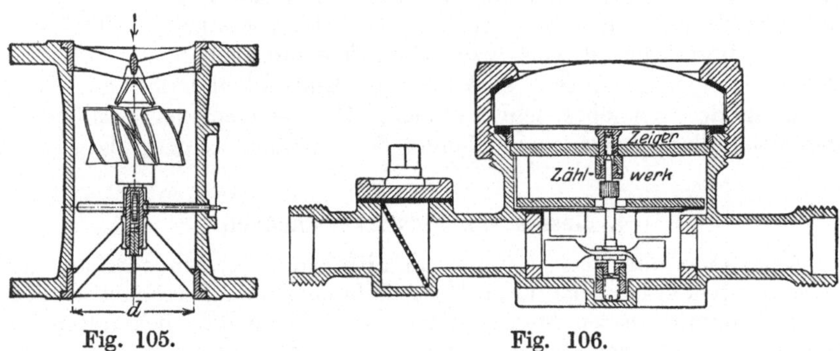

Fig. 105.　　　　　　　　　　Fig. 106.

steht, ein den Kanalquerschnitt fast voll ausfüllender Schirm in das Wasser eingehängt, der mit Rollen auf beiderseits verlegten Schienen laufend, vom Wasser mitgenommen wird. Der in bestimmter Zeit zurückgelegte Weg gibt dann auch die Wassergeschwindigkeit. Man kann die Wassermenge auch berechnen aus der Höhe des Wasserspiegels über einer Staukante, die sogenannte Überfallmessung. Dazu muß aber ein genügender Teil des Gesamtgefälles zur Verfügung stehen.

Schließlich kann die Geschwindigkeit berechnet werden aus den Druckmessungen am Venturimeßrohr, das eine wagerecht in die Leitung eingebaute allmähliche Verengung mit sehr allmählicher Erweiterung bis auf den Leitungsdurchmesser bildet. Im engsten Querschnitt ist die Geschwindigkeit am größten, daher der durch Manometer oder anders an dieser Stelle meßbare Druck kleiner als in den weiteren Querschnitten. Der Unterschied zwischen diesem kleinsten Druck und dem Druck in der Rohrleitung mit normalem Durchmesser gibt die Zunahme der Geschwindigkeitshöhe (vgl. Abschnitt Wasserturbinen), aus der die Geschwindigkeit selbst ermittelt werden kann.

5. Messen der Temperatur (s. Abschnitt Wärmelehre Bd. II, 1).

6. Messen der Nutzleistung von Kraftmaschinen.

Bei kleineren Maschinen kann die Nutzleistung mit Hilfe des Pronyschen Zaumes (s. Abschnitt Mechanik fester Körper, Bd. II, 1) ermittelt werden. Bei großen Leistungen muß man sich damit begnügen, die Leerlaufleistung der Maschine zu bestimmen und diese u. U. mit einem Zuschlag von der aus dem Indikatordiagramm berechneten indizierten Leistung abziehen.

Bei rasch laufenden Maschinen, Dampfturbinen u. dgl. kann eine Wasserbremse benutzt werden. Auf die Maschinenwelle aufgesetzte runde, flache Scheiben laufen in Wasser, das sich in einem die Scheiben umschließenden, drehbar gelagerten Gehäuse befindet. Durch die Reibung zwischen Wasser und Scheiben bzw. Gehäuse wird letzteres im Sinne der Umlaufrichtung mitgenommen und kann an Stelle des Bremsbandes des Pronyschen Zaumes mit einem Hebel die Umfangskraft auf eine Wage übertagen.

7. Der Indikator.

Der zum Feststellen des auf den Kolben wirkenden Druckes gebräuchliche Indikator besteht aus einem durch den Indikatorhahn mit dem Arbeitszylinder der Kolbenmaschine verbundenen kleinen Zylinder, in dem ein Kolben dampfdicht eingeschliffen ist. Dieser Kolben ist mit einer Feder fest verbunden, die andererseits am Deckel des Indikators befestigt wird. Der im Arbeitszylinder herrschende Druck wirkt somit bei geöffnetem Indikatorhahn in gleicher Weise auch auf den Indikatorkolben und drückt die Feder mehr oder weniger zusammen. Die Bewegung des Indikatorkolbens wird durch die Kolbenstange auf einen Schreibstift übertragen, der das Diagramm auf einem Papierstreifen aufzeichnet, der auf der Papiertrommel befestigt ist. Diese Trommel wird durch Schnurzug so hin und her gedreht, daß ihre Bewegung genau dem Hub des Arbeitskolbens entspricht. Da der Trommeldurchmesser klein ist gegenüber dem Maschinenhub, so muß in den Antrieb der Schnur vom Kreuzkopf oder der Kolbenstange der Maschine eine Übersetzung durch Hebel oder durch eine Hubverminererrolle eingeschaltet werden. Die jeweilige Stellung des Schreibstiftes entspricht, da der Indikatorkolben auf der Außenseite durch den Atmosphärendruck belastet ist, stets dem Überdruck über die Atmosphäre (bzw. dem Unterdruck). Die Federspannung muß dem im Zylinder auftretenden Höchstdruck angepaßt sein. Meist ist der zulässige Höchstdruck auf der Indikatorfeder angegeben, daneben der Federmaßstab, d. h. es ist angegeben, daß z. B. 8 mm = 1 kg, also eine Bewegung des Indikatorkolbens von 8 m einem Druckunterschied von 1 kg/cm² entsprechen. Für die hohen Drücke, wie sie z. B. bei Dieselmotoren auftreten, wären praktisch nicht ausführbare Federn erforderlich. In solchen Fällen wird in denIndikator ein kleinererZylinder und dementsprechend kleinererKolben von etwa $^1/_4$ oder $^1/_5$ Fläche des normalen Kolbens eingesetzt. Dann entspricht bei einem Federmaßstab von 8 mm = 1 kg der Bewegung von 8 mm ein Druckunterschied von 32 bzw. 40 kg. Bei höheren Umlaufzahlen werden die Beschleunigungen der Papiertrommel so groß, daß die Schnurspannung sehr stark wechselt. Die Bewegung der Trommel entspricht dann nicht mehr genau der Kolbenbewegung. Das Diagramm wird verzerrt. Für hohe Umlaufzahlen muß man deshalb sehr leichte Papiertrommeln (aus Aluminium) mit kleinem Durchmesser verwenden. Für sehr hohe Umlaufzahlen (über 800/min.) sind diese Indikatoren kaum mehr zu verwenden. Man benützt dann optische Indikatoren, bei denen ein durch die Bewegung des Indikatorkolbens oder einer Membran ein kleiner Spiegel verdreht wird. Ein auf den Spiegel fallender Lichtstrahl ergibt dann auf einer matten Glasscheibe oder einer photographischen Platte einen entsprechend den Druckschwankungen wandernden

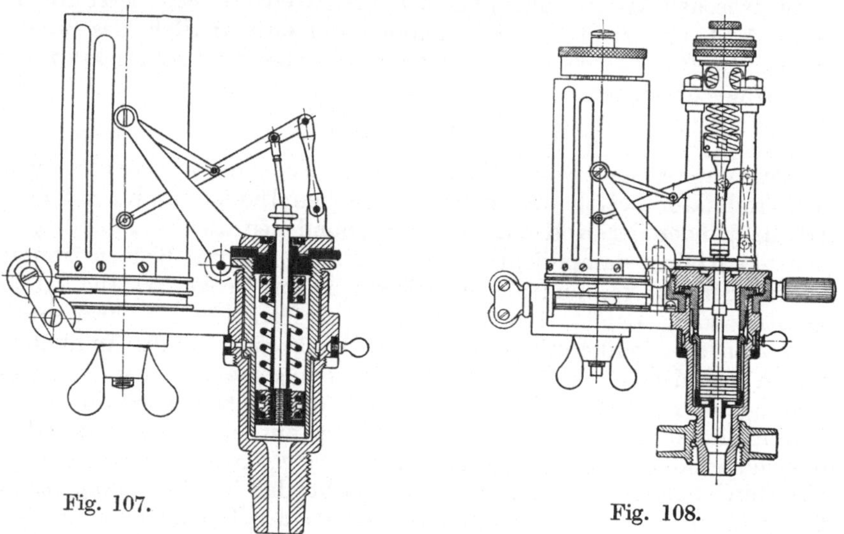

Fig. 107.   Fig. 108.

Lichtpunkt, der unmittelbar beobachtet oder durch die photographische Platte festgehalten wird.

Beim gewöhnlichen Indikator nach Fig. 107 ist die innen liegende Feder unter Umständen hohen Temperaturen ausgesetzt, die die Elastizität der Feder beeinflussen und den Federmaßstab verändern. In solchen Fällen, also bei hoch überhitztem Dampf oder bei Gasmaschinen, verwendet man für genaue Untersuchungen Indikatoren mit außen liegender Feder etwa nach Fig. 108. Es gibt ferner noch Indikatoren für fortlaufende Diagramme, bei denen ein langer Papierstreifen so abgewickelt wird, daß das Diagramm jedes Kolbenspiels stets um einen kleinen Betrag gegen das vorhergehende versetzt geschrieben wird. Das ist nötig bei stark schwankenden Belastungen, bei denen die Feststellung der Leistung aus nur wenigen Diagrammen ein sehr ungenaues Bild der mittleren Belastung ergeben würden.

8. Untersuchung von Gasen.

Wir sahen, daß der Wirkungsgrad einer Dampfkesselfeuerung o. dgl. erkannt werden kann aus der Zusammensetzung der Rauchgase. Es kommt besonders darauf an, den Gehalt an CO_2 zu bestimmen. Daneben zeigt uns ein CO-Gehalt, daß die Verbrennung unvollkommen ist, ein großer O-Gehalt, daß übermäßig viel Luft zugeführt wurde. Die Zusammensetzung der Rauchgase wird ermittelt mit dem Orsat-Apparat (Fig. 109), der aus verschiedenen Glasgefäßen besteht. In dem Gefäß a_1 befindet sich Kalilauge (Ätzkali und Wasser). Diese absorbiert Kohlendioxyd, CO_2 nach der Gleichung $2\,KOH + CO_2 = K_2CO_3 + H_2O$. Im Gefäß a_2 befindet sich eine Mischung von Kalilauge und Pyrogallussäure, die Sauerstoff absorbiert. In den rechten Hälften der beiden Gefäße

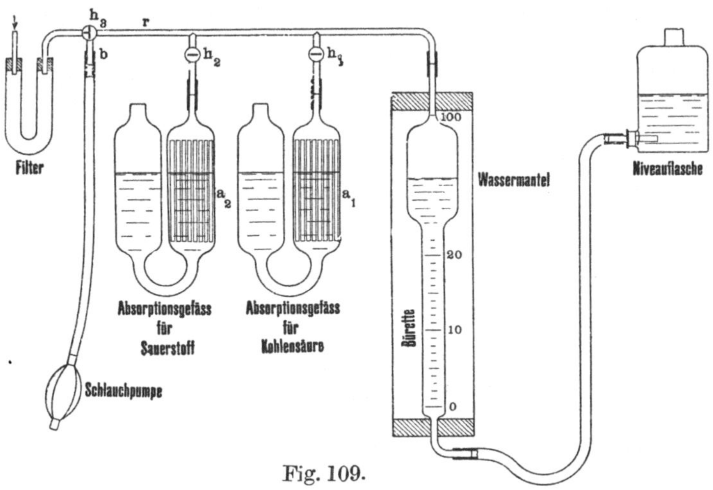

Fig. 109.

sind Glasröhrchen eingeschlossen, um die benetzte Oberfläche zu vergrößern und damit die Absorption zu beschleunigen. Die Bürette, ein Meßgefäß mit Teilung in cm³ wird bei geöffnetem Hahn h_3 durch Heben der Niveauflasche bis oben mit Wasser gefüllt. Dann wird r durch h_3 geschlossen, h_1 geöffnet und die Niveauflasche langsam gesenkt, so daß die Kalilauge bis zum Hahn h_1 steigt. Dieser wird jetzt geschlossen und a_2 in gleicher Weise bis zum Hahn h_2 gefüllt.

In den letzten Feuerzug, unmittelbar vor den Rauchschieber, steckt man ein ³/₈″-Gasrohr ein und verbindet es mit dem mit Watte gefüllten Filterrohr durch einen Gummischlauch. Vor jeder Untersuchung wird das Rohr durch Absaugen mit der Schlauchpumpe mit frischem Gas gefüllt. Nun füllt man durch Senken der Niveauflasche die Bürette mit 100 cm³ frischem Gas, schließt h_3, nachdem man die Niveauflasche so gestellt hat, daß ihr Wasserspiegel in gleicher Höhe mit dem in der

Bürette steht. Nun wird h_2 geöffnet und der Gasinhalt der Bürette durch Heben der Niveauflasche in das Gefäß a_1 getrieben. Durch Senken zieht man das Gas wieder in die Bürette, bis der Wasserspiegel wieder mit dem der Niveauflasche übereinstimmt. Jetzt ist im Gas kein CO_2 mehr vorhanden, sein Volumen somit kleiner und man kann nun an der Teilung unmittelbar ablesen, wieviel cm^3 und damit, weil man 100 cm untersucht hat, wieviel % CO_2 im Gas enthalten war. In gleicher Weise verfährt man mit a_2 zum Bestimmen des O-Gehaltes.

Der Apparat muß stets sehr sauber gehalten werden, besonders sind die Glashähne nach jedem Versuchstag zu reinigen und einzufetten.

9. Bestimmen von Umlaufzahlen.

Außer Zählwerken: Hubzählern und Umlaufzählern, werden Tachometer verwendet, die ähnlich gebaut sind wie Fliehkraftregler (s. Abschnitt Maschinenteile, Bd. II, 2) und unmittelbar auf einer Teilung die jeweilige Umlaufzahl anzeigen. Sie können unmittelbar mit der betreffenden Welle gekuppelt sein oder durch ein Band und Bandscheiben angetrieben werden, wobei natürlich eine etwaige Übersetzung zu berücksichtigen ist. Tachographen schreiben die Umlaufzahl auf einem ablaufenden Papierstreifen dauernd auf, sind also geeignet, Schwankungen in der Umlaufzahl auch während einer einzelnen Umdrehung zu beobachten.

Elektrotechnik.

Bearbeitet von Dipl.-Ing. Wilhelm Gruhl.

I. Die Stromerzeuger.

Unter einem Stromerzeuger (Generator, Dynamomaschine, Dynamo) versteht man eine umlaufende Maschine, die, von einer Kraftmaschine (Turbine, Dampfmaschine usw.) angetrieben, elektrische Energie erzeugt.

A. Die Gleichstromgeneratoren.

Der von einer Gleichstromdynamo erzeugte Strom durchfließt den äußeren Stromkreis immer in gleicher Richtung. Der Strom hat auch die gleiche Stärke, wenn im Stromkreis die Widerstände unverändert bleiben. Da jede Maschine, auch die Gleichstrommaschine, in ihrem Anker Wechselstrom erzeugt, muß dieser, wenn Gleichstrom erhalten werden soll, durch einen Kommutator (Kollektor), auf dem Bürsten schleifen, in Gleichstrom verwandelt werden (Fig. 169, Abschn. Physik). Jede Gleichstrommaschine ist mithin im allgemeinen schon an ihrem Kommutator zu erkennen.

An jeder Gleichstrommaschine kann man unterscheiden: 1. Den Anker, das ist der Teil, in dessen Leitern die elektromotorische Kraft (EMK) der Maschine induziert wird. Die elektrische Induktion (siehe Teil II, 1, Seite 249) kann erfolgen: einmal dadurch, daß Leiter in einem magnetischen Feld bewegt werden (in diesem Falle ist der Anker der umlaufende Teil der Maschine), oder dadurch, daß das magnetische Feld unter den stillstehenden Leitern vorbei bewegt wird (in diesem Fall steht der Anker still). 2. Den Kommutator mit den Stromabnehmern (Bürsten). Mit Hilfe des Kommutators wird der in dem Anker erzeugte Wechselstrom in Gleichstrom verwandelt. 3. Das Magnetgestell. Es besteht aus Joch, Polen und Polwicklung (Erregerwicklung). In dem Magnetgestell wird durch den Erregerstrom in der Erreger- oder Schenkelwicklung das magnetische Feld erzeugt, das zur Induzierung der Ankerleiter erforderlich ist.

Da eine Stromwendung nur bei bewegtem Kommutator möglich ist und der Kommutator mit dem Anker mechanisch und elektrisch verbunden ist, ergibt sich ohne weiteres, daß bei Gleichstrommaschinen immer der Anker der bewegte Teil der Maschine ist und das Magnetgestell stillsteht. Die Gleichstrommaschinen sind mithin durchgängig sog. Außenpolmaschinen. Fig. 1 stellt schematisch den Aufbau einer Gleichstrommaschine dar, und zwar bedeuten: I das Magnetgestell mit Joch, Polen und Erregerwicklung, II den Anker, III den Kommutator.

Je nach der inneren Schaltung der Maschine erhält man Generatoren mit verschiedenem Verhalten im Betrieb. Man unterscheidet: **Hauptstrommaschinen** (Reihenschluß- oder Serienmaschinen), **Nebenschlußmaschinen** und **Kompoundmaschinen**.

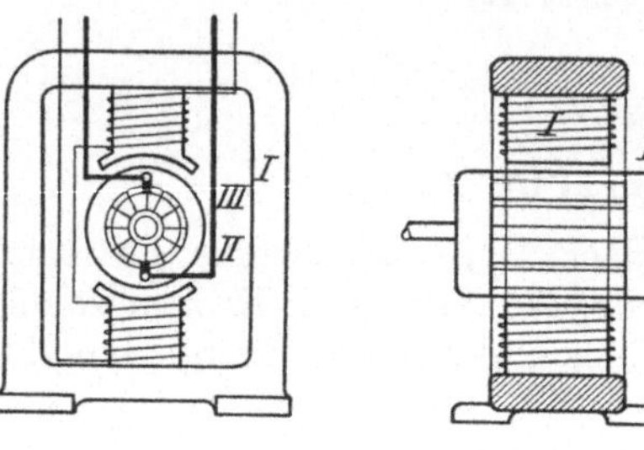

Fig. 1.

Bei der **Reihenschlußmaschine** (Hauptstrommaschine) wird der im Anker der Maschine erzeugte Strom I_a in voller Stärke durch die Erregerwicklung geschickt und zur Erzeugung des magnetischen Feldes benutzt. Es ist: Nutzstrom = Ankerstrom = Erregerstrom $(I = I_a = I_{err})$. Bei der **Nebenschlußmaschine** wird nur ein Teil des Ankerstromes zur Erzeugung des magnetischen Feldes benutzt. Die Erregerwicklung liegt, meist unter Zwischenschaltung eines Regelwiderstandes (Nebenschlußregler), unmittelbar an den Ankerklemmen. Man muß bei der Nebenschlußmaschine zwei Parallel-

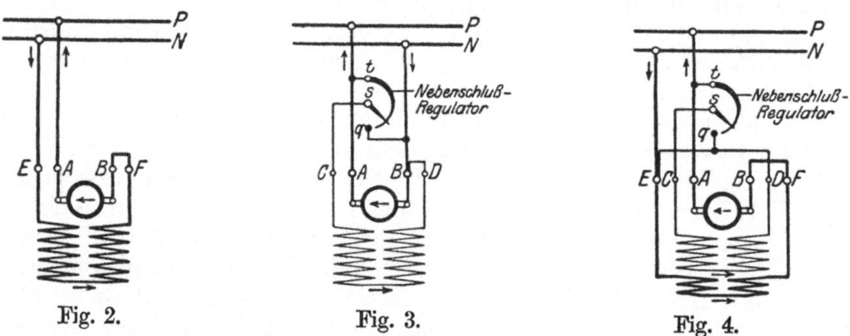

Fig. 2.   Fig. 3.   Fig. 4.

kreise unterscheiden. Es ist: Ankerstrom = Nutzstrom + Erregerstrom $(I_a = I + I_{err})$.

Die **Kompoundmaschine** stellt eine Vereinigung der Hauptstrommaschine mit der Nebenschlußmaschine dar. Die Kompoundmaschine hat auf den Polen zwei Wicklungen, eine dickdrähtige für den Nutzstrom und eine dünndrähtige für den Nebenschlußstrom.

In Fig. 2, 3 und 4 sind die Schaltungen der Reihenschluß-, Nebenschluß- und der Kompoundmaschine dargestellt. In den Schaltbildern sind die vom Verband Deutscher Elektrotechniker festgelegten Bezeichnungen angewandt, und zwar bedeuten:

A-B Ankerklemmen, C-D Klemmen der Nebenschlußwicklung, E-F Klemmen der Hauptstromwicklung auf den Polen, P und N Sammelschienen einer Gleichstromanlage (*Positiv* und *Negativ*).

Bei der Schaltung nach Fig. 3 und 4 wird der erforderliche Erregerstrom der Maschine selbst entnommen. Man spricht hier von **Selbsterregung**. Man kann jedoch auch den erforderlichen Erregerstrom jeder andern beliebigen Gleichstromquelle, z. B. Akkumulatoren, entnehmen. Man erhält dann eine **fremd erregte Maschine. Fig. 5.**

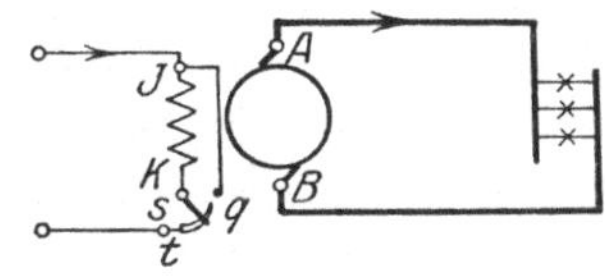

Fig. 5.

Die in Fig. 1 dargestellte Maschine ist zweipolig. Diese Ausführung ist für kleinere Leistungen (bis etwa 4 kW) üblich. Für größere Leistungen werden die Maschinen 4, 6, 8 und mehrpolig ausgeführt. Fig. 6 stellt eine achtpolige Gleichstrommmaschine der Firma Pöge in Chemnitz für 170 kW, 230 Volt und 750 Ampere bei 150 Umdrehungen in der Min. im Maßstab 1 : 50 dar.

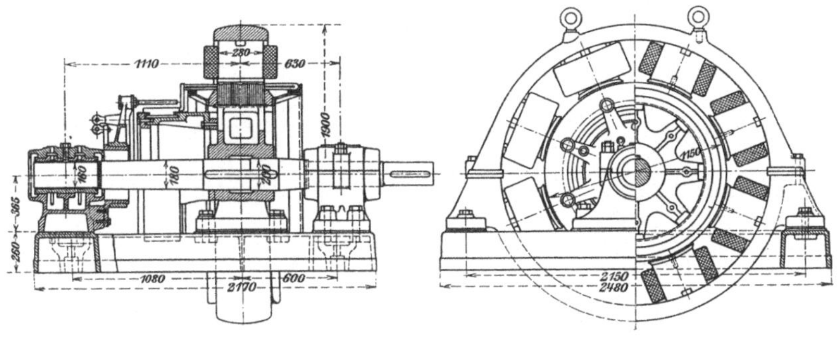

Fig. 6.

1. Der Aufbau der Gleichstrommmaschinen.

a) Der **Anker. Fig. 7.** Der die Wicklung tragende Ankerkörper wird aus Blechen von meist 0,5 mm Dicke zusammengesetzt. Die Bleche werden, bevor sie in die erforderliche Form gestanzt werden, mit Papier einseitig beklebt, oder sie werden nach dem Stanzen lackiert. Das Bekleben oder Lackieren soll Wirbelströme im Ankereisen verhindern. Da sich der Anker im Betrieb infolge von Stromwärme in der Ankerwick-

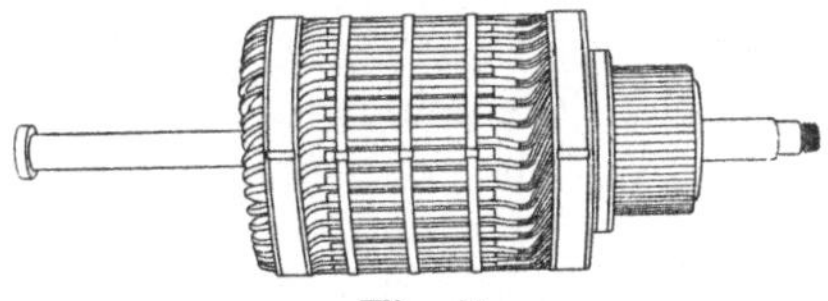

Fig. 7.

lung und der nicht ganz zu umgehenden Verluste im Eisen erwärmt, müssen Luftkanäle zur Ventilation des Ankerkörpers vorgesehen werden. Diese Kanäle verlaufen teils parallel zur Welle, teils sind sie in zur Welle senkrechten Ebenen angeordnet. Die Ankerbleche werden bei kleineren Maschinen unmittelbar auf die Welle geschoben und durch

Preßstücke zusammengehalten. Größere Maschinen (Fig. 6) erhalten besondere Naben, auf die die Blechschnitte aufgeschoben werden.

b) Die Ankerwicklung. Die einfachste und am leichtesten verständliche Wicklung ist die Ringwicklung nach Pacinotti. Fig. 8. Bei der Ringwicklung wird der isolierte Ankerdraht in Richtung der inneren und äußeren Mantellinien auf den als Hohlzylinder ausgeführten Eisenkörper schraubenförmig aufgewickelt. Fig. 9 stellt die Wicklung schematisch dar. Die Wicklung besteht hier aus 8 Spulen. Jede Spule ist der Einfachheit halber nur mit einer Windung angenommen worden. Dreht sich der Anker im entgegengesetzten Sinne des Uhrzeigers, so werden alle Leiter unter dem Nordpol so induziert, daß die Spannungen dem Beschauer zu gerichtet sind. (Rechte Handregel, siehe Teil 2 Seite 247.)

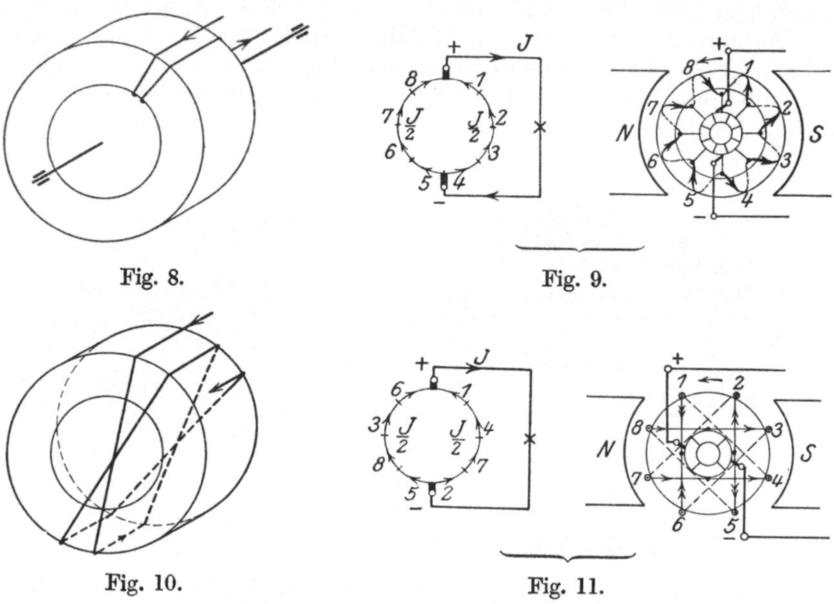

Fig. 8. Fig. 9.

Fig. 10. Fig. 11.

Verfolgt man in der Fig. 9 die Pfeile, die die Richtung der induzierten Spannungen angeben, so findet man, daß alle Pfeile nach der oberen Bürste zusammenlaufen. Die obere Bürste ist also der +-Pol der Maschine. Die Ringwicklung wird heute fast nicht mehr angewandt, da das Wickelkupfer schlecht ausgenutzt wird. Die neueren Maschinen haben alle Trommelwicklung (nach v. Hefner-Alteneck). Fig. 10. Bei dieser Wicklung sind die Ankerdrähte nur auf der äußeren Mantelfläche des Ankerkörpers, und zwar in Nuten untergebracht. Fig. 11 stellt eine Trommelwicklung schematisch dar. Es sind in der Figur wieder nur 8 Wickelelemente angenommen worden. Die Verbindungen sind folgende: Leiter 1 vorn mit 6, 6 hinten mit 3, 3 vorn mit 8, 8 hinten mit 5, 5 vorn mit 2, 2 hinten mit 7, 7 vorn mit 4, 4 hinten mit 1. Die Wicklung läuft in sich zurück, ohne daß ein Draht ausgeblieben ist.

Man spricht von einer geschlossenen Wicklung. Je zwei Drähte, z. B.
7 und 2 oder 8 und 5 bilden eine sogenannte Ankerspule. Verfolgt man
die Richtungen der induzierten Spannungen in den einzelnen Drähten,
so findet man zwei parallel geschaltete Zweige von je vier hintereinander
geschalteten Drähten. Zwischen den Drähten 1 und 6 liegt der Punkt,
nach dem bei Drehung des Ankers im entgegengesetzten Sinne des Uhrzeigers die Spannungen von beiden Seiten des Ankers gerichtet sind.
Dieser Punkt ist die Stelle des Ankers, an der die $+$-Bürste auf dem
Kommutator schleifen muß. Die Mitte zwischen 2 und 5 ist die Stelle
für die $-$-Bürste. Der Kommutator würde hier nur 4 Segmente besitzen.
Bei einer Ankerwicklung kommt es besonders darauf an, daß alle auf
dem Anker liegenden Leiter zu einer in sich zurücklaufenden Wicklung
verbunden werden, wobei zu beachten ist, daß alle Leiter, die aufeinander
folgen, also hintereinander geschaltet werden, auch im richtigen Sinne
induziert werden. Es kann mithin nur ein Leiter unter einem Nordpol
mit einem Leiter unter einem Südpol verbunden werden. Würde diese
Bedingung nicht erfüllt, so würden sich die in den einzelnen Leitern
induzierten Spannungen gegenseitig aufheben. Es muß also stets

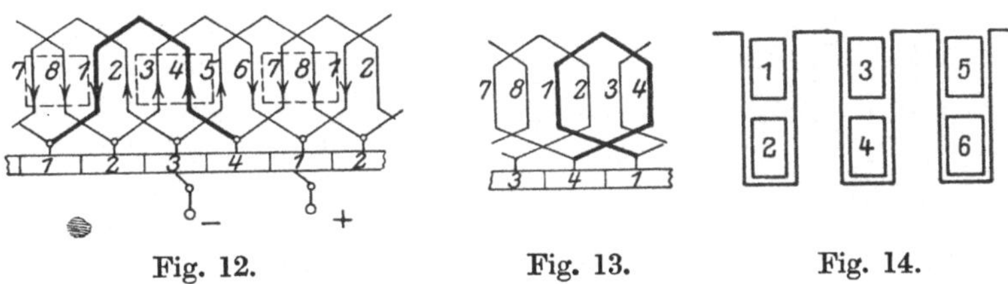

Fig. 12.   Fig. 13.   Fig. 14.

einem Leiter unter einem Nordpol ein Leiter unter einem Südpol folgen.
Die Darstellung einer Wicklung nach Fig. 11 ist in der Praxis nicht
üblich. Die Wicklungen werden immer so dargestellt, daß man sich die
Mantelfläche des Ankers aufgeschnitten denkt und die Wicklung abgewickelt aufzeichnet. Die Wicklung nach Fig. 11 ergibt dann z. B.
die Abwicklung nach Fig. 12. Man erkennt, daß sich alle in den einzelnen Leitern jeder Ankerhälfte induzierten Spannungen addieren.
Die beiden Summenspannungen der Leiter 6, 3, 8, 5 und 1, 4, 7, 2 sind
nach Kommutatorteil 1 gerichtet, wo die $+$-Bürste anzubringen ist.
Die $-$-Bürste muß auf Kommutatorteil 3 aufliegen, da von dort alle
Summenspannungen weggerichtet sind. Die oben angegebene Bedingung, daß nur solche Leiter unmittelbar miteinander zu verbinden
sind, die entgegengesetzt induziert werden, also unter entgegengesetzten
Polen liegen, kann auf doppelte Weise erfüllt werden. Man kann den
Ankerumfang bei Berührung der Leiter 1 — 6 — 3 — 8 usw. immer nur
im gleichen Sinne, oder man kann ihn abwechselnd in dem einen und
entgegengesetzten Sinne durchlaufen. Im ersten Fall erhält man eine
Wellenwicklung (Fig. 12), im zweiten Fall eine Schleifenwicklung (Fig. 13). In Fig. 12 und 13 sind eine Welle und eine Schleife
dick ausgezogen. Um die Gesetzmäßigkeit der fast immer aus vielen

Drähten bestehenden Wicklung innehalten zu können, numeriert man in der Praxis die zu verbindenden Wickelelemente (Fig. 14) und bezeichnet mit **Wicklungschritt** y die Entfernung zweier zu verbindenden Wicklungselemente.

Bei einer Wellenwicklung (Fig. 15) beträgt der Schritt $y = y_1 + y_2$, wobei y_1 und y_2 die Teilschritte bedeuten. Für eine Schleifenwicklung, deren Grundcharakter in Fig. 16 zu erkennen ist, gilt $y = y_1 - y_2$. Für die Schleifenwicklung ist der zweite Schritt negativ, da jede zweite Verbindung dieser Wicklung im rücklaufenden Sinne durchgeführt wird. In Fig. 12 beträgt z. B. der Schritt $y = 3 + 3 = 6$, in Fig. 13 $y = 5 - 3 = 2$. Der Wickelschritt steht zu der Stabzahl auf dem Anker und zu der Polzahl in einem bestimmten Verhältnis. Es müssen bestimmte Bedingungen erfüllt werden, damit die Wicklung geschlossen wird und außerdem die der Reihe nach zu verbindenden Ankerleiter unter den richtigen Polen liegen. Bei mehrpoligen Maschinen (man setzt $p =$ Zahl der Polpaare) kann man entweder alle Leiter des Ankers unter allen Polen der Reihe nach sinngemäß hintereinander schalten und erhält dann eine Wicklung, bei der die Spannung gleich der halben Summe aller Leiterspannungen ist (Reihenschaltung). Diese Spannung ist auch gleich dem p-fachen der Spannung, die in den hintereinander geschalteten Leitern zweier Pole induziert wird. Eine mehrpolige Maschine, deren Ankerleiter alle hintereinander geschaltet sind, kann mithin als eine Hintereinanderschaltung von p zweipoligen Maschinen angesehen werden.

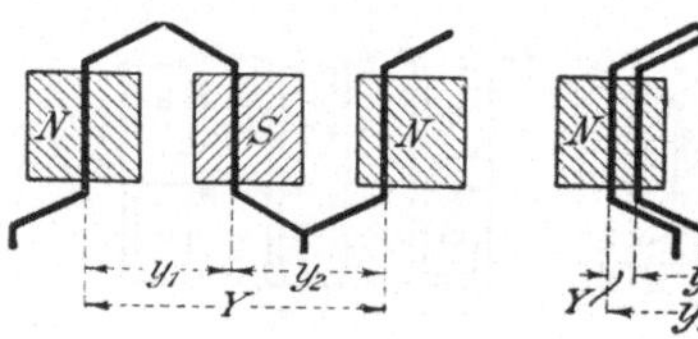

Fig. 15.   Fig. 16.

Solche Schaltungen eignen sich besonders für Maschinen für höhere Spannungen. Sie werden aber auch meist bei kleineren Maschinen für mäßige Spannungen angewandt. Man könnte bei der Reihenschaltung mit zwei Bürsten auf dem Kommutator auskommen, aus Symmetriegründen wählt man aber immer so viel Bürsten, wie Pole vorhanden sind. Wickelt man die Leiter eines Ankers einer mehrpoligen Maschine so, daß alle Leiter unter je zwei zusammengehörigen Polen für sich eine geschlossene Wicklung ausmachen, so erhält man auf dem Anker so viel voneinander unabhängige geschlossene Wicklungen, wie Polpaare vorhanden sind. Die Spannungen dieser p-Einzelwicklungen sind gleich. Man kann sie parallel schalten und erhält dann eine Maschine mit reiner **Parallelschaltung**. Sie hat als Ankerspannung die Spannung einer Wicklungsgruppe zweier Pole. Da p-Wicklungen parallel geschaltet sind, kann man einer Maschine mit reiner Parallelschaltung den p-fachen Strom entnehmen und braucht auf dem Kommutator für jeden Parallelzweig zwei Bürsten, im ganzen also so viel Bürsten als Pole vorhanden sind. Die Parallelschaltung läßt sich am besten mit Schleifenwicklung durchführen. Sie wird besonders bei ausgesprochenen Niederspannungsmaschinen angewandt. Reihenparallelschaltung ist vorhanden, wenn auf dem Anker Wicklungsgruppen einiger Polpaare zu größeren Gruppen hintereinander (in Reihe) und diese wieder untereinander parallel geschaltet sind. Man wendet die Reihenparallelschaltung in der Regel bei größeren Maschinen für höhere Spannungen an.

Bei der Parallelschaltung der Wicklungzweige ist infolge von Ungleichmäßigkeit der magnetischen Felder der einzelnen Pole und unter Umständen auch infolge kleiner Unsymmetrie in der Wicklung oft nicht zu erreichen, daß in den einzelnen parallel zu schaltenden Wicklungsgruppen ganz gleiche Spannungen induziert werden. Werden nun diese ungleichen Spannungen am Kommutator durch die Bürsten parallel geschaltet, so treten Ausgleichströme auf, die Feuern der Bürsten nach sich ziehen. Um dieses Feuern zu verhindern, verbindet man auf dem Anker einige Punkte, die gleiches Potential haben müssen, durch Ausgleichleitungen (Äquipotentialverbindungen), über die sich die Ausgleichströme verteilen können.

Die Ankerwicklung wird in der Regel als Schablonenwicklung ausgeführt, d. h. die Ankerspulen werden außerhalb des Ankers auf

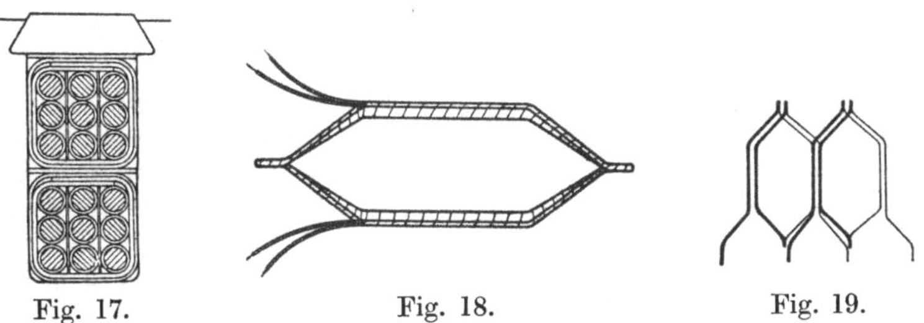

Fig. 17.　　　　　Fig. 18.　　　　　Fig. 19.

geeigneten Schablonen gewickelt und in die Form gebracht, die ein leichtes Einbringen in den Nutenanker gestattet. Die Nuten der Anker sind deshalb auch meist offen, damit die ganze „Schablone" leicht eingelegt werden kann. Fig. 17 zeigt den Schnitt durch eine Nut mit den Leitern. Jedes Wickelelement einer Schablone (Fig. 18) besteht hier aus 9 Einzeldrähten, die, selbst isoliert, wieder zusammen mit Band eingeschnürt sind. Damit bei der Drehung des Ankers die Leiter infolge der Fliehkraft nicht aus der Nut geschleudert werden, schließt man die Nut meist mit einem schwalbenschwanzförmigen Keil aus Holz oder Vulkanfiber ab. In jeder Nut liegen zwei Spulenseiten oder Wickelelemente, die verschiedenen Spulen angehören. In Fig. 19 stellen die dünn ausgezogenen Schablonenseiten die in den Nuten unten liegenden Wickelelemente dar. Hat der Anker keine offenen Nuten, sondern ganz oder halb geschlossene Nuten (Fig. 20a u. b), so muß die Spule von Hand in den Anker gewickelt werden. Bei halb geschlossenen Nuten kann man die Spulen auch außerhalb des Ankers wickeln, in die richtige Form bringen und ihre Einzeldrähte in die Nuten „einträufeln". Die Nuten werden meist noch mit Preßspan oder Glimmerpapier (Mikanit)

ausgelegt, um die Wickelelemente gegen das Ankereisen zu isolieren.
Als Wickelmaterial kommt heute nur noch Kupfer in Frage. Der Querschnitt der Ankerdrähte richtet sich nach der Stromstärke. Die Ankerdrähte werden in allen Durchmessern in Stufen von 0,1 mm hergestellt.

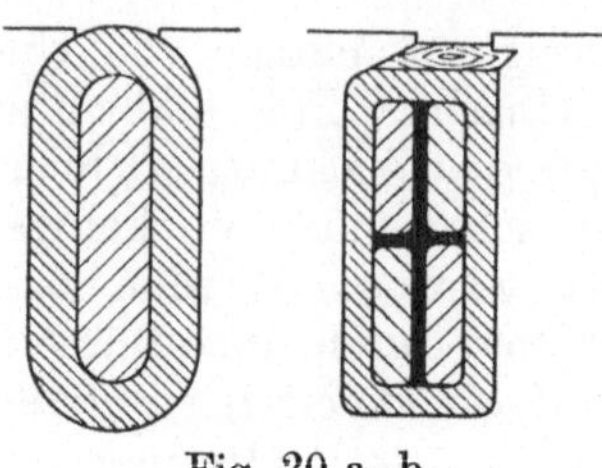

Die Isolation besteht meist aus Baumwolle, die ein- oder zweimal auf den Draht
aufgesponnen wird. Neuerdings werden
auch Drähte mit Papierisolation (Textilose-
drähte) mit gutem Erfolge verwendet.
Die Spannung einer Maschine ist um so
größer, je mehr Leiter auf dem Anker
hintereinander geschaltet sind. Maschinen
für höhere Spannungen haben deshalb
immer viel Drähte in einer Nut, solche

Fig. 20 a, b.

für niedrige Spannungen weniger Drähte, mindestens zwei. Da im
letzten Falle wohl immer große Stromstärken in Frage kommen, wählt
man für die Ankerleiter die rechteckige Querschnittsform und spricht
dann von Stabwicklung.

c) Der Kommutator (Fig. 21). Die Segmente der Kommutatoren
werden aus hartgezogenem Kupfer hergestellt. Als Isolation zwischen
den Segmenten wird Glimmer benutzt. Kupfer und Glimmer sollen

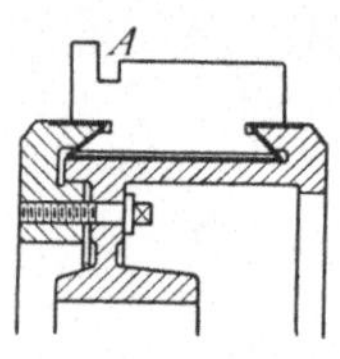

in ihrer Härte möglichst übereinstimmen, damit sie
sich im Betriebe gleichmäßig abnutzen. Ist der
Glimmer zu hart, so treten mit der Zeit die Glimmer-
stege zwischen den Kupfersegmenten heraus, der
Kommutator wird unrund. Die auf dem Kommutator
schleifenden Bürsten fangen dann an zu schwingen,
was zur Funkenbildung Anlaß gibt. Die Segmente

Fig. 21.

werden meist unter Zwischenlage von Glimmer-
buchsen auf eine Nabe gesetzt. Durch geeignete Preßstücke, die in die
schwalbenschwanzförmigen Einschnitte der Segmente eingreifen, werden die Kommutatorteile zu einem Ganzen zusammengehalten. Nachdem die Segmente mit der Ankerwicklung verlötet worden sind, wird der
Kommutator auf seine richtige Form abgedreht. Da im Laufe der Jahre
je nach Abnutzung der Kommutator zuweilen abgedreht werden muß,
sind die Segmente mit genügender radialer Tiefe auszuführen. Man
dreht meist an der der Ankerseite zugewandten Seite der Schleiffläche
(in Fig. 21 bei A) einen Einschnitt ein, durch den die Tiefe angedeutet
wird, bis zu der der Kommutator überhaupt abgedreht werden darf.
Der Kommutator soll stets eine glatte, möglichst polierte Schleiffläche
haben. Geringe Unebenheiten kann man durch Abschleifen beheben.
Als Schleifmittel soll nur feines Glaspapier (nicht Schmirgelpapier)
unter Zuhilfenahme eines geeigneten Schleifklotzes verwendet werden.
Sollten die Bürsten zuweilen etwas „kreischen", so kann man durch
geringes „Einfetten" des Kommutators, indem man ein Stück Paraffin
kurze Zeit auf der Schleiffläche laufen läßt, das Geräusch des Kommutators oft wegbringen. Im allgemeinen soll an dem Kommutator so

wenig wie möglich geschliffen werden. Wird die Schleiffläche des Kommutators bald nach dem Abschleifen wieder rauh und stellt sich starkes Bürstenfeuer ein, so ist dies immer ein Zeichen, daß die Maschine schlecht kommutiert oder daß das Stromabnehmermaterial (Bürsten) ungeeignet ist. Als Material für die Bürsten kommt fast ausschließlich Kohle in Frage. Maschinen für hohe Ströme und niedrige Spannungen (Maschinen für galvanische Zwecke) erhalten meist Kupfergazebürsten, da Kohlebürsten keine allzu hohe Strombelastung zulassen. Man hat harte, mittelharte und weiche (graphitische) Kohlebürsten. Harte Kohlen benutzt man bei Maschinen für hohe Spannungen. Je härter die Kohle, desto geringer ist die zulässige Strombelastung (harte Kohlen etwa 6 Amp/cm² Auflagefläche, ganz weiche Kohlen bis 15 Amp/cm²). Man soll Maschinen nur mit der Bürstensorte laufen lassen, die von dem Lieferanten der Maschine als die beste ausgewählt und mitgeliefert worden ist. Meist läuft eine Maschine nur mit einer bestimmten Bürstensorte gut und funkenfrei. Der Auflagedruck der Bürsten auf dem Kommutator soll gerade so groß sein, daß kein Hüpfen der Kohlen eintritt. Zu starkes Aufdrücken der Kohlen ist schädlich. Der Auflagedruck soll etwa betragen: 150 gr/cm² Auflagefläche bei weichen Kohlen und 400 gr/cm² Auflagefläche bei den härtesten Kohlen. Die Bürsten können in dem Halter entweder fest eingeklemmt werden oder sie sind im Halter radial zum Kommutator zu verschieben. Fig. 22 und 23 zeigen die üblichen Formen der gebräuchlichsten Bürstenhalter. Die Bürstenhalter sitzen auf meist eisernen Bürstenbolzen; die Bürstenbolzen stecken gut isoliert in der Bürstenbrücke (auch Bürstenbrille genannt), die fast immer drehbar am Lagerschild angebracht ist.

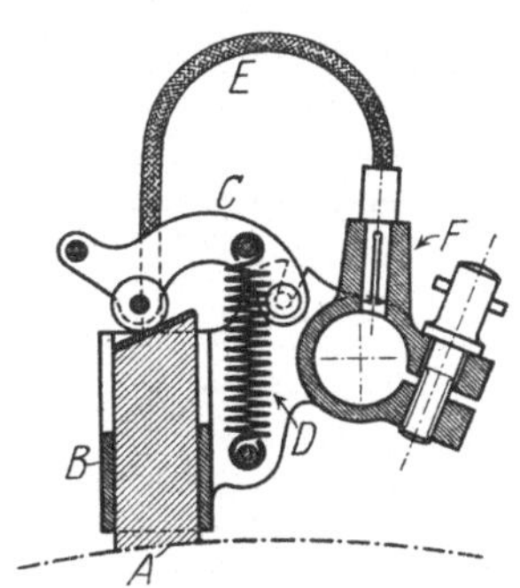

Fig. 22.

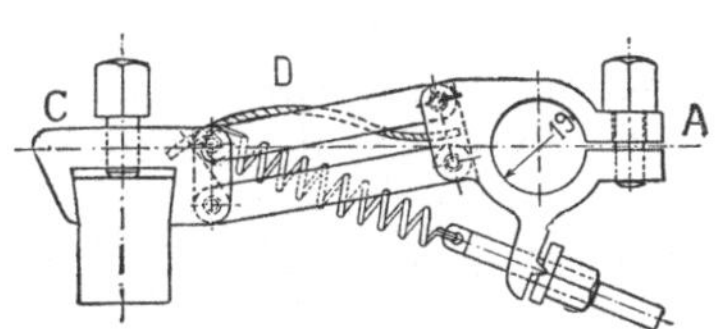

Fig. 23.

d) Das Magnetgestell. Die Gleichstrommaschinen werden, wie bereits oben gesagt, ausschließlich als Außenpolmaschinen ausgeführt. Das feststehende Magnetgestell umgibt den Anker. Die Anordnung der einzelnen Pole im Joch ist symmetrisch. Als Material für das Joch kommt Gußeisen, Stahlguß und zuweilen auch Dynamoblech in Frage. Im letzten Falle wird das aus Blechen zusammengesetzte Joch in einem Gußeisengehäuse gehalten. Da Stahlguß gegen Gußeisen einen wesentlich geringeren magnetischen Widerstand hat, fallen Joche aus Stahlguß bedeutend leichter und dünner aus als solche aus Gußeisen. Die Pole selbst können aus Gußeisen, Stahlguß oder aus Dynamoblech hergestellt werden. Werden die Pole an das Joch mit angegossen (Fig. 24a u. b), so verwendet man meist Polschuhe aus Blechen, die ange-

schraubt werden. Diese Ausführung gestattet eine billige und bequeme
Formgebung der Polschuhe, von der der gute Lauf der Maschine sehr
abhängig ist. Man kann bei angeschraubten Polschuhen auch Pole
von rundem Querschnitt verwenden. Diese lassen vorteilhaft Rund-
spulen als Erregerspulen zu. Sehr viel angewandt werden Pole, die ganz
aus Blechen zusammengenietet sind. Die einzelnen Bleche brauchen
hier nicht voneinander isoliert zu werden, da man im Poleisen nicht
mit Wirbelströmen zu rechnen hat. Die zusammengenieteten Blechpole
können nach Fig. 25 durch Schrauben mit dem Joche verbunden werden.

Für die Erregerwicklungen gelten dieselben Gesichtspunkte
wie für gewöhnliche Elektromagnetwicklungen. Die Wicklung wird fast
immer außerhalb der Maschine aufgespult. Man benutzt bei größeren
Maschinen meist besondere Spulenkästen aus Isolierstoff, Zink-,
Messing- oder Eisenblech für den Zusammenhalt der Spule. Kleinere
und gekapselte Maschinen erhalten „geschnürte" Spulen, das sind
solche, die ohne besondere Spulenkästen gewickelt sind und für den
Zusammenhalt der Windungen mit Band zusammengeschnürt werden.
Die fertigen Erregerspulen werden auf die Polschenkel gebracht und

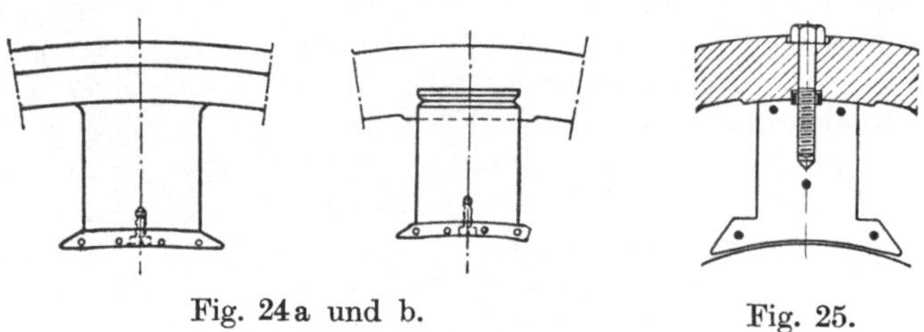

Fig. 24 a und b.   Fig. 25.

durch die Polschuhe oder besondere Winkelstücke in ihrer richtigen
Lage gehalten. Die Wicklungen der einzelnen Pole werden meist hintereinander geschaltet. Selten und nur bei größerer Polzahl werden
Gruppen von Schenkelwicklungen parallel geschaltet. Bei großen
Maschinen fallen die Erregerspulen zuweilen sehr groß aus. Man unterteilt dann die einzelnen Erregerspulen, um gute Abkühlung der Spulen
zu erhalten (Scheibenspulen).

e) Lager und Wellen. Für die Ausführung der Dynamowellen
kommen im allgemeinen dieselben Gesichtspunkte in Frage wie für die
Wellen und Achsen des Maschinenbaus. Als Material für die Dynamowellen wird meist gut härtbarer Flußstahl, für besondere Fälle zuweilen
Tiegelgußstahl verwendet. Die Wellen sollen möglichst wenig Bünde
und Absätze erhalten, starke Einkerbungen und schroffe Querschnitts-
übergänge sind tunlichst zu vermeiden. Kleinere Maschinen erhalten
oft vollständig zylindrische Achsen, da sich beim Lauf der Maschine
der Anker infolge des axialen magnetischen Zuges von selbst in die
Mittelstellung unter die Pole einstellt. Die Wellen erhalten an den
Lagerstellen Spitzringe, die verhindern sollen, daß das Öl nach dem
Anker hinkriecht.

Die Lager der Dynamomaschinen werden meist als Ringschmier-
lager ausgeführt. Die Lagerschalen bestehen aus Bronze oder aus Gußeisen mit Weißmetall. Kleinere Lager sind ungeteilt. Besonderer Wert
ist auf gute Zentrierung der Lager zu legen. Kleinere und mittlere
Maschinen erhalten Lagerschilder, bei geschlossenen Maschinen wird
das Polgehäuse zugleich für die Aufnahme der Lager ausgeführt. Bei
schweren und bei schnellaufenden Maschinen wendet man Lager mit
Wasserkühlung oder Lager mit Drucköhlschmierung an. In neuerer Zeit
werden auch größere Maschinen (Bahnmotoren) mit Kugellagern ausgeführt. Diese haben den Vorteil geringerer Reibungsverluste und
geringerer axialer Baulänge als Gleitlager.

2. Verhalten der Gleichstrommaschinen.

Erregt man eine Gleichstrommaschine während sie leer läuft, das
heißt bei offenen Ankerklemmen, so verteilen sich die aus den Polen
austretenden Kraftlinien gleichmäßig über den Anker (Fig. 26). Die
Feldlinien treten unter dem Nordpol in den Anker ein, unter dem
Südpol treten sie aus dem Anker in den Südpol ein. An zwei
Stellen des Ankers, in der Symmetrielinie zwischen den Polen,
treten Kraftlinien in den An-

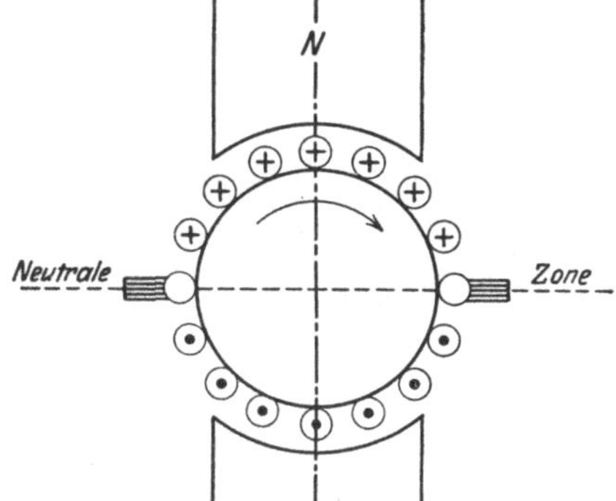

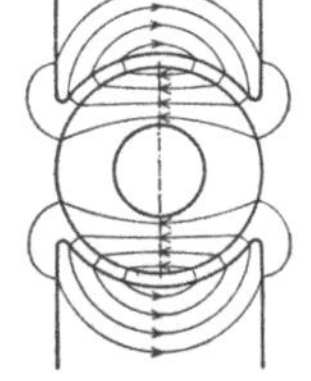

Fig. 26.   Fig. 27.   Fig. 28.

ker weder ein noch aus. Man nennt diese Stelle des Ankers neutrale Zone (Fig. 27). Nimmt man eine Drehrichtung des Ankers
in der Richtung des Uhrzeigers an, so werden in den unter dem Nordpol befindlichen Ankerleitern Spannungen induziert, die vom Beschauer
weg gerichtet sind (rechte Handregel). Unter dem Südpol sind die
Spannungen auf den Beschauer zu gerichtet. Die sich gerade in der
neutralen Zone befindlichen Ankerleiter sind nicht induziert, da sie
keine Kraftlinien schneiden. Verfolgt man die Ankerleiter in der Wicklung (z. B. in Fig. 9), so erkennt man, daß sich alle unter den einzelnen
Polen in den Ankerleitern induzierten Spannungen addieren, und daß
man die größte Summenspannung erhält, wenn man die Spannung
in der neutralen Zone abnimmt. Diese Verhältnisse ändern sich sofort,
wenn man die Maschine belastet, d. h. wenn man der Maschine Strom

entnimmt. Die in den Ankerleitern nunmehr auftretenden Ströme bilden selbst ein Feld, das z. B. bei einer zweipoligen Maschine senkrecht auf dem Hauptfelde der Pole steht. Man nennt dieses Feld Querfeld. Fig. 28 stellt den Verlauf des Querfeldes dar, wenn nur der Anker allein vom Strome durchflossen wird und das Hauptfeld der Pole nicht vorhanden ist. In Wirklichkeit bestehen beide Felder nebeneinander. Das Querfeld setzt sich mit dem Hauptfeld zu einem resultierenden Fluß zusammen, der aber nicht mehr symmetrisch zu den Polen verläuft, sondern stark gegen die Hauptachsen der Maschine verschoben ist (Fig. 29). Es tritt eine Verschiebung der neutralen Zone im Sinne der Drehrichtung der Maschine ein. Damit die Stromabnehmer wieder in die neutrale Zone kommen, müssen sie also in der Drehrichtung der Maschine verschoben werden. — Das Querfeld hat auf das Hauptfeld keinen unmittelbaren Einfluß, doch tritt durch die höhere magnetiscch Belastung des Poleisens mittelbar eine Schwächung des Hauptfeldes und damit ein Sinken der Maschinenspannung ein. Das Querfeld hat mithin eine schädliche Wirkung. Durch besondere Ausführung der

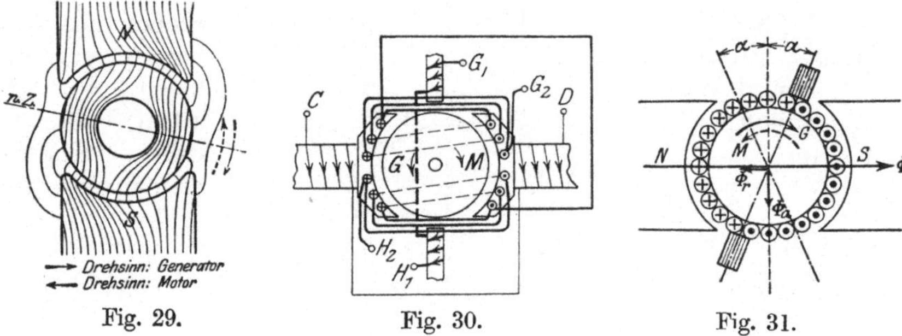

Fig. 29.   Fig. 30.   Fig. 31.

Polschuhspitzen (Polhörner) und durch nicht zu starke Belegung des Ankers mit Kupfer kann man das Querfeld in mäßigen Grenzen halten. Das beste Mittel zur Verhinderung des Querfeldes ist die Anwendung einer Kompensationswicklung (Fig. 30). Diese Wicklung, mit den Klemmen G_2 und H_2, wird in Nuten untergebracht, die in den Polschuhen vorgesehen sind. Die Achse der Kompensationswicklung fällt mit der Richtung des Querfeldes und der neutralen Zone zusammen. Man schaltet die Kompensationswicklung mit dem Anker hintereinander und wählt die Windungzahl der Wicklung so, daß das Querfeld gerade aufgehoben (kompensiert) wird. Da die Kompensationswicklung einen Mehraufwand an Kupfer bedingt, verteuert sie die Maschine nicht unerheblich. Man wendet Kompensationswicklungen deshalb nur bei größeren Maschinen an.

Wichtig ist auch der Einfluß der Bürstenverschiebung auf das Verhalten einer belasteten Maschine. Verschiebt man bei einem Stromerzeuger oder Generator die Bürsten in der Drehrichtung um einen Winkel α (Fig. 31), so wird neben dem Querfeld als Folge der Ankeramperewindungen noch ein drittes Feld Φ_r als Folge der in dem

Winkelbereich 2α fließenden Ankerströme auftreten. Dieses Feld Φ_r ist dem Hauptfeld der Pole entgegen gerichtet. Verschiebung der Bürsten in der Drehrichtung des Generators bedeutet mithin eine Schwächung des Hauptfeldes. Die Beeinflussung des Hauptfeldes und damit der E. M. K. einer Maschine durch den Ankerstrom bezeichnet man mit Ankerrückwirkung.

Die Kommutierung. In Fig. 32 ist ein Stück eines Ringankers in der neutralen Zone gezeichnet. Die Bürste überbrückt die Kommutatorsegmente A und B und schließt somit die gerade in der neutralen Zone befindliche Spule kurz. Die Ströme fließen von beiden Seiten des Ankers den Kommutatorteilen A und B zu. Die Bürste führt den von beiden Seiten zufließenden Strom als $+$-Bürste ab. Während nun die durch die Bürste kurzgeschlossene Spule durch die neutrale Zone hindurchgeht, verschwindet in ihr zugleich das von den Strömen der Leiter 1 und 3 gebildete Kommutierungsfeld Φ_k. In der kurzgeschlossenen Spule wird mithin eine Spannung induziert (siehe Teil II, 1 Seite 247), die einen Kurzschlußstrom über die Bürste zur Folge hat. Durch diesen werden die Bürsten einseitig mit Strom belastet. Die Bürsten werden dann feuern. Eine einwandfreie Kommutierung würde stattfinden, wenn

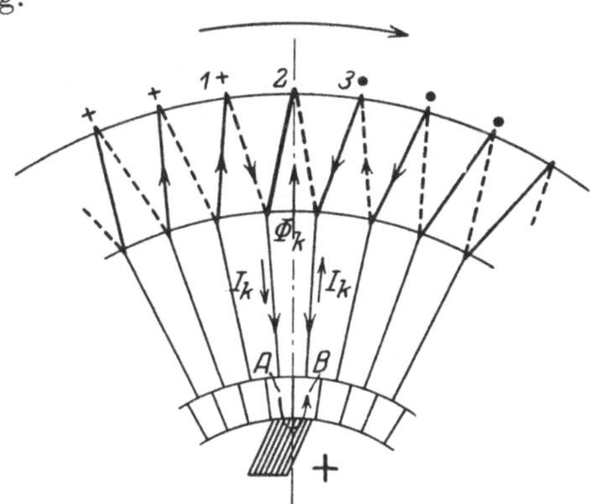

Fig. 32.

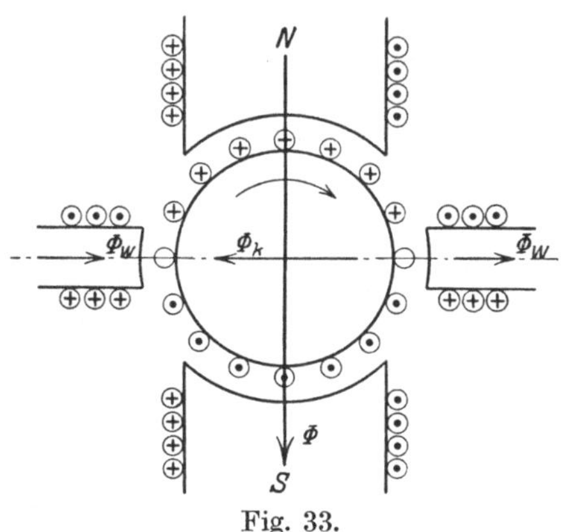

Fig. 33.

während der Zeit des Kurzschlusses der Spule der Strom $+ I/2$ im Leiter 1 auf $- I/2$ linear abnähme. Durch das Hinzutreten des Kurzschlußstromes wird jedoch diese Bedingung nicht erreicht. Der Kommutatorteil A verläßt die Bürste, bevor der Strom in dem Leiter 1 auf den richtigen Wert $- I/2$ gesunken ist; die Kommutierung wird erzwungen, hierbei treten starke Spritzfunken am Kommutator auf. Zur Erlangung einer guten linearen, d. h. auch bei Belastung der Maschine funkenfreien Kommutierung ist, abgesehen davon, daß die Bürste eine gewisse Breite haben muß, erforderlich, daß die Kurzschlußströme in den durch die Bürsten kurzgeschlossenen Ankerwindungen vermieden werden. Man erreicht dies durch Unterdrückung des Kommutierungsfeldes Φ_k (Fig. 32), indem man entweder die Bürsten in der Drehrichtung des Ankers (bei Generatoren) über die neutrale Zone hinaus verschiebt und hierbei einen Teil des Hauptfeldes benutzt, das schädliche Feld Φ_k aufzuheben, oder man wendet Hilfspole (Wendepole) an (Fig. 33). Wendepole sind schmale, vom Ankerstrom oder einem Teile des Ankerstromes erregte Pole, die in der neutralen Zone im Magnetgestell angeordnet sind. Sie müssen so erregt werden, daß das Wendefeld Φ_w (Fig. 33) gerade das Kommutierungsfeld Φ_k aufhebt. Die Klemmen der Wendepolwicklung, die eine Hauptstromwicklung ist, werden nach den Normalien des Verbandes Deutscher Elektrotechniker mit G und H bezeichnet. Wendepole werden heute bei allen Gleichstrommaschinen (und Motoren), die mit stark veränderlicher Belastung laufen, bei Maschinen mit veränderlicher Drehrichtung (z. B. Kran- und Bahnmotoren) und bei sehr schnell laufenden Maschinen angewandt.

Das Verhalten der Generatoren im Betriebe erkennt man aus ihren Charakteristiken. Dies sind Kurven, die die Abhängigkeit der einzelnen, den Gang einer Maschine beherrschenden Größen voneinander zeigen. Die hauptsächlichsten Größen sind: $E =$ induzierte EMK bzw. die Leerlaufspannung, P oder $U =$ Klemmenspannung der Maschine bei Belastung, $I_a =$ Ankerstrom, $I =$ Nutzstrom, $I_{err} =$ Erregerstrom und $n =$ Drehzahl der Maschine in der Minute.

Eine der wichtigsten Charakteristiken ist die Leerlauf-Charakteristik, auch magnetische Charakteristik genannt. Sie zeigt die Abhängigkeit der induzierten EMK $= E$ bei Leerlauf der Maschine von der Erregerstromstärke I_{err} (Fig. 34). Bei Aufnahme der Leerlaufcharakteristik wird die Drehzahl der Maschine unverändert gehalten und der Erregerstrom einer fremden Stromquelle entnommen. Da bei jeder Dynamomaschine die induzierte Spannung E verhältnisgleich der Drehzahl und dem magnetischen Flusse ist ($E = c \cdot n \cdot \Phi$), hat die Leerlaufkurve die Form der Magnetisierungslinie (siehe Teil II, 1, Fig. 161, Linie $O-A$).

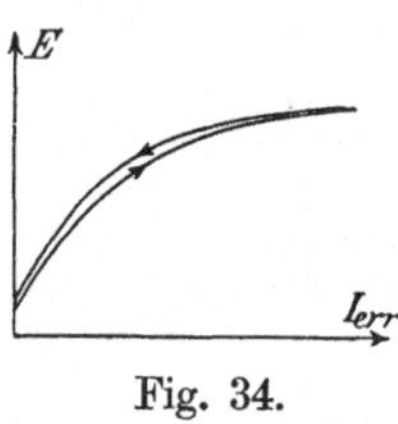

Fig. 34.

Man erhält infolge der Hysteresis (siehe Teil II, 1, Seite 246) mit fallenden Werten der Erregung höhere Werte von E. Die Leerlaufcharakteristik hat für den Erbauer der Maschine besonderen Wert, da man aus dem Verlauf der Kurve ersehen kann, ob die Maschine hinsichtlich ihrer magnetischen Verhältnisse richtig bemessen ist.

Die Eigenschaften der stromabgebenden Maschine zeigt die Belastungscharakteristik. Diese kann bei unverändert gehaltener Fremderregung oder bei Eigenerregung aufgenommen werden. Bei Aufnahme der Kurve mißt man bei gleichbleibender Drehzahl die Klemmenspannung U und die Ankerstromstärke I_a. U wird über I_a

als Abszisse aufgetragen. Fig. 35 zeigt die Belastungscharakteristik
einer Maschine mit Fremderregung. Addiert man zu den Werten U
die zugehörigen Werte des Spannungsverlustes $I_a \cdot R_a$, so erhält man
die Kurve der elektromotorischen Kraft E. Es ist $E = U + I_a R_a$.
Die E-Kurve wird innere Charakteristik, die U-Kurve äußere
Charakteristik genannt. Wie aus Fig. 35 zu ersehen ist, läuft die
Kurve anfangs ziemlich wagerecht und fällt erst bei größeren Stromstärken infolge der Ankerrückwirkung stark ab.

Bei Aufnahme der Belastungscharakteristik für Selbsterregung hat
man die Schaltungsart der Maschine zu berücksichtigen (siehe Fig. 2, 3
und 4). Eine Reihenschlußmaschine wird bei offenem Stromkreis ($I_a = 0$)
nur die Remanenzspannung geben. Schließt man den Maschinenkreis
über einen Widerstand, so wird sich ein Strom ausbilden, der, weil er
zugleich Erregerstrom ist, eine Erhöhung der Spannung der Maschine
zur Folge hat. Den Verlauf der Belastungscharakteristik einer Reihenschlußmaschine zeigt Fig. 36. Man erkennt, daß die Spannung stark

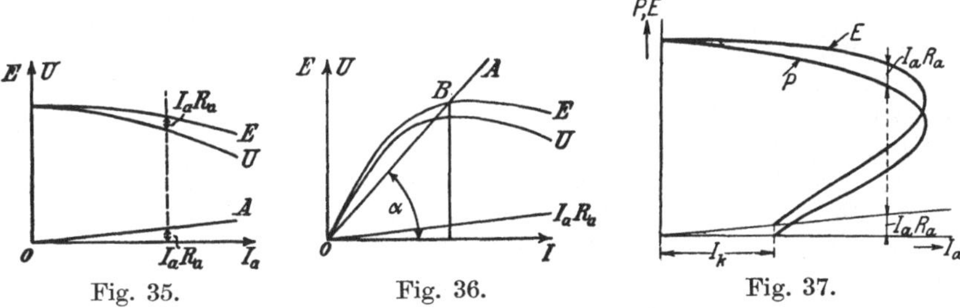

Fig. 35.   Fig. 36.   Fig. 37.

von der Stärke des abzugebenden Stromes abhängt und daß nur für ein
kurzes Stück der Kurve (in der Fig. bei B) die Spannung einigermaßen
unverändert bleibt. Die Reihenschlußmaschine eignet sich mithin nicht
als Stromquelle für Netze, in denen die Klemmenspannung gleichbleiben
muß. Die Generatorwirkung von Maschinen mit Reihenschaltung wird
nur in Bremsschaltungen bei Reihenschlußmotoren benutzt.

Bei der Nebenschlußmaschine nimmt die Klemmenspannung ihren
höchsten Wert an, wenn der Maschine kein Strom entnommen wird.
Mit der Belastung nimmt die Spannung erst langsam, dann schneller ab
(Fig. 37). Von einem bestimmten Werte des äußeren Belastungswider-
standes ab steigt die Stromstärke der Maschine nicht mehr, sondern
geht wieder zurück, wobei die Spannung der Maschine stark fällt. Im
äußersten Falle (Widerstand des äußeren Kreises = Null, d. h. die
Maschine ist kurzgeschlossen) ist die Klemmenspannung der Maschine
= Null, die Maschine gibt den Kurzschlußstrom I_k. Die Eigenschaft
der Nebenschlußmaschine, die Spannung zwischen Leerlauf und normaler
Belastung nahezu unverändert zu halten, macht diese Maschine außerordentlich geeignet für alle Anlagen, die mit gleichbleibender Spannung
arbeiten müssen (Kraftzentralen).

Die Belastungscharakteristik einer Kompoundmaschine kann, je nachdem die Nebenschlußwicklung oder Hauptstromwicklung überwiegt, verschiedenen Verlauf annehmen. Ist die Hauptstromwicklung so abgestimmt, daß die Klemmenspannung unabhängig von der Stromstärke unverändert bleibt, so sagt man: die Maschine ist vollkommen kompoundiert. Zuweilen gibt man den Kompoundmaschinen etwas Überkompoundierung, indem man die Hauptstromwicklung stärker ausführt. Die Klemmenspannung nimmt dann mit wachsender Strombelastung mehr oder weniger zu.

B. Die Wechselstromgeneratoren.

Die Generatoren für Wechselstrom werden fast ausschließlich als Innenpolmaschinen ausgeführt. Der Innenpoltyp eignet sich für Wechselstromgeneratoren besonders, da hier der Anker der stillstehende Teil ist und in einem nicht bewegten Anker die unterzubringenden Wicklungen leichter zu isolieren sind. Wechselstrommaschinen können deshalb auch für höhere Spannungen (bis 20 000 Volt) ausgeführt werden. Man unterscheidet hier den Anker und das umlaufende Magnetsystem mit den Schleifringen. Fig. 38 zeigt einen Drehstromgenerator für 175 kVA und 300 Umdr./min. Die Maschine ist für unmittelbare Kupplung mit einem stehenden Verbrennungsmotor gebaut. Die erforderlichen Schwungmassen sind im Magnetrade mit 20 Polen untergebracht.

Aufbau des Ankers. Der Anker stellt einen aus Dynamoblechen zusammengesetzten Hohlzylinder dar (Fig. 39). Wenn der Durchmesser dieses aus mit Papier beklebten Blechen zusammengesetzten und durch Bolzen zusammengehaltenen Ringes größere Abmessungen hat (es kommen Durchmesser bis 8 m vor), muß der Anker aus Sektorblechen, die überlappt geschichtet werden, zusammengesetzt werden. Die Drähte der Ankerwicklung sind in Nuten untergebracht, die in die Bleche eingestanzt sind. Der die Wicklung tragende eigentliche Ankerkörper wird in ein Gehäuse eingesetzt. Dieses besteht meist aus Gußeisen, seltener aus zusammengenieteten Blechen. Die Dicke des Luftspaltes zwischen den Polen und dem Anker muß am ganzen Umfang gleich sein. Es ist deshalb für gute Lagerung und Steifigkeit des Gehäuses Sorge zu tragen. Da sich die Wicklungen der Wechselstrommaschinen nicht bewegen, können die Enden derselben ohne Benutzung von Schleifringen nach Klemmen, die am Gehäuse isoliert angebracht sind, herausgeführt werden. Von den Klemmen kann der Strom abgenommen werden.

Die Ausführung des umlaufenden Induktors kann sehr verschieden sein. Je nach der Polzahl spricht man von Polkreuz, Polstern, Polrad. Bei langsam laufenden Maschinen besteht der Induktor aus dem gußeisernen Schwungrad, auf dessen Umfang die Pole aufgeschraubt sind (Fig. 38). Die Polräder der Maschinen für höhere Drehzahlen und für größere Leistungen (z. B. solche für Wasserturbinenantrieb) müssen besonders auf Festigkeit berechnet werden. Bei den höchsten mechanischen Beanspruchungen muß dann Stahlguß als Konstruktionsmaterial

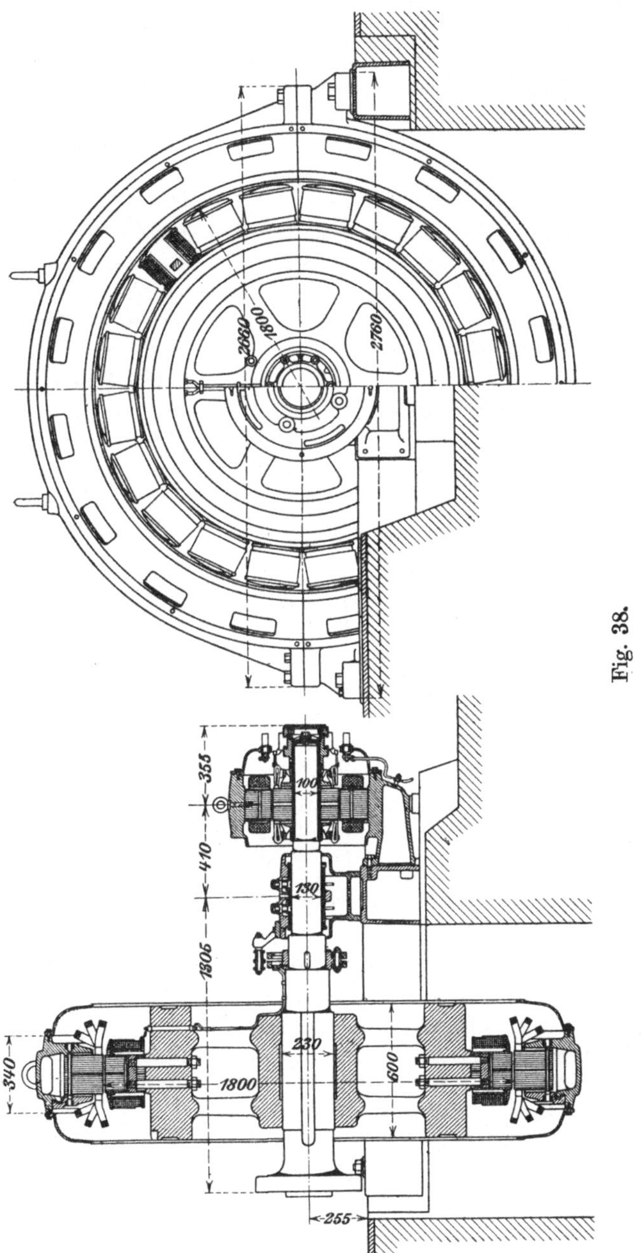

Fig. 38.

für die Polräder gewählt werden. Die Pole selbst werden aus Schmiedeeisen, Stahlguß oder aus Blechen hergestellt. Bei Schmiedeeisen- und Stahlgußpolen werden meist die Polschuhe aus gestanztem Blech hergestellt und angesetzt. Man erspart dann die Bearbeitung der Polschuhflächen und vermeidet bei Anwendung offener Nuten im Anker (Fig. 44) das Auftreten von Wirbelströmen in den Polschuhen. Bei langsam laufenden Maschinen sind die Pole auf dem Polrad durch

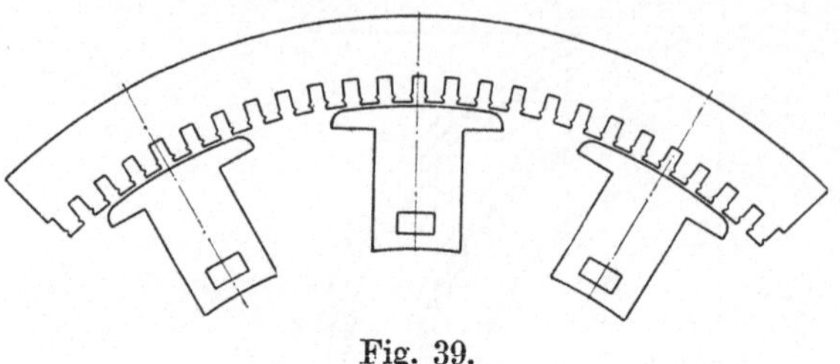

Fig. 39.

Schrauben befestigt. Die Schrauben können auch bei Polen aus Blechen angewandt werden, doch muß hierbei die Achse der Schrauben mit der Blechebene in eine Richtung fallen. Bei sehr schnell laufenden Maschinen werden die Pole meist mit Schwalbenschwanz im Jochkranz befestigt. Fig. 40a, b, c, 41 und 42a und b zeigen einige Polbefestigungen für Wechselstrommmaschinen. Die Induktoren der Wechselstromturbogeneratoren

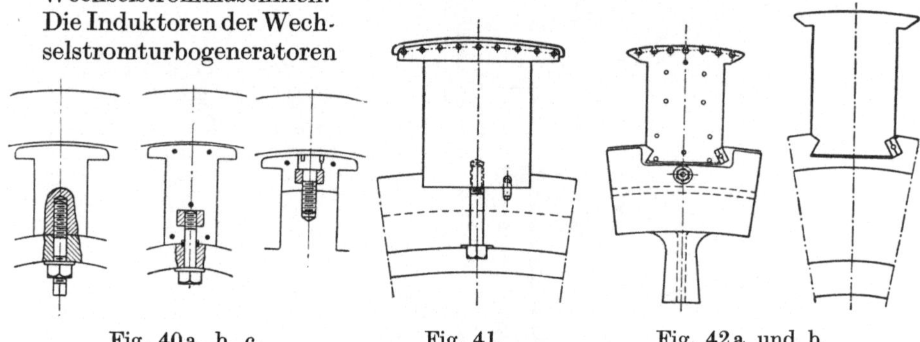

Fig. 40a, b, c.   Fig. 41.   Fig. 42a und b.

werden meist als Walzenrotoren ausgeführt. Sie bestehen aus Stahlguß oder Schmiedeeisen. Die für die Erregerwicklung erforderlichen Nuten sind in den Rotor eingefräst (Fig. 43). Für die Erregerwicklung wird meist Runddraht verwendet, der in Spulenkästen aus Isolierstoff oder auch aus Blech aufgespult ist. Die Erregerspulen werden außerhalb

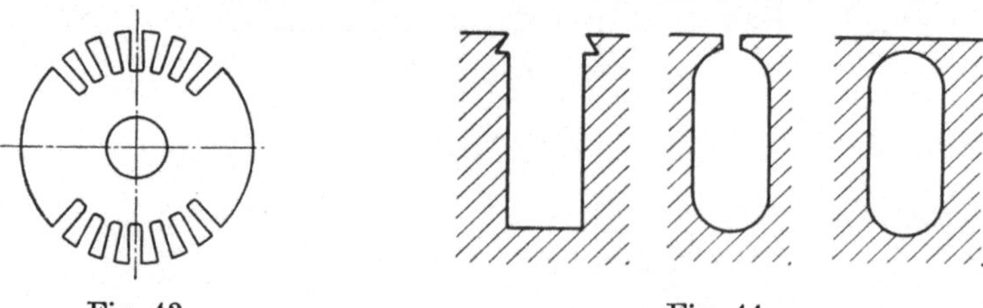

Fig. 43.   Fig. 44.

der Maschine hergestellt und dann auf die Polkerne gebracht. Bei Maschinen mit hoher Umdrehungzahl müssen die Erregerspulen durch Winkelstücke usw. mit Rücksicht auf die Fliehkräfte gesichert werden. Der zur Erregung erforderliche Gleichstrom muß einer fremden Gleichstromquelle entnommen werden. Man wendet entweder Zentralerregung aus einer Akkumulatorenbatterie oder auch besondere Erregermaschinen an. Letztere können an die Wechselstrommaschine unmittelbar angebaut werden. Sie erhalten dann meist „fliegenden" Anker (Fig. 38). Die Zuführung des Erregerstromes zu den Polen geschieht über Bürsten und Schleifringe.

Die Ankerwicklung der Wechselstrommaschinen wird ebenso wie bei den Gleichstrommaschinen in Nuten untergebracht. Man benutzt offene, halbgeschlossene und ganz geschlossene Nuten (Fig. 44). Die offenen Nuten erlauben die Wicklung außerhalb der Maschine in Schablonen fertigzustellen. Die fertig geformte Wicklung kann bequem in die offene Nut hineingelegt werden. Offene Nuten haben aber in elektrischer Hinsicht manche Nachteile. Wenn geschlossene Nuten in elektrischer Hinsicht vorteilhafter sind, so haben sie doch wieder den Nachteil, daß sie sich mühsamer bewickeln lassen, weil die Drähte, deren Zahl bei Hochspannungsmaschinen sehr groß sein kann, durch die Nuten durchgefädelt (genäht) werden müssen. Die Nuten werden vor dem Bewickeln mit Rohren aus Isolierstoff (Preßspan, Mikanit oder Leatheroid) ausgekleidet.

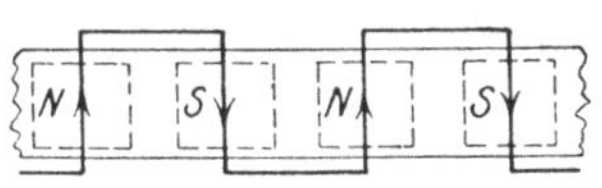

Fig. 45.

Für die Wicklungen der Wechselstrommaschinen gelten dieselben Gesetze wie für die Gleichstrommaschinen. Es dürfen bei Herstellung der Wicklung nur solche Drähte unmittelbar miteinander verbunden werden, die in entgegengesetztem Sinne induziert werden, damit sich

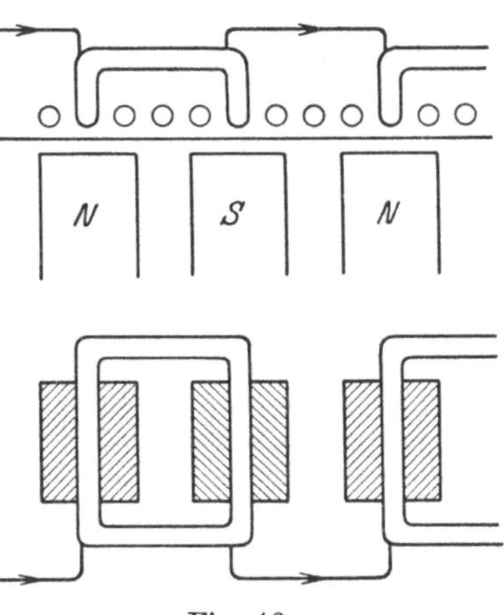

Fig. 46.

bei Hintereinanderschaltung der Leiter die induzierten Spannungen addieren. Es können also Leiter unter einem Nordpol nur mit Leitern unter einem Südpol verbunden werden (Fig. 45). Soll eine Maschine, was wohl meist der Fall ist, höhere Spannung geben, so wird man nicht wie in Fig. 45 aus einer Nut sofort nach der in Frage kommenden nächsten Nut weitergehen, sondern nach der vorhergehenden Nut zurückgreifen und dies so lange wiederholen, bis die Nuten des ersten Polpaares ausgefüllt sind. Es entsteht dann eine Spule (Fig. 46). In der Regel wird man für jedes Polpaar immer mehr als eine Spule anwenden, weil dann der zur Verfügung stehende Wickelraum besser ausgenutzt wird und die Kurvenform des erzeugten Wechselstromes weniger von der Sinuslinie abweicht. Je nach der Spannung der Maschine kann man alle Spulen der einzelnen Polpaare hintereinanderschalten oder auch alle oder in Gruppen parallel schalten. Fig. 46 zeigt eine Spulenwicklung für einphasigen Wechselstrom mit nur einer Spule für jedes Polpaar. Die Nuten werden über den Anker gleichmäßig verteilt. Aus Fig. 46 erkennt man, daß der Anker schlecht ausgenutzt ist. Es bleiben Nuten unbewickelt. Fig. 47 zeigt eine Spulenwicklung mit zwei Spulen für jedes Polpaar, so daß der Anker besser ausgenutzt ist.

Man erhält mehrere in ihrer Phase gegeneinander verschobene Spannungen, wenn man mehrere Wicklungen, die räumlich gegeneinander verschoben sind, in die Maschine hineinlegt (siehe Band II, 1, Seite 251). Wendet man z. B. zwei voneinander getrennte Wicklungen an, die mit ihren Wicklungsachsen genau um 90 Grad gegeneinander verschoben sind, so erhält man zwei Spannungen, die ebenfalls in ihrer

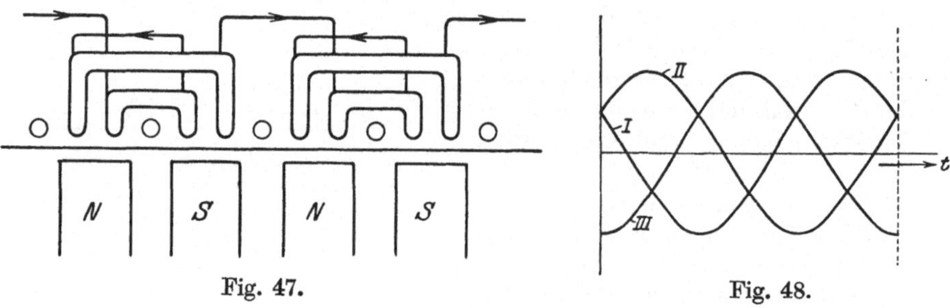

Fig. 47.
Fig. 48.

Phase um 90 Grad verschoben sind. Man nennt eine solche Stromart **Zweiphasenstrom**. Bei Anwendung von drei Wicklungen, die 120 Grad räumlich gegeneinander verschoben sind, erhält man drei Spannungen, die in ihrer Phase 120 Grad gegeneinander verschoben sind. Der von einer derart gewickelten Maschine gelieferte Strom heißt **Drehstrom**. Fig. 48 zeigt den zeitlichen Verlauf der drei sinusförmigen Spannungen in den Spulen *I*, *II* und *III*. Die Spannungen sind um $^1/_3$ Periode gegeneinander verschoben. Bei einer zweipoligen Maschine entsprechen einer Periode 360 Grad, mithin $^1/_3$ Periode 120 Grad. Die Anfänge der Spulen *I*, *II* und *III* müssen demnach bei einer zweipoligen Maschine um 120 Grad verschoben angeordnet werden. Fig. 49 gibt die Wicklung einer vierpoligen Maschine, und zwar ist nur eine Spule je Polpaar und je Phase angenommen worden. Wie schon oben (Fig. 47) gezeigt wurde, wird man zur Erzielung einer guten sinusförmigen Spannungskurve der Maschine, wenn es der Platz erlaubt, mehrere Spulen je Polpaar und Phase wählen. Größere Maschinen erhalten bis 6 Spulen je Polpaar und Phase. Eine einfache Überlegung zeigt, daß bei einer vierpoligen Maschine die räumliche Verschiebung der

Spulen der drei Phasen einer Drehstrommaschine nur 60 Grad betragen darf, da hier 60 Grad $^1/_3$ Periode entsprechen (Fig. 49). Die Gesamtzahl der Nuten einer Drehstrommaschine muß natürlich immer durch 2 und 3 teilbar sein. Da nun der weitaus größte Teil aller Wechselstrommaschinen Drehstrommaschinen sind, werden alle Anker der Wechselstrommaschinen der Einfachheit halber mit einer Nutenzahl versehen, die durch 3 teilbar ist. Bei Einphasenmaschinen bleiben dann die überzähligen Nuten ($^1/_3$ aller Nuten) unbewickelt. Man spart dabei an Schnitt- und Stanzkosten bei der Herstellung der Ankerbleche.

Die aus dem Ankerkörper auf beiden Seiten herausragenden Spulenteile nennt man Spulenköpfe oder Wicklungsköpfe. Diese müssen mechanisch gegeneinander gut gestützt und verspannt werden, damit sie nicht durch starke dynamische Kräfte, die bei Stromstößen auftreten können, in ihrer Lage und Form verändert werden.

Schaltung der Drehstrommaschinen. Wie auf Seite 255, Band II, 1, gezeigt wurde, können Drehstrommaschinen in Stern oder in Dreieck geschaltet werden. Sternschaltung ist möglich, weil bei einem Drehstromsystem die Summe der Ströme in den drei Phasen gleich Null ist (gleiche Belastung der Phasen vorausgesetzt). Dreieckschaltung ist möglich, weil die Summe der drei Phasenspannungen gleich Null ist. Bei

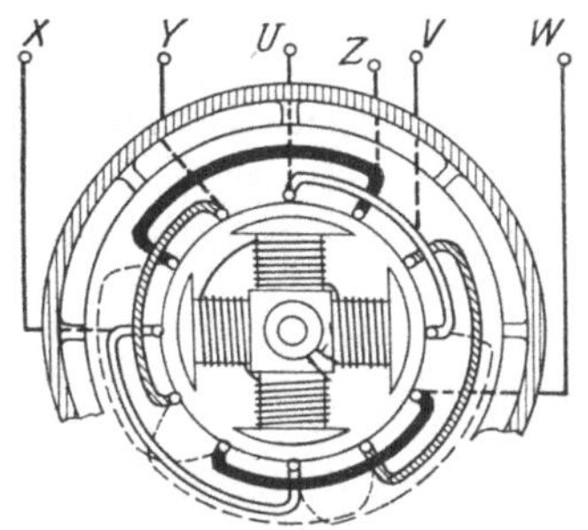

Fig. 49.

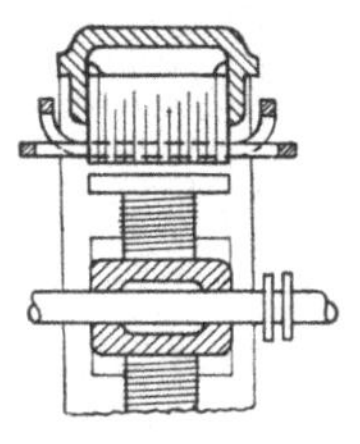

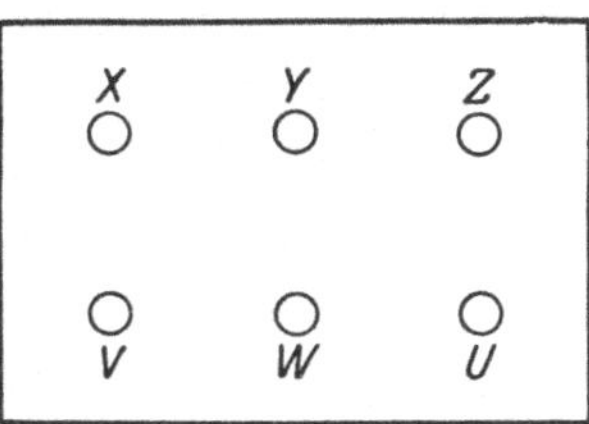

Fig. 50.

einer Mehrphasenmaschine werden immer die Enden aller Phasen nach dem Klemmenbrett aus der Maschine herausgeführt. Eine Drehstrommaschine hat mithin 6 herausgeführte Leitungsenden, die nach den Vorschriften des Verbandes Deutscher Elektrotechniker mit $X-U$, $Y-V$ und $Z-W$ bezeichnet werden. Das Klemmenbrett hat vorteilhaft die in Fig. 50 angegebene Anordnung. Die zu einer Phase gehörigen Klemmen werden versetzt am Klemmenbrett angeordnet. Aus Fig. 51 und 52 ist zu ersehen, daß die Verbindungen $X-V$, $Y-W$ und $Z-U$ Dreieckschaltung und die Verbindungen $U-V-W$ Sternschaltung ergeben. An einem nach Fig. 50 angeordneten Klemmenbrett kann man die Dreieckschaltung bequem herstellen, indem man drei entsprechende senkrechte Verbindungslaschen benutzt. Zur Herstellung der Sternschaltung ist nur eine wagerechte Verbindungslasche die U, V, W verbindet, erforderlich. Da die Sternspannung $E = \sqrt{3}$ mal Phasenspannung ist ($E = \sqrt{3} \cdot e$), kann man von ein und derselben

Drehstrommaschine zwei Spannungen erhalten, je nachdem man sie in Stern oder Dreieck schaltet. Ist z. B. eine Maschine für eine Phasenspannung $e = 220$ Volt gewickelt, so gibt die Maschine in Dreieckschaltung als Klemmenspannung 220 Volt. Durch Umschalten der Maschine auf Stern erhält man eine Klemmenspannung $E = \sqrt{3} \cdot 220$

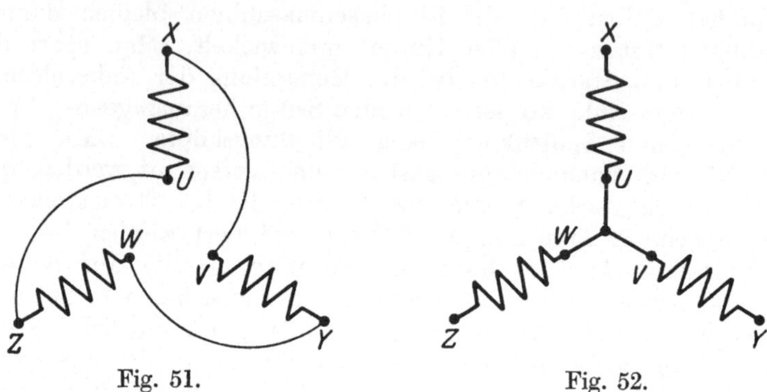

Fig. 51.   Fig. 52.

$= 380$ Volt. Das Umschalten von Dreieck auf Stern hat besonderen Wert bei Drehstrommotoren und bei Transformatoren. Man kann ein und denselben Motor für zwei Spannungen benutzen. Drehstrommaschinen werden in der Regel im Betriebe nicht umgeschaltet, da das Netz, auf das die Maschine arbeiten muß, immer eine festliegende Spannung hat.

1. Leistung der Wechselstrommaschinen.

Während man bei einer Gleichstrommaschine zur Bestimmung der Leistung nur die Klemmenspannung der Maschine mit der Stromstärke zu multiplizieren braucht ($N = U \cdot I$ Watt), so muß man bei Wechselstrom die Phasenverschiebung zwischen der Spannung und dem Strome berücksichtigen (siehe Teil II, 1, Seite 262).

Die Leistung einer Wechselstrommaschine ist: $\quad N = U \cdot I \cdot \cos \varphi$

einer Drehstrommaschine: $\qquad N_d = U \cdot I \cdot \cos \varphi \cdot \sqrt{3}$.

Die Antriebsleistung einer Drehstrommaschine wird mithin:

$$\mathrm{PS} = \frac{\sqrt{3} \cdot U \cdot I \cdot \cos \varphi}{\eta \cdot 736}$$

oder in kW ausgedrückt

$$\mathrm{kW} = \frac{\sqrt{3} \cdot U \cdot I \cdot \cos \varphi}{\eta \cdot 1000}.$$

Hierin bedeuten: $U =$ Klemmenspannung in Volt, $I =$ Stromstärke in Ampere, $\cos \varphi =$ Leistungsfaktor, $\eta =$ Wirkungsgrad der Dynamomaschine. 1 PS = 736 Watt. In neuerer Zeit ist es üblich, die Leistung aller Kraftmaschinen nicht mehr in PS, sondern in kW anzugeben.

Der Wirkungsgrad η einer Dynamomaschine liegt je nach Größe der Maschine zwischen 80 und 96 v.H.

Drehzahl der Wechselstrommaschinen. Die Periodenzahl f einer Wechselstrommaschine ist abhängig von der Drehzahl und der Polzahl der Maschine. Es besteht die Beziehung: $f = \dfrac{n \cdot p}{60}$, hierin bedeutet: $n =$ Drehzahl in der Minute, $p =$ Anzahl der Polpaare.

Man kann auch schreiben: $n = \dfrac{f \cdot 60}{p}$. Da die Periodenzahl des Wechselstromes immer fest liegt, kann die Drehzahl einer Wechselstrommaschine nicht beliebig angenommen werden; sie muß sich streng nach Polzahl und Periodenzahl richten. In den meisten europäischen Ländern ist die Periodenzahl $f = 50/\text{sek.}$ üblich (nur in Ausnahmefällen werden Frequenzen von 25 oder $16^2/_3/\text{sek.}$ angewandt). Es muß mithin eine vierpolige Maschine, die 50-periodischen Wechselstrom abgeben soll, eine Drehzahl

$$n = \frac{50 \cdot 60}{2} = 1500 \text{ Umdrehungen/min}$$

haben. Arbeiten mehrere Wechselstrommaschinen auf ein Netz, so ist unbedingt erforderlich, daß sie ihre Drehzahl der Frequenz und Polzahl entsprechend unverändert halten. Maschinen gleicher Polzahl müssen in diesem Falle genau gleiche Drehzahl haben, die Maschinen müssen synchron (gleichzeitig) laufen. Man nennt deshalb oft die Wechselstromerzeuger Synchronmaschinen.

2. Das Verhalten der Wechselstrommaschinen.

Die Eigenschaften der Wechselstrommaschinen können ebenso wie bei Gleichstrommaschinen aus den charakteristischen Kurven ersehen werden. Man unterscheidet hier: Leerlauf-, Kurzschluß- und Belastungscharakteristik.

Zur Aufnahme der Leerlaufcharakteristik läßt man die Maschine mit gleichbleibender, synchroner Drehzahl laufen, ohne der Maschine Strom zu entnehmen. Man mißt die Spannung E in Abhängigkeit vom Erregerstrom i_{err}. Die Kurve E in Fig. 53 zeigt den Verlauf der Leerlaufcharakteristik einer Wechselstromdynamo. Das bei der Gleichstrommaschine über die Leerlaufcharakteristik Gesagte (siehe Seite 136) gilt auch für die Wechselstrommaschine.

Die Kurzschlußcharakteristik wird gefunden, wenn man die Maschine über einen Stromzeiger kurzschließt und den Kurzschlußstrom I_k in Abhängigkeit vom Erregerstrom i_{err} mißt. Man hält auch hier die Drehzahl der Maschine unverändert, doch ist dies nicht unbedingt erforderlich, da die Drehzahl nur wenig Einfluß auf den Verlauf der Kurzschlußkurve hat. Die Kurzschlußcharakteristik verläuft fast

geradlinig (Fig. 53). Es genügt, bei der Aufnahme der Kurve nur wenige
Punkte zu messen. Die Kurzschlußkurve gibt Aufschluß über die
induktiven Verhältnisse der Maschine.

Bei der Aufnahme der Belastungscharakteristik einer Wechselstrommaschine muß man unterscheiden, ob die Maschine induktionsfrei,
induktiv oder kapazitativ belastet ist (siehe Teil II, 1, Seite 263). Das
Verhalten einer Wechselstrommaschine ist je nach der Belastungsart
sehr verschieden. Arbeitet eine Maschine auf ein Netz, das nur ohmische
Widerstände enthält (Glühlampen, Heizkörper, Flüssigkeitswider-
stände), so tritt, da keine Phasenverschiebung zwischen Spannung
und Strom vorhanden ist ($\cos\varphi = 1$), das durch den Ankerstrom erzeugte Querfeld wie bei einer Gleichstrommaschine in der neutralen
Zone zwischen den Polen aus dem Anker aus und beeinflußt das Magnetfeld der Pole nur mittelbar. Es tritt infolge der Ankerrückwirkung
eine mäßige Beeinflussung der Klemmenspannung der Maschine ein.
Der gesamte Spannungsabfall in der Maschine wird durch Ankerrückwirkung, ohmischen und induktiven Spannungsabfall (in den Leitern

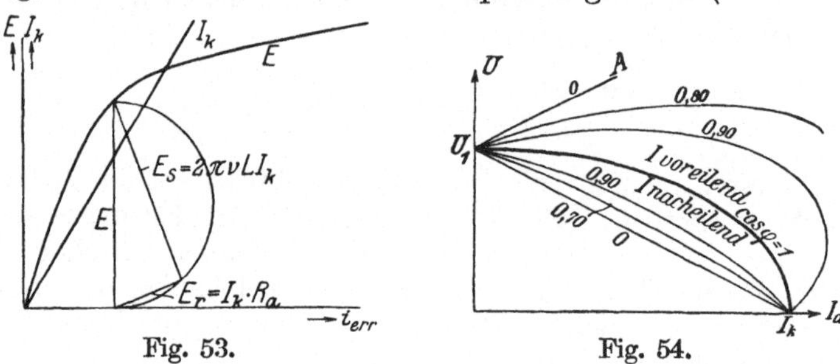

Fig. 53.   Fig. 54.

der Maschine) bedingt. Der Verlauf der Belastungscharakteristik ist
angenähert der eines Bogens einer Viertelellipse (Fig. 54). Man trägt
bei der Belastungskurve die Klemmenspannung U über der Ankerstromstärke I_a auf. Der Erregerstrom und die Drehzahl werden unverändert und normal gehalten. Verringert man den Widerstand des
äußeren Maschinenkreises immer weiter bis zum Kurzschluß, so wächst
I_a bis zum Kurzschlußstrom I_k an.

Arbeitet eine Wechselstrommaschine auf ein Netz mit induktiver
Belastung (Magnetspulen, leerlaufende Motoren, Drosselspulen), so
tritt infolge der Nacheilung des Stromes gegen die Spannung ($\cos\varphi < 1$)
eine mehr oder weniger starke Feldschwächung in den Magnetpolen
ein. Das Ankerfeld tritt wegen der zeitlichen Verschiebung des Ankerstromes gegen die Spannung erst auf, wenn die Pole beim Umlauf der
Maschine bereits unter die Mitten der induzierten Ankerspulen gekommen sind. Der Abfall der Belastungskurve geht, wie aus Fig. 54
ersichtlich ist, sehr schnell vor sich, wenn die Maschine nacheilenden
Strom abgeben muß. Im äußersten Falle, wenn die Phasenverschiebung
90 Grad beträgt (*cos $\varphi = 0$*), verläuft die Belastungskurve geradlinig.
Ist die Belastung der Wechselstrommaschine kapazitativ ($\cos\varphi < 1$)

(Maschine arbeitet auf Kabel, Kondensatoren, Isolationsproben), so eilt der Strom der Klemmenspannung vor. In diesem Falle tritt in der Maschine eine Spannungserhöhung ein. Diese kann bei starker Voreilung des Stromes ganz erheblich sein (Fig. 54). Da in den Wechselstromnetzen die Belastung dauernd schwankt, würde es wegen der starken Beeinflussung der Maschinen durch die Belastung unmöglich sein, die Netzspannung auf gleichbleibender Höhe zu halten, wenn man nicht besondere selbsttätige Spannungsregler anwendete (Schnellregler der SSW, Tirillregler der AEG).

II. Die Elektromotoren.

Ein Elektromotor (sprich Mótor) ist eine umlaufende elektrische Maschine, die elektrische Leistung in mechanische Leistung umwandelt. Jede Dynamomaschine kann als Motor betrieben werden, jeder Motor kann als Dynamo laufen. Alle Maschinen sind umkehrbar.

A. Die Gleichstrommotoren.

Führt man dem Anker einer Gleichstrommaschine, deren Magnetpole erregt sind und deren Bürsten in der neutralen Zone stehen, aus einer beliebigen Gleichstromquelle (Akkumulatoren, Netz) Strom zu, so verteilt sich dieser infolge der inneren Schaltung des Ankers in den Ankerleitern so, daß unter gleichen Polen immer gleichgerichtete Ströme fließen. In Fig. 55 ist die Stromrichtung so angenommen, daß die Ströme vom Beschauer aus unter dem Nordpol eintreten, unter dem Südpol heraustreten. Die Ankerleiter befinden sich in einem magnetischen Felde. Auf jeden stromführenden Leiter wird aber im magnetischen Felde eine Kraft ausgeübt, deren Richtung nach der linken Handregel zu bestimmen ist. Linke Handregel: Läßt man die Kraftlinien in den Handteller eintreten, wobei man die ausgestreckten Finger in die Richtung des Stromes bringt, so gibt die Richtung des Daumens die Richtung der Kraft an, die auf den Leiter ausgeübt wird. In Fig. 56 findet man die Richtung der Kraft k, indem man die ausgestreckten Finger der linken Hand senkrecht auf die Papierebene hält und die Pfeile des magnetischen Feldes $\mathfrak{B}$ in den Hand-

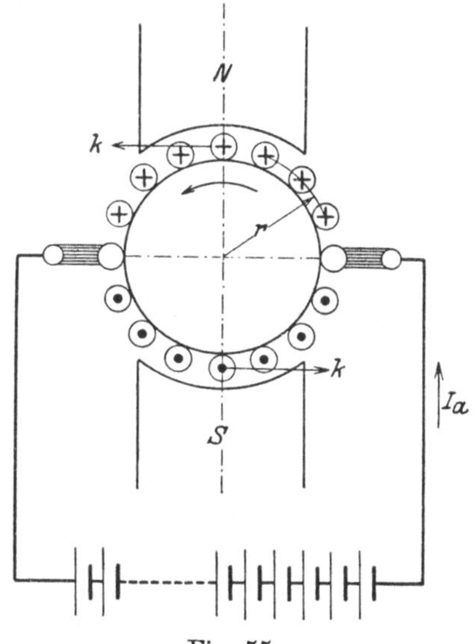

Fig. 55.

teller eintreten läßt. Die Kraft k ist um so größer, je größer der Strom I im Leiter und je stärker das Magnetfeld $\mathfrak{B}$ ist. Man kann schreiben: $k = c \cdot I \cdot \mathfrak{B}$.

In Fig. 55 wird auf jeden Leiter des Ankers, soweit er sich im Felde befindet, eine Kraft k ausgeübt. Diese Kräfte k, die am Umfang des Ankers wirken, bilden mit dem Radius des Ankers Drehmomente, die sich zum Gesamtdrehmoment M_d addieren. Führt man an Stelle der magnetischen Feldstärke den magnetischen Fluß Φ ein (siehe Teil II, 1, Seite 243), so kann man schreiben: $M_d = c \cdot I \cdot \Phi$. Die Unveränderliche c berücksichtigt die Abmessungen und Schaltung der Maschine und das Maßsystem. Das Drehmoment eines Motors ist mithin abhängig von der Ankerstromstärke und vom magnetischen Fluß der Pole, es ist nicht von der Klemmenspannung abhängig. Jeder Elektromotor ist imstande, die verlangte Zugkraft (Riemenzug) auszuüben, sofern er genügend Erregung hat und sofern die vorhandene Spannung am Anker groß genug ist, den nötigen Ankerstrom zu liefern. Setzt sich infolge des ausgeübten Drehmomentes der Anker in Bewegung, so werden in den Ankerleitern Spannungen induziert, da die bewegten Ankerleiter Kraftlinien schneiden (siehe Teil II, 1, Seite 247). Die Richtung der induzierten Ankerspannung E_a läßt sich nach

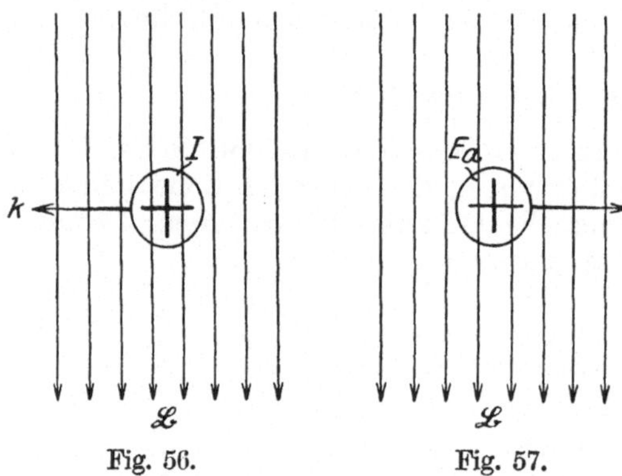

Fig. 56.   Fig. 57.

der rechten Handregel bestimmen. Rechte Handregel (Fig. 57): Läßt man die magnetischen Kraftlinien in den Handteller der rechten Hand eintreten, wobei der Daumen in die Bewegungsrichtung des Leiters gebracht wird, so zeigen die ausgestreckten Finger die Richtung der induzierten Spannung an. Wendet man die rechte Handregel bei Fig. 55 an, so findet man, daß die im Anker induzierte Spannung den Stromrichtungen in den Ankerleitern gerade entgegengesetzt ist. Die elektromotorische Kraft des Ankers ist mithin der angelegten Klemmenspannung entgegengerichtet (gegenelektromotorische Kraft des Ankers). An einem laufenden Motor können drei Spannungen unterschieden werden: Die angelegte Klemmenspannung U_a und die beiden Gegenspannungen E_a und der ohmische Spannungsverlust $I_a R_a$.

Man kann schreiben: $U_a = E_a + I_a R_a$. Da die induzierte Spannung E_a der Drehzahl n und dem magnetischen Fluß Φ der Pole verhältnisgleich ist ($E_a = c \cdot n \cdot \Phi$), wird:

$$U_a = c \cdot n \cdot \Phi + I_a R_a \quad \text{oder} \quad n = \frac{U_a - I_a R_a}{c \cdot \Phi}.$$

Da der ohmische Widerstand des Ankers immer klein gehalten wird, damit die Stromwärme im Anker nicht zu hoch wird, kann man angenähert setzen: $n = \infty \dfrac{U_a}{c \cdot \Phi}$, d. h.: Die Drehzahl eines Gleichstrommotors wächst mit der angelegten Ankerspannung U_a und fällt mit steigendem Magnetismus der Pole. (Mittel zur Drehzahländerung siehe später.) Die letzte Formel zeigt aber auch, daß sich die Drehzahl theoretisch bis in die Unendlichkeit erhöhen würde, wenn dem Motor der Magnetismus genommen würde. Schwächung des Feldes bedeutet Erhöhung der Drehzahl, Ausschalten des Feldes bedeutet Durchgehen des Motors. Beim Aufstellen von Gleichstrommotoren ist also auf zuverlässigen Anschluß der Erregerwicklung zu achten.

Ebenso wie bei den Gleichstromdynamomaschinen kann man auch bei den Motoren drei verschiedene Schaltungen unterscheiden. Man hat: Hauptstrommotoren (auch Reihenschluß- oder Serienmotoren genannt), Nebenschlußmotoren und Kompoundmotoren. Diese drei Motorarten unterscheiden sich wesentlich in ihrem Verhalten. Sie werden deshalb je nach ihren Eigenschaften für die einzelnen Antriebe ausgewählt.

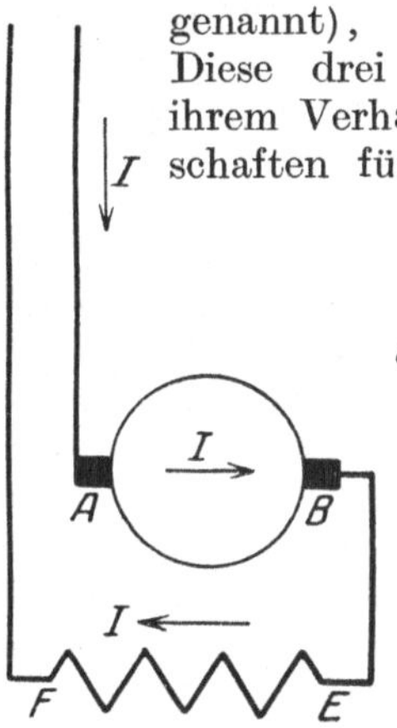

Fig. 58.

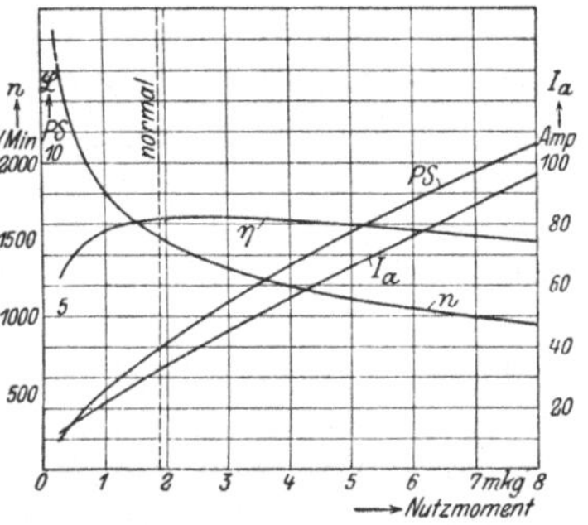

Fig. 59.

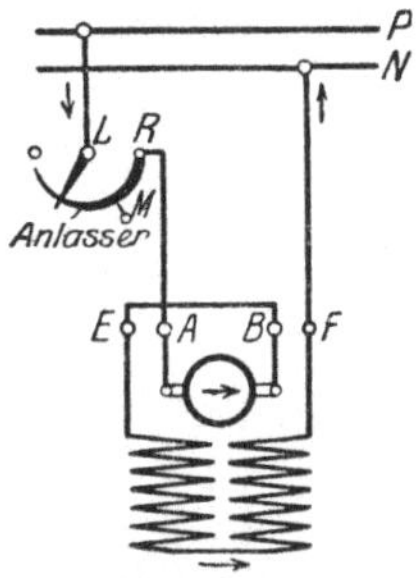

Fig. 60.

1. Der Hauptstrommotor. Die grundsätzliche Schaltung gibt Fig. 58. Beim Hauptstrommotor sind Anker $A-B$ und die Erregerwicklung $E-F$ hintereinander geschaltet. Die Erregerwicklung führt mithin den Ankerstrom und muß deshalb aus dickerem Draht, der den Erregerstrom aushält, ausgeführt werden. Die Windungzahl der Erregerwicklung ist dem stärkeren Erregerstrom entsprechend nur gering. Fig. 59 zeigt die charakteristischen Kurven des Hauptstrommotors, die bei der Abbremsung gefunden werden. Die Schaltung eines Hauptstrommotors hat nach Fig. 60 zu erfolgen. Aus den Schaulinien des Motors (Fig. 59) ist zu entnehmen, daß die Drehzahl eines Hauptstrommotors stark mit der Belastung abnimmt. Bei vollständiger Entlastung des Motors steigt die Drehzahl bis zu unzulässiger Höhe an. Der Motor darf also nicht leerlaufen. Er ist dort nicht zu gebrauchen, wo während des Betriebes zu weit gehende Entlastung eintreten kann.

Riemenantrieb ist nicht zulässig, da beim Herabfallen des Riemens vollständige Entlastung eintritt. Der Hauptstrommotor hat ein vorzügliches Anlaufmoment. Da das Drehmoment eines Motors der Ankerstromstärke und dem magnetischen Flusse verhältnisgleich ist, und weil beim Hauptstrommotor der Fluß selbst wieder vom Ankerstrom erzeugt wird, kann das Drehmoment angenähert dem Quadrate des Ankerstromes verhältnisgleich gesetzt werden. $M_d = c I_a^2$. Das kräftige Anzugmoment macht den Hauptstrommotor besonders geeignet für den Antrieb von Hebezeugen und Bahnen. Bei diesen Betrieben kommen sehr starke Anzugmomente vor und es ist hier auch ein besonderer Vorzug des Hauptstrommotors, daß er bei stärksten Belastungen seine Drehzahl herabsetzt. (Über Anlassen, Umkehren und Änderung der Drehzahl des Motors siehe besondere Abschnitte.)

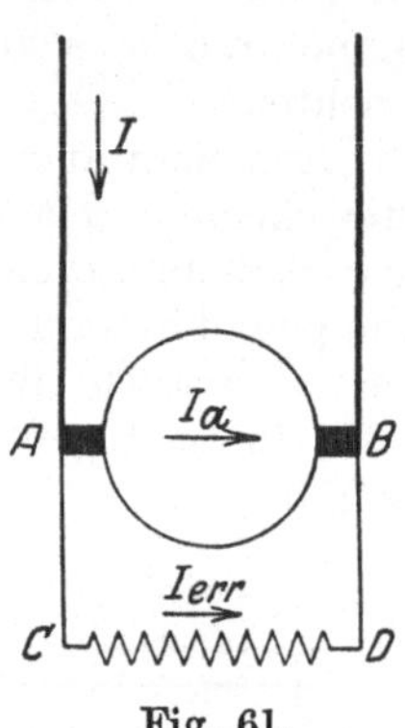

Fig. 61.

2. Der Nebenschlußmotor. Die grundsätzliche Schaltung gibt Fig. 61. Beim Nebenschlußmotor ist die Erregerwicklung $C-D$ parallel zum Anker $A-B$ geschaltet. Der vom Motor dem Netz entnommene Strom I teilt sich in den Ankerstrom I_a und in den Erregerstrom I_{err}. Die Erregerwicklung $C-D$ liegt am Netz. Sie muß deshalb als Spannungswicklung mit vielen Windungen dünnen Drahtes, also mit höherem Widerstande ausgeführt werden. So beträgt z. B. der Widerstand der Erregerwicklung eines 5 pferdigen Motors für 110 Volt etwa 55 Ohm. Die betriebsmäßige Schaltung eines Nebenschlußmotors ist aus Fig. 62 zu erkennen. Man legt in der normalen Schaltung die Erregerwicklung mit dem einen Pol an den Anker, mit dem andern Pol an einen in der Mitte des Anlassers herausgeführten Punkt M. Fig. 63 zeigt die charakteristischen Kurven des Nebenschlußmotors. Die Kurven werden gefunden, wenn man den Motor bei gleichbleibender Klemmenspannung U und veränderlichem Drehmoment abbremst. Aus den Schaulinien ist zu

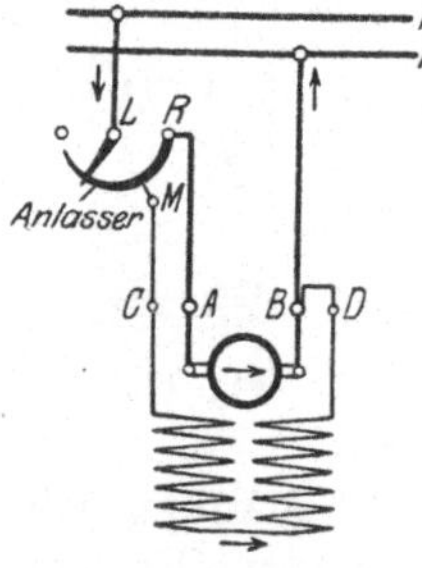

Fig. 62.

erkennen, daß die Drehzahl nur wenig abnimmt, wenn die Belastung des Motors steigt. Da die Erregerwicklung praktisch an der vollen Netzspannung liegt (Fig. 62), hat der Motor immer seinen vollen Magnetismus, d. h. er kann auch bei völliger Entlastung nicht durchgehen. Das Anzugmoment ist immer ausreichend, sofern die Netzspannung den ihr zukommenden Wert hat, denn dann kann sich sowohl der zum Drehmoment erforderliche Ankerstrom als auch der Magnetismus ausbilden ($M_d = c \cdot I_a \cdot \Phi$). Zuweilen (z. B. in landwirtschaftlichen Betrieben) kommt es vor, daß der Widerstand der Zuleitungen zum Motor zu hoch ist. Der Spannungsabfall in den Zuleitungen wird dann zu groß. In diesem Falle bekommt die Erregerwicklung zu geringe Spannung, so daß sich der erforderliche Fluß in den Polen nicht ausbilden kann. Der Motor läuft nicht an. Bei der Aufstellung der Nebenschlußmotoren ist besonderer Wert darauf zu legen, daß die Erregerwicklung $C-D$ gut angeschlossen wird. Eine Unterbrechung der Erregung würde Durchgehen des Motors bedeuten. Die Eigenschaften

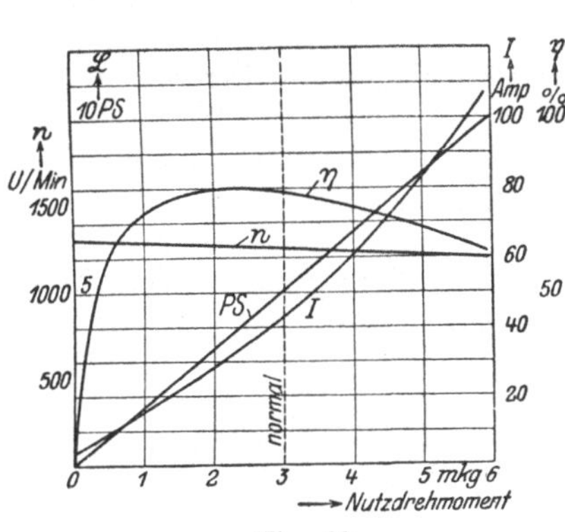

Fig. 63.

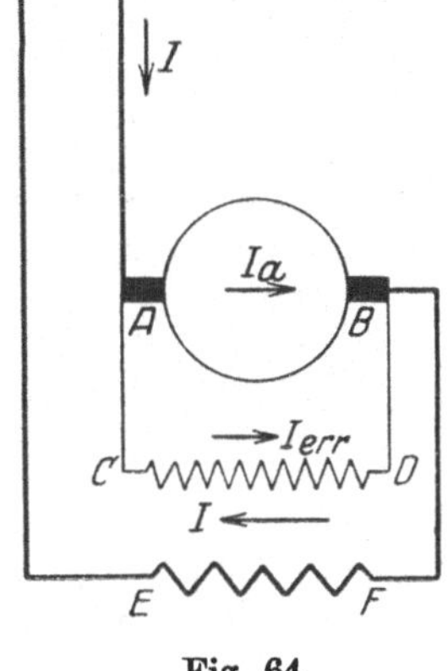

Fig. 64.

des Nebenschlußmotors machen ihn überall dort geeignet, wo bei schwankender Belastung möglichst gleichbleibende Drehzahl verlangt wird. Der Nebenschlußmotor ist der gegebene Motor für den Antrieb von Pumpen, Werkzeugmaschinen, Fördermaschinen und für das Kleingewerbe. (Über Anlassen, Umkehren und Änderung der Drehzahl siehe besonderen Abschnitt.)

3. Der Kompoundmotor. Die grundsätzliche Schaltung gibt Fig. 64. Die betriebsmäßige Schaltung ist aus Fig. 65 zu erkennen. Bei den Kompoundmotoren liegt die Abhängigkeit der Drehzahl von der Belastung zwischen der des Nebenschlußmotors und des Hauptstrommotors. Je nach Stärke der gewählten Kompoundierung steigt die Drehzahl mit abnehmender Belastung. Der Kompoundmotor kann nicht durchgehen. Zuweilen gibt man einem Nebenschlußmotor einige

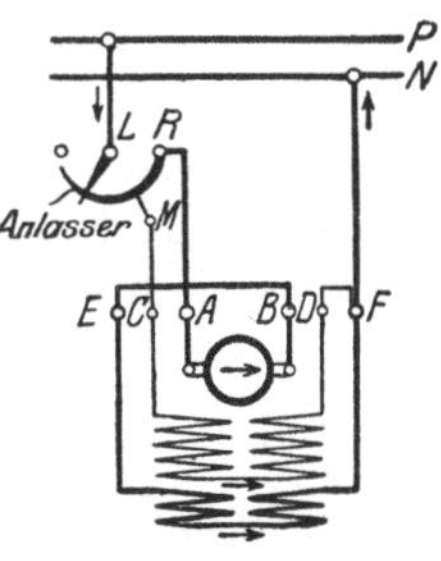

Fig. 65.

Kompoundwindungen auf die Pole (Hilfskompoundwicklung), wenn man (z. B. bei Motoren mit Wendepolen) dauernd gleichmäßigen Gang des Motors bei Feldschwächung zwecks Drehzahlregelung erzielen will. Kompoundmotoren werden dort angewandt, wo man neben den Eigenschaften des Nebenschlußmotors besonders guten Anlauf unter Last haben will (Aufzugmotoren).

Das Anlassen der Motoren. Die gegenelektromotorische Kraft des Ankers ist bei Stillstand des Motors gleich Null (siehe Seite 148). Würde man zum Anlassen an einen stillstehenden Motor die volle Netzspannung legen, so würde der Motor im Augenblick des Einschaltens einen unzulässig hohen Strom aufnehmen, da nur der Widerstand des Ankers im Stromkreise liegt. Der Anlaßstrom würde werden $I_{anl} = \dfrac{U}{R_a}$, worin U = Netzspannung und R_a = Widerstand des Ankers bedeutet. Der Widerstand des Motorankers ist immer klein. Der Anlaßstrom würde mithin Werte annehmen, die das 5—10fache des Normalstromes betrügen. Abgesehen davon, daß die vor den Motor geschalteten Schmelzsicherungen durchgehen würden, würde der Stromstoß auf das Netz so groß werden, daß die noch an das Netz angeschlossenen Stromabnehmer unter Spannungsschwankungen zu leiden hätten. Um ein sanftes Anfahren eines Motors zu erhalten, schaltet man vor den Anker einen regelbaren Widerstand, den Anlasser, der in dem Maße, wie sich der Motor beschleunigt und immer größere gegenelektromotorische Kraft entwickelt, stufenweise abgeschaltet wird. Fig. 66 gibt die An-

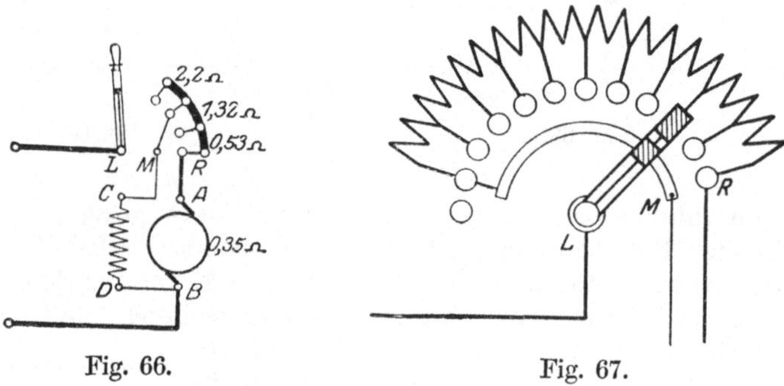

Fig. 66.　　　　　　　　　　　Fig. 67.

ordnung eines normalen Anlassers für einen Nebenschlußmotor. Der Anlasser hat hier bei dem ersten Kontakt 2,20 + 1,32 + 0,53 = 4,05 Ohm Widerstand. Da der Ankerwiderstand zu 0,35 Ohm angenommen ist, würde der beim Einschalten eines 110-Volt-Motors eintretende Stromstoß betragen: $I = \dfrac{110}{4,05 + 0,35} = 25$ Ampere. In der Regel werden die einzelnen Widerstandstufen eines Anlassers nach einer geometrischen Reihe abgestuft. Beim Anschluß des Anlassers für Nebenschlußmotoren ist darauf zu achten, daß der Nebenschlußkreis beim Einschalten immer die volle Spannung erhält, damit zur Entwicklung des Drehmomentes der volle magnetische Fluß vorhanden ist. In den Fig. 62 und 65 ist bei einem Punkte M des Anlassers die Feldwicklung $C—D$ mit C angeschlossen. Der Punkt M am Anlasser ist so gewählt, daß in dieser Stellung der Schleifkurbel der Motor beim Stillstand den normalen Betriebsstrom aufnehmen würde. Die Stellung der Schleifkurbel bei normalem Betriebe des Motors ist aber der Punkt R. Der Motor bekommt sowohl bei Lauf (Anlasserkurbel bei R) als auch beim Anlassen (erster Kontakt) nicht die volle Spannung an der Erreger-

wicklung, da immer ein Teil des Anlasserwiderstandes vor die Erregerwicklung geschaltet ist. Der Widerstand des Anlassers ist im Verhältnis zum Widerstand der Erregerwicklung sehr klein. Die Feldschwächung durch das Vorschalten der Anlasserstufen ist mithin zu
vernachlässigen. Die beste Anordnung eines Anlassers ist die, bei der
die Erregerwicklung vom ersten Augenblick des Anlassens an bis zur
Endstellung R des Anlassers an der vollen Netzspannung liegt. Man
führt die Anlasser für mittlere und größere Motoren fast immer in dieser
Weise aus, indem man an Stelle des Abzweiges M am Anlasser eine
besondere Schiene für den Anschluß der Erregerwicklung vorsieht
(Fig. 67). In der Ausschaltstellung ist die Erregerwicklung über den
Anker und den Anlasser kurzgeschlossen.

Für Anlasser, die häufig und regelmäßig bedient werden müssen,
wählt man vorteilhaft die Form der Schaltwalze (Kontroller, Fahrschalter). Meist verbindet man dann mit dem Anlasser zugleich die

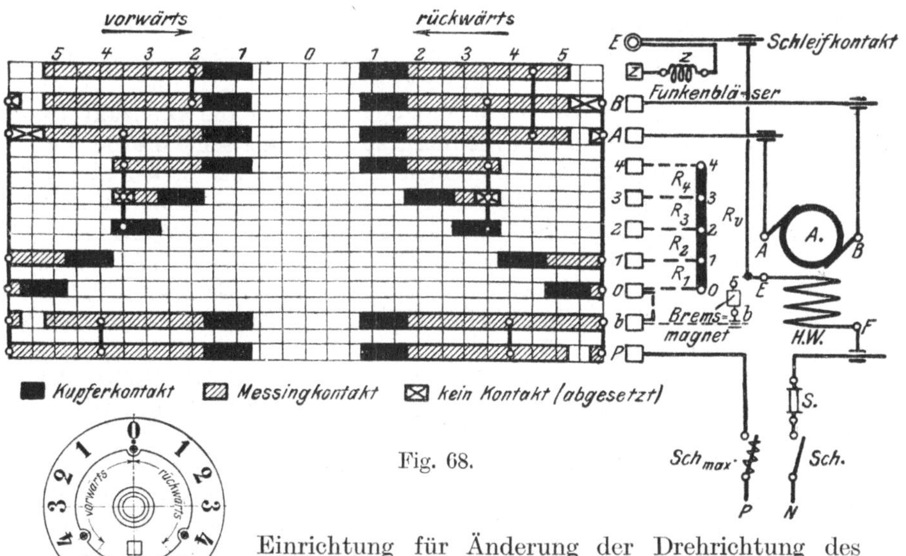

Fig. 68.

Einrichtung für Änderung der Drehrichtung des
Motors, für Bremsung oder auch für beides zugleich.
Fig. 68 gibt das Schaltschema einer Anlaßwalze mit
einen Hauptstrommotor. In Fig. 68 ist z. B. für den ersten Augenblick
des Anlassens (Stellung 1, vorwärts) der Stromlauf der folgende: Der
Strom tritt bei P ein und läuft über einen Maximalausschalter zur
untersten Kontaktschiene 10, die mit der 9. Kontaktschiene verbunden
ist. Mittels der Kontaktfinger b, 0 läuft der Strom durch die Anlaß-
widerstände w_1, w_2, w_3, w_4 und kommt über Kontaktfinger 4 und
Schiene 4 nach Schiene 3 und damit zum Anker A. Nach Durchlaufen
des Ankers kommt er über B nach Schiene 2, die mit Schiene 1 verbunden ist. Über Kontaktfinger z läuft der Strom durch den Funken-

löscher nach E, durch die Hauptstromwicklung $E-F$ nach dem Netz N zurück.

Selbstanlasser sind Anlasser, die aus der Ferne (unter Umständen mittels eines Hilfsstromkreises) bedient werden. Sie enthalten Einrichtungen, die bei der selbsttätigen Verstellung der Schaltkurbel verhindern, daß der Schaltvorgang zu schnell vor sich geht (Pufferung, Windflügelwerke usw.).

Für die Bemessung eines Anlassers ist nicht allein die Größe des anzulassenden Motors maßgebend, es ist auch noch die Anlaßzeit zu berücksichtigen. Ein Anlasser ist also nach der Anlaßarbeit zu wählen. Während des Anlassens wird die von dem Anlasser abgedrosselte Energie in dem Widerstande des Anlassers in Wärme umgesetzt. Der Anlasser muß so gebaut sein, daß er die Wärme abführen kann. Man hat Anlasser mit Luftkühlung und Ölkühlung. Sind Motoren mit großen Schwungmassen (Zentrifugen, Schwungräder) anzulassen, so kann die Anlaßarbeit sehr groß werden, da oft längere Zeit zum Anlassen gebraucht wird. In solchen Fällen fallen die Anlasser sehr groß aus. Motoren, die leer anlaufen können, dürfen mit einem leichteren Anlasser schnell auf Touren gebracht werden (Anlasser für Leerlauf). Je nach den Arbeitsverhältnissen unterscheidet man noch: Anlasser für Anlassen bei **halber Last** und bei **Vollast**. Will man mit dem Anlasser die Drehzahl des Motors regeln (siehe Drehzahlregelung), so muß die Schleifkurbel des Anlassers dauernd auf den einzelnen Kontaktstufen stehenbleiben können. Die Widerstandsdrähte des Anlassers müssen dann dauernd den Strom des Motors führen und aushalten können. **Regulieranlasser** sind deshalb besonders reichlich zu bemessen. Der für einen Motor zulässige größte Anlaßstrom ist nach den „Bedingungen für den Anschluß von Motoren an öffentliche Elektrizitätswerke" für die einzelnen Motoren festgelegt.

Die Drehzahlregelung der Motoren. Die Drehzahl der Gleichstrommotoren kann geregelt werden: 1. durch Änderung der Ankerspannung, 2. durch Änderung der Stärke des Magnetfeldes.

Änderung der Ankerspannung. Schaltet man vor den Anker einen Widerstand (Anlasser) (Fig. 66), so wird bei dem Strome, den der Motor zur Entwicklung des verlangten Drehmomentes benötigt, ein Teil der Netzspannung im Vorschaltwiderstand abgedrosselt. Der Anker bekommt eine um den Spannungsverlust im Anlasser verminderte Spannung. Da die Drehzahl $n = \dfrac{U_a - I_a R_a}{c \cdot \Phi}$ ist (siehe Seite 148), muß durch Vorschalten eines Widerstandes vor den Anker eine Drehzahlverminderung eintreten. Diese Drehzahlregelung ist allerdings nicht verlustlos. Der durch Herabsetzung der Drehzahl bedingte Verlust an Motorleistung wird im Anlasser (Regulieranlasser) in Wärme umgesetzt, ist also verloren. Da die im Vorschaltwiderstand abgedrosselte Spannung dem Widerstand und der Stromstärke verhältnisgleich ist, wird diese Regelung unwirksam, wenn der Motorstrom nur gering ist, d. h. wenn der Motor nur wenig belastet ist.

Um eine Drehzahlregelung durch Änderung der Ankerspannung
handelt es sich auch, wenn man die bei schweren Betrieben viel benutzte
Schaltung nach Ward Leonard anwendet (Fig. 69). Nach dieser
Schaltung wird der zu regelnde Motor (*GM*) fremd erregt. Er hat also
während des Betriebes gleichbleibendes magnetisches Feld. Der Anker
des Motors liegt am Anker eines Gleichstromgenerators (*GG*), der von
irgendeiner Antriebsmaschine (in Fig. 69 ist ein Drehstrommotor [$D_A M$]
gezeichnet) mit unveränderlicher Drehzahl angetrieben wird. Durch
Regelung des magnetischen Feldes der Gleichstromdynamo mittels des
Feldreglers kann man die Spannung der Dynamo in weiten Grenzen
regeln und damit am Anker des zu regelnden Motors beliebige Spannungen erhalten. Die Drehzahlregelung des Motors erfolgt mithin durch

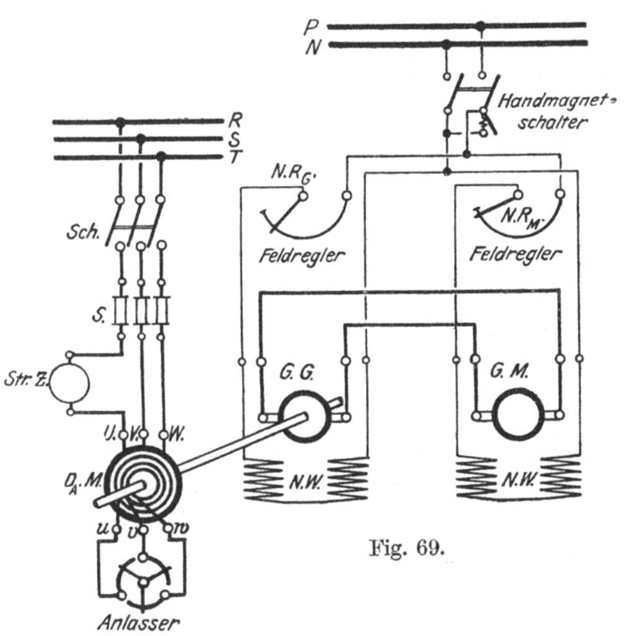

Fig. 69.

Betätigung des Feldreglers der Dynamo und ist, sofern man von dem
geringen Verlust im Feldregler absieht, verlustlos. Meist macht man
den Erregerkreis der Dynamo noch umschaltbar. Man erreicht dann
eine Umkehrung der Polarität am Anker der Dynamo und damit auch
am Motor. Dies bedeutet Umkehrung der Drehrichtung des Motors
(Reversieren). Die Leonard-Schaltung wird bei großen Förderanlagen,
Walzenzuganlagen und bei größeren Kranen benutzt. Will man bei
vielen Motoren einer Anlage die Drehzahl in sehr weiten Grenzen ändern
(Antrieb von Werkzeugmaschinen), so kann man ein Mehrleiternetz
anwenden. Solche Anlagen sind in Amerika angewandt worden. Man
erregt dann die Motoren fremd und legt, je nach verlangter Drehzahl,
die Motoren mit dem Anker an eine der vorgesehenen Spannungen.

Bullock u. Co. benutzt z. B. drei Spannungen von 60, 80 und 110 Volt. Man kann an den Motoranker legen: 60, 80, 110, 60 + 80, 80 + 110 und 60 + 80 + 110 Volt und erhält bei 6 Regelstufen eine Drehzahländerung im Verhältnis 1 : 4. Für die Stromlieferung werden hier meist hintereinander geschaltete Gleichstrommaschinen benutzt.

2. Änderung der Drehzahl durch Feldregelung. Da die Drehzahl eines Motors umgekehrt proportional dem magnetischen Flusse der Pole ist, kann man durch Schwächung des Magnetfeldes eine Erhöhung der Drehzahl erreichen. Man schaltet zu diesem Zwecke in den Erregerkreis einen sogenannten Nebenschlußregulator, der nicht ausschaltbar sein darf, da der Erregerkreis wegen der Gefahr des Durchgehens des Motors nicht unterbrochen werden soll. Die Regelung durch Feldveränderung ist verlustlos. Im allgemeinen kann man die Feldschwächung nicht zu weit treiben (etwa 20 v. H.), da sonst der Motor zu feuern anfängt. Soll eine größere Drehzahlerhöhung möglich sein (1 : 4), so muß der Motor mit Wendepolen ausgeführt werden, da sonst eine einwandfreie Kommutierung (siehe Seite 135) nicht mehr möglich ist. Motoren mit geschwächtem Feld nehmen zur Ausübung des verlangten Drehmomentes naturgemäß einen höheren Ankerstrom auf. Regel- oder Reguliermotoren fallen mithin im Verhältnis zu ihrer Leistung größer, schwerer und teurer aus, als normale Motoren, von denen eine weitgehende Drehzahlregelung nicht verlangt wird.

Will man bei einem Hauptstrommotor das Feld verändern, so kann man entweder einen Widerstand parallel zur Erregerwicklung (Drehzahlerhöhung) oder parallel zum Anker (Drehzahlerniedrigung) legen. Bei Bahnen, wo fast immer mehrere Hauptstrommotoren in einer Schaltung vorhanden sind, erreicht man eine Drehzahländerung durch Parallel- oder Hintereinanderschaltung der Motoren. Dies Verfahren hat den großen Vorzug, daß es nicht nur ein bequemes Anlassen erlaubt, sondern daß auch der Betrieb mit zwei Drehzahlen dauernd und wirtschaftlich durchgeführt werden kann.

Das Reversieren der Motoren. Unter Reversieren versteht man die Umkehrung der Drehrichtung der Motoren. Aus Fig. 56 ist ersichtlich, daß die Richtung der das Drehmoment bildenden Kraft K abhängig ist von der Richtung des magnetischen Feldes und von der Richtung des Ankerstromes. Umkehrung der Richtung einer dieser Größen bedeutet Umkehrung der Kraftrichtung. Man kann bei einem Gleichstrommotor mithin die Drehrichtung ändern, ihn reversieren, indem man entweder die Stromrichtung im Anker oder in der Magnetwicklung ändert. Beide Verfahren werden angewandt. Meist wird man das Umkehren des Ankerstromes vorziehen, da beim Ausschalten der Erregerwicklung wegen der hohen Selbstinduktion der Wicklung meist starke Öffnungsfunken auftreten. Fig. 70 und 71 zeigen die Schaltung eines normalen Nebenschlußmotors für Rechts- und für Linkslauf. In der Schaltung ist die Richtung des Ankerstromes umgekehrt worden. Verfolgt man in Fig. 68 den Stromlauf für „vorwärts“ und „rückwärts“, so findet man, daß durch Betätigung der Schaltwalze ebenfalls der Ankerstrom umgekehrt wird. Verwickelt und unübersichtlich wird die Umschaltung, wenn der Motor Wendepole, Kompensationswicklung und Kompoundwicklung hat. Hier ist zu beachten, daß bei der Um-

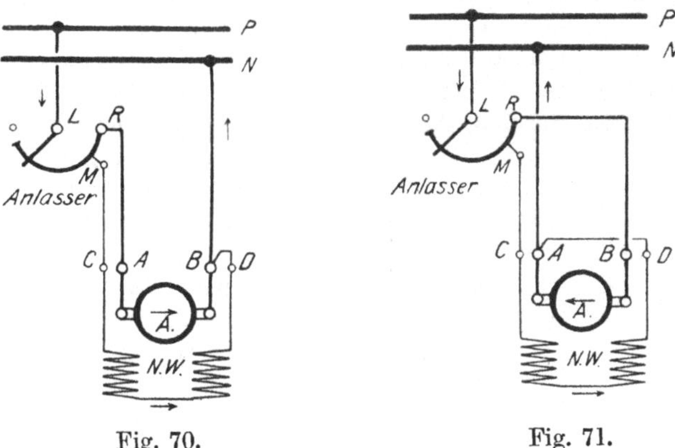

Fig. 70.   Fig. 71.

schaltung des Ankers alle die Wicklungen mit umgeschaltet werden müssen, die den Ankerstrom führen und bei Umschaltung der Erregerwicklung alle die Wicklungen, die an der Erzeugung des magnetischen Flusses der Pole beteiligt sind. Es müssen also bei der Umschaltung

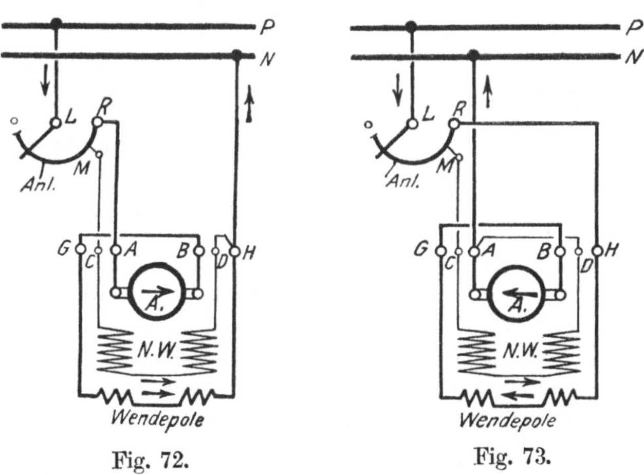

Fig. 72.   Fig. 73.

des Ankers die Wendepole und die Kompensationswicklung mit umgeschaltet werden. Schaltet man zur Erzielung einer Drehrichtungsänderung die Erregerwicklung um, so muß auch die Kompoundwicklung gewendet werden. Fig. 72 und 73 zeigen die Schaltungen eines Nebenschlußmotors mit Wendepolen für Rechts- und Linkslauf.

Das Reversieren erfolgt meist mittels einer Steuerwalze. Für kleinere Motoren benutzt man auch **Umkehranlasser**. Reversieren mittels **Leonard-Schaltung** siehe Seite 155.

Das Umkehren der Motoren. Unter Umkehrung einer elektrischen Maschine versteht man den Übergang der Maschine aus der Motorwirkung in die Generatorwirkung oder umgekehrt. Jede elektrische Maschine ist umkehrbar. Es ist möglich, einen Motor zwecks Bremsung so zu schalten, daß er als Generator wirkt, also elektrische Energie abgibt, ja sogar auf das Netz, aus dem er als Motor gespeist wurde, zurückarbeitet. Aus Fig. 57 läßt sich erkennen, daß bei einer Dynamo eine Änderung der Stromrichtung im Anker nur möglich ist, wenn entweder die Drehrichtung des Ankers oder die Richtung des magnetischen Feldes geändert wird.

Wird ein **Hauptstrommotor** vom Netz abgeschaltet und ohne Umschaltung zwecks Bremsung kurzgeschlossen, so muß die Drehrichtung des Motors geändert werden, da sonst der von der elektromotorischen Kraft des Ankers getriebene Strom den remanenten Magnetismus der Pole auslöschen und der Motor sich nicht selbst erregen würde (Fig. 74 und 75). Bei Hebezeugen ist beim Senken der Last die Umkehrung der Drehrichtung gegeben. Man kann also in diesem Falle eine Bremswirkung ohne weiteres durch Kurzschließen des Mo-

Fig. 74.   Fig. 75.

tors über Widerstände erreichen. Bei elektrischen Fahrzeugen (Bahnen) muß gebremst werden, ohne daß die Drehrichtung des Motors geändert wird, da der vom Netz abgeschaltete, auf Widerstände oder Kurzschluß arbeitende Motor von dem rollenden Wagen über das Rädervorgelege in der ursprünglichen Drehrichtung angetrieben wird. Eine Bremswirkung kann bei Fahrzeugen mithin dadurch erreicht werden, daß man den Anker oder das Feld umschaltet und den Motor auf Widerstände schaltet.

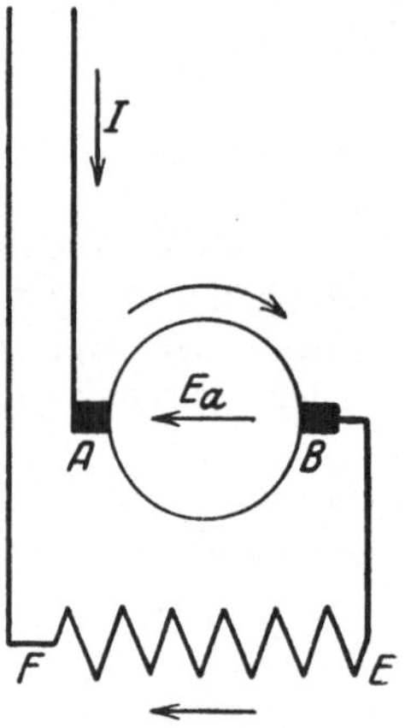

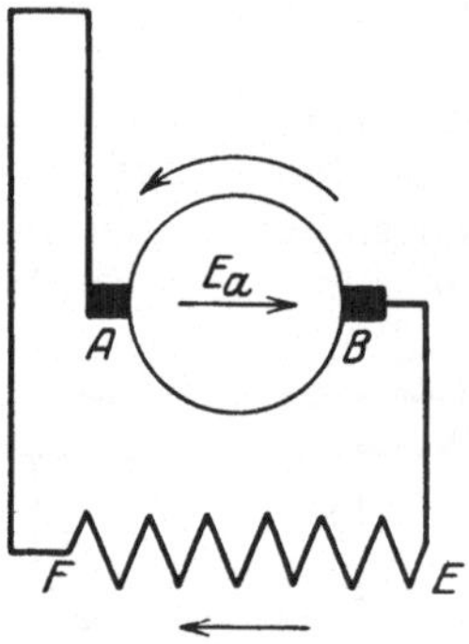

Schaltet man einen Nebenschlußmotor (Fig. 76 und 77) auf einen Widerstand, ohne die Drehrichtung zu ändern, so wird sich zwar der Strom im Anker umkehren, da in dieser Schaltung der Ankerstrom nicht mehr von der Netzspannung, sondern von der gegenelektromotorischen Kraft E_a getrieben wird; der Strom in der Erregerwicklung behält jedoch die Richtung bei, die er beim Lauf der Maschine als Motor gehabt hat. Der Magnetismus der Pole bleibt mithin dem Motor in der alten Richtung erhalten. Der Motor kann in der genannten Schaltung als selbsterregter Generator auf Widerstände arbeiten. Ist eine Umkehrung des Motors verlangt, bei der der Motor reversiert wird, so muß der Anker oder die Erregerwicklung umgeschaltet werden.

Ein an ein Netz angeschlossener Nebenschlußmotor wird zum Generator, wenn man ihn durch fremden Antrieb schneller antreibt, als er als Motor laufen will. Man erhöht durch Steigerung der Drehzahl die gegenelektromotorische Kraft E_a des Ankers. Wird E_a größer als die Netzspannung, so gibt der Motor Strom an das Netz ab, er wirkt als Dynamomaschine.

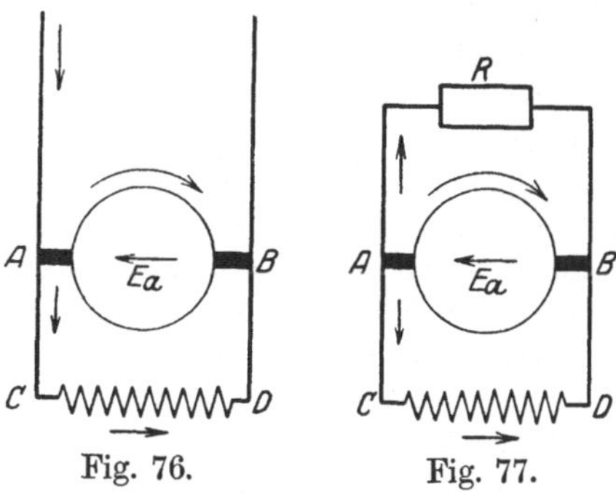

Fig. 76.   Fig. 77.

B. Die Synchronmotoren.

Jede Wechselstrom- oder Drehstrommaschine kann ohne Schaltänderung als Motor laufen. Legt man an den Anker eines erregten Wechselstromgenerators eine Wechselspannung, so kann allerdings eine Drehung des Ankers nicht eintreten, da die Ströme in den Ankerleitern mit der Frequenz des Netzes pulsieren, in den Ankerleitern unter den Polen in jedem Augenblick Ströme wechselnder Richtung fließen, und damit auch die auf die Ankerleiter ausgeübten Kräfte K (siehe Fig. 55) mit der Frequenz ihre Richtung wechseln. Treibt man jedoch eine Wechselstromdynamo mit einer Geschwindigkeit an, die der Frequenz und Polzahl entspricht ($n = \dfrac{60 \cdot f}{p}$, siehe Seite 145), so werden bei eingeschaltetem Anker die Ströme in den Ankerleitern immer gleiche Richtung haben, wenn sie bei der Drehung unter gleichnamige Pole kommen. Die auf die Ankerleiter ausgeübten Kräfte K haben mithin ebenfalls in jedem Augenblick gleiche Richtung, die Maschine wird als Motor weiterlaufen. Eine Wechselstrom- (Drehstrom-) Maschine kann also nur dann als Motor laufen, wenn sie auf Synchronismus gebracht worden ist. Die synchrone Geschwindigkeit hält der Motor unbedingt bei, denn würde der Motor aus irgendeinem Grunde aus dem Synchronismus kommen (man sagt, er fällt aus dem Tritt), so würden die Ströme in den Ankerleitern nacheinander unter gleichnamigen Polen verschiedene Richtung haben und die das Drehmoment bildenden Kräfte K würden nacheinander verschiedene Richtung haben, d. h. aber, der Motor käme zum Stillstand. Da die Motoren nur mit einer der Polzahl und Periodenzahl entsprechenden synchronen Drehzahl laufen können, nennt man sie Synchronmotoren. Das von den Synchronmotoren ausgeübte Drehmoment ist groß. Sie sind auch gut überlastbar, wobei sie, wie aus Vorstehendem hervorgeht, unbedingt gleichbleibende Drehzahl beibehalten. Bei zu großer Überlastung fallen sie aus dem Tritt und bleiben stehen. Synchronmotoren haben den Nachteil, daß sie schwierig anzulassen sind. Man benutzt zur Inbetriebsetzung entweder **Anwurfmotoren** oder läßt sie, wenn sie mit einer Gleichstrommaschine gekuppelt sind, von der Gleichstromseite aus an, indem man den Gleichstromgenerator als Motor laufen läßt und ihn aus einer Akkumulatorenbatterie speist. Mehrphasensynchronmotoren gibt man eine sogenannte **Dämpferwicklung** auf den Polen und läßt sie als Induktionsmotoren (siehe diese) an. Sie laufen, allerdings unter großer Stromaufnahme, von selbst an. Der Synchronmotor eignet sich nicht für Antriebe des Kleingewerbes oder für Werkstätten. Er findet meist nur in Elektrizitätswerken, wo geschultes Personal vorhanden ist, als Antrieb größerer Umformer Anwendung. Seine Eigenschaft, unter bestimmten Verhältnissen den Leistungsfaktor (cos φ) des Netzes, aus dem er gespeist wird, zu verbessern, macht ihn hier besonders wertvoll.

C. Asynchrone Motoren.

1. Induktionsmotoren.

Das Drehfeld. Führt man einer in Stern oder Dreieck geschalteten Drehstromwicklung einer Maschine (Fig. 49) Drehstrom zu, so bilden die in den einzelnen Phasen auftretenden, um 120° verschobenen magnetischen Felder zusammen ein umlaufendes resultierendes Magnetfeld. Dieses umlaufende Feld, **Drehfeld**, hat im Gegensatz zu den in den einzelnen Phasen pulsierenden Wechselfeldern, aus denen es sich zusammensetzt, einen gleichbleibenden Wert. Die Umlaufgeschwindigkeit des Drehfeldes ist synchron. Sie errechnet sich aus der

Formel $n = \dfrac{60 \cdot f}{p}$, worin $f =$ Frequenz in der Sek. und $p =$ Anzahl

der Polpaare der Maschine bedeutet. Mit Hilfe eines Drehfeldes, das mit jeder Mehrphasenwicklung erzeugt werden kann, ist es möglich, in weiteren Wicklungen in einem zweiten Anker Ströme zu induzieren und durch Zusammenwirkung dieser Ströme mit dem Drehfeld Drehmomente auszuüben.

Die Entstehung des Drehmomentes. Bringt man in ein Drehfeld einen mit einer in sich geschlossenen Wicklung versehenen, um seine Achse drehbaren Anker, so wird das Drehfeld bei seinem synchronen Umlauf die Wicklung schneiden und in ihr Spannungen induzieren, die selbst wieder Ströme in der Wicklung zur Folge haben. Die Richtung der induzierten Ströme läßt sich nach der rechten Handregel (siehe Seite 148) bestimmen (Fig. 78). Die induzierten Ströme bilden zusammen mit dem Drehfeld ein Drehmoment, dessen Richtung nach der linken Handregel (siehe Seite 147) bestimmt werden kann. Aus Fig. 79 ist ersichtlich, daß sich der Anker in derselben Richtung wie das Drehfeld in Bewegung setzt. Die Leiter des Ankers laufen also gewissermaßen dem Drehfeld nach. Durch das dauernd auf den Anker ausgeübte Drehmoment wird sich der Anker beschleunigen und bestrebt sein, die Drehgeschwindigkeit des Drehfeldes zu erlangen. Bis zum synchronen Lauf des Ankers kann aber die Drehzahl nicht kommen. Würde sich der Anker ebenso schnell wie das Drehfeld drehen, so würden die Ankerleiter das Drehfeld nicht mehr schneiden, die Ankerleiter würden nicht mehr induziert, was zur Folge hätte, daß das Drehmoment Null würde. Damit also überhaupt ein Drehmoment zustande kommen kann, ist erforderlich, daß der Anker in seiner Drehzahl immer hinter der des Drehfeldes zurückbleibt. Der Anker kann nicht synchron, sondern er muß asynchron laufen. Man sagt, der Anker muß schlüpfen. Motoren, deren Wirkungsweise darauf beruht, daß durch ein Drehfeld in einem Anker Ströme induziert werden, die an der Erzeugung des Drehmomentes beteiligt sind, heißen Induktionsmotoren. Jede Mehrphasenwicklung kann ein Drehfeld erzeugen. Man hat mithin Induktionsmotoren für Zweiphasenstrom, Drehstrom usw. Die Drehstrominduktionsmotoren werden bei weitem am meisten benutzt, da heute in den elektrischen Zentralen fast ausschließlich Drehstrom erzeugt wird.

Der Aufbau der Induktionsmotoren (Fig. 80). Man unterscheidet bei den Induktionsmotoren einen stillstehenden Teil, den Pri-

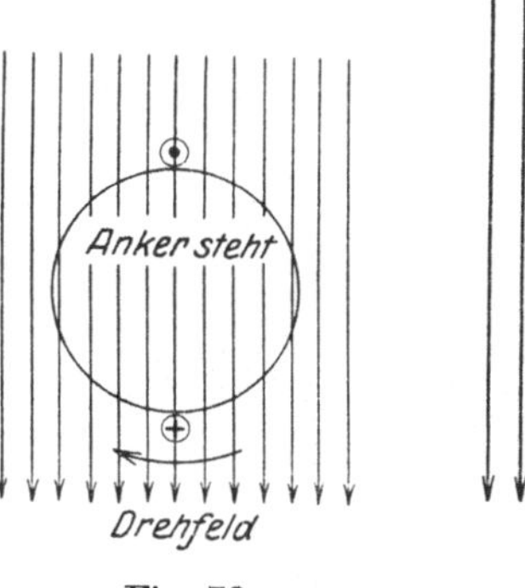

Fig. 78.

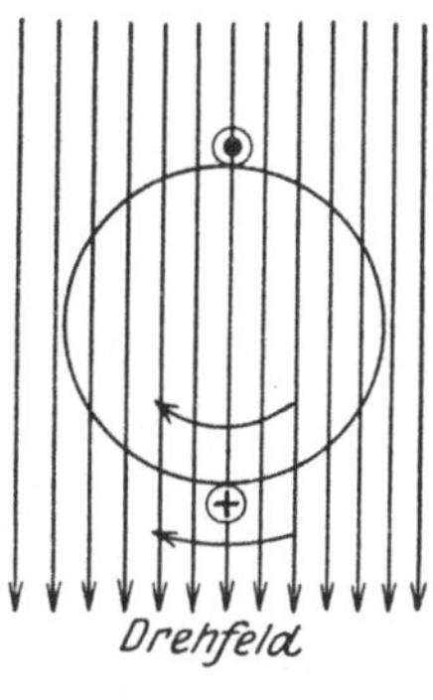

Fig. 79.

märanker, Stator oder Ständer, und einen umlaufenden Teil, Sekundäranker, Rotor oder Läufer genannt. Der stillstehende Teil ist meist derjenige, in dem das Drehfeld erzeugt wird. Der umlaufende Anker ist meist der induzierte Teil. Der Ständer unterscheidet sich in seinem Aufbau in keiner Weise von dem Anker eines mehrphasigen Synchrongenerators. Wie bei diesen ist die Wicklung in einem ringförmigen, aus papierisolierten Blechen zusammengesetzten Anker untergebracht. Der Läufer besteht aus einer ebenfalls aus Blechen zusammengesetzten zylindrischen Trommel, die in geeigneten Nuten die Wicklung trägt, in der durch das Drehfeld die Ströme induziert werden. Die Läuferwicklung, meist eine Drehstromwicklung, kann gänzlich in sich kurzgeschlossen sein, oder sie kann aus einer in Stern oder Dreieck geschalteten Drehstromwicklung bestehen, deren Enden nach Schleifringen geführt sind, auf denen Bürsten schleifen. Die Bürsten sind mit Klemmen verbunden, an die der Anlasser, ein Dreiphasenregulierwiderstand, angeschlossen wird. Läufer mit kurzgeschlossener Wicklung werden häufig als sogenannte Käfiganker ausgeführt. Fig. 81 stellt einen Drehstrominduktionsmotor mit Käfiganker der Allgemeinen Elektrizitäts-Gesellschaft, Berlin, für eine Leistung von 0,74 kW, 220 Volt und 1420 Umdr. min dar. Beim Käfiganker besteht die Wicklung meist aus Rundkupferstäben, die ohne jede Isolation in den Nuten untergebracht sind. Die Rundkupferstäbe sind an den Stirnflächen des Läufers oder Rotors durch entsprechende Kupferringe durch Vernietung und Lötung untereinander verbunden.

Das Anlassen der Induktionsmotoren. Würde man den Ständer eines Drehstrommotors mit kurzgeschlossenem Läufer an das Netz legen, so würde das sich sofort ausbildende Drehfeld die Wicklung des im Augenblick des Einschaltens noch ruhenden Ankers mit höchster Geschwindigkeit, d. h. mit der synchronen, schneiden. In der kurzgeschlossenen Wicklung würden Spannungen induziert, die sehr starke Ströme im Läufer zur Folge hätten. Diese starken Läuferströme wirken kräftig magnetisch auf die Felder des Ständers zurück, d. h. sie wirken abblendend auf das Drehfeld, indem sie einen Teil des Drehfeldes nicht durch den Luftspalt zwischen Ständer und Läufer in den Läufer über-

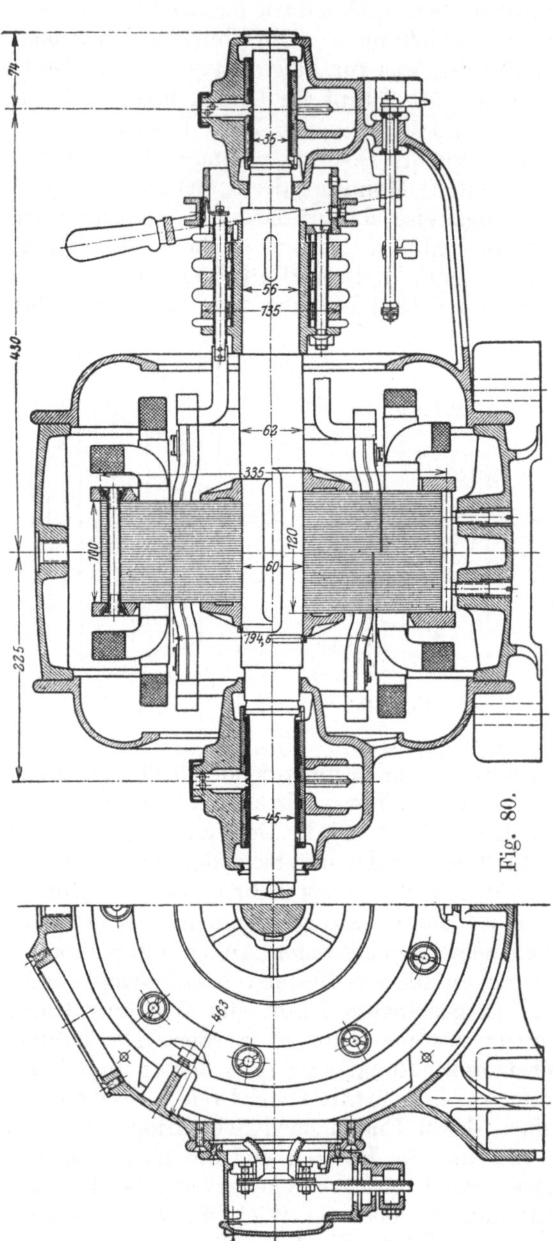

Fig. 80.

treten lassen. Dieses Abblenden des Drehfeldes hat zur Folge, daß der Motor, trotzdem er einen sehr starken Strom dem Netze entnimmt, sehr schlecht, vielleicht auch gar nicht anläuft. Um einen sanften und sicheren Anlauf des Motors zu erhalten, ist es mithin erforderlich, während des Anlassens die Ströme im Läufer nicht übermäßig anwachsen zu lassen. Man erreicht dies am besten durch Einschalten von Widerständen in den Läuferkreis mittels der Bürsten und Schleifringe. Fig. 82 gibt das Schaltbild für einen Asynchronmotor mit Schleifringanker und Anlasser. In dem Maße, wie sich der Motor beschleunigt, kann der Widerstand des Anlassers ver-

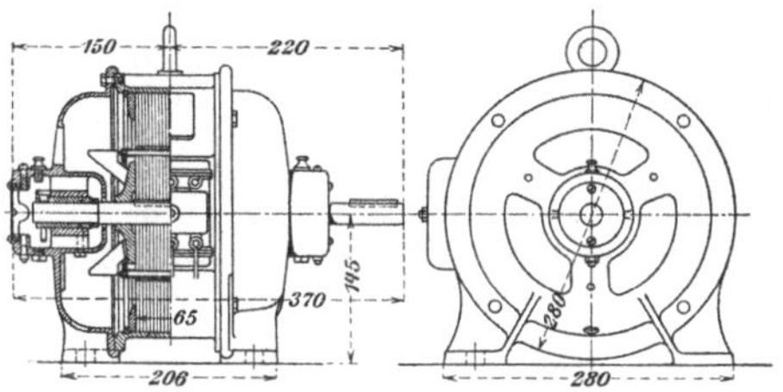

Fig. 81.

kleinert werden. In der Betriebstellung ist der Widerstand des Anlassers gleich Null, d. h. der Läufer ist kurzgeschlossen. Der Anlasser für Induktionsmotoren wird mithin im Gegensatz zum Anlasser für Gleichstrommotoren nicht in die Zuleitungen zum Motor, sondern in den Sekundärkreis, den Läuferkreis, geschaltet.

Das Anlassen der Induktionsmotoren mittels Anlaßwiderstandes in dem Läuferkreis, also im Sekundärkreis, ist die beste Art. Der Motor läuft bei richtiger Bemessung und Abstufung der Widerstände im Anlasser weich und stoßfrei an. In der Betriebstellung, in der der Anlasser kurzgeschlossen ist, der Anlaßwiderstand also gleich Null ist, können die Schleifringe kurzgeschlossen und die Bürsten abgehoben werden. Man

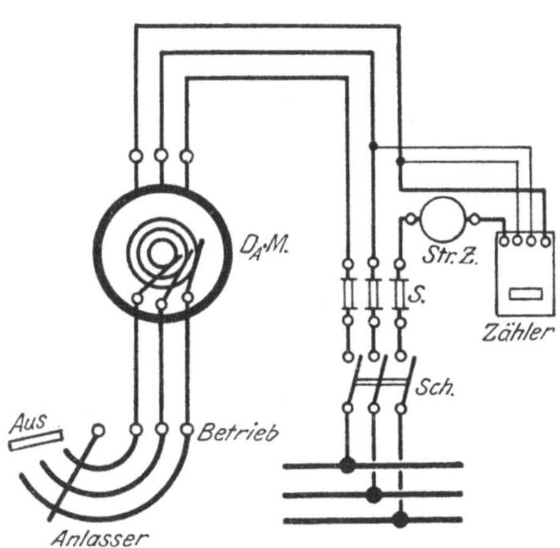

Fig. 82.

erspart dann die Bürstenreibung. Der Motor erhält in diesem Falle eine sogenannte Kurzschluß- und Bürstenabhebevorrichtung. Das Kurzschließen der Schleifringe ist aber nur dann möglich, wenn der Motor nicht reguliert werden soll. Zur Regelung des Motors ist immer erforderlich, daß die Bürsten auf den Schleifringen aufliegen (Regelung der Induktionsmotoren siehe nächsten Abschnitt). Das Einschalten der Motoren mit Kurzschlußanker (Käfiganker) würde stets mit einem starken Stromstoß auf das Netz verbunden sein, wenn man nicht durch geeignete Mittel den Stoß abschwächte. Diese Mittel sind: Primäranlasser (Ständer- oder Statoranlasser), Stern-Dreieck-Umschalter und Anlaßtransformatoren.

Beim Statoranlasser (Fig. 83) schaltet man in die Zuleitungen zum Motor einen dreiphasigen Regulierwiderstand, der mit zunehmender Beschleunigung des Motors verkleinert wird. Diese Anlaßmethode kann nur als ein Behelf angesehen werden, durch den der Stromstoß auf das Netz abgeschwächt wird. Durch den Vorschaltwiderstand wird dem Motor ein Teil der Netzspannung genommen. Da der Magnetismus und damit das Drehfeld der Motorspannung verhältnisgleich ist, muß bei Anwendung eines Primäranlassers der Motor mit geschwächtem Feld anlaufen, d. h. aber, der Anlauf ist schlecht. Man kann dem Motor nur Anlauf ohne Last zumuten.

Bei dem Stern-Dreieck-Anlasser, der in Wirklichkeit einen Umschalter darstellt (Fig. 84) liegen die Verhältnisse ganz ähnlich. Der Motor wird mittels des Umschalters, der als Hebelschalter oder als Schaltwalze ausgeführt sein kann, in Sternschaltung angelassen (siehe

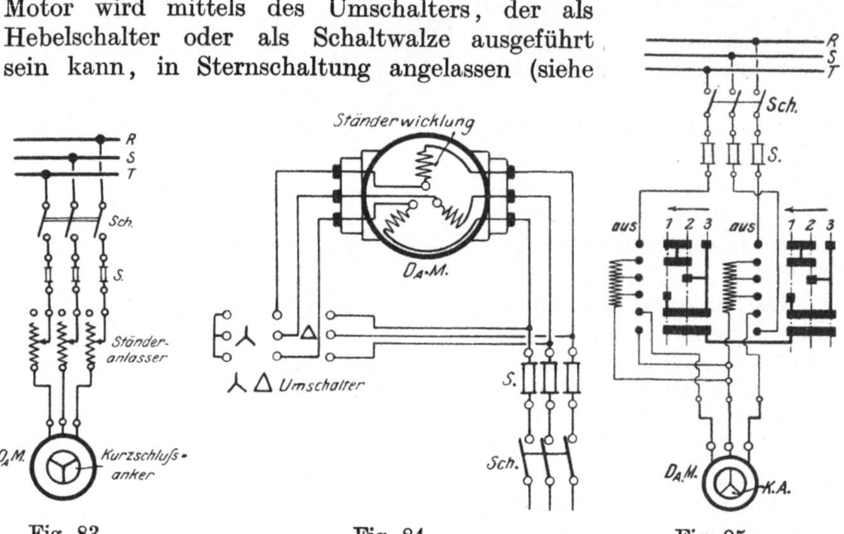

Fig. 83   Fig. 84.   Fig. 85.

Fig. 52) und darauf in seine normale Betriebschaltung, die Dreieckschaltung, gebracht. Da bei Dreieckschaltung die ganze Netzspannung auf eine Phase des Motors kommt, erhält der Motor in der Anlaß-

schaltung (Stern) nur das $\dfrac{1}{\sqrt{3}}$ fache der Netzspannung auf eine Phase.

Es wird also auch hier ebenso wie bei dem Primäranlasser zur Vermeidung größerer Stromstöße beim Einschalten die Motorspannung herabgesetzt. Der Motor kann wegen der hierdurch bedingten Feldschwächung nur im unbelasteten Zustande anlaufen.

Bei Kurzschlußmotoren größerer Leistung wendet man meist Anlaßtransformatoren an (Fig. 85). Mit Hilfe eines sogenannten Windungsschalters erhält der Motor stufenweise höhere Spannung. In der Betriebstellung liegt die ganze Netzspannung am Motor. Auch bei dieser Anlaßart kann der Motor nur unbelastet anlaufen.

Kleine und kleinste Kurzschlußmotoren können unmittelbar an das Netz angeschaltet werden. Man nimmt dann den Stromstoß (4 bis 8fachen Normalstrom) mit in Kauf. Um die für die Normalstromstärke bemessene Sicherung beim Anlauf des Motors vor dem Abschmelzen zu schützen, kann man einen Umschalter benutzen, der während der Anlaßperiode die Sicherungen überbrückt oder außer Tätigkeit setzt (Fig. 86).

Änderung der Drehzahl der Induktionsmotoren. Das Drehmoment eines Motors ist dem Magnetismus und dem Strom im Läufer verhältnisgleich. Schaltet man in den Läuferkreis Widerstand, so muß die Spannung im Läuferkreis gesteigert werden, wenn die zum verlangten Drehmoment erforderliche Stromstärke zustande kommen soll. Eine Erhöhung der Läuferspannung kann aber nur eintreten, wenn der Motor langsamer läuft, d. h. wenn die Läuferleiter schneller vom synchron umlaufenden Drehfeld geschnitten werden, wenn der Motor also mehr schlüpft. Da der Motor immer das Bestreben hat, das ihm aufgebürdete Drehmoment durchzuziehen, wird er beim Einschalten von Widerständen in den Läuferkreis seine Drehzahl verringern (Regulieranlasser). Diese Regelungsart ist allerdings im allgemeinen nicht wirtschaftlich, da sich die der Drehzahlherabsetzung entsprechende Minderleistung im Regelwiderstand in Wärme umsetzt, d. h. verloren ist. Würde man z. B. einen Motor von 10 kW Leistung und 1500 synchronen Umdr./min durch einen Regelanlasser im Läuferkreis auf 750 Umdr./min herunterregeln, so würde, unveränderliches Drehmoment vorausgesetzt, die Motorleistung nur noch 5 kW betragen. Der Motor würde aber trotzdem dem Netz Energie entnehmen, die einer Motorleistung von 10 kW entspräche. Im vorliegenden

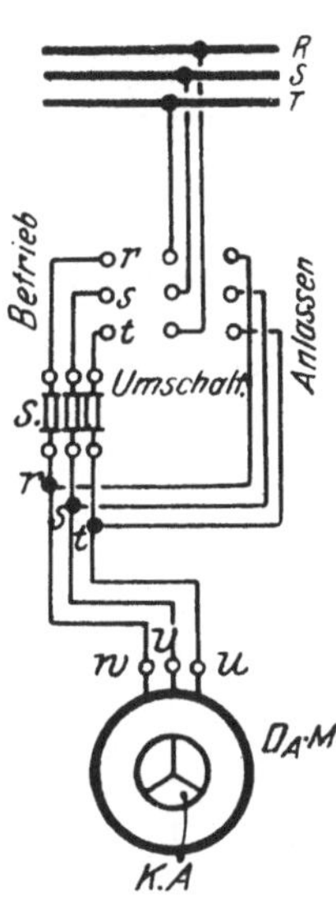

Fig. 86.

Falle würde die Hälfte der dem Netz entnommenen Energie im Regelanlasser in Wärme umgesetzt. Bei gewissen Antrieben, bei denen das Antriebsdrehmoment abnimmt, wenn die Drehzahl sinkt (z. B. Antrieb von Ventilatoren, bei denen das Drehmoment mit dem Quadrate der Drehzahl sinkt) kann die Regelung der Drehzahl durch Widerstände im Läuferkreis als wirtschaftlich gelten. Da Widerstände nur Spannung abdrosseln, wenn sie Strom führen, ist eine Drehzahländerung nur dann zu erreichen, wenn der Motor belastet ist.

Drehzahlregelung ist auch möglich durch Änderung der Periodenzahl oder der Polzahl $\left(n = \dfrac{60 \cdot f}{p}\right)$. Beide Verfahren werden zuweilen angewandt. Meist ist jedoch eine Änderung der Frequenz nicht möglich, da der Motor an ein Netz mit unveränderlicher Periodenzahl angeschlossen ist. Soll die Regelung des Motors durch Frequenzänderung erfolgen, so muß für den Motor ein besonderer Stromerzeuger, dessen Antriebsmaschine selbst wieder in der Drehzahl stark regelfähig ist, vorgesehen werden. Solche Anlagen sind natürlich umständlich und kostspielig. Man wird sie nur in Ausnahmefällen vorsehen. Auch die Änderung der Drehzahl durch Anwendung von polumschaltbaren Motoren ist nur für besondere Fälle (Antrieb von Zentrifugen) zu empfehlen. Bei den polumschaltbaren Motoren wird der Primäranker mit mehreren unterteilten Wicklungen ausgeführt, die durch Umschaltung verschiedene Polzahlen ergeben. Polumschaltbare Motoren sind teuer, ihre Schaltung ist unübersichtlich. Einen Vorteil bieten polumschaltbare Motoren, wenn beim Stillsetzen der Motoren große Massen verzögert werden müssen (Zentrifugenantrieb). Man geht dann beim Stillsetzen allmählich von der geringsten Polzahl auf die höchste Polzahl über, wobei der Motor als Generator stark bremsend wirkt. Da, wie oben gesagt, die Regelung der Drehzahl der Induktionsmotoren im allgemeinen unwirtschaftlich ist, hat man in neuerer Zeit bei Motoranlagen, wo weitgehende Drehzahlregelung für längere Dauer verlangt wird, soge-

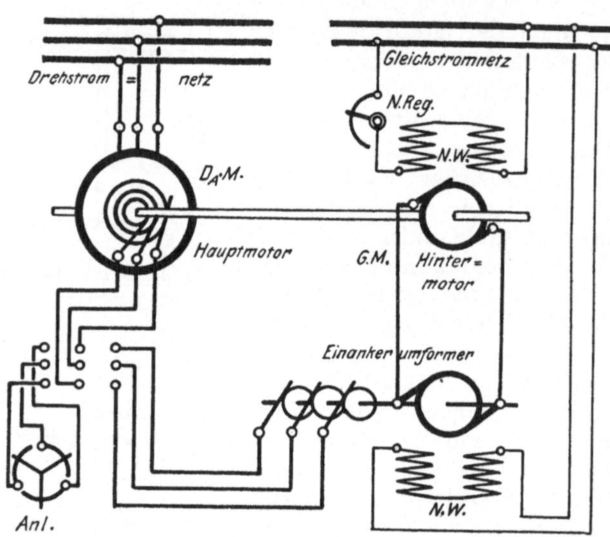

Fig. 87.

nannte Regelsätze angewandt, bei denen die sonst im Regelwiderstand verlorene Energie nutzbar verwendet wird (Fig. 87). Ein Regelsatz besteht aus dem sogenannten Hauptmotor und dem Hintermotor. Der Hauptmotor ist ein Drehstrominduktionsmotor, der die zum Antrieb erforderliche Hauptleistung liefert. Er erhält einen normalen Anlasser. Soll die Drehzahl geregelt werden, so schaltet man den Läufer mittels Umschalters auf die Schleifringe eines Einankerumformers, der auf seiner Gleichstromseite auf einen Gleichstrommotor arbeitet, der mit dem Drehstrommotor unmittelbar gekuppelt ist. Die bei der sonst üblichen Drehzahlregelung mittels Regelanlassers vernichtete Energie wird also hier an der Welle der Antriebsmaschine noch nutzbar angewandt. Regelsätze empfehlen sich nur bei großen Anlagen, da die Anschaffungskosten und der Raumbedarf groß sind.

Änderung der Drehrichtung. Aus den Betrachtungen über die Entstehung des Drehmomentes (siehe Seite 160) ging hervor, daß die Drehrichtung des Motors die des Drehfeldes ist. Eine Umkehrung der Drehrichtung des Drehfeldes muß mithin auch die Umkehrung der Drehrichtung des Motors bedeuten. Die Drehrichtung des Drehfeldes und damit des Motors wird geändert, indem man von den drei Zuleitungen zum Drehstrommotor zwei beliebige vertauscht.

Die Umkehrung des Induktionsmotors. Auch der Induktionsmotor kann als Generator laufen. Treibt man einen Induktionsmotor schneller an, als dem Synchronismus entspricht, so wird der Motor zum Generator und liefert Strom ins Netz zurück. Hauptbedingung hierbei ist, daß der Motor nicht vom Netz abgeschaltet wird, da das Drehfeld vorhanden sein muß, und das Netz die Frequenz vorschreiben muß. Die Drehrichtung des Motors wird also beim Übergang zum Generator nicht geändert. Die Generatorwirkung der Induktionsmotoren wird benutzt bei der Senkbremsung von Drehstromkranen und Aufzügen. Man schaltet hier den Motor für Abwärtsfahrt und läßt ihn durch die sinkende Last (am Haken bei Kranen) beschleunigen, bis er übersynchron läuft. Der Motor gibt hierbei Energie an das Netz zurück und läuft um so schneller, je mehr Widerstand im Läuferkreis eingeschaltet ist.

2. Wechselstromkommutatormotoren.

Die wichtigsten Wechselstromkommutatormotoren sind der Reihenschlußmotor, der Repulsionsmotor und der Drehstromreihenschlußmotor. Wechselstromkommutatormotoren in Nebenschlußschaltung werden zur Zeit nur wenig angewandt.

Die Kommutatormotoren für Wechselstrom haben in der Regel keine ausgeprägten Pole. Das Magnetgestell besteht meist aus einem ganz aus isolierten Blechen zusammengesetzten Ring, der in geeignet geformten Nuten die Erregerwicklung und fast immer auch noch eine Kompensationswicklung oder Hilfspol- (Wendepol-) Wicklung trägt. Der Anker ist genau so wie bei einem Gleichstrommotor ausgeführt und hat einen Kommutator. Bei den Motoren für Drehstrom sind die Bürsten um 120° versetzt. Wechselstrom-Kommutatormotoren verhalten sich wie Gleichstrommotoren. Drehzahlregelung ist leicht möglich und wirtschaftlich. Da die Kommutierung viel schwieriger ist als bei Gleichstrommotoren, erhalten die

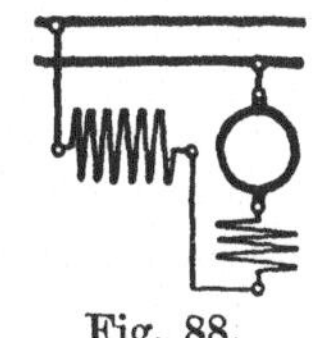

Fig. 88.

Wechselstrom-Kommutatormotoren fast immer Wendepole oder auch außerdem Kompensationswicklung.

a) Der Reihenschlußmotor für Wechselstrom. Die grundsätzliche Schaltung ist aus Fig. 88 zu erkennen. Der Anker ist mit der in der Bürstenebene liegenden Kompensationswicklung und mit der Erregerwicklung in Reihe geschaltet. Der Motor muß, auch wenn er mit Wechselstrom gespeist wird, in jedem Augenblick ein nach einer

Richtung wirkendes Drehmoment entwickeln, da sich ja bei Serien-
schaltung des Ankers und der Erregerwicklung der Strom in beiden
Wicklungen zu gleicher Zeit umkehrt. Die Eigenschaften des Wechsel-
strom-Reihenschlußmotors sind dieselben wie die des Gleichstrom-
Reihenschlußmotors. Der Motor läuft sehr gut an, geht aber bei vollständiger Entlastung durch. Das Bremsen erfolgt durch Umschalten
auf Widerstand. Der Motor erregt sich in der Bremsschaltung selbst
und gibt Gleichstrom, obgleich er vorher mit Wechselstrom magneti-
siert worden ist. Umkehrung der Drehrichtung wird erzielt, wenn man
wie beim Gleichstrommotor entweder die Anschlüsse zum Anker oder
zur Feldwicklung vertauscht. Zum Anlassen der Motoren benutzt man
in der Regel nicht Widerstandsanlasser, wie sie bei Gleichstrommotoren
gebräuchlich sind, sondern Anlaßtransformatoren (Fig. 89). Mit Hilfe
eines Stufenschalters kann vom Anlaßtransformator die erforderliche
Anlaßspannung für den Motor abgenommen werden. Beim Anfahren

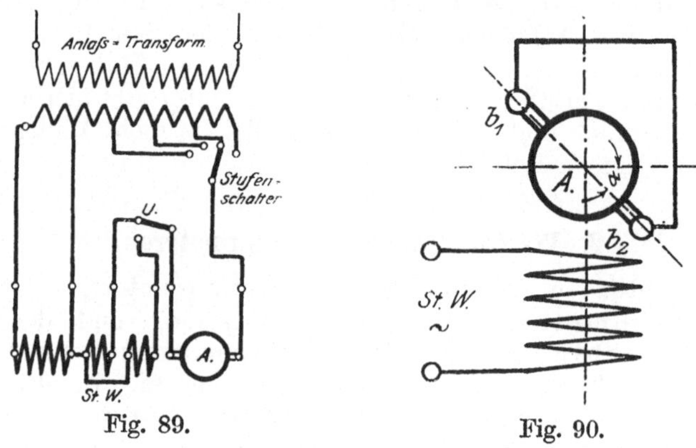

Fig. 89.   Fig. 90.

geht man von der niedrigsten zur höchsten Stufe allmählich über.
In Fig. 89 ist außerdem noch ein Umschalter vorgesehen, der die eine
oder die andere Erregerwicklung anzuschalten gestattet, um die Dreh-
richtung zu ändern. Wechselstrom-Reihenschlußmotoren werden als
Triebmotoren für elektrische Lokomotiven (z. B. Vollbahn Bitterfeld-
Dessau) und bei Hebezeugen angewandt. Meist arbeiten sie bei einer
Periodenzahl von 25 oder $16^2/_3$ pro Sek.

    b) Der Repulsionsmotor. Fig. 90 gibt die grundsätzliche Schal-
tung des Repulsionsmotors. Der Ständer besteht aus einem aus Blechen
zusammengesetzten Hohlzylinder, der in gleichmäßig verteilten Nuten
eine Einphasenwicklung trägt. Der Anker hat die gleiche Ausführung
wie der eines Gleichstrommotors. Die Bürsten sind um etwa 80° aus
der neutralen Zone herausgedreht und kurzgeschlossen. Am Netz
liegt nur die Erregerwicklung. Das Drehmoment kommt zustande als
Folge des Wechselerregerfeldes und der in dem Anker induzierten
Ströme, die sich ausbilden können, da die Bürsten kurzgeschlossen
sind. Stehen die Bürsten in der neutralen Zone oder genau unter den

Polen, so ist kein Drehmoment vorhanden, da im ersten Fall der Anker keinen Strom führt und im zweiten Fall sich die auftretenden Drehmomente nach links und nach rechts aufheben. Mit dem Herausdrehen der Bürsten aus der neutralen Zone läuft der Motor an. Bei etwa 80° Bürstenverstellung hat der Motor das größte Drehmoment. Das Anlassen erfolgt durch Bürstenverstellung. Man führt den Motor deshalb meist mit mechanischen Vorrichtungen aus, die ein leichtes Bürstenverstellen gestatten. Die Änderung der Drehrichtung wird ebenfalls durch Bürstenverstellen erreicht. Zuweilen hat der Motor auch zwei um 90° verschobene Erregerwicklungen, die eine für Rechtslauf, die andere für Linkslauf. Die Eigenschaften des Repulsionsmotors sind die des Gleichstrom-Hauptstrommotors.

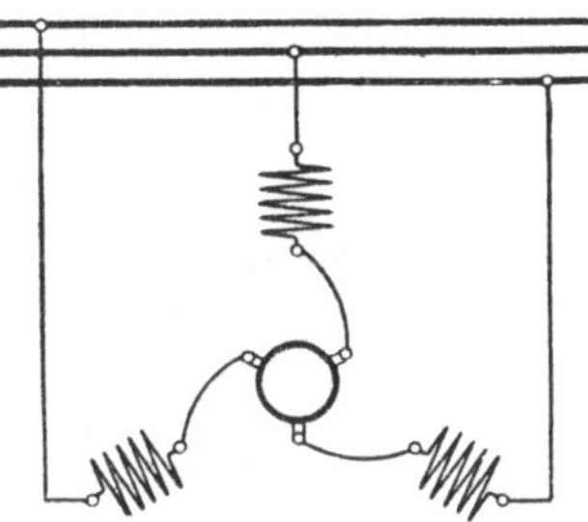

Fig. 91.

c) Der Drehstrom-Reihenschlußmotor. Die grundsätzliche Schaltung zeigt Fig. 91. Die Wicklung des Ständers ist die gleiche wie die der Drehstrom-Induktionsmotoren. Der Anker hat die Ausführung der Gleichstromanker. Die auf dem Kommutator schleifenden Bürsten sind um 120° versetzt. Legt man an den Motor Drehstrom, so entstehen im Ständer und Anker Drehfelder. Durch Verdrehen der Bürsten kann man die Lage der Drehfelder zueinander ändern. Fallen die Drehfelder räumlich zusammen, so hat der Motor kein Drehmoment. Das Anlassen sowie die Drehzahlregelung kann durch Bürstenverstellung oder durch Regeltransformator in den Zuleitungen erfolgen (Fig. 92). Die Änderung der Drehrichtung

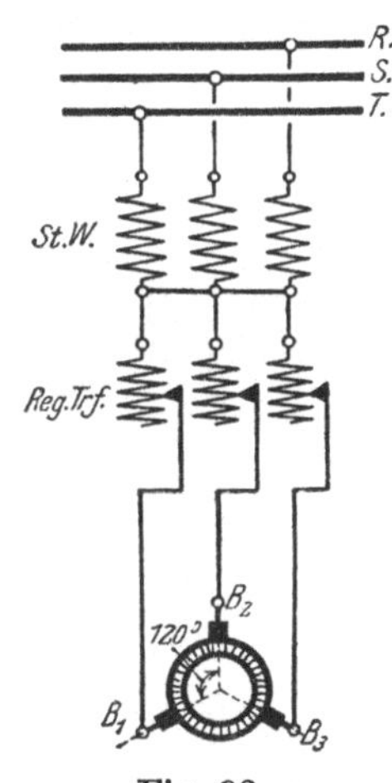

Fig. 92.

erfolgt wie bei den Induktionsmotoren durch Vertauschen zweier Zuleitungen. Die Betriebseigenschaften sind die des Gleichstrom-Hauptstrommotors. Der Drehstrom-Reihenschlußmotor findet dort Verwendung, wo eine feinstufige oder allmähliche Drehzahlregelung erforderlich ist (Textilmaschinen, Papiermaschinen usw.).

III. Die Umformung des elektrischen Stromes.

Mit Umformung bezeichnet man die Umwandlung einer Stromart in eine andere. Umformung wird erforderlich, wenn die zur Verfügung stehende Stromart für den in Frage kommenden Betrieb ungeeignet ist. Z. B. eignet sich der heute in großen Zentralwerken (Überlandzentralen) erzeugte Drehstrom wenig für Bahnbetrieb. Man wird in diesem Falle den Drehstrom in Gleichstrom umformen. In Betrieben, in denen man die vorzügliche Regelfähigkeit der Gleichstrommotoren ausnutzen will (Kranbetrieb), wird man ebenfalls den zur Verfügung stehenden Drehstrom in Gleichstrom umformen. Umformung von Gleichstrom in Drehstrom kommt selten vor.

Die Umformung kann erfolgen: 1. durch Motorgeneratoren, 2. durch Einankerumformer, 3. durch Transformatoren, 4. durch Quecksilberdampf-Gleichrichter.

1. Motorgeneratoren. Ein Motorgenerator ist immer eine Doppelmaschine, die, wie der Name sagt, aus einem Motor, der für die umzuformende Stromart gebaut ist, und aus einer Dynamomaschine besteht, die die verlangte Stromart abgeben kann. Will man z. B. Drehstrom in Gleichstrom umformen, so kann der Motor ein asynchroner Induktionsmotor oder ein Synchronmotor für Drehstrom sein, während der Generator eine Nebenschluß-Gleichstrommaschine ist. Fig. 93 stellt einen Motorgenerator der Allgemeinen Elektrizitäts-Gesellschaft Berlin dar. Er besteht aus einem asynchronen Drehstrom-

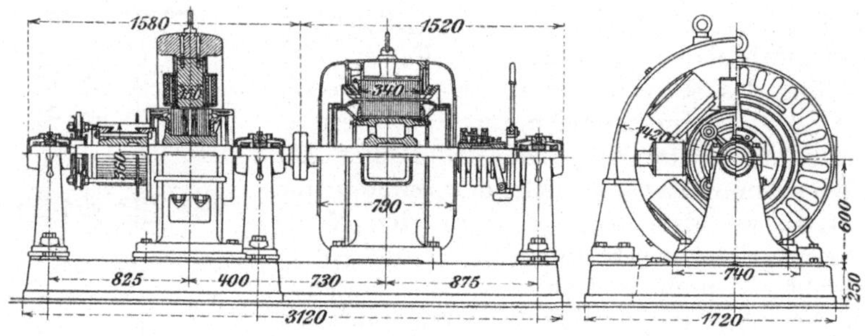

Fig. 93.

motor von 165 kW, 3000 Volt und 975 Umdr./min auf gemeinsamer Grundplatte gekuppelt mit einer Gleichstrommaschine für 150 kW und 500 Volt.

Das Verhalten der Motorgeneratoren entspricht den Eigenschaften der das Aggregat bildenden Einzelmaschinen (siehe vorhergehende Abschnitte). Da bei einem Motorgenerator zwei Maschinen in Anwendung kommen, ist der Wirkungsgrad nicht sehr hoch. Der Gesamtwirkungsgrad des Aggregats ist gleich dem Produkt der Einzelwirkungsgrade der einzelnen Maschinen ($\eta = \eta_m \cdot \eta_{dy}$). Ist z. B. bei dem in Fig. 93 abgebildeten Motorgenerator der Wirkungsgrad des Motors $\eta_m = 0{,}93$, der Wirkungsgrad der Gleichstrommaschine $\eta_{dy} = 0{,}92$, so ist der Gesamtwirkungsgrad $\eta = 0{,}93 \cdot 0{,}92 = 0{,}855$. Motorgeneratoren stellen geringe Anforderungen an die Bedienung und Wartung beim Anlassen und im Betriebe. Sie werden deshalb meist dort angewandt, wo man mit ungeschultem Personal zu rechnen hat. Meist werden sie auch nur für kleine und mittlere Leistungen ausgeführt.

2. Die Einankerumformer. Einankerumformer, kurz Umformer genannt, stellen in ihrem Aufbau eine Gleichstrommaschine dar, die

neben ihrem Kommutator noch Schleifringe hat. Den Schleifringen wird der umzuformende Wechselstrom, fast immer unter Zwischen- schaltung eines Transformators, zugeführt. Je nachdem man Ein- phasen-Wechselstrom, Zweiphasen-Wechselstrom oder Drehstrom um- formen will, hat man zwei, drei, vier oder bei größeren Leistungen sechs Schleifringe. Führt man dem Kommutator Gleichstrom zu, so kann man an den Schleifringen Wechselstrom abnehmen. Die Um- formung von Gleichstrom in Wechselstrom empfiehlt sich nicht, da das mit Gleichstrom erregte Magnetfeld, das ja für die Wechselstrom- und Gleichstromseite gemeinsam ist, unter Umständen stark durch die Ankerrückwirkung der Wechselstromseite beeinflußt werden kann. Die grundsätzliche Schaltung eines Einankerumformers ist aus Fig. 94 zu erkennen. Die zwei Schleifringe sind mit zwei um 180° versetzten Punkten des Gleichstromankers verbunden. Ein Einankerumformer stellt eine Doppelma- schine dar, die Gleich- strom und Wechsel- strom zugleich ab- geben kann, wenn sie von außen angetrie- ben wird. Bei der Um- formung von Wech- selstrom in Gleich- strom hat man es mit einer kombinier- ten Synchronmotor- Gleichstromdynamo mit gemeinsamem Magnetfeld zu tun. Fig. 95 zeigt einen

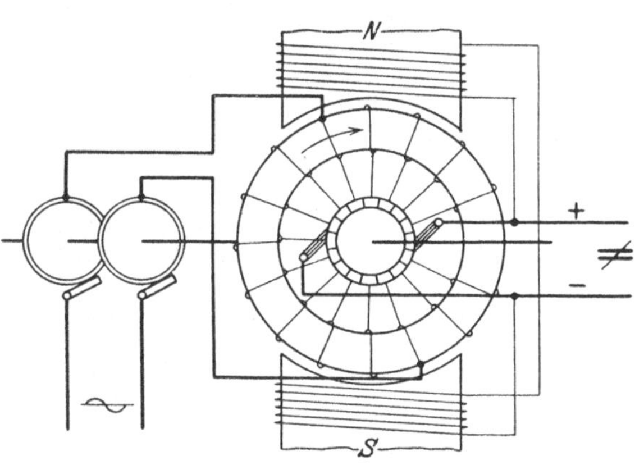

Fig. 94.

Drehstrom-Gleichstrom-Einankerumformer im Schnitt. Die Erregung des Magnetfeldes kann aus einer fremden Stromquelle gespeist werden, doch kann man sie auch von der Gleichstromseite des Umformers selbst decken. Die Spannung des zugeführten umzuformenden Stromes steht zur Spannung des abgenommenen Stromes in einem festen, von geringen Beeinflussungen abgesehen, unveränderlichen Verhältnis. Das Übersetzungsverhältnis eines Drehstrom-Gleichstrom-Umformers beträgt z. B. bei dreiphasiger Ausführung 0,615 bis 0,66, bei sechsphasiger Aus- führung 0,354. Würde man z. B. für einen Bahnumformer die Gleich- stromspannung von 550 Volt verlangen, so müßte den Schleifringen Dreh- strom von $550 \cdot 0,66 =$ rd. 360 Volt zugeführt werden. Eine Spannungs- regelung ist im allgemeinen nicht möglich, wenn man wechselstromseitig nicht Drosselspulen oder Transformatoren anwendet. Da in der Regel der umzuformende Wechselstrom höhere Spannung hat, wird fast immer ein Transformator erforderlich. Für weitgehende Spannungsregelung wendet man einen Drehtransformator an. Das Anlassen der Umformer kann von der Gleichstromseite aus geschehen, wenn eine Gleichstromquelle

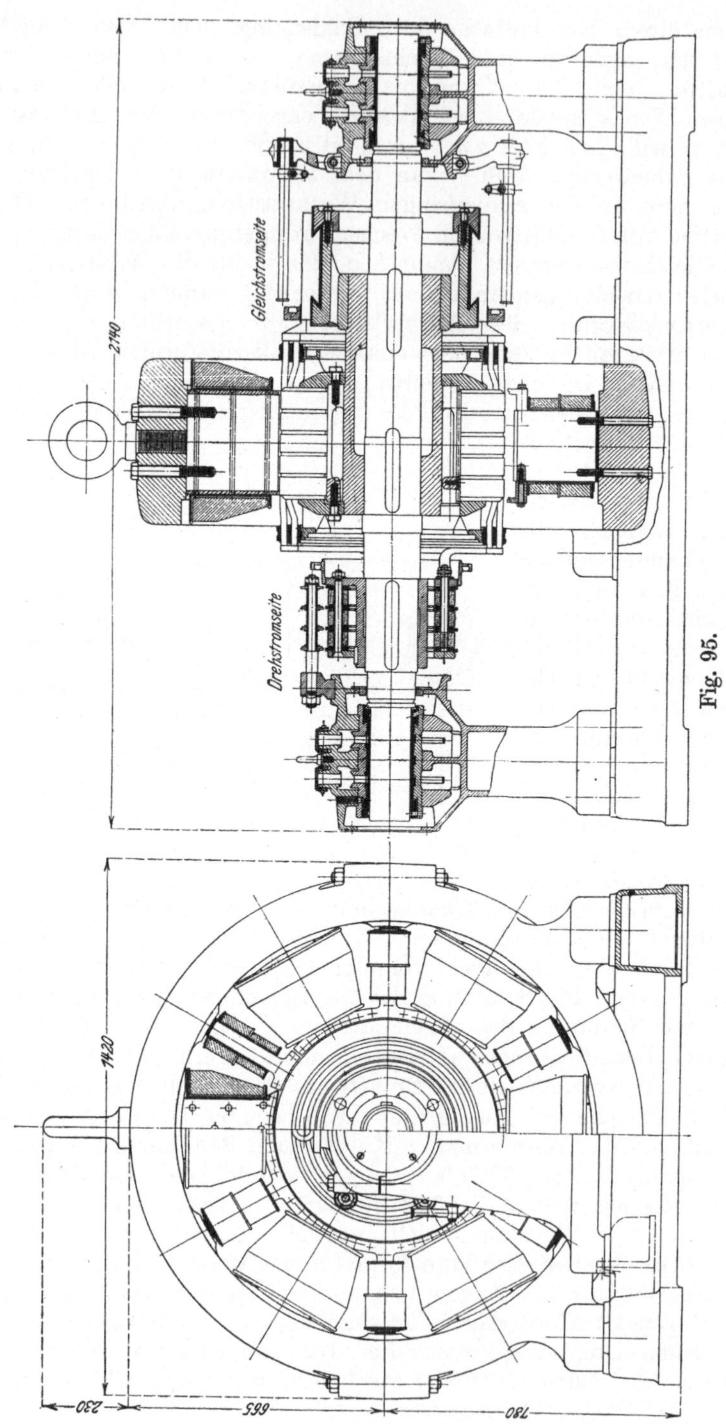

Gleichstromseite
Drehstromseite
2740
1420
230
665
780
Fig. 95.

vorhanden ist, andernfalls muß man den Umformer nach der bei den Synchronmotoren (siehe Seite 160) möglichen Art, d. h. mittels Anwurfmotoren, oder als Induktionsmotoren (nur bei Mehrphasenstrom) anlassen. Im allgemeinen ist das Anlassen der Umformer nicht einfach. Es erfordert geschultes Bedienungspersonal. Einankerumformer finden heute überall dort Anwendung, wo Wechselstrom (Drehstrom) in Gleichstrom bei größeren Leistungen (Bahnzentralen) umgeformt werden muß.

3. Die Transformatoren. Transformatoren (auch Wandler genannt) sind ruhende Apparate, in denen Wechselstrom (Drehstrom) in Wechselstrom gleicher Art, gleicher Periodenzahl, jedoch höherer oder niederer Spannung umgewandelt wird. Die grundsätzliche Anordnung eines Transformators ist aus Fig. 96 zu erkennen. Ein geschlossener Eisenring ist mit zwei Wicklungen verschiedener Windungszahl N_1 und N_2 versehen. Legt man an eine der Wicklungen, z. B. Wicklung I, einen Wechselstrom mit der Spannung E_1, so wird der durch die Wicklung I fließende Wechselstrom in dem Eisenring einen magnetischen Wechselkraftfluß Φ erzeugen. Es ist $E_1 = c \cdot N_1 \Phi$. Dieser Kraftfluß schließt sich im Eisenring und durchsetzt die Wicklung II mit ihren N_2-Windungen. In der Wicklung II muß nach den Induktionsgesetzen (siehe Teil II, 1, Seite 247) eine Wechselspannung E_2 induziert werden, für die die Gleichung $E_2 = c \cdot N_2 \Phi$ gilt. An einem Transformator hat man mithin mindestens zwei Spannungen zu unterscheiden, die Primärspannung E_1 und die Sekundärspannung E_2. Das Verhältnis der beiden Spannungen zueinander ist:

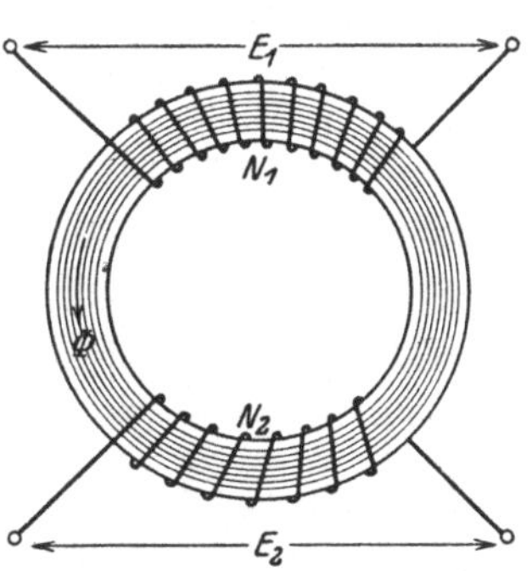

Fig. 96.

$$\frac{E_1}{E_2} = \frac{c N_1 \Phi}{c N_2 \Phi} = \frac{N_1}{N_2}.$$

Es heißt Übersetzungsverhältnis. Die Spannungen verhalten sich wie die Windungszahlen der Wicklungen. Ist die angelegte Primärspannung höher als die Sekundärspannung, so spricht man von Herabtransformieren, ist E_2 höher als E_1, so wird hinauftransformiert. Theoretisch ist das Übersetzungsverhältnis unbegrenzt, d. h. man könnte eine der Spannungen E_1 oder E_2 beliebig hoch transformieren. Eine Grenze in der Höhe der Spannung setzt die Isolierung der Wicklungen. Für sehr hohe Spannungen macht die sichere Isolierung Schwierigkeit. Die höchste Spannung, die (allerdings nur für Versuchs- und Prüfzwecke) bisher erreicht worden ist, beträgt eine MillionVolt. Der Bau von Transformatoren für 200 000 Volt macht heute keine Schwierigkeiten mehr. Da die Transformatoren fast immer hohe Spannung in niedere oder umgekehrt umwandeln, spricht man auch von Hochspannungswicklung und Niederspannungswicklung oder auch von Oberspannung und Unterspannung. Das Übersetzungsverhältnis $E_1 : E_2 = N_1 : N_2$ gilt nur, wenn der die Wicklung I durchsetzende Fluß vollständig durch die Wicklung II hindurchtritt. Dies ist aber praktisch nur der Fall, wenn der Transformator leerläuft, d. h. wenn an der Wicklung II kein Strom abgenommen wird, wenn also die Sekundärwicklung offen ist. Belastet man den Transformator, d. h. schaltet man an die Sekundärwicklung, die Hoch- oder Niederspannungswicklung sein kann, Stromverbraucher (Lampen, Motoren usw.) an, so erzeugt der in der Sekundärwicklung fließende Strom ebenfalls einen magnetischen Fluß, der dem in der Wicklung I erzeugten Fluß entgegenwirkt. Es wird ein Teil der Kraftlinien, die von der Wicklung I erzeugt werden, nicht die Wicklung II durchsetzen. Diese Kraftlinien heißen Streulinien. Die Streuung wird im allgemeinen um so größer, je größer der von der Wicklung II abgenommene Strom wird. Bei einem belasteten Transformator gilt mithin das Übersetzungsverhältnis $E_1 : E_2 = N_1 : N_2$ nicht mehr genau. Die Streuung und damit die Abweichung des Übersetzungsverhältnisses bei Leerlauf von dem bei Belastung beträgt bei einem guten Transformator etwa 3 bis 4 vH.

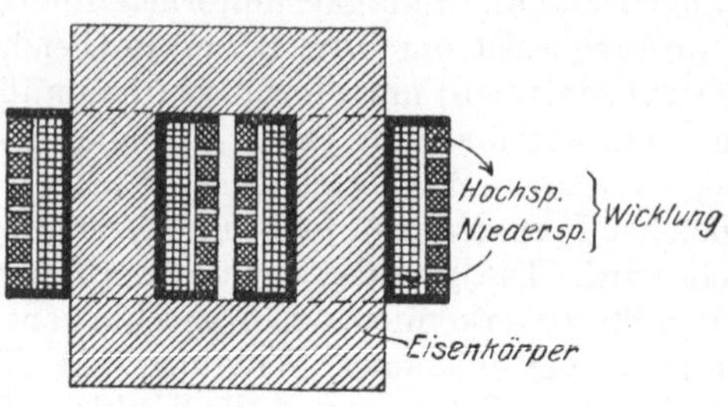

Fig. 97.

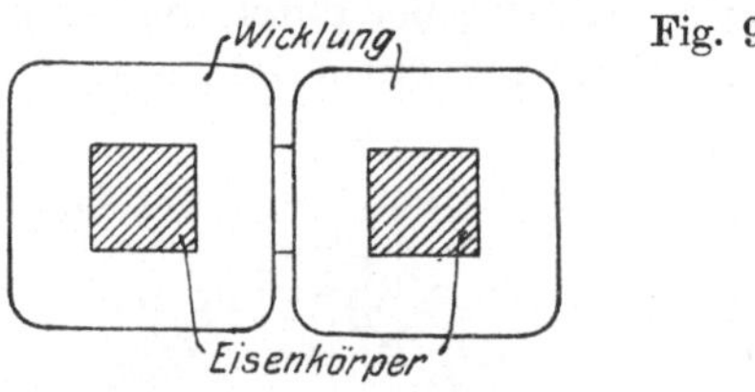

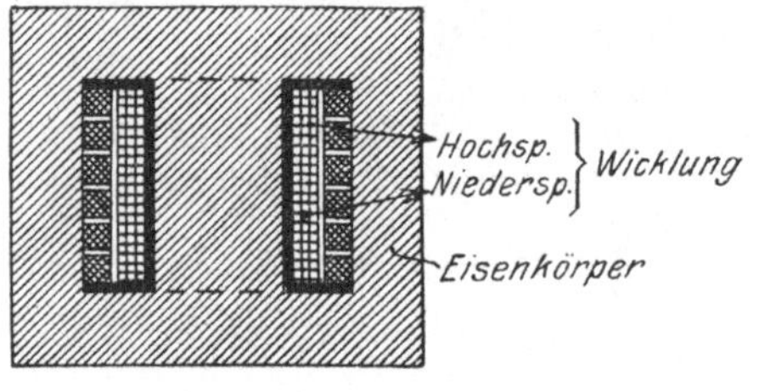

Fig. 98.

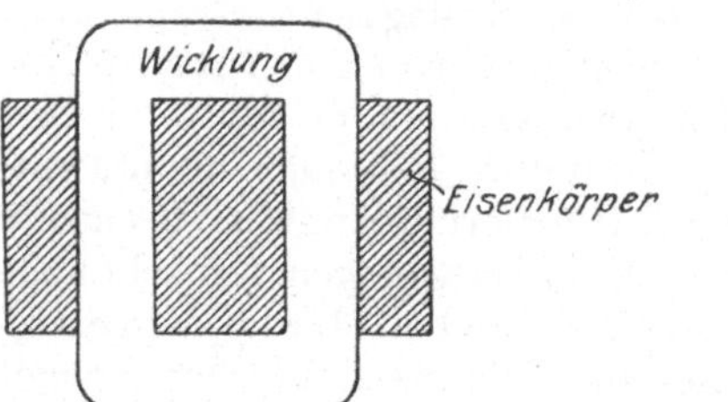

Der Aufbau der Transformatoren. Ein Transformator besteht, wie aus dem Vorstehenden hervorgeht, hauptsächlich nur aus einem Eisenkörper und zwei voneinander getrennten Wicklungen. Man unterscheidet: 1. Kerntransformatoren (Fig. 97), bei denen der Eisenkörper von den Wicklungen umfaßt wird, und 2. Manteltransformatoren (Fig. 98), bei denen die Wicklungen vom Eisenkörper umgeben sind.

Der Eisenkörper ist aus Blechen zusammengeschichtet, die mit Papier oder Lack voneinander isoliert sind. Auf guten magnetischen Schluß der einzelnen Blechpakete, aus denen der ganze Eisenkörper zusammengesetzt ist, ist besonderer Wert zu legen, damit der Magnetisierungsstrom und damit auch der ,Leerlaufstrom des Transformators klein wird. Die Bleche haben 0,3 bis 0,5 mm Dicke. Oft benutzt man sogenannte **legierte** Bleche (Eisen mit Siliziumgehalt), um die bei der Ummagnetisierung des Eisens auftretenden Verluste recht niedrig zu halten. Bei den Wicklungen unterscheidet man Zylinder und Scheibenwicklungen. In Fig. 97 und 98 sind die Hochspannungswicklungen als Scheibenwicklung, die Niederspannungswicklung als Zylinderwicklung ausgeführt. Beide Wicklungsarten haben Vorteile und Nachteile. Oft werden Hoch- und Niederspannungswicklung als Scheibenwicklung ausgeführt und abwechselnd auf dem Eisenkern untergebracht. Die Wicklungen sind gegen den Eisenkern und untereinander mechanisch gut zu versteifen, da bei starker Stromentnahme sehr starke dynamische Kräfte auftreten können, die die Spulen mechanisch zerstören können. Man unterscheidet noch Trocken- und Öltransformatoren. Bei den Trockentransformatoren kommt als Isoliermaterial Preßspan, Papier, Leinewand, Baumwolle und Mikanit in Frage. Zur Kühlung des durch die Verluste (Eisen- und Kupferverluste) sich erwärmenden Transformators wird Luft angewandt. Eigenkühlung oder Kühlung durch künstlichen Luftstrom. Fig. 99 stellt einen Einphasentransformator für Selbstkühlung von der Firma Koch und Sterzel, Dresden, dar, Lei-

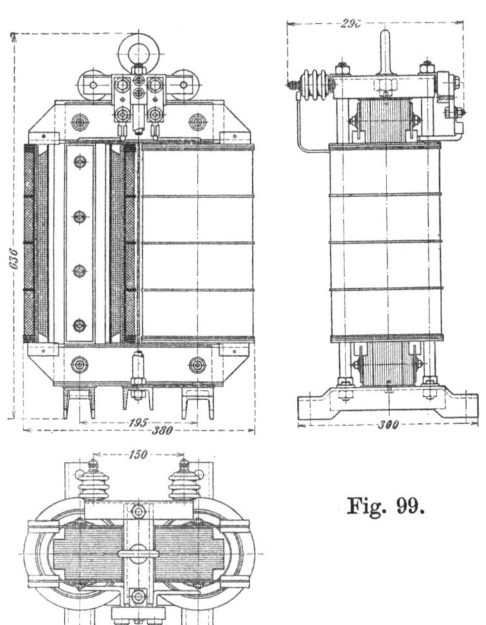

Fig. 99.

stung 10 kVA, Übersetzungsverhältnis 6000/220 Volt. Bei Öltransformatoren kommt als fester Isolierstoff nur Preßspan, Baumwolle und Papier in Frage. Das Öl muß säure- und wasserfrei sein. Durch Anwendung von Öl wird eine gute Isolierung und Kühlung erreicht, da das Öl den ganzen Eisenkern und die Wicklung umspült. Größere Transformatoren erhalten noch Kühlschlangen für Wasser, die in das Öl eingebaut werden und die Wärme abführen. Die Ölkästen können aus Gußeisen oder aus Blech mit Kühlrippen bestehen. Fig. 100 zeigt den Schnitt durch einen wassergekühlten Öltransformator. In der Figur stellt dar: *A* das Eisengestell, *B* die Wicklungen, *C* die Kühlschlangen, *D* die Ausführungsklemmen, *E* die Rollen des fahrbaren

Transformators, *F* den Zufluß des Kühlwassers, *G* einen Dreiwegehahn zum Entleeren der Kühlschlange, *H* den Kühlwasserabfluß, *J* eine Vorrichtung, die selbsttätig anzeigt, daß der Kühlwasserlauf unterbrochen ist, *K* einen Temperaturzeiger, *L* eine Alarmglocke, die bei zu hoher Öltemperatur in Tätigkeit tritt, *M* eine Ölstand-Ablesevorrichtung und *N* einen Ölablaß.

Bei Transformatoren für höchste Spannungen muß besondere Sorgfalt auf die Ausführungsklemmen gelegt werden.

Die innere Schaltung der Transformatoren. Man unterscheidet Einphasen- und Mehrphasentransformatoren. Von letzteren

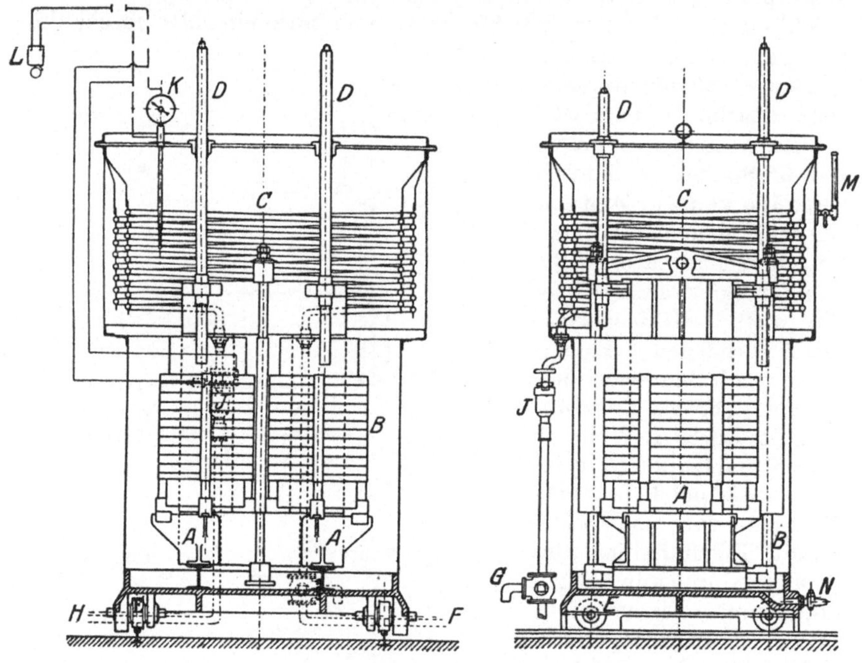

Fig. 100.

sind die Drehstromtransformatoren die wichtigsten. Der Einphasentransformator besitzt je bewickelten Eisenkern zwei Wicklungen, die Ober- und die Unterspannungswicklung. Klemmenbezeichnung für die Oberspannung *U*, *V*, für die Unterspannung *u*, *v* (Fig. 101). Hat der Einphasentransformator zwei bewickelte Eisenkerne (Schenkel), so sind die beiden Oberspannungswicklungen und die beiden Unterspannungswicklungen je hintereinander geschaltet. Die Transformatoren für Drehstrom haben drei Eisenkerne, die meist in einer Ebene angeordnet sind und ein gemeinsames Schlußjoch besitzen (Fig. 102). Jeder Schenkel trägt eine Unter- und Oberspannungswicklung und gehört einer der drei Phasen an. Die drei Unterspannungswicklungen und die drei Oberspannungswicklungen können ihrerseits in Dreieck oder Stern geschaltet sein. Man erhält dann Drehstromtransformatoren mit △/△-, △/Y-, Y/△- oder Y/Y-Schaltung. Bei Sternschaltung wird der Nullpunkt gewöhnlich mit aus dem Transformator herausgeführt.

Zuweilen wendet man die sogenannte Zick-zack - Schaltung an (Fig. 103). Der Vorteil dieser Schaltung liegt darin, daß sich eine ungleiche Belastung der drei Phasen ausgleicht. In einem Netz können beliebig viele Trans-

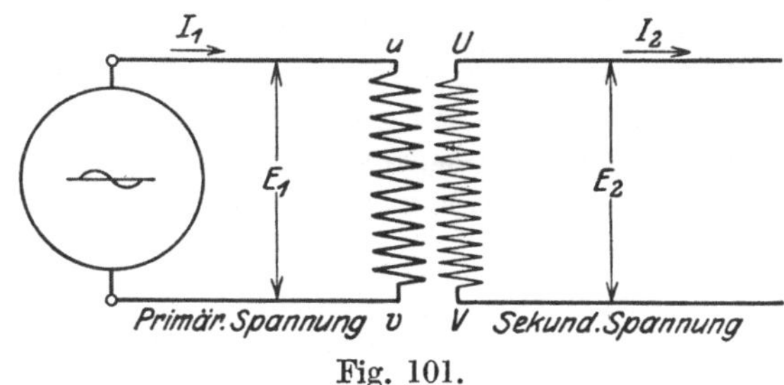

Fig. 101.

formatoren parallel geschaltet werden, wenn sie gleiche Sekundärspannung, gleiche Phase und bei Belastung gleichen Spannungsabfall haben. Man kann mithin nicht parallel schalten Transformatoren gleicher Spannung bei gleichem Übersetzungsverhältnis und primär gleicher, aber sekundär verschiedener Schaltung (z. B. kann nicht parallel geschaltet werden: Transformator I primär Stern, sekundär Stern mit Transformator II primär Stern, sekundär Dreieck).

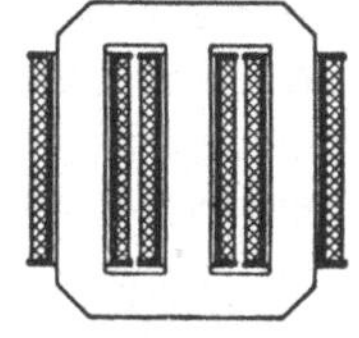

Wirkungsgrad. Der Wirkungsgrad ist hoch, etwa 92 bis 99 vH. Die Verluste im Transformator

Fig. 102.

setzen sich aus den Verlusten im Eisen (Hysteresis und Wirbelströme) und den Verlusten im Kupfer (Stromwärme in der Primär- und Sekundärwicklung) zusammen. Durch Anwendung von magnetisch besonders gutem Eisen (Transformatorblech, legiertem Eisen) zum Aufbau des Kernes und durch Wahl ausreichender Querschnitte für das Kupfer kann man die Gesamtverluste sehr niedrig halten. Ein leerlaufender (sekundär nicht belasteter) Transformator hat praktisch nur Verluste im Eisen, da der primär aufgenommene Strom, der Leerlaufstrom, sehr klein ist.

Spartransformatoren werden gern in Niederspannungsnetzen verwendet. Sie haben nur eine Wicklung, die für die Primärspannung berechnet ist. Die Sekundärspannung wird an einem Teil der Wicklung abgenommen (Fig. 104). Der Spartransformator stellt mithin einen Transformator dar, bei dem die Sekundärwicklung und ein Teil der Primär-

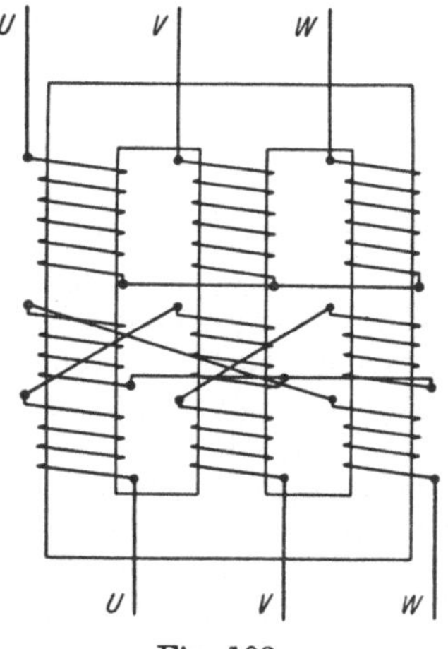

Fig. 103.

wicklung ineinander übergegangen sind. Der Teil der Oberspannungswicklung, der zugleich Unterspannungswicklung ist, wird meist mit dickerem Kupferdraht ausgeführt. Anwendung finden die Spartransformatoren meist in Bogenlampenkreisen. Bringt man an der Wicklung mehrere Anschlußstellen (Anzapfungen) an, so kann man stufenweise verschiedene Spannungen abnehmen (Stufentransformator).

Anwendung der Transformatoren. Die Fortleitung von elektrischer Energie auf große Entfernungen ist nur dann wirtschaftlich, wenn die Anschaffungskosten der Fernleitung und die Verluste in der Leitung im Verhältnis zur übertragenen Energie nicht zu groß werden.

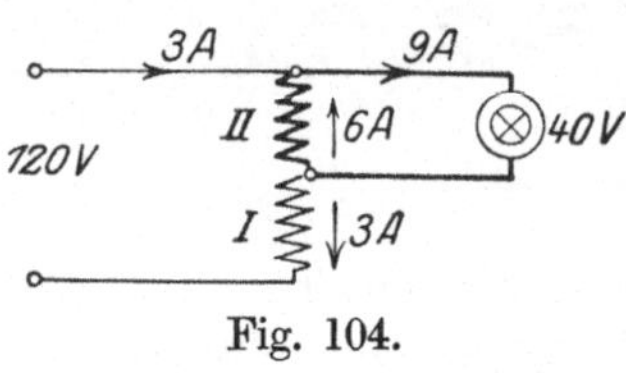

Fig. 104.

Um geringe Leitungsquerschnitte zu erhalten, muß die Stromstärke in der Leitung so gering wie möglich gehalten werden. Bei einer gegebenen Leistung ist diese Bedingung aber nur durch Hinaufsetzen der Spannung zu erreichen. Man transformiert deshalb in den Fernkraftwerken die Spannung der Generatoren (einige tausend Volt) auf die Leitungsspannung (es sind heute bereits Fernleitungen mit 200 000 Volt im Betrieb) und transformiert an der oft Hunderte von Kilometern entfernten Verbrauchsstelle die Spannung auf die Verbrauchsspannung wieder herunter. Die Transformatoren haben dann meist sehr große Leistungen (mehrere tausend kVA). Mittlere und kleine Transformatoren finden in Ortsnetzen Anwendung. Man wendet auch Transformatoren in Meßschaltungen an (Meßwandler), um die Hochspannung von den Meßgeräten fernzuhalten.

4. Quecksilberdampf - Gleichrichter. Diese Gleichrichter bestehen aus einem möglichst luftleer ausgepumpten, mit Quecksilberdämpfen gefüllten Gefäß (Glas- oder für große Leistungen Eisengefäße), in das von oben die Anoden hereinragen. Diese bestehen aus Eisen. Unten befindet sich die Kathode, die aus Quecksilber besteht. Legt man eine Wechselspannung an die Anode und Kathode und erhält die Kathode im heißen Zustande, so läßt die Anordnung den Strom in

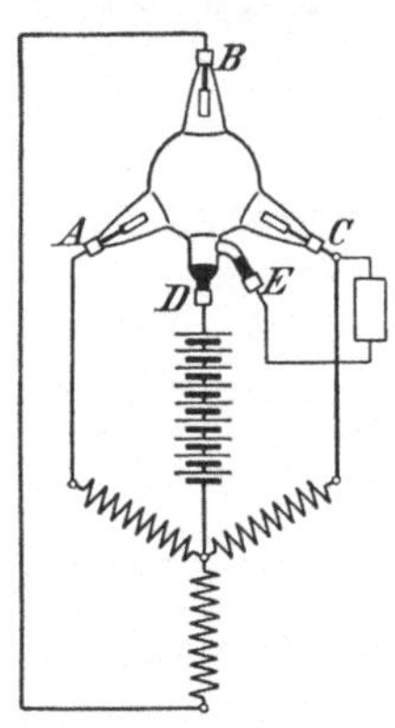

Fig. 105.

der Richtung Anode—Kathode hindurch, während in umgekehrter Richtung kein Strom fließen kann. Die Wirkungsweise der Quecksilberdampf-Gleichrichter kann mit einem Rückschlagventil verglichen werden. Von den positiven und negativen Augenblickswerten des angelegten Wechselstromes werden nur die einer Richtung durch den Gleichrichter hindurchgelassen, die eine Welle des Wechselstromes wird abgedrosselt. Der Gleichrichter gibt also pulsierenden Gleichstrom. Fig. 105 zeigt die Schaltung eines Quecksilberdampf-Gleichrichters mit Glasgefäß für Drehstrom. *A*, *B* und *C* stellen die Anoden dar. Sie sind

an die drei Sekundärklemmen eines Drehstromtransformators in Sternschaltung angeschlossen. D ist die Kathode. Sie stellt den positiven
Pol des abzunehmenden Gleichstromes dar. Der Nullpunkt des Transformators ist der negative Pol des Gleichstromes. E ist eine Hilfsanode,
die zur Inbetriebsetzung (Zünden) dient. Quecksilberdampf-Gleichrichter haben, zumal bei höheren Spannungen, einen hohen Wirkungsgrad (über 90 vH), sie brauchen sehr geringe Wartung, sind leicht
in Betrieb zu setzen, nutzen sich wenig ab, arbeiten geräuschlos und
sind überlastungsfähig.

Anwendung. Für kleine Leistungen: zum Laden von Akkumulatoren; für mittlere Leistungen: Ersatz für Akkumulatoren in Dreh-
stromanlagen; für große Leistungen: Umformung von Drehstrom in
Gleichstrom für Bahnen oder ganze Ortsnetze.

IV. Elektrische Beleuchtung.

Grundbegriffe. Die für eine Lichtquelle hauptsächlich in Frage
kommenden Maßgrößen sind: die Lichtstärke J, der Lichtstrom Φ und
die Beleuchtung E. Als Einheit der Lichtstärke J wird in Deutschland
die wagerechte Lichtstärke einer Hefner-Lampe (1 Hefner-Kerze = 1 HK)
angenommen, d. h. die Lichtstärke, die eine Amylacetat-Lampe bei
40 mm Flammenhöhe und 8 mm Dochtdurchmesser in wagerechter
Richtung aussendet. Unter dem Lichtstrom Φ versteht man die auf
eine Fläche auftreffende Lichtmenge. Die Einheit des Lichtstromes
stellt diejenige Lichtmenge dar, die auf 1 m² Kugeloberfläche vom
Radius 1 m auffällt, wenn sich im Mittelpunkt der Kugel eine Lichtquelle von der Lichtstärke $J = 1$ HK befindet. Die Einheit des Lichtstromes ist 1 Lumen (Lm). Unter der Beleuchtung E versteht man die
Lichtstromdichte oder den Lichtstrom pro Quadratmeter belichteter
Fläche. Die Einheit der Beleuchtung ist 1 Lux = 1 Lumen pro 1 m².

Lichtquellen. Als elektrische Lichtquellen kommen heute fast
nur noch Glühlampen, und zwar Wolfram-Metalldrahtlampen, in Frage.
Die früher als stärkste Lichtquellen benutzten Bogenlampen sind fast
ganz durch hochkerzige Glühlampen verdrängt worden. Der elektrische
Lichtbogen wird zu Beleuchtungszwecken nur noch bei Scheinwerfern
und Projektionslampen benutzt.

Bogenlicht. Man kann den Lichtbogen mit Gleichstrom oder
Wechselstrom betreiben. Bei Gleichstrom wendet man als positive
Kohle eine stärkere Kohle mit Docht aus Salzen an. Die negative Kohle
ist bedeutend dünner und ist eine Homogenkohle (ohne Docht). Bei
Gleichstrom muß die positive Kohle stärker gewählt werden als die
negative, weil erstere schneller abbrennt. Die normale Spannung für
einen Gleichstromlichtbogen beträgt 40 Volt. Scheinwerfer und Projektionslampen werden mit etwa 60 Volt betrieben. Um ruhiges Brennen
des Lichtbogens zu gewährleisten, muß in den Lampenkreis immer ein
sogenannter Beruhigungswiderstand eingeschaltet werden. Durch
diesen Widerstand kann auch zugleich die Stromstärke einreguliert

werden. Die erforderliche Stärke der Kohlestifte richtet sich nach der Stromstärke, mit der die Lampe brennen soll. Steht nur höhere Spannung zur Verfügung, so ist der Betrieb einer Gleichstromlampe sehr unwirtschaftlich, wenn der größte Teil der Spannung in einem Vorschaltwiderstand vernichtet werden muß. Man benutzt dann zur Erlangung der geeigneten Lampenspannung vorteilhaft einen Umformer (Sparumformer). Dies sind meist Einankerumformer (siehe Seite 170), die auf dem Anker zwei Wicklungen tragen und auf jeder Seite des Ankers einen Kommutator haben (z. B. eine Wicklung für 220 Volt und eine Wicklung für 80 Volt). — Bei Wechselstrombogenlampen benutzt man, da die Kohlen gleich schnell abbrennen, zwei gleich starke Kohlen, und zwar Dochtkohlen. Die Lichtbogenspannung beträgt hier nur 30 Volt. Da die Netzspannung immer höher ist, benutzt man zur Erlangung der Lichtbogenspannung vorteilhaft und wirtschaftlich S p a r t r a n s f o r m a t o r e n (siehe Seite 178).

G l ü h l a m p e n. Die ältesten Glühlampen sind die Kohlenfadenlampen. Ihr Verbrauch ist sehr hoch (3—3,5 Watt/HK). Kohlenfadenlampen werden heute nur noch selten angewandt (Kohlenbergwerke mit eigener Stromerzeugung, Wasserkraftzentralen). Zur Zeit verwendet man fast nur noch Glühlampen, bei denen ein Metalldraht (Wolframdraht) durch die Stromwärme zur Weißglut gebracht wird. Damit der weißglühende Metalldraht in der Lampe nicht verbrennt, müssen die Lampen entweder luftleer ausgepumpt oder mit einem sauerstofffreien Gas gefüllt sein. Als Gasfüllung wird Stickstoff oder ein Edelgas verwandt. Man hat also zu unterscheiden: 1. luftleere Metalldrahtlampen und 2. gasgefüllte Metalldrahtlampen.

1. L u f t l e e r e M e t a l l d r a h t l a m p e n. Sie haben einen ausgespannten Leuchtdraht und werden heute für Lichtstärken bis 50 HK hergestellt. Ihr Verbrauch ist etwa 1 Watt/HK. Die kleinste Kerzenstärke, für die sie noch hergestellt werden, ist bei 110 Volt 5 HK, bei 220 Volt 10 HK. Metalldrahtlampen vertragen starke Erschütterungen und können in Fahrzeugen verwandt werden.

2. G a s g e f ü l l t e M e t a l l d r a h t l a m p e n. Der Metalldraht ist hier schraubenförmig aufgewickelt. Der Verbrauch der gasgefüllten Lampen ist niedriger als der der luftleeren Lampen. Von Lichtstärken von 300 HK aufwärts beträgt der Verbrauch etwa nur noch 0,5 Watt/HK. Halbwattlampen. N i t r a l a m p e n, O s r a m - N i t r a l a m p e n, O s r a m - A z o - L a m p e n sind gasgefüllte Lampen. Normal werden G a s f ü l l u n g s l a m p e n bis 4000 HK angefertigt. Diese Starklichtlampen haben die Bogenlampen fast ganz verdrängt. Die kleinste Type der Gasfüllungslampe ist 25 Watt bei 110 Volt und 40 Watt bei 220 Volt. Bei den kleineren Lampen ist die Stromersparnis gegenüber den luftleeren Metalldrahtlampen nicht sehr erheblich, doch zeichnen sie sich vor den luftleeren Lampen durch kleinere Form, günstigere Lichtverteilung und weißeres Licht aus.

Bei der Projektierung und Installation von Lichtanlagen ist die Beleuchtung E (siehe oben) maßgebend. Richtige Aufhängung und

Anordnung der Lichtquelle ist Hauptsache. Die Stärke der Lichtquelle kommt erst in zweiter Linie in Frage. Außerdem ist die richtige Wahl der geeigneten Schirme und Reflektoren sehr wichtig. Die Lichtverluste durch unsachgemäße und falsch angebrachte Reflektoren werden heute noch viel zu wenig beachtet.

Nach Uppenborn-Monasch (Lehrbuch der Photometrie) soll die mittlere wagerechte Beleuchtung in einer Meßebene 1 m über dem Fußboden betragen:

Spinnereien	15 — 20	Lux
Webereien (für helle Stoffe)	25 — 30	,,
Webereien (für dunkle Stoffe)	30 — 40	,,
Maschinenfabriken, Schlossereien	25 — 35	,,
Metallbearbeitung	25 — 35	,,
Feinmechanische Arbeiten	35 — 60	,,
Druckereien, Setzereien	60 — 80	,,
Hörsäle, Schulzimmer	35 — 60	,,
Zeichensäle	60 — 80	,,
Kaufmännische Bureaus	35 — 50	,,
Verkaufsräume	35 — 60	,,
Konzert- und Festsäle	40 — 60	,,
Schaufenster	80 —200	,,
Nebenräume, Schlafzimmer, Hausgänge	5 — 10	,,
Elegante Zimmer	20 — 30	,,
Einfache Wohnzimmer, Speisezimmer	15 — 20	,,
Hauptstraßen mit starkem Verkehr	3 — 12	,,
Nebenstraßen mit starkem Verkehr	1,5— 3	,,
Nebenstraßen mit schwächerem Verkehr	0,5— 1,5	,,

V. Elektrische Leitungen und ihre Verlegung.

Im wesentlichen werden folgende Leitungen für Niederspannungsanlagen unterschieden:

A. Blanke Leitungen aus Kupfer, Aluminium und Eisen. Leitungen, die mit einem Überzug versehen sind, um sie vor chemischen Einflüssen zu schützen, gelten nicht als isolierte Leitungen.

B. Isolierte Leitungen aus Kupfer. Hier werden unterschieden: 1. Leitungen für feste Verlegung; 2. Leitungen für Beleuchtungskörper; 3. Leitungen für Anschlüsse ortsveränderlicher Stromverbraucher.

1. Leitungen für feste Verlegung. Man hat hier: Gummiaderleitung (Installationsleitung) mit Gummi isoliert, bis 750 Volt anwendbar (Bezeichnung NGA); Nulleitungen mit imprägnierter Baumwollbespinnung (Bezeichnung NL); Rohrdrähte, gummiisolierte Drähte mit aufgewalztem Metallmantel (Messing, Eisen), für sichtbare Verlegung (Bezeichnung NRA).

2. Leitungen für Beleuchtungskörper. Man unterscheidet unter anderen: Pendelschnüre, mit Glanzgarn- oder Kunstseidebeflechtung für Schnurzugpendel (Bezeichnung NPL); Fassungsader, mit Baumwoll-, Glanzgarn- oder Kunstseidebeflechtung, zur Installation nur in und an Beleuchtungskörpern (Bezeichnung NFA).

3. Leitungen zum Anschluß ortsveränderlicher Stromverbraucher. Hier unterscheidet man: Glühlampenschnüre, für geringe mechanische Beanspruchung in trockenen Räumen (Bezeichnung NSA); Gummischlauchleitungen, für Anschluß von Heiz- und Kochgeräten sowie elektrischen Werkzeugen (Bezeichnung LHZ).

Neben den angeführten Leitungsarten gibt es noch eine große Zahl Spezialleitungen, z. B. Spezialschnüre für rauhe Betriebe in Gewerbe, Industrie und Landwirtschaft in Niederspannungsanlagen (Bezeichnung NSGK) und andere.

C. Bleikabel. Kabel kommen für feste Verlegung in der Erde oder in Kanälen in Frage. Man unterscheidet hier: Blanke Bleikabel, asphaltierte Bleikabel und armierte asphaltierte Bleikabel. Als Isolation kommen hier in Frage: Gummi, Papier und Faserstoff (Jute). Kabel enthalten oft mehrere voneinander isolierte Leiter, die entweder konzentrisch oder verseilt angeordnet werden. Zum Schutz gegen mechanische Beschädigungen können Kabel mit Eisendraht oder Eisenband stark armiert werden, z. B. Flußkabel. Kabel sind bereits für viele tausend Volt Spannung mit Erfolg ausgeführt worden. Die Leitungen können auf Porzellanrollen, auf oder unter Putz, in Isolierrohren oder Stahlrohren (Peschelrohr, Stahlpanzerrohr) verlegt werden. Verlegung auf Holzleisten ist verboten. Die folgende Zusammenstellung (veröffentlicht von der Allgemeinen Elektrizitätsgesellschaft in Berlin) bietet eine angenäherte Übersicht über die bei der Leitungsverlegung in den einzelnen Räumlichkeiten zu wählenden Werkstoffe.

Gebäude		Verlegungsarten	Schalter und Steckdosen	Beleuchtungskörper
Wohngebäude	Keller	a) Gummiaderleitungen auf Keller-, Mantel- oder Porzellanrollen	wasserdicht auf Putz	wasserdichte Armaturen
		b) Gummiaderleitungen in verbleitem oder Stahlpanzerrohr	einfache auf Putz	einf. Deckenbeleuchtung
	Erd-, I.—IV. Geschoß	a) Gummiaderleitungen in verbleitem oder Messingrohr auf Putz b) Gummiaderlitze auf Putz, Herunterführungen in Rohr c) Gummiaderleitungen in Gummi verbleitem oder Stahlpanzerrohr unter Putz	offen auf Putz oder unter Putz	nach Wahl
	Dachgeschoß	a) Gummiaderleitungen in verbleitem Rohr auf Putz b) Gummiaderleitungen auf Porzellanrollen	offen auf Putz	einfach
	Hauptleitungen	Im Keller in Rohr oder Kabel, als Steigeleitung in Rohr oder auf Register	—	—

Gebäude		Verlegungsarten	Schalter und Steckdosen	Beleuchtungskörper
Geschäftsräume, Warenhäuser, Restaurants, Hotels usw.	Keller u. Dachgeschoß	In verbleitem oder Stahlpanzerrohr oder auf Keller-, Mantel- oder Porzellanrollen	offen auf Putz oder wasserdicht	einfach oder Armaturen
	Erd-, I.—IV. Geschoß	a) Gummiaderleitungen in Gummirohr, verbleitem oder Stahlpanzerrohr unter Putz, mit Abzweigdosen in der Decke b) Gummiaderleitungen wie vor, unter Putz, ohne Abzweigdosen im Fußboden	offen auf Putz oder unter Putz	nach Wahl
	—	Hauptleitungen wie in Wohnhäusern nebst Not- und Wegebeleuchtung	—	—
Maschinen- und Kesselhäuser, allgem. Fabriken		Gummiaderleitungen auf Rollen oder Isolatoren, Herunterführungen durch Rohr geschützt	offen auf Putz oder wasserdicht	wasserdicht
Zement-Fabriken		Gummiaderleitungen auf Isolatoren oder Mantelrollen, evtl. säurefeste Leitungen, Herunterführungen in Rohr	wasserdicht	wasserdicht
Fabriken mit säurehaltigen Dämpfen		Blanke Leitungen gestrichen auf Isolatoren oder säurefeste Leitungen, Herunterführungen in Stahlpanzerrohr	wasserdicht	Armaturen
Fabriken mit explosionsgefährlichen Dämpfen		Die Räume selbst sowie Nebenräume komplett verschraubtes Rohrnetz (Stahlpanzerrohr)	wasserdicht verriegelt	verschraubte Armaturen
Autogaragen		Gummiaderleitungen in verbleitem oder Stahlpanzerrohr	wasserdicht verriegelt	Armatur., Handlampen n. d.neuen Min.-Verordnung
Brauereien, Brennereien und landwirtschaftl. Betriebe		Gummiaderleitungen oder säurefester Draht auf Isolatoren, Herunterführungen möglichst zu vermeiden	wasserdicht Stallschalter	Armaturen

Bei der Bemessung der Leitungen ist die Festigkeit, Erwärmung und der Leistungsverlust in der Leitung zu berücksichtigen. Die folgende Tabelle gibt die Mindestquerschnitte von Leitungen für die einzelnen Verlegungsarten an.

Mindestquerschnitt von Leitungen.

Art der Leitung	Mindestquerschnitt mm²
An und in Beleuchtungskörpern	0,5
Pendelschnüre	0,75
Ortsveränderliche Leitungen	1
Isolierte Leitungen in Rohr[1]	1
Isolierte Leitungen auf Isolierkörpern in Abständen bis 1 m[1]	1
Isolierte Leitungen auf Isolierkörpern in Abständen von 1—20 m[1]	4
Blanke Leitungen in Gebäuden	4
Blanke Leitungen im Freien auf Isolierkörpern in Abständen bis 20 m	4
Freileitungen auf Isolierkörpern in Abständen von 20—35 m	6
Freileitungen auf Isolierkörpern in Abständen über 35 m	10
Erdungsleitungen (in elektrischen Betriebsräumen 16 mm²) sonst	4

[1] Einschl. der isolierten Leitungen für geerdete oder Nulleiter (NL-Drähte).

Mit Rücksicht auf die zulässige Erwärmung der Leitung durch den elektrischen Strom sind vom Verbande Deutscher Elektrotechniker Vorschriften herausgegeben worden, welche die höchst zulässigen Belastungen der Leitungen festlegen. Aus der folgenden Tabelle kann der Höchststrom für einen Leiterquerschnitt und die Größe der Sicherung für die Leitung entnommen werden.

Belastung isolierter Kupferleitungen und Kupferkabel

| Querschnitt | Isolierte Kupferleitungen | | Höchste, dauernd zulässige Stromstärke in Amp. für im Erdboden verlegte Kupferkabel | | | | |
| | Sicherung für Amp. | Höchststrom Amp. | Einleiter bis Volt 750 | Zweileiter verseilt, bis Volt 3000 | 10000 | Dreileiter verseilt, bis Volt 3000 | 10000 |
mm²							
1	6	11	24	19	—	17	—
1,5	10	14	31	25	—	22	—
2,5	15	20	41	33	—	29	—
4	20	25	55	42	—	37	—
6	25	31	70	53	—	47	—
10	35	43	95	70	65	65	60
16	60	75	130	95	90	85	80
25	80	100	170	125	115	110	105
35	100	125	210	150	140	135	125
50	125	160	260	190	175	165	155
70	160	200	320	230	215	200	190
95	200	240	385	275	255	240	225
120	225	280	450	315	290	280	260
150	260	325	510	360	335	315	300
185	300	380	575	405	380	360	340
240	350	450	670	470	—	420	—
300	430	540	760	530	—	475	—
400	500	640	910	635	—	570	—

Bei Verlegung von Kabeln in Luft oder bei Anordnung in Kanälen u. dgl., Anhäufung von Kabeln im Erdboden oder ähnlichen ungünstigen Verhältnissen empfiehlt es sich, die Höchstbelastung auf $^3/_4$ der in der Tabelle angegebenen Werte zu ermäßigen. Der Tabelle ist Dauerbelastung und die übliche Verlegungstiefe von etwa 70 cm zugrunde gelegt. Sie gilt, solange nicht mehr als zwei Kabel im gleichen Graben nebeneinander liegen. Gesondert verlegte Mittelleiter bleiben hierbei unberücksichtigt.

Aus Fig. 106 (Tafel zur Berechnung isolierter Kupferleitungen auf Erwärmung) kann zu einer zu übertragenden Leistung (in kW) bei einer gegebenen Spannung die Stromstärke, die Stärke der Sicherung, der Leitungsquerschnitt und der Höchsstrom für die Leitung ermittelt werden. Beispiel: Es sollen 37 kW Drehstrom bei $\cos\varphi = 0,65$ und bei einer Spannung von 380 Volt übertragen werden. Welcher Leitungsquerschnitt ist zu wählen? Man gehe in der Tafel von der Leitungslinie (Drehstrom kW) von 37 an senkrecht bis zur Leistungsfaktorlinie 0,65, wagerecht bis zur Spannungslinie 380, senkrecht herunter bis zur Stromlinie und findet etwa 87 Amper. Der zugehörige Leitungsquer-

schnitt ist 35 mm², die Leitung muß mit 100 Amper gesichert werden. —
Soll die Tafel (Fig. 106) für Gleichstrom benutzt werden, so ist als
Leistungsfaktorlinie die Linie für $\cos \varphi = 1$ zu benutzen.

Bei längeren Leitungen kann der Verlust in der Leitung ganz er-
heblich werden. Man berechnet deshalb die Leitungen auch noch auf
Leistungsverlust, der unter Umständen bis 10 vH zugelassen wird.
Fig. 107 (Tafel zur Berechnung von Kupferleitungen auf Leistungs-
verlust) gestattet auf leichte Weise die Ermittlung des erforderlichen
Kupferquerschnittes, wenn die zu übertragende Leistung, $\cos \varphi$,

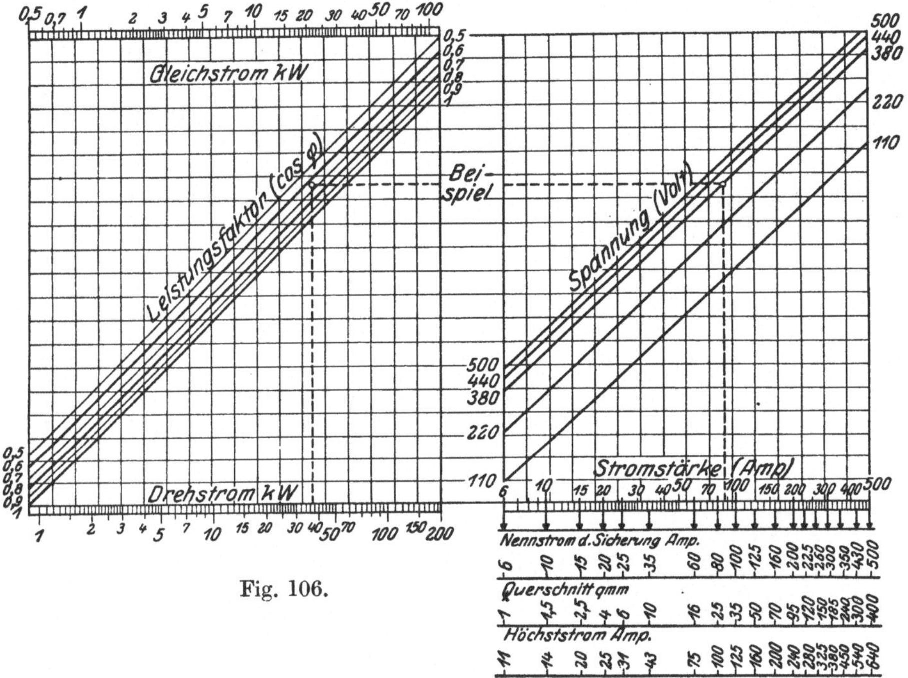

Fig. 106.

Spannung, Länge der Leitung und prozentualer Leistungsverlust gegeben sind. Beispiel: Welcher Kupferquerschnitt ist zu wählen, wenn
37 kW Drehstrom bei $\cos \varphi = 0{,}65$, bei 380 Volt Spannung auf eine
Entfernung von 70 m, bei einem Leistungsverlust von 2 vH übertragen werden sollen? Man verfahre wie in obigem Beispiel und gehe
von der Leistungslinie (Drehstrom kW) bei 37 senkrecht nach oben bis
zur Leistungsfaktorlinie 0,65, dann wagerecht bis zur Spannungslinie 380,
senkrecht nach unten bis zur Längenlinie 70, wagerecht bis zur Leistungs-
verlustlinie 2% und senkrecht herunter bis zur Querschnittlinie. Man
findet 38 mm². Zu wählen ist 50 mm². Bei Gleichstrom ist die Leistungsfaktorlinie $\cos \varphi = 1$ zu benutzen.

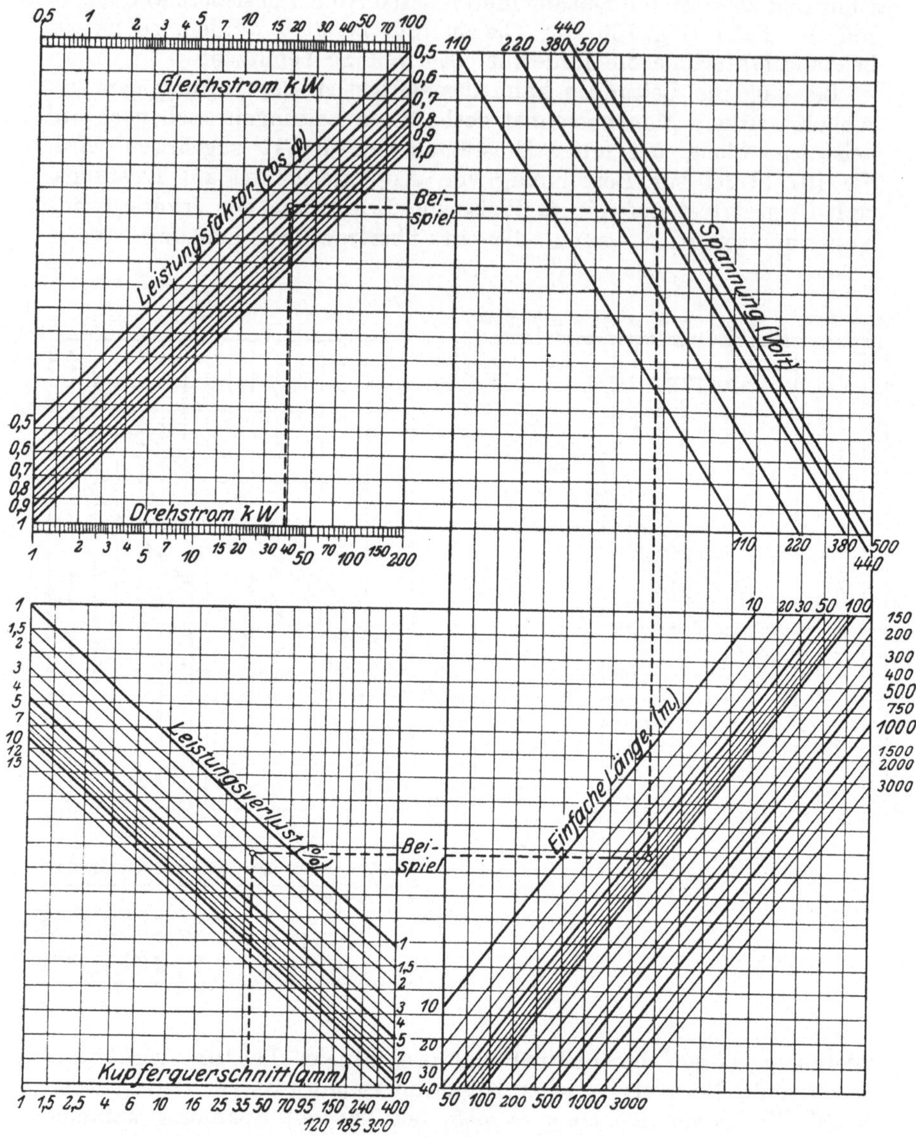

Fig. 107.

Vorstehende Tabellen und die Figuren 106 und 107 sind den von der Allgemeinen Elektrizitäts-Gesellschaft in Berlin herausgegebenen „Tafeln zur Berechnung von Kupferleitungen" entnommen.

Werkstattförderwesen.

Bearbeitet von Dipl.-Ing. R. Hänchen.

I. Fertigung und Förderwesen. — Grundlagen zur Neugestaltung des Werkstattförderwesens.

Leistung und Wirtschaftlichkeit eines industriellen Werkes sind in hohem Grade von der technisch zweckmäßigen Ausgestaltung und dem wirtschaftlichen Arbeiten der vorhandenen Fördereinrichtungen abhängig. Dieser Tatsache wird jedoch vielfach nicht Rechnung getragen, da man zahlreiche Betriebe findet, bei denen zwar die Fertigung allen neuzeitigen Anforderungen entspricht, deren Förderwesen jedoch in jeder Hinsicht vernachlässigt ist. Unter den früheren wirtschaftlichen Verhältnissen und bei den damaligen niedrigen Arbeitslöhnen wog eine Rückständigkeit im Förderwesen weniger schwer. Gegenwärtig fordert aber die Lage unserer Industrie, daß alle Betriebskosten auf das äußerste herabgedrückt werden.

In einem Betriebe, der hinsichtlich der Fertigung ganz auf neuzeitiger Grundlage steht, dessen Förderwesen aber nicht in gleichem Sinne durchgebildet ist, kann niemals die angestrebte hohe Leistung erreicht werden, da die vorhandenen Fördermittel den gesteigerten Anforderungen nicht entsprechen. Fertigung und Förderwesen sind daher eng miteinander verknüpft und müssen deshalb gleichzeitig auf einer möglichst hohen Stufe gehalten werden.

Der Anteil der Förderkosten an den Gestehungskosten eines Erzeugnisses ist je nach der Art des Erzeugnisses und der Durchführung des Fördervorganges verschieden und kann unter Umständen 50% erreichen. Ein kleiner verhältnismäßiger Anteil der Förderkosten ist aber, wenn es sich um große Fördermengen handelt, ebenfalls von großer Bedeutung, da auch eine geringe Verminderung desselben bei den großen Fördermengen zu erheblichen jährlichen Ersparnissen führt. Damit die Werkstattförderung den erhöhten Ansprüchen der wirtschaftlichen Fertigung entspricht, sind folgende Bedingungen zu erfüllen:

1. Ständiger in einer Richtung durch das Werk gehender Fluß der Rohstoffe und Werkstücke;
2. kurze Förderwege unter Vermeidung von Rücktransporten;
3. schnelle Durchführung der Fördervorgänge zwecks Verminderung der unproduktiven Zeiten;
4. sorgfältige Anpassung der Fördermittel an die gegebenen Betriebsverhältnisse;

5. Entlastung der Facharbeiter an den Arbeitsmaschinen von Förderarbeiten, wie das Herbeischaffen von Rohstoffen und Werkstücken und das Abführen von Spänen und Abfallteilen;
6. planmäßige Regelung aller Förderarbeiten.

Störungen im laufenden Fördergange des Werkes sind unter allen
Umständen zu vermeiden. Sie haben infolge der unterbrochenen Be-
lieferung der Arbeitsmaschinen mit Rohstoffen und Werkstücken mehr
oder weniger große Betriebsstörungen zur Folge, die nicht nur die Erzeugung zeitweise hemmen, sondern auch die Disziplin und Arbeits-
freudigkeit des Werkstättenpersonals ungünstig beeinflussen. Das
gleiche gilt auch für zu langsam durchgeführte Förderarbeiten, da die
Wartezeit des Arbeiters auf die erforderlichen Werkstücke zu groß ist,
wodurch sein Verdienst bei Akkordarbeit geschmälert und die Produktion der Werkstätte beeinträchtigt wird.

Ist die Aufgabe gestellt, ein vorhandenes Werkstattfördersystem
besser auszunutzen, so sind die vorhandenen Fördermittel hinsichtlich
ihrer Leistungsfähigkeit zu prüfen. Ergibt die Untersuchung, daß die
Fördermittel die gegebenen Fördermengen nicht genügend schnell und
mit geringstem Kostenaufwand bewältigen, so sind sie durch leistungs-
fähigere zu ersetzen. Dies gilt vor allem für die noch vielfach benutzten
von Hand bedienten Fördermittel, die meist zu langsam arbeiten und
daher produktionshemmend wirken. Handfördermittel sind deshalb
auf kleine Leistungen (geringe Tragkraft und kurze Förderwege) zu
beschränken und bei größeren Anforderungen durch motorisch betriebene Fördermittel zu ersetzen oder gegebenenfalls in solche mit
motorischem Antrieb umzubauen.

Die durch die Beschaffung neuzeitiger mechanischer Fördermittel
entstehenden mitunter hohen Kosten werden meist in verhältnismäßig
kurzer Zeit wieder eingebracht, da durch die abgekürzten Förderzeiten
die Erzeugungsmengen gesteigert werden.

Bei der Neuanlage eines Werkes kann den Forderungen eines wirtschaftlichen Transportes ohne weiteres Rechnuug getragen werden.
Die einzelnen Werkstätten lassen sich so anordnen und die Arbeitsmaschinen in ihnen derart gruppieren, daß die Arbeitstücke — entsprechend den aufeinanderfolgenden Arbeitstufen — in einer Richtung
das Werk durchlaufen.

Für bereits bestehende Fabriken ist die Frage eines unter den
jetzigen Verhältnissen wirtschaftlichen Werkstättentransportes schwieriger zu lösen. In den meisten Fällen werden größere Umbauarbeiten,
mindestens jedoch Umgruppierungen bereits aufgestellter Maschinen
nötig. Vielfach ist ein Ausgleich erforderlich, durch den das neu zu
gestaltende Fördersystem mehr oder weniger ungünstig beeinflußt wird.

Diese Neugestaltung erstreckt sich nicht nur auf die Förderung in
den Fertigungswerkstätten, sondern auf sämtliche Fördervorgänge
des Werkes, die, wie der Ladeverkehr, der Platzverkehr, die Lagerplatzbedienung usw., von wesentlichem Einfluß auf die Gesamtwirtschaft-
lichkeit des Werkes sind.

II. Die Förderarbeiten im Werkstättenbetriebe.

Den folgenden Ausführungen ist das Werkstattförderwesen einer Maschinenfabrik mit Eisengießerei als Beispiel zugrunde gelegt, da sich dieses durch die vielseitige Art der zu fördernden Güter auszeichnet.

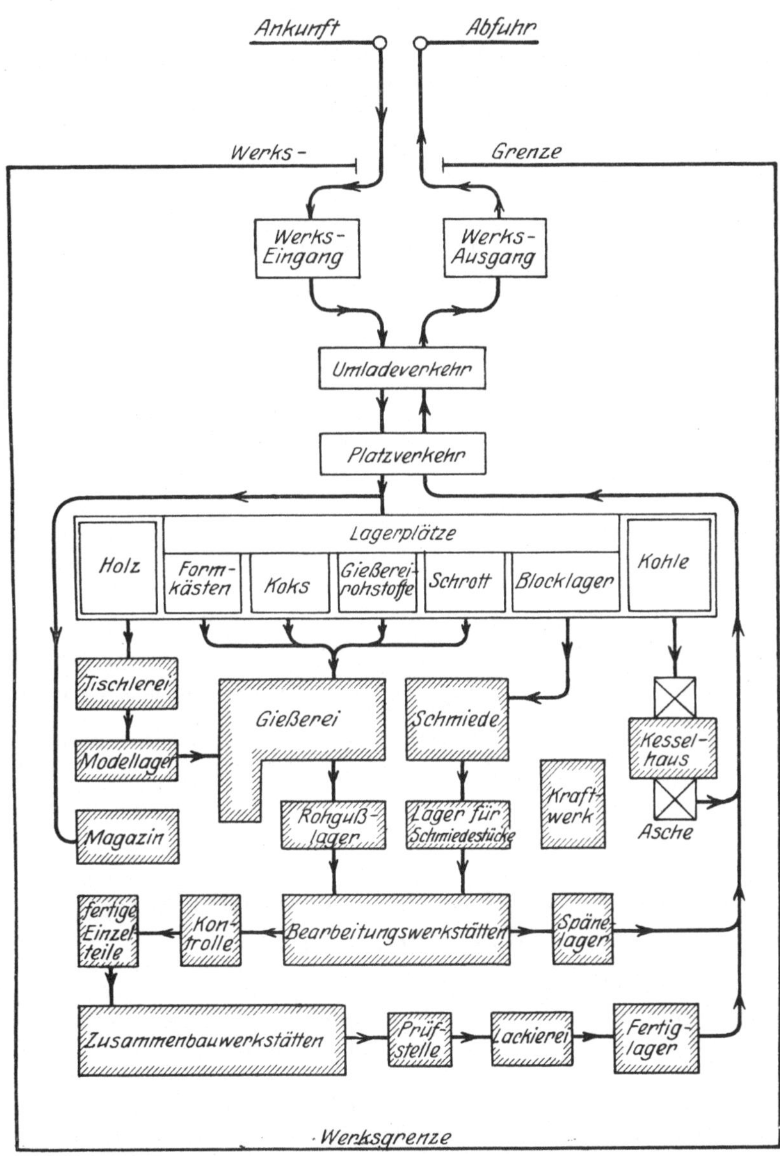

Fig. 1. Transportschema einer Maschinenfabrik mit Eisengießerei.

Auf Betriebe anderer Herstellungzweige sind die gemachten Ausführungen sinngemäß anzuwenden.

Die in einer Maschinenfabrik mit Eisengießerei (Transportschema siehe Fig. 1) auszuführenden laufenden Förderarbeiten sind:·

1. Anfuhr der Brennstoffe, Rohstoffe, Halbfertigerzeugnisse und sonstigen Werkbedarfsmittel; Weiterleitung zu den Lagern.

2. Entladung der unter 1 aufgeführten Güter.

3. Bedienung der Lagerplätze.

4. Förderung der Brennstoffe, Rohstoffe, Halbfertigerzeugnisse und sonstigen Werkbedarfsmittel zu den Verbrauchs- bzw. Verarbeitungsstätten.

5. Förderung zwischen den einzelnen Werkstätten und Lagerräumen.

6. Förderung im Kesselhause und Kraftwerk.

7. Förderung in den Fertigungswerkstätten (Tischlerei, Gießerei, Schmiede, Bearbeitungswerkstätten, Zusammenbauwerkstätten, Prüfstelle und Lackiererei).

8. Förderung in den Lagerräumen (geschlossenen Lagern).

9. Förderung der Fertigerzeugnisse zur Ladestelle.

10. Verladung der Fertigerzeugnisse und Nebenprodukte (Späne, Asche u. dgl.); Weiterleitung der beladenen Wagen zum Abfuhrgleis.

11. Abfuhr der Fertigerzeugnisse und Nebenprodukte.

Die unter 1. und 11. genannten Förderarbeiten werden auf den öffentlichen Verkehrswegen — Straßen, Eisenbahnen und Wasserwege — ausgeführt. Sie kommen daher für den Werkstättenbetrieb nur soweit in Frage, als es sich um werkeigene Verkehrsmittel wie Fuhrwerke und Motorlastwagen sowie Verschiebelokomotiven handelt, die Bahnhof und Werk verbinden.

Unter den Begriff „Werkstattförderwesen" fallen alle innerhalb der Werksgrenzen auszuführenden Förderarbeiten (2 bis 10 der vorstehenden Aufstellung), die sich in folgende Hauptarbeitsgebiete zusammenfassen lassen:

Werkstätten-Außenverkehr (Förderung außerhalb der Werkstätten), umfassend den Ladeverkehr, den Platzverkehr und die Lagerplatzbedienung.

Werkstätten-Innenverkehr (Förderung innerhalb der Werkstätten), umfassend die Kesselbekohlung und -entaschung, die Förderung in den Fertigungswerkstätten und die Förderung in den Lagerräumen.

Den Übergang zwischen dem Werkstättenaußenverkehr und dem -innenverkehr bildet der Werkstätteneingangs- und -ausgangsverkehr. Er bedarf besonderer Aufmerksamkeit und wird dem Werkstättenaußenverkehr zugerechnet.

Sonstige Förderarbeiten: Entstaubung der Werkstätten (Tischlerei und Gießerei). — Brief-, Bücher- und Paketförderung im Werke.

III. Die Fördermittel im Werkstättenbetriebe.
(Werkstattförderer.)

Die zur Ausführung der laufenden Förderarbeiten im Werkbetriebe in Frage kommenden Fördermittel werden kurz als „Werkstattförderer" bezeichnet. Sie lassen sich nach ihrer Arbeitsweise in zwei Hauptgruppen einteilen:

1. Aussetzend arbeitende Förderer, bei denen verhältnismäßig kurze Arbeitszeiten mit mehr oder minder großen Ruhepausen abwechseln. Da sie meist nicht voll belastet sind, ist ihre Wirtschaftlichkeit entsprechend gering.

2. **Stetig arbeitende Förderer** (Dauerförderer), die infolge ihres ununterbrochenen Ganges trotz geringerer Arbeitsgeschwindigkeiten verhältnismäßig hohe Leistungen erzielen und in der Regel voll belastet sind. Hauptvorteile: Geräuschloser Betrieb und niedrige Bedienungs- und Wartekosten.

Nach der **Förderrichtung** unterscheidet man:

Förderer, die in wagerechter (und schwach geneigter) Richtung arbeiten;

Förderer, die in senkrechter Richtung arbeiten;

Förderer, die in wagerechter und senkrechter Richtung arbeiten.

Hierzu kommen noch Vorrichtungen für stark geneigte Förderung und solche, die in ebenen oder in Raumkurven fördern.

Die Werkstattförderer werden entweder von Hand oder motorisch angetrieben.

Von Hand betriebene Förderer kommen nur dann in Frage, wenn es sich um kleine Tragkräfte, kurze Förderwege oder seltene Benutzung des Fördermittels handelt. An motorischen Antriebsarten kommen für den Werkbetrieb in Betracht: Transmissions-, Dampf-, Druckwasser- und Druckluftantrieb sowie der elektrische Antrieb. Dieser steht seiner bekannten Vorzüge und seiner Wirtschaftlichkeit wegen an erster Stelle. Etwa 80% aller neu eingerichteten Werkstattförderer haben daher elektrischen Antrieb.

Der elektrische Antrieb ermöglicht bei den Fördermitteln die Anwendung hoher Arbeitsgeschwindigkeiten und vermindert die unproduktiven Förderzeiten. Für den elektrischen und gegen den Handantrieb sprechen auch gefühlsmäßige Gründe. Fängt nämlich der Arbeiter während der letzten Nachmittagstunden an zu ermüden, so kommt es oft vor, daß er mehrere Minuten verstreichen läßt, bis er sich entschließt, eine schwere Last mittels Handkette und Haspelrad zu heben, während elektrisch betriebene Hebe- und Fördermittel, deren Bedienung keine Anstrengung erfordert, stets ohne Zeitverlust in Gang gesetzt werden.

A. Aussetzend arbeitende Förderer.

1. Mittel für wagerechte (und schwach geneigte) Förderung.

a) Gleislose Förderer.

Der gleislose Transport eignet sich für leichte und mittelschwere Lasten. Er setzt einen glatten und ebenen Fußboden voraus und kommt daher vorwiegend für den Innendienst in Betracht. Hauptvorteile der gleislosen Fördermittel: Örtliche Unabhängigkeit, große Beweglichkeit auch in schmalen Gängen und scharf gekrümmten Kurven, sowie geringe Anlagekosten, da Gleise, Weichen und Drehscheiben, die im Betriebe immer störend wirken, nicht erforderlich sind. Sollen die gleislosen Förderer auch außerhalb der Gebäude, für den Werkstätteneingangs- und ausgangsverkehr, verwendet werden, so müssen die Straßen gut gepflastert oder betoniert sein.

Die gleislosen Förderer arbeiten nur dann vorteilhaft, wenn sie durch **einen** Mann fahrbar sind. Sie haben daher geringes Eigengewicht und kleinen Fahrwiderstand und sind leicht lenkbar. Genügend große Laufraddurchmesser und Kugel- oder Rollenlager verringern den Fahrwiderstand. Zum Aufnehmen auftretender Stöße erhalten die Laufräder Bereifung aus Gummi, Vulkanfiber u. dgl. Leichte Lenkbarkeit wird durch geeignete Lenkrollen erreicht.

Mit einem Mann zur Bedienung fördern die gleislosen Förderer Lasten bis 1000 kg, bei elektrischem Antrieb bis 3000 kg.

α. Von Hand bediente gleislose Fördermittel. Einfache Transportgeräte wie Stechkarren, Rollkarren, Plattformwagen, Kesselhauswagen u. a. müssen den verschiedensten Transportanforderungen und Fördergütern angepaßt werden und sind daher in ihrer Ausführung sehr mannigfaltig.

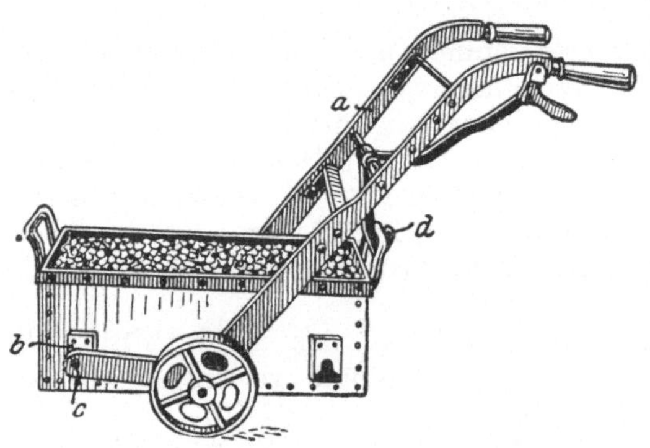

Fig. 2. Hubtransportkarre für Arbeitskästen.

Hubtransportkarren nach Art von Fig. 2 (O. Krieger, G. m. b. H., Dresden) dienen im Werkstättenbetriebe zur Förderung von Arbeitskästen mit Kleinteilen, wie Schrauben, Fittings, Stanz- und Preßteilen, kleinen Guß- und Werkstücken, Spänen u. dgl. Sie gestatten ein leichtes und bequemes Aufnehmen und Absetzen der Arbeitskästen ohne Bücken des Arbeiters.

Arbeitsweise: Die Karre wird mit hochgehaltener Deichsel *a* so unter die Aussparungen der vorderen seitlichen Platten *b* des Arbeitskastens gefahren, daß die am offenen Rahmenteil angebrachten Zapfen *c* sich beim Niederdrücken der Deichsel in die Plattenaussparungen legen und das vordere Kastenende tragen Wird dann die Deichsel weiter heruntergedrückt, so kann der Haken *d* am hinteren Kastengriff eingehängt werden, und die Karre ist fahrtbereit. Soll der Kasten abgegeben werden, so wird die Deichsel so weit niedergedrückt, bis der Kasten am hinteren Ende auf dem Boden aufsitzt, worauf der Haken ausgelöst wird. Durch Hochnehmen der Deichsel wird nun das vordere Kastenende auf den Boden aufgesetzt und die Karre wird herausgefahren.

Infolge ihres schmalen Baues können diese Hubtransportkarren sehr enge Gänge befahren.

Transportwagen mit fester Ladeplatte (Plattform- oder Tafelwagen) werden zu den verschiedensten Zwecken verwendet und sind im allgemeinen auf vier, bei kleinerer Tragkraft auch auf drei Rädern fahrbar. Damit sie in Kurven fahren können, sind sie mit Lenkrollen oder einem Drehgestell ausgerüstet.

Bei den Tafelwagen mit feststellbarer Deichsel (E. Wagner, Reutlingen) ist die Deichsel in senkrechter oder schräger Lage verriegelbar. Die Wagen können daher auch bei schräger Deichselstellung geschoben werden, was bei der Förderung von Stangenmaterial vorteilhaft ist. Sie werden für Tragkräfte von 500, 750 und 1000 kg gebaut und auch mit Kastenaufsatz ausgeführt.

Für besondere Zwecke erhalten die Transportwagen dem Fördergut angepaßte Ladegestelle (z. B. Transportwagen für Achsen, Walzen u. dgl., Hordenwagen zur Beförderung von Gießereikernen).

Kleine, auf Lenkrollen fahrbare Kastenwagen fördern im Werkstättenbetriebe kleine Guß- und Werkteile. Wegen der Bedienung durch einen Mann werden sie nur für Tragkräfte von 500 bis höchstens 750 kg gebaut. Der Kasten wird in Rücksicht auf Dauerhaftigkeit aus Stahlblech hergestellt und erhält am oberen Rande Handleisten. Um ein Bücken des Arbeiters beim Herausnehmen der Werkstücke zu vermeiden, gibt man dem Kasten zweckmäßig erhöhten Boden.

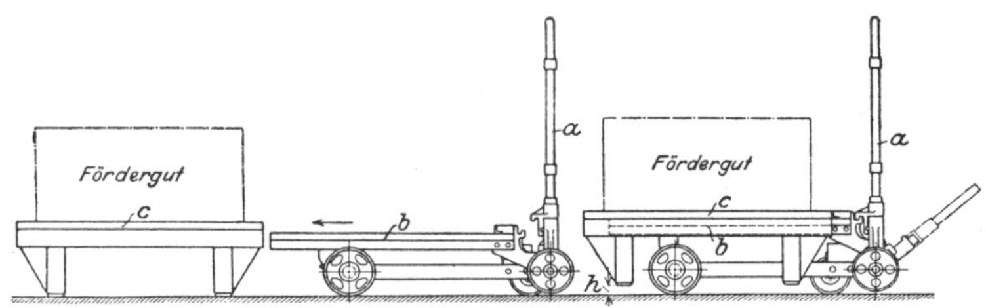

Fig. 3 u. 4. Hubtransportwagen. (Arbeitsweise.)

Hubtransportwagen oder Anhubwagen haben eine um einige Zentimeter heb- und senkbare Plattform und sind in Verbindung mit einer Anzahl Ladegestelle (50 bis 100) besonders geeignet, den gleislosen Werkverkehr wirtschaftlicher zu gestalten.

Arbeitsweise (Fig. 3 und 4): Der Hubtransportwagen (Fig. 3) wird bei hochgestellter Deichsel a und mit gesenkter Plattform b unter das mit dem Fördergut beladene Ladegestell c geschoben. Hierauf wird die Plattform durch Niederdrücken der Deichsel gehoben und damit das Ladegestell samt dem Fördergut aufgenommen. Nach dem Aufnehmen ist das Hubwerk gegen Senken verriegelt. Die Deichsel ist freigegeben, und der Wagen ist sofort fahrtbereit (Fig. 4). An der Entladestelle wird das Hubwerk entriegelt, die Plattform senkt sich langsam und stoßfrei, wodurch das Ladegestell samt dem Fördergut auf dem Fußboden abgesetzt wird. Der Wagen wird dann aus dem Ladegestell herausgezogen, und es können ein oder mehrere leere Ladegestelle aufgenommen und zur Ladestelle gefahren werden.

Der in Fig. 3 und 4 dargestellte Hubtransportwagen (E. Wagner, Reutlingen) wird in mehreren Ausführungsarten und für Tragkräfte von 500, 750, 1000 und bis 2000 kg ausgeführt. Hub der heb- und senkbaren Ladeplatte: 50 mm. Das Hubwerk ist so ausgeführt, daß ein Mann ohne besondere Anstrengung die Vollast heben kann.

Hauptvorteile der Hubtransportwagen:

1. Die bei den gewöhnlichen Transportwagen erforderliche Ladearbeit (das Be- und Entladen) entfällt. Es wird daher erheblich an Zeit und Arbeitslohn gespart.

2. Die Benutzung eines Hubtransportwagens mit den erforderlichen Ladegestellen macht die Beschaffung mehrerer gewöhnlicher Transportwagen überflüssig.

3. Durch die Verwendung einer genügenden Anzahl von Ladegestellen sind die Hubtransportwagen zur schnellen Förderung von Lasten verschiedenster Form und Beschaffenheit geeignet.

Fig. 5 bis 13 (Barett Cravens Co., Chicago; 7 und 12 E. Wagner, Reutlingen) geben einige für die Benutzung in Maschinenfabriken und ähnlichen Betrieben geeignete Ausführungen von Ladegestellen:

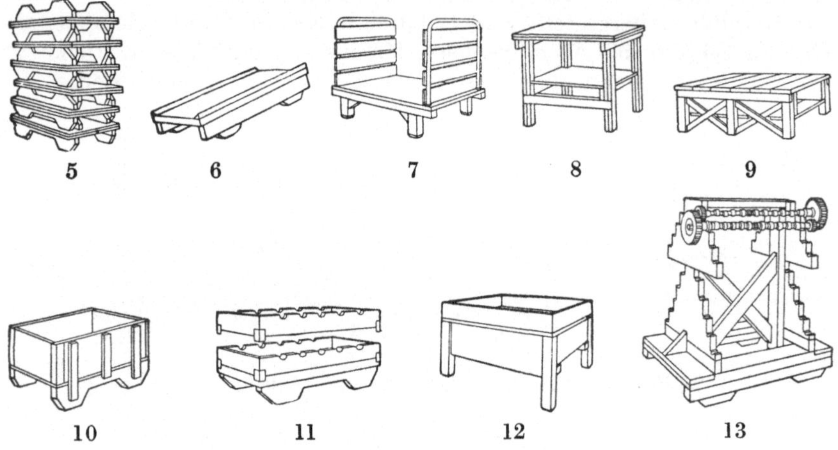

Fig. 5 bis 13. Ladegestelle für Hubtransportwagen.

Fig. 5. Zur Raumersparnis aufgestapelte Ladegestelle mit glatter Plattform.

Fig. 6. Ladegestell mit seitlichen Dreieckleisten, verhindert das Abrollen runder Arbeitsstücke.

Fig. 7. Ladegestell mit Stirnwänden.

Fig. 8. Ladetisch mit zwei Etagen, vermeidet das Bücken des Arbeiters.

Fig. 9. Ladegestell zum Aufschrauben des Ständers von Werkzeug- oder Holzbearbeitungsmaschinen zwecks Zusammenbau und Fördern der fertigen Maschine bis zum Lager.

Fig. 10. Ladekasten für Kleinteile.

Fig. 11. Aufeinandersetzbare Ladekästen.

Fig. 12. Ladekasten mit erhöht angeordnetem Boden, vermeidet das Bücken des Arbeiters.

Fig. 13. Ladegestell für Kraftwagenachsen.

Fahr- und lenkbare Aufzüge („Der Betrieb“ 1920, S. 393, und 1921, S. 187) finden in Lagerräumen zum Stapeln von Kisten, Fässern, Säcken, Ballen u. dgl. Verwendung. In den Werkstätten sind sie zur Beförderung von Gesenken sowie zum Hochheben der an der Gebäudedecke anzubauenden Vorgelege geeignet. Sind gewöhnliche (ortsfeste) Aufzüge bei kleineren Hubhöhen nicht verwendbar, so kann man fahrbare Aufzüge zum zeitweisen Fördern von Rohstoffen und Werkstücken aus einem tiefer liegenden Raum in einen höher liegenden bzw. umgekehrt benutzen. Tragkraft: 500 und 750 kg. Hubhöhe: Bis etwa 5 m.

Fahr- und lenkbare Werkstättenkrane nach Art von Fig. 14 (Paul Weyermann G. m. b. H., Berlin-Tempelhof) sind zu einem vielgebrauchten Hebe- und Fördermittel in Werkstätten geworden.

Auf dem niedrigen, an der Lastaufnahmeseite offenen Fahrgestell *a* ist der Kranausleger *b* aufgebaut. Das Fahrgestell hat zwei festgelagerte Laufräder *c* und ein zweirädriges Drehgestell *d*, an dem die Deichsel *e* angeordnet ist. Das Hubwerk *f* wird durch eine Handkurbel *g* angetrieben und hat Schneckenübersetzung mit Drucklagerbremse Bauart Lüders.

Vorteile: Die fahr- und lenkbaren Werkstättenkrane ermöglichen das Fördern von Arbeitsstücken durch schmale Gänge und ein bequemes Auf- und Absetzen der Arbeitsstücke an den Werkzeugmaschinen. Bei größeren Drehbänken kann man mit dem niedrigen Fahrgestell unter das Bankbett fahren und das Arbeitsstück genau auf Bankmitte aufsetzen oder abnehmen.

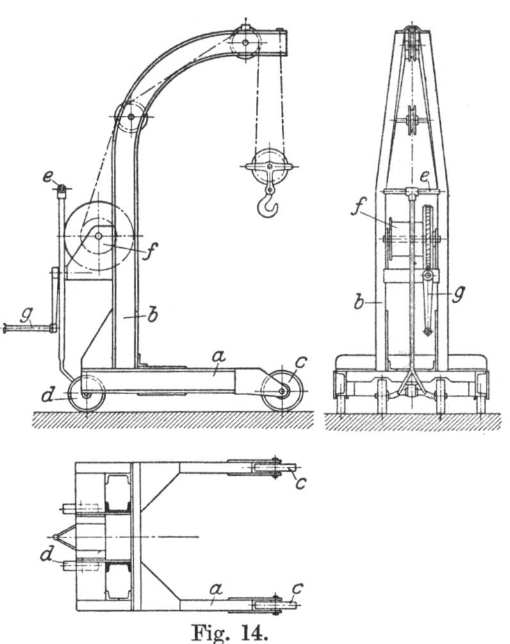

Fig. 14.

Fahr- und lenkbarer Werkstättenkran.

Die Krane werden von der genannten Firma in fünf Größen von 500 bis 3000 kg Tragkraft bei 700 bis 1000 mm Ausladung und 1800 bis 2000 mm Hubhöhe hergestellt. Ihre Verwendungsfähigkeit wird dadurch erhöht, daß der Kranausleger auf dem Fahrgestell drehbar angeordnet wird. Ein schnelleres Heben und Senken der Last wird durch den Einbau eines elektrischen Hubwerks ermöglicht.

β. **Elektrisch betriebene gleislose Fördermittel.** Werden Lasten von etwa 1000 kg ab auf größere Entfernungen regelmäßig befördert, so ist die Bedienung der Transportwagen von Hand zu langsam und für einen Mann zu anstrengend. Man verwendet dann zweckmäßig elektrische Transportwagen, deren Antriebsmotoren durch eine Stromsammlerbatterie gespeist werden. Die elektrischen Transportwagen sind in ihrer Beschaffung teuer und erfordern höhere Betriebs- und Unterhaltungskosten als die Handwagen. Sie befördern jedoch schneller, sind leicht und bequem zu bedienen und infolge ihrer großen **Leistungsfähigkeit** in vielen Fällen den Handtransportwagen überlegen.

Fig. 15 zeigt einen elektrischen Transportwagen (AEG) von 1500 kg Tragkraft uud einer Fahrgeschwindigkeit bis 8 km/st. Ladefläche: 2200 · 1125 mm.

Der aus gepreßtem Stahlblech hergestellte Wagenrahmen ruht federnd auf den Achsen der vier mit Vollgummi bereiften Laufräder. Diese sind derart lenkbar, daß der Wagen sehr scharfe Krümmungen, (siehe Fig. 15 Grundriß) befahren kann.

Die Batterie zur Speisung der beiden Fahrmotoren (Hauptschlußmotoren) ist unter dem Wagenrahmen federnd aufgehängt. Sie besteht aus 40 Elementen und hat eine Ladespannung von 110 Volt. Beim Befahren von ebenem Pflaster

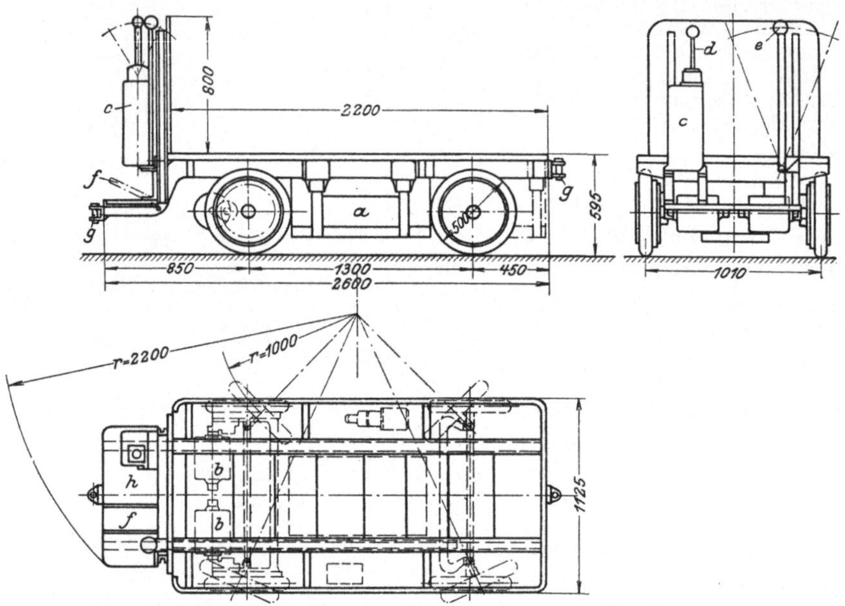

Fig. 15. Elektrischer Transportwagen von 1500 kg Tragkraft.

a Batterie. *b* Hauptschlußmotoren. *c* Kontroller. *d* Kontrollerhebel. *e* Lenkhebel. *f* Fußtritt zur Bremse. *g* Kupplungen. *h* Führerstand.

reicht die Batterie zum Zurücklegen von etwa 40 Nutzlast-Tonnen-Kilometern aus. Wird der Wagen gut ausgenutzt, so entspricht dieser Wert einer Tagesleistung. Die Batterie kann daher außerhalb der Betriebszeit und ohne Herausnehmen aus dem Wagen geladen werden.

Der Führer steht auf der vorn am Wagen angeordneten Plattform und setzt den Fuß auf den Bremstritt, wodurch die Bremse gelüftet und die elektrische Verbindung zwischen Kontroller und Batterie hergestellt wird. Mit der einen Hand bedient er den Steuerhebel und mit der andern den Hebel zum Lenken des Wagens. Je nach der Fahrtrichtung wendet der Führer sein Gesicht gegen den Wagen oder von ihm weg.

Die Bedienung der elektrischen Transportwagen ist äußerst einfach und setzt keinerlei technische Kenntnisse voraus. Ein ungelernter

Arbeiter kann daher in wenigen Stunden als Wagenführer ausgebildet werden.

Zur Förderung von Kleinteilen und Schüttgütern werden die Wagen auch mit Kastenaufsatz und zum schnellen Entladen mit kippbarem Wagenkasten ausgeführt.

Elektrische Hubtransportwagen. Die elektrischen Transportwagen werden auch mit heb- und senkbarer Plattform ausgeführt. In Verbindung mit einer Anzahl dem Fördergut angepaßter Ladegestelle (siehe Fig. 5 bis 13) besitzen sie dann auch die Vorteile der Hubtransportwagen, bei denen das zeitraubende Be- und Entladen fortfällt. Das Hubwerk wird, wenn der Wagen regelmäßig größere Strecken zurück-

Fig. 16. Transportwagen mit aufgebautem bockartigem Hebezeug.

legt und weniger oft be- und entladen wird, durch eine Handkurbel bedient. Bei häufigerem Be- und Entladen wird es durch einen kleinen Elektromotor angetrieben, der ebenfalls durch die Batterie gespeist wird.

Elektrische Transportwagen mit aufgebautem Drehkran gestatten dem Wagenführer, Lasten außerhalb des Bereiches von Kranen und anderen Hebemitteln aufzuladen und abzusetzen. Tragkraft und Ausladung des Drehkranes sind in Rücksicht auf die Kippmöglichkeit des Wagens beschränkt. Bei der Ausführung der A.E.G. beträgt die Tragkraft 1250 kg und die Hubgeschwindigkeit 5 m/min. Der wippbare Ausleger ist um eine, auf dem Wagen angeordnete Säule drehbar, die Batterie und das auf ihr aufgebaute Hub- und Auslegerwippwerk dienen als Gegengewicht.

Das Fahrwerk und die Steuervorrichtungen sind die gleichen wie bei dem gewöhnlichen Transportwagen Fig. 15, nur tritt noch der Steuerschalter für den Hubmotor hinzu. Während des Fahrens ist der in der Fahrtrichtung gebrachte Ausleger gegen Drehen verriegelt. Durch diese Verriegelung wird die elektrische Verbindung zwischen der Batterie und dem Fahrschalter hergestellt. Gefährliche seitliche Bewegungen des Auslegers und der etwa an ihm hängenden Last sind daher während des Fahrens ausgeschlossen.

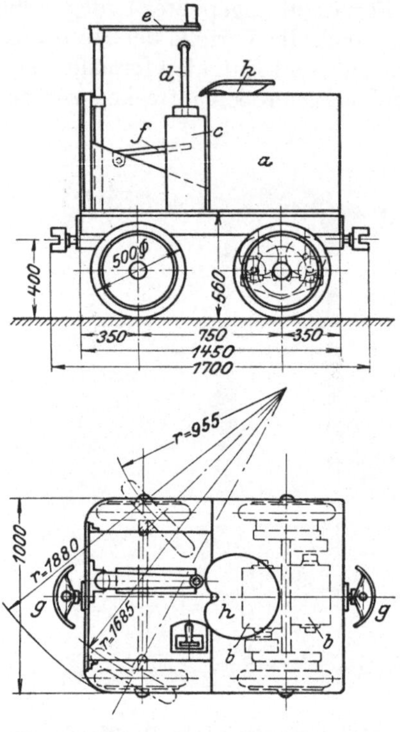

Fig. 16 (Bleichert & Co., Leipzig-Gohlis) zeigt einen elektrischen Transportwagen mit aufgebautem Hebezeug, das bockartig gestaltet ist und dessen wagerechter Träger von einer Handlaufkatze befahren wird.

Das Aufnehmen und Absetzen des Ladegutes geschieht von der dem Führerstand entgegengesetzten Stirnseite des Wagens aus am Kragarm der Katzenfahrbahn.

Der Wagen zeichnet sich durch eine Lenkvorrichtung mit Fußtrittwippe aus, die am Fahrgestell drehbar angeordnet ist. Sie wirkt mittels eines Hebelgestänges derart auf die gesteuerten Laufräder ein, daß einem Ausschlag der Wippe durch Neigen des Körpers nach rechts oder links ein sinnfälliges Schwenken des Wagens entspricht. Seine Tragkraft beträgt 1500 kg, die der Hebevorrichtung 500 kg.

Fig. 17. Elektroschlepper Bauart AEG.

a Batterie. *b* Motoren. *c* Fahrschalter mit Steuerhebel *d*. *e* Lenkkurbel. *f* Fußtritt zum Lüften der Bremse. *g* Kupplung mit Puffer. *h* Führersitz.

Lastzüge mit Elektroschlepper. Für die Förderung sperriger Güter, wie Stangenmaterial, große Bleche u. dgl., haben die gewöhnlichen elektrischen Transportwagen (Fig. 15) zu kleine Ladefläche. Auch wären für größere Fördermengen mehrere dieser teuren Wagen erforderlich. In diesem Falle ist die Förderung durch einen Elektroschlepper, an den ein oder mehrere Wagen angehängt werden, vorzuziehen.

Fig. 17 zeigt den Bau des AEG-Elektroschleppers und Fig. 18 den gleichen Schlepper beim Transport einer Gießtrommel. Der Schlepper entspricht hinsichtlich der baulichen Durchbildung des Fahrwerks im wesentlichen dem Transportwagen Fig. 15. Er wird ebenfalls durch zwei Hauptschlußmotoren angetrieben und hat auf ebenem Pflaster, an der Kupplung gemessen, eine Zugkraft von 170 kg. Geschwindigkeit, je nach der Belastung 6 bis 8 km/st. Auf gutem Steinpflaster kann er eine Anhängelast von 7000 bis 8000 kg und bei Asphaltboden das Doppelte ziehen.

Elektroschlepper, die vorn und hinten mit je einem Führersitz ausgerüstet und von jedem dieser Sitze aus bedienbar sind, haben den Vorzug, daß der Schlepper in jeder Stellung, ohne umkehren zu müssen, an die Anhänger anfahren kann („Der Betrieb", 1920, S. 392).

Die Bedienung der Elektroschlepper ist äußerst einfach, erfordert nur ein kurzes Anlernen des Führers und kann auch durch schwächliche Personen geschehen.

Fig. 18. AEG-Elektroschlepper beim Transport einer Gießtrommel.

Bei der Förderung von Kleinteilen oder Schüttgütern wird die Leistung der Motorlastzüge dadurch gesteigert, daß man die Wagenkästen der Anhänger nicht fest mit dem Rahmen verbindet, sondern nur lose auf diesen aufsetzt. Beladene Kästen können dann durch einen Kran abgenommen und gegen leere ausgewechselt werden.

b) Standbahnen (ebenerdige Bahnen).

α. **Vollspurige Werkbahn.** Die große Mehrzahl der industriellen Werke ist an die öffentlichen Schienenwege angeschlossen. Für den Anschluß eines Werkbahnnetzes an die Reichsbahn sind die neuen Bestimmungen maßgebend.

Gleisanlage. Unterbau siehe Förster, Taschenbuch f. Bauingenieure, 4. Aufl. Berlin 1921, Julius Springer.

Spurweite (im geraden Gleis und zwischen den Innenkanten der Schienenköpfe gemessen): 1435 mm.

Normalprofil. Umgrenzung des für die freie Durchfahrt von Lokomotiven und Wagen erforderlichen lichten Raumes (Normalprofil der Reichsbahn) siehe Fig. 19. Die gestrichelten Linien sind nur bei Neubauten (auf Stationen und für Kunstbauten auf freier Strecke) maßgebend.

Gleisentfernung. Die Entfernung von Gleismitte zu Gleismitte zweier nebeneinander liegender Gleise muß auf der freien Strecke des Anschlußgleises mindestens 3,5 m betragen, für Abstellgleise auf Werkhöfen mindestens 4,0 m und auf Anschlußbahnhöfen mindestens 4,5 m.

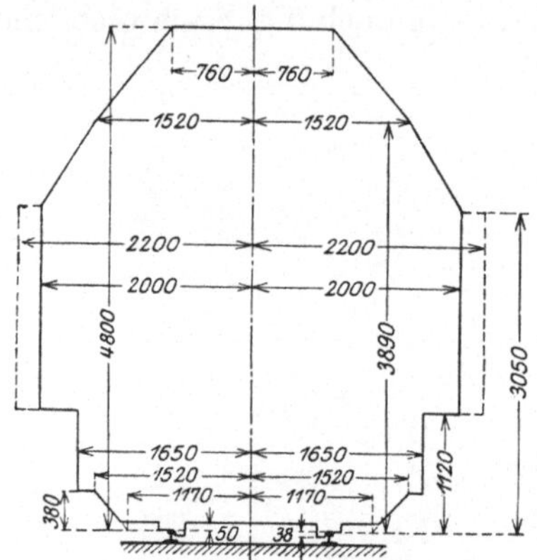

Fig. 19. Lichtes Durchgangsprofil (Normalprofil) der Reichsbahn.

Gleiskrümmung. Für Anschlußgleise, die von Hauptbahnlokomotiven befahren werden, beträgt der kleinste zulässige Krümmungshalbmesser 180 m.

Gehen nur Nebenbahnlokomotiven und Wagen mit nicht über 4,5 m größtem festem Radstand auf das Anschlußgleis über, so ist der kleinste Krümmungshalbmesser 140 m. Überhaupt kleinster zulässiger Krümmungshalbmesser (für Nebenbahnlokomotiven und Wagen mit höchstens 4,5 m festem Radstand) 100 m, bei Anschlußgleisen, auf denen nur Hauptbahnwagen und kleine Verschiebelokomotiven verkehren, 60 m.

In Gleiskrümmungen von weniger als 500 m Halbmesser ist eine Spurerweiterung vorzusehen, die bei 450 m Halbmesser 1 mm und bei 60 m Halbmesser 30 mm beträgt. Eine Spurüberhöhung ist bei der geringen Fahrgeschwindigkeit auf dem Anschlußgleis und Werkbahnnetz nicht erforderlich.

Längsneigung. Nicht mehr als 1 : 25, d. h. auf 25 m wagerechte Länge ist 1 m Steigung (Gefälle) zulässig. Größere Längsneigung nur unter besonderen Umständen.

Innenneigung der Schienen: 1 : 20, gegen die Senkrechte gemessen.

Größter zulässiger Raddruck. Der größte ruhende Raddruck darf 9 t nicht überschreiten. Bei schwachem Unterbau entsprechend weniger.

Schienen. Die in Frage kommenden Schienen sind in der Regel breitfüßige Vignolschienen der Reichsbahn (Fig. 20, a—c). Für den wenig lebhaften Betrieb auf einem Werkbahnnetz sind gebrauchte Schienen der Eisenbahnverwaltuug, die billiger zu beschaffen sind, ausreichend. Bei versenkt anzuordnenden Gleisen (innerhalb der Werksgebäude) sind die Phönix-Rillenschienen (Fig. 21) angebracht.

Im Innern von Werksgebäuden, insbesondere in Lokomotiv- und Wagenwerkstätten haben sich die gußeisernen Schienenplatten der

Hanomag, Hannover-Linden, als guter und billiger Ersatz für die teueren gewalzten Vignol- oder Rillenschienen bewährt. Die gußeisernen Plattenschienen bieten eine gute Verbindung mit Beton oder Zement, sowie einen dauerhaften Anschluß an den Werkfußboden. Auch ermöglicht das Gußverfahren die Herstellung aller Zweckformen, wie Kreuzungs-, Herz- und Bogenstücke, Endplatten mit Hemmschuh, Anschluß an Drehscheiben und Platten mit Entlastungsschuhen für besonders schweren Betrieb.

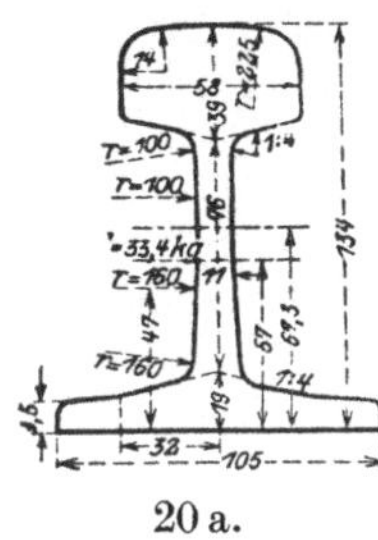
20 a.

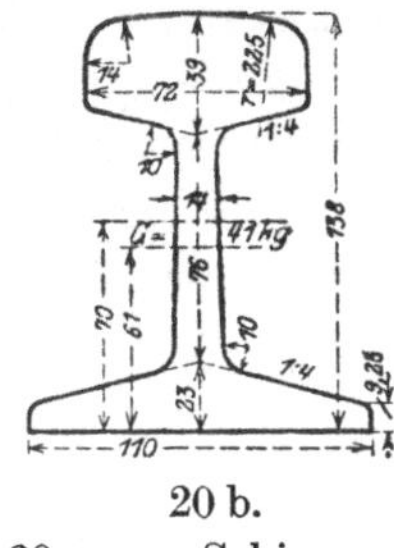
20 b.

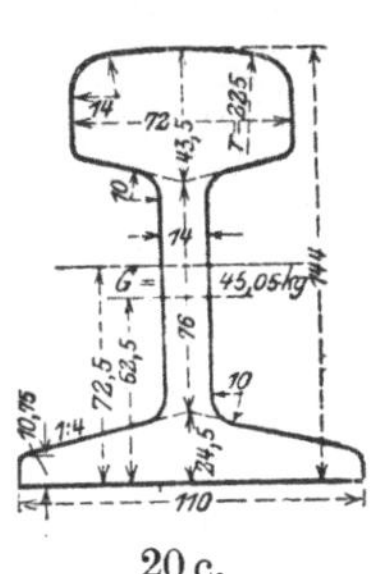
20 c.

Fig. 20 a—c. Schienenprofile.

Schienenunterlagen. Außerhalb der Werksgebäude werden Querschwellen aus Holz, Baumkantschwellen (Fig. 22) und allseitig bearbeitete Schwellen (Fig. 23), oder Flußeisen-Schwellen (Fig. 24) angewendet. Bei Holzschwellen liegen die Schienen auf Keilplatten und werden durch Hakenägel oder Schrauben auf den Schwellen befestigt. Auf Eisenschwellen werden Keilplatten mit seitlichen Haken, Klemmplatten und Hammerkopfschrauben zur Schienenbefestigung verwendet.

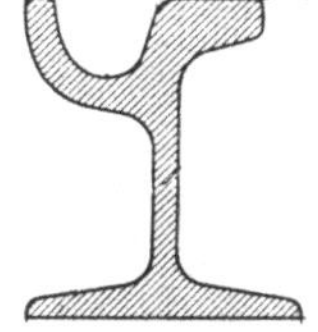

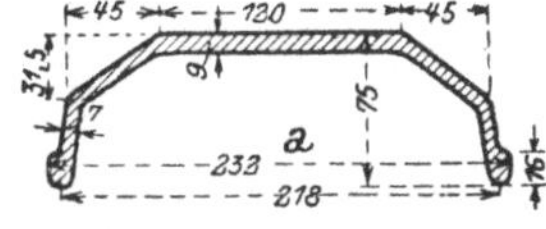

Fig. 21. Phoenix-
Rillenschiene.

Fig. 22 und 23.
Holzschwellen.

Fig. 24.
Eiserne Schwelle.

Innerhalb der Werkstätten werden die Schienen unmittelbar auf Stein oder Beton gelagert.

Stoßverbindung durch Stahllaschen mit mindestens 4, meist 6 Schraubenbolzen. Die Laschen berühren die Schienen nur mit ihren schrägen Anschlußflächen und nicht am Steg.

Weichen und Kreuzungen. Die Weichen sind allgemein Zungenweichen und werden durch Weichenböcke mit Gegengewicht von Hand gestellt. Bei den einfachen Weichen zweigt nur ein Gleis aus dem geraden oder gekrümmten Stammgleis ab.

Fig. 25 Linksweiche: a—a Stammgleis, b Zweiggleis, c Weichenzunge (Fig. 25), d Herzstück, e Zwangschiene. α Weichenwinkel (z.B. cotg $\alpha = 8$). L Weichenlänge von Weichenstoß zu Weichenstoß. Fig. 26 Rechtsweiche.

Fig. 27. Symmetrische zweiteilige Bogenweiche. a Stammgleis, b_1 und b_2 Zweiggleise.

Bei den Doppelweichen zweigen zwei Gleise aus dem in Regel geraden Stammgleis ab.

Fig. 28. Symmetrische (dreiteilige oder dreischlägige) Weiche. $a—a$ Stammgleis, b_1 uud b_2 Zweiggleise.

Gleiskreuzungen sind entweder schiefwinklig oder rechtwinklig.

Fig. 29 zeigt eine schiefwinklige Gleiskreuzung mit zwei Herzstücken. H_1 und H_2 und zwei Kreuzungsstücken oder Doppelherzstücken K_1 und K_2. Z Zwangschienen. Bei rechtwinkliger Gleisüberschneidung sind alle Schienenkreuzungsstücke einander gleich.

Gleisverbindungen. Aus den verschiedenen Weichenarten lassen sich Gleisverbindungen herstellen, die den verschiedensten Transport-

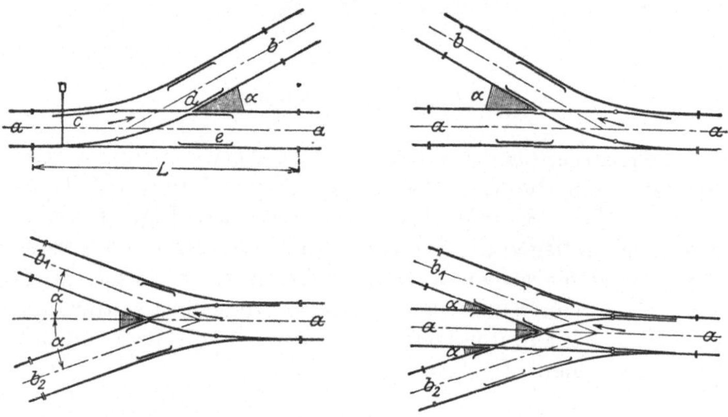

Fig. 25 bis 28. Weichen-Anordnungen.

anforderungen und den örtlichen Verhältnissen Rechnung tragen. Bei Anlage oder Erweiterung eines Werkgleisnetzes vermeidet man verwickelte Weichen und begnügt sich mit einfachen Weichen.

Zwischen den zusammenlaufenden Gleisen der Weichen und Kreuzungen sind an den Stellen Merkzeichen (Markierpfähle) anzubringen, an denen die Gleismittenentfernung noch 3,5 m beträgt. Über diese Merkzeichen hinaus dürfen keine Wagen abgestellt werden.

Drehscheiben (Fig. 30 und 31) werden angewendet, wenn mehrere Gleise in einem Punkt zusammenlaufen und Fahrzeuge von einem Gleis auf das andere zu verstellen sind. Sie kommen auch in Frage, wenn die örtlichen Verhältnisse Gleiskrümmungen ergeben, deren Halbmesser den kleinst zulässigen wesentlich unterschreitet. Von der Verwendung von Drehscheiben im Anschlußgleis sieht man, wenn irgend angängig, ab, da Störungen im Betriebe der Drehscheibe den gesamten Werkeingangs- und Ausgangsverkehr stillegen.

Durchmesser der Drehscheiben:

für Hauptbahnlokomotiven. . . . . 16 m,
„ Nebenbahnlokomotiven　. . . . . 12 m,
„ Güterwagen mit 4,5 m festem Radstand . . . . 5 m.

Die Drehscheiben in einem Werkgleisnetz werden in der Regel von Hand mit schräg an der Scheibe angebauten Bäumen gedreht oder

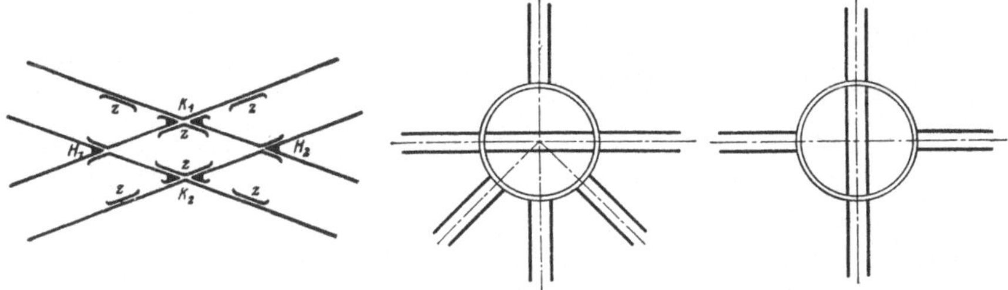

Fig. 29.
Schiefwinkelige Gleiskreuzung.

Fig. 30 und 31. Drehscheiben.

es wird ein Drehwerk mit Kurbelantrieb angeordnet. Steht ein Wagen genau in der Mitte der Scheibe und ist der Spurzapfen richtig eingestellt, so genügt meist ein Mann zum Drehen eines beladenen 20 t-Wagens.

Schiebebühnen dienen zum Versetzen der Fahrzeuge auf parallel laufenden Gleisen. Die Schiebebühnen sind entweder versenkt (Fig. 32) oder unversenkt mit Auflaufzungen a (Fig. 33).

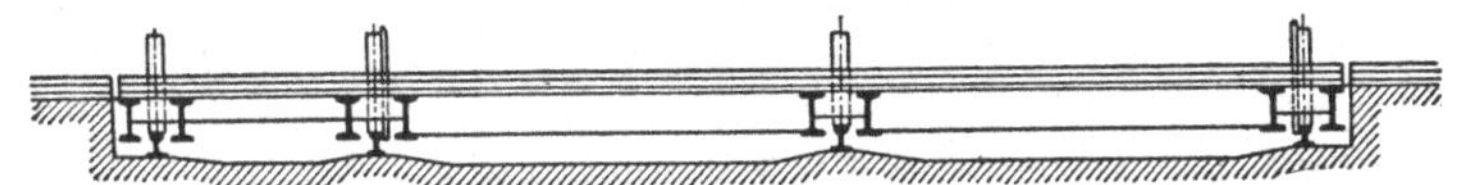

Fig. 32. Versenkte Schiebebühne.

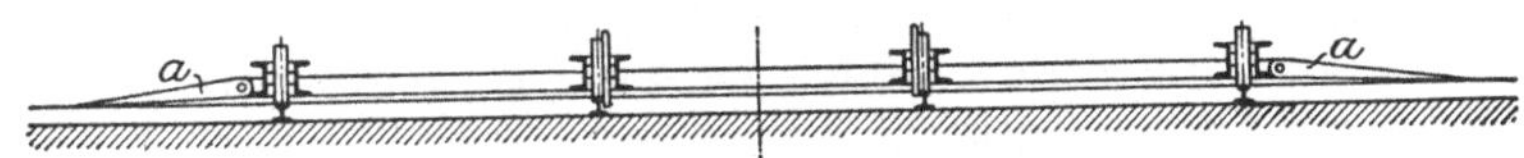

Fig. 33. Unversenkte Schiebebühne.

Versenkte Schiebebühnen vermeidet man im allgemeinen im Werkbetriebe wegen der etwa 0,5 m tiefen Grube. Unversenkte Schiebebühnen sind baulich schwieriger auszuführen als versenkte. Länge der Schiebebühnen entsprechend dem Durchmesser der Drehscheiben. Antrieb von Hand, nur bei lebhaftem Wagenverkehr elektrisch.

Brückenwagen, die auch für Straßenfahrzeuge verwendet werden, sollen mindestens 7 m lang sein.

Einfahrtstore. Die lichte Weite der Einfahrtstore für Werkgebäude soll mindestens 3,8 m sein. Lichte Höhe: 4,8 m.

Prellböcke sind am Ende der toten Gleise stets anzuordnen, damit ein Entgleisen der Wagen oder ein Anstoßen an Werkgebäuden vermieden wird.

Wagen. Die auf dem vollspurigen Werkgleisnetz verkehrenden Wagen sind in der Regel Eigentum der Eisenbahnverwaltung. An diese sind, solange die Wagen im Werk stehen, Standgelder zu entrichten.

Wagenstandgeldersätze vom 16. 9. 24 ab:

für die ersten 24 Stunden . . . . 2 ℳ
„ „ zweiten 24 Stunden . . . . 4 ℳ
„ jede weiteren 24 Stunden . . . . 6 ℳ

Hierbei werden die angefangenen 24 Stunden als voll gerechnet.

Betriebe mit ausgedehntem Güterverkehr besitzen werkeigene Wagen, die entweder nur dem Werkverkehr dienen oder als Sonderwagen für bestimmte Fördergüter auf die Staatsbahn übergehen. Im letzten Falle müssen sie hinsichtlich ihrer baulichen Ausbildung den einschlägigen Bestimmungen für den Übergang auf das Reichsbahnnetz genügen. Die im Verkehr stehenden, in Privatbesitz befindlichen Güterwagen betragen kaum 2 bis 3% des Wagenparkes der Reichsbahn.

Für industrielle Zwecke kommen offene Wagen und gedeckte Wagen in Betracht. Zu ersteren sind noch die Plattformwagen für Fahrzeuge und Schienen, die Schemelwagen für Langholz und Walzeisenträger von großer Länge, die Tiefladewagen, die Selbstentlader und die Erztransportwagen zu rechnen. Wagen mit Klappdeckeln (Deckelwagen) für Kalk, Salze u. dgl. sowie Kesselwagen für Flüssigkeiten und Gase stehen zwischen den offenen und gedeckten Wagen.

Amtliche Bezeichnungen der Wagen. Die Güterwagen der Eisenbahnverwaltung tragen Bezeichnungen, die die Gattung der Wagen, die Achsenzahl, Tragkraft usw. kennzeichnen.

Die wesentlichsten Bezeichnungen der für industrielle Zwecke in Frage kommenden Güterwagen sind folgende:

1. Kennbuchstaben für Gattung und Verwendungszweck (Hauptgattungszeichen):

O = offene Güterwagen (zum Versand von Schüttgut), Wandhöhe mindestens 0,4 m.

R = Rungenwagen, offen, etwa 10 m lang, niedrige Seitenwände (zum Transport von sperrigem und leichtem Gut), auswechselbare Rungen.

H = Holzwagen, d. h. durch Drehschemel und eiserne Rungen zum Stammholztransport einzeln oder paarweise verwendbar.

S = Schienenwagen, meist ohne Seitenwände, zum Transport von Schienen und dergleichen Gütern geeignet, Länge 9 m und mehr.

K = Kalkdeckelwagen, zum Transport von gebranntem Kalk und dergleichen witterungsempfindlichen Gütern.

G = Gedeckte, beim Transport witterungsschutzbedürftiger Güter zu verwendende Wagen.

N = Gedeckte Wagen mit Luftdruckbremse.

2. Besondere Kennbuchstaben innerhalb der allgemeinen Gattung (Nebengattungszeichen):

k = mit Kopfklappen (aufklappbaren Stirnwänden), geeignet zur Entladung durch sog. Wagenkipper.

m = Ladegewicht (größte Nutzlast) von rund 15 t.

mm = Ladegewicht (größte Nutzlast) von rund 20 t.

n = Luftbremse oder Bremsleitung vorhanden.

r = mit eisernen Rungen.

z = Drehschemel mit Eisenzinken.

[u] = für militärische Zwecke unbrauchbar.

[P] = Privateigentum, auf Reichsbahnnetz zugelassen.

Das Ladegewicht der normalen Güterwagen liegt zwischen 12,5 und 35 t. Wagen unter 15 t Ladegewicht werden nicht mehr gebaut. Offene Güterwagen (O-Wagen) haben meist 15, in neuerer Zeit 20 t Ladegewicht, Plattformwagen 25, 30 und 35 t. Schwerlastwagen werden als Plattformwagen für Ladegewichte bis 90 t als Tiefladewagen bis 110 t und als Sonderwagen bis 135 t Ladegewicht gebaut.

Damit man im Betriebe das Ladegewicht sofort erkennt, tragen die normalen Güterwagen die in Fig. 34 wiedergegebenen Ladegewichtszeichen, die die Nutzlast in Tonnen angeben.

Fig. 34.

Der zulässige höchste Raddruck der Wagen beträgt gegenwärtig 8 t, der Achsdruck 16 t. Wagen mit großem Ladegewicht und entsprechendem Eigengewicht haben höhere Achsenzahl. In Rücksicht auf leichten Lauf in Krümmungen werden bei vier-, sechs- und achtachsigen Wagen je zwei, drei oder vier Achsen in einem Drehgestell gelagert.

Der kleinste zulässige Radstand beträgt für Hauptbahnen 2,5 m. Größter (fester) Radstand in Rücksicht auf das Befahren der Krümmungen 4,5 m. Höhe der Ladefläche der normalen Güterwagen über Schienenoberkante 1222 mm.

Für den Werkstättenbetrieb kommen hauptsächlich offene Güterwagen und Plattformwagen in Frage. Die offenen Güterwagen haben zweiflügelige Drehtüren von 1,5 m Breite. Ihre Stirnwände sind entweder herausnehmbar oder in Rücksicht auf das Entladen von Schüttgütern auf Kippern aufklappbar. Plattformwagen haben herausnehmbare niedere Bordwände oder Rungen.

Fig. 35 (Friedr. Krupp A.-G., Essen) zeigt die Bauart eines vierachsigen Plattformwagens von 40 t Ladegewicht.

Ladefläche: 10 · 2,9 m. Gesamtlänge (von Puffer zu Puffer): 11,3 m. Baubreite: 3 m. Höhe der Plattform über S.O. 1,395 m. Mittenabstand der Drehgestelle: 6 m. Drehgestell-Radstand: 1,8 m. Raddurchmesser 930 mm. Eigengewicht des Wagens 13,6 t. Somit größter Raddruck bei 42 t Tragkraft: 6,7 t.

Verhältniswert zwischen Tragkraft und Eigengewicht: $\dfrac{42}{13,6} = 3{,}09$.

Kennzeichnend für den Wagen ist, daß die Hauptrahmenteile (Längs- und Querträger), wie auch die Radträger der Drehgestelle, aus gepreßtem Stahlblech hergestellt sind.

Zur Förderung besonders sperriger Güter sind in Rücksicht auf das lichte Normalprofil (Fig. 19) Wagen erforderlich, deren Ladefläche unter die übliche Ladefläche von 1222 mm über S.O. verlegt ist. Derartige Tiefladewagen, die hauptsächlich zum Transport großer Transformatoren, elektrischer Maschinen und schmalspuriger Lokomotiven dienen, sind je nach Ladegewicht (25 bis 110 t) vier- bis zwölfachsig und sind meist [P]-Wagen.

Über Schwerlastwagen siehe: Kruppsche Monatshefte 1921, S. 203. — Hanomag-Nachrichten 1915, S. 181 und 1923, S. 103. — Fördertechn. u. Frachtverkehr 1923, S. 201.

Selbstentlader zum schnellen Entladen der Wagen von Schüttgütern s. unter „Ladeverkehr“.

Verschiebemittel. Im Werkbetriebe kommen je nach der Ausdehnung des Gleisnetzes und dem Umfang des Wagenverkehrs verschiedene Mittel zum Verschieben der Eisenbahnwagen zur Verwendung, die unter „Platzverkehr“ aufgeführt sind.

β. **Schmalspurige Werkbahn.** Sie dient im Werkbetriebe zur Förderung mittelschwerer Lasten sowohl außerhalb wie auch innerhalb der Werkstätten.

Gleisanlage. Spurweite. Üblich 600 mm. Sind regelmäßig schwerere Lasten zu befördern, so kommen Spurweiten von 750 und 1000 mm in Frage.

Gleiskrümmung. Im allgemeinen sind große Krümmungshalbmesser anzustreben, da schwerbeladene Wagen in den Krümmungen einen großen Fahrwiderstand haben und schwer

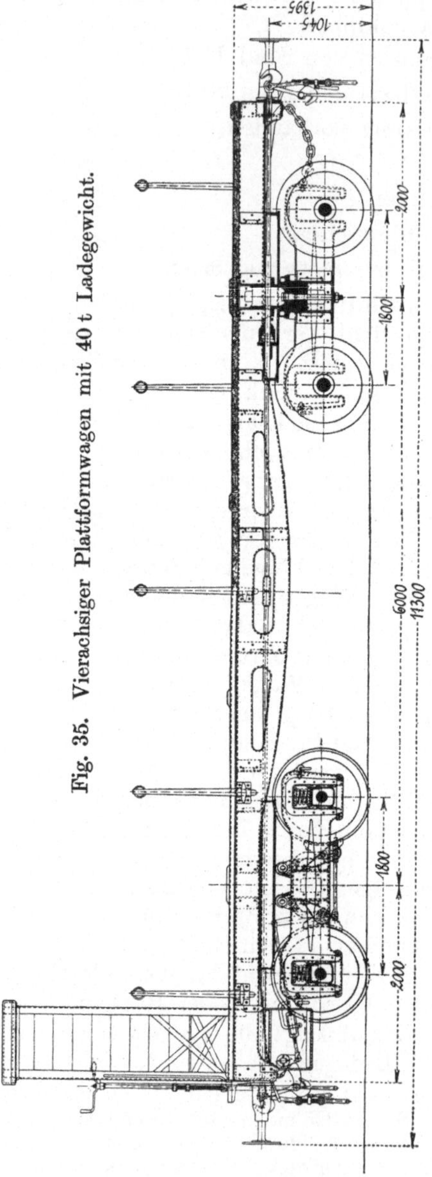

Fig. 35. Vierachsiger Plattformwagen mit 40 t Ladegewicht.

zu verschieben sind. Der kleinste zulässige Krümmungshalbmesser ist durch den Radstand der Betriebsmittel bestimmt. Bei Gleisen mit Vignolschienen von 600 mm Spur und Wagen mit 600 mm Radstand beträgt er 4 m und bei 1000 mm Radstand 10 m. Im allgemeinen geht man mit dem Krümmungshalbmesser nicht gern unter das 15 fache der Spurweite, bei 600 mm Spur also 9 m.

Spurerweiterung in den Gleiskrümmungen bei 600 mm Spur etwa 10 mm.

Schienen. Für freiliegende Gleise werden gewöhnliche Vignolschienen, für versenkte Gleise auch Rillenschienen, Bauart Phönix Nr. 0, verwendet. Maßgebend für die Wahl des Schienenprofils ist der größte Raddruck der Betriebsmittel und die Schwellenentfernung, die etwa zwischen 0,75 und 1 m angenommen wird. Schienenhöhe $h = 60$ bis 100 mm. Schienenprofile unter 70 mm Höhe sollte man im Werkbetriebe nicht verwenden, da sich die Gleise sonst zu leicht verbiegen.

Wird der meist übliche Raddruck von 1 t zugelassen, so kann das Ladegewicht zweiachsiger Wagen (ohne Berücksichtigung des Wagengewichtes) zu rd. 4 t angenommen werden. Zur Vermeidung von Unfällen ist es empfehlenswert, die Schienen nicht nur innerhalb, sondern wenn möglich auch außerhalb der Werkstätten zu versenken.

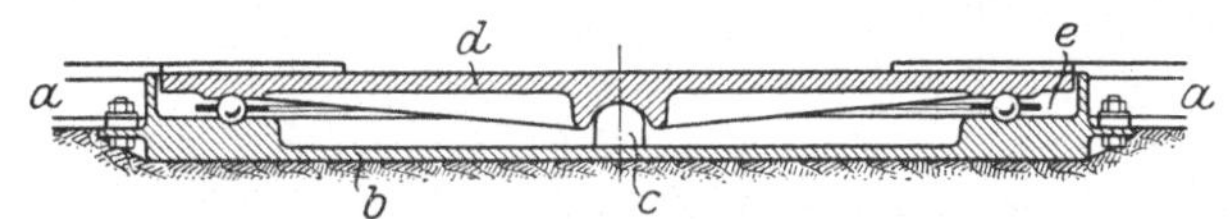

Fig. 36. Drehscheibe für Schmalspurgleise.

a Gleise. b Unterteil mit Stützzapfen c. d Scheibe.
e Kugellager-Kranz.

Weichen. Bei Anwendung von Weichen beschränkt man sich auf einfache Weichen (Rechts- und Linksweichen) und vermeidet Doppelweichen. Ist der Verkehr auf dem Schmalspurnetz weniger lebhaft, so sieht man vielfach von dem Einbau von Weichen ab und begnügt sich mit Drehscheiben.

Drehscheiben. Ausführung mit Kugellagerung nach Art von Fig. 36. Größter Radstand der Fahrzeuge bei 600 mm Spur: 850 mm. Tragkraft der Drehscheibe: 5000 kg.

Bei Wahl einer Spurweite von 600 mm lassen sich die schmalspurigen Drehscheiben leicht zwischen den Schienen der Vollspurgleise einbauen. Die Schmalspurschienen können dann innerhalb der Werkstätten zwecks Platzersparnis zwischen den Vollspurgleisen verlegt werden.

Wagen. Zur Förderung von Stückgütern werden Plattformwagen mit Holz- oder Riffelblechabdeckung verwendet, die je nach Art des Fördergutes auch mit Rungen, Stirnwänden oder mit abnehmbarem Kastenaufsatz ausgerüstet sind.

Langholz, Schienen oder Träger von großer Länge werden zweckmäßig auf je zwei Sonderwagen befördert, die mit Drehgestellen ausgerüstet sind oder auf deren Plattform zur Einstellung in den Gleiskrümmungen ein Drehschemel angeordnet ist.

Für Schüttgüter (Kohle, Koks, Erz, Sand u. dgl.) erhalten die Wagen Kastenaufsatz. Zum schnellen Entleeren des Ladegutes ist der Wagenkasten meist seitlich kippbar.

Fig. 37 (Carl Schenck, Darmstadt) zeigt einen schmalspurigen Kesselhauswagen mit kippbarem Kasten beim Befahren einer selbsttätigen Rollbahnwaage. Diese Waagen sind zur Feststellung des Kohlenverbrauchs

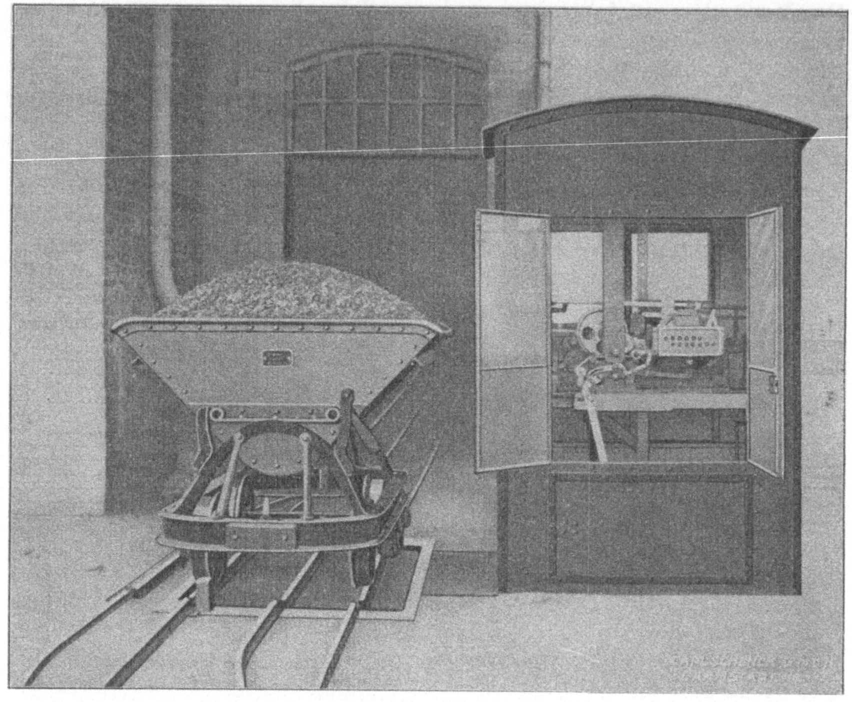

Fig. 37. Kesselhauswagen auf einer selbsttätigen Rollbahnwaage.

im Kesselhause sehr zweckmäßig, da sie das Ladegewicht der über sie fahrenden Wagen feststellen und aufschreiben.

Die Schmalspurwagen werden in der Regel von Hand verschoben, nur zur Beförderung schwerer Teile und zum Verschieben ganzer Wagenzüge verwendet man Schlepper mit Benzol- oder elektrischem Antriebe. Elektrisch betriebene Schmalspurwagen mit unter dem Wagenrahmen eingebauter Batterie (A.E.G.) sind bei genügender Ausnutzung ein geeignetes Fördermittel für den Werkbetrieb.

c) Hängebahnen.

Im Werkstättenbetriebe verwendet man in neuerer Zeit an Stelle der gleislosen Förderer und Schmalspurbahnen in zunehmendem Maße Hängebahnen.

Diese behindern infolge ihrer hochverlegten Gleise den ebenerdigen Verkehr nicht, beanspruchen keine Grundfläche und nutzen daher den zur Verfügung stehenden Raum gut aus. Auch sind die hochverlegten Gleise der Hängebahnen, nicht wie die der Schmalspurbahnen, Verschmutzungen und Beschädigungen ausgesetzt. Da die Hängebahnen sich beliebig verzweigen lassen und die Anwendung von sehr kleinen Krümmungshalbmessern ermöglichen, so passen sie sich den ungünstigsten örtlichen Verhältnissen gut an. Der Kraftbedarf zum Verschieben von Wagen gleichen Gewichtes ist bei den Hängebahnen geringer als bei den Schmalspurbahnen; dagegen erfordern sie etwas höhere Gleisanlagekosten als diese. Ein die verschiedenen Werkstätten und Lagerplätze miteinander verbindendes Hängebahnnetz läßt sich dem Arbeits- und Fördergang des Werkes gut anpassen und erleichtert den Werkstätten-Eingangs- und -Ausgangsverkehr.

Fahrbahn. Zu den Hängebahnen in weiterem Sinne gehören auch die I-Trägerbahnen, die von Ober- und Untergurt-Laufkatzen befahren werden (s. S. 235). Bei den Hängebahnen in engerem Sinne laufen die Wagen meist auf dem Obergurt einer Doppelkopfschiene (Hängebahnschiene), deren Form und Verlaschung aus den Fig. 38 und 39 ersichtlich sind. Abgerundete Flacheisenschienen sind wegen ihrer geringeren Tragkraft nur für leichtere Lasten und bei kleinen Spannweiten verwendbar.

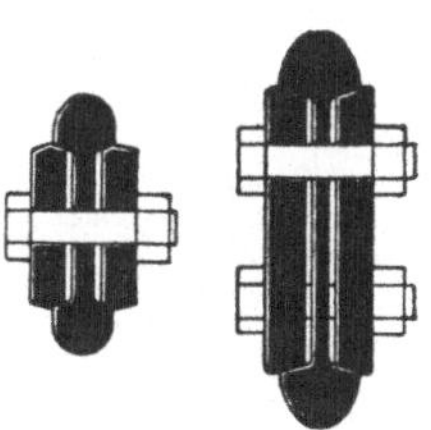

I-Träger mit aufgesetzter Breitfußschiene kommen für größere Tragkraft der Wagen und bei größerer Spannweite der Gleisaufhängung in Frage.

Die in der Regel benutzten Doppelkopfschienen werden mittels Hängebahnschuhen nach Art der Fig. 40 an den Gerüststützen bzw. an Gebäudedecken befestigt. Befestigung der Schiene an den Schuhen derart, daß die Schrauben entlastet sind.

Fig. 38 und 39.
Hängebahnschienen.

Zulässiger kleinster Krümmungshalbmesser der Fahrbahn 2 bis 3 m.

Die Doppelkopfschienen ermöglichen eine einfache Gestaltung der Drehscheiben und Weichen, die entweder Kletterweichen, Klappweichen, meist jedoch Drehweichen sind.

Fig. 41 und 42 (J. Pohlig A. G., Köln) zeigen den Bau einer Drehscheibe und Weiche.

Fig 41. Selbsttätige Hängebahndrehscheibe. Der ankommende Wagen fährt gegen ein am drehbaren Teil befindliches Kurvenstück *a* und stellt dadurch das bewegliche Schienenstück *b* in seine Fahrtrichtung ein. Anschläge *c* verhindern ein Herunterfahren des Wagens bei nicht ordnungsmäßig gestellter Scheibe. Nach Durchlaufen des Wagens wird die Drehscheibe entweder selbsttätig durch einen Gegengewichtszug oder durch Seilzüge, die vom Fußboden aus bedient werden, in ihre alte Lage zurückgeführt.

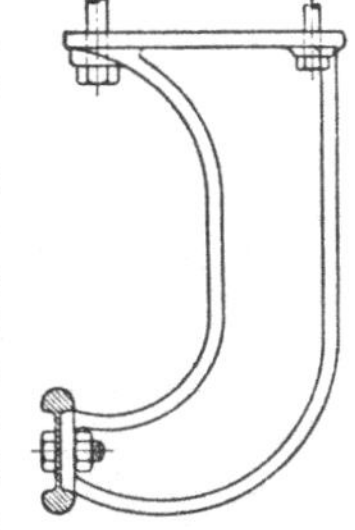

Fig. 42. Selbsttätige Hängebahnweiche. Das bewegliche Schienenstück *a* ist bei *b* drehbar und bei *c* an einer kreisförmigen Rollenführung aufgehängt. Durch Kurvenstücke *d* stellt der ankommende Wagen die Weiche seiner Fahrtrichtung entsprechend ein.

Fig. 40. Hängebahnschuh.

Mit Rücksicht auf die geringe Reibung der Hängebahnen sind nur kleine Steigungen (bis etwa 6 %) zulässig. Zur Überwindung grö-

ßerer Höhenunterschiede in der Gleisanlage werden Senkrecht- oder
Schrägaufzüge, Spiralaufzüge oder Schrägstrecken mit endloser, ständig
umlaufender Kette angeordnet, mit der die Wagen während des Durchfahrens der Schrägstrecke gekuppelt sind.

Bei den zweischienigen Handhängebahnen dienen entweder zwei
I-Träger oder zwei Doppelkopfschienen (Fig. 38 und 39), auf deren
Obergurt die Wagen laufen, als Fahrbahn. Doppelkopfschienen haben
geringeres Gewicht und lassen sich bei Herstellung der Gleiskrümmungen

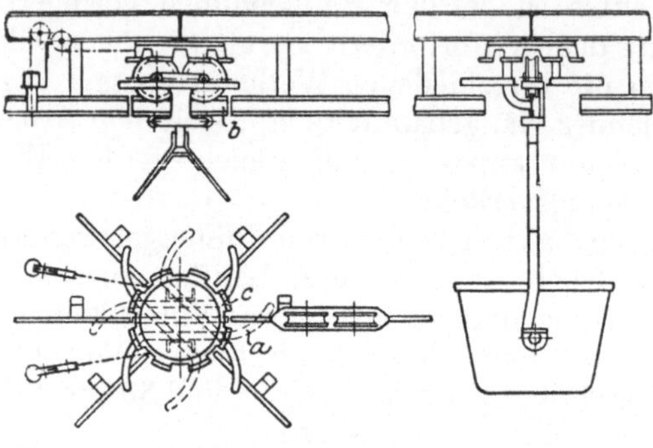

Fig. 41. Selbsttätige Hängebahn-Drehscheibe.

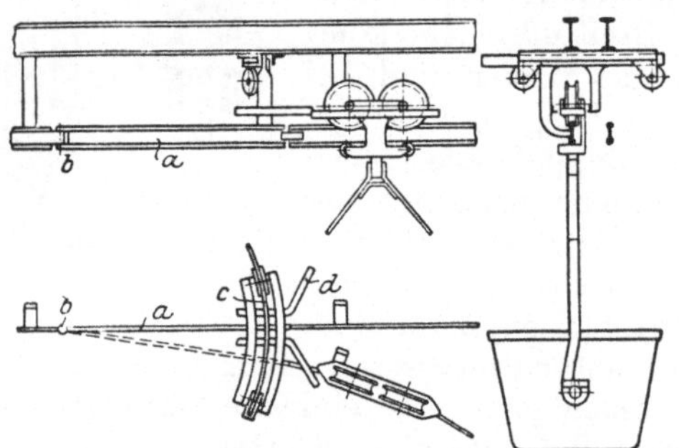

Fig. 42. Selbsttätige Hängebahnweiche.

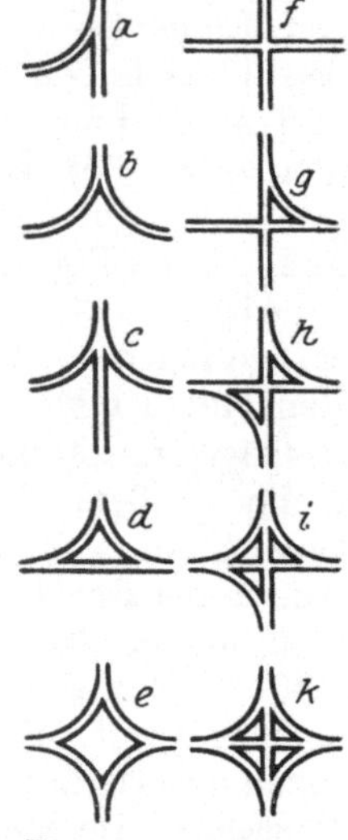

Fig. 43. Weichen
und Kreuzungen
für Zweischienen-
Hängebahnen.

leichter biegen. Zweischienenhängebahnen lassen feste Weichen- und
Kreuzungen zu, die allen Betriebsanforderungen entsprechen.

Fig. 43 (Kaiser u. Co., Kassel) zeigt die bei den Zwischenhängebahnen
angewendeten Weichen und Kreuzungen.

a Einfache Weiche (Rechtsweiche). *b* Herzweiche. *c* Doppelweiche. *d* Weichen-
dreieck. *e* Weichenviereck. *f* Gleiskreuzung. *g* bis *k* Zwei-, Vier-, Sechs- und Acht-
weichenkreuzung.

Kreuzt eine Handhängebahn, deren Gleisanlage normal in einer
Höhe von etwa 3 m über Fußboden angeordnet wird, ein Eisenbahngleis
oder eine Straße, so wird die Hängebahn mit Rücksicht auf den Verkehr
auf diesen dadurch zeitweise unterbrochen, daß man an der Kreuzungs-
stelle das Hängebahngleisstück schwenkbar oder heb- und senkbar an-

ordnet und so die Durchfahrt der Eisenbahnwagen bzw. Straßenfahrzeuge freigibt.

Bei den Elektrohängebahnen sind die Schienen so hoch verlegt, daß die ebenerdigen Fördermittel, deren Fahrbahn sie kreuzen, stets freie Durchfahrt haben.

α. **Handhängebahnen** kommen für kleine und mittlere Leistungen in Frage. In den Fertigungswerkstätten sind sie ihrer weitgehenden Verzweigungsmöglichkeit wegen ein ausgezeichnetes Mittel zur Förderung von Lasten bis etwa 2000 kg. Die Wagen werden zur Verminderung des Fahrwiderstandes mit Kugellagern ausgerüstet, so daß ein Arbeiter ohne Anstrengung eine

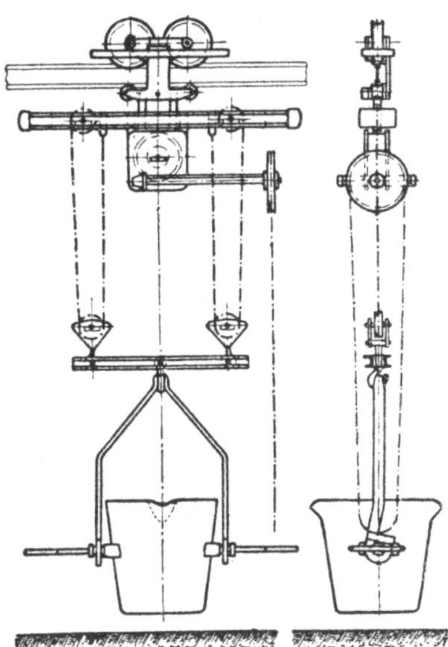

Fig. 44. Handhängebahnwagen mit Hubwerk für Gießpfannentransport.

Fig. 45. Verladen von Blechtafeln mittels Handhängebahn.

Last von 2000 kg verschieben kann. Fig. 44 (J. Pohlig A.-G., Köln) zeigt einen Handhängebahnwagen mit Hubwerk und Gehänge zum Transport von Gießpfannen und Fig. 45 (Kaiser u. Co., Kassel) einen Zweischienen-Hängebahnwagen mit Gehänge beim Verladen von Blechtafeln in einen gedeckten Güterwagen.

β. **Elektrohängebahnen.** Für höhere Leistungen und größere Förderstrecken verwendet man in neuerer Zeit allgemein die Elektrohängebahnen. Sie sind zu Verladezwecken, zur Förderung der Güter nach den Verbrauchsstellen des Werkes und zur Lagerplatzbedienung gleich geeignet. Im Werkbetriebe benutzt man die Elektrohängebahnen hauptsächlich zur Förderung der Kohle, zur Beschickung der Dampfkessel und zum Entfernen der Asche aus den Kesselhäusern. Besonders gute Dienste leisten sie im Gießereibetriebe, wo sie zur Förderung von Brenn- und Rohstoffen, Sand, flüssigem Eisen und zur Kupolofenbegichtung herangezogen werden. Da der Betrieb einer Elektrohängebahn vollkommen selbsttätig eingerichtet sein kann, so sind zur Bedienung nur wenige Arbeitskräfte erforderlich.

Für kürzere Förderstrecken und kleinere stündliche Leistung genügt meist die Anordnung einer Pendelbahn (Fig. 46) mit einem Wagen, der in bestimmten Zeitabständen zwischen den Be- und Entladestellen verkehrt.

Bei größeren Entfernungen und höheren Förderleistungen wird die Bahn als Ring- oder Schleifenbahn ausgeführt, die von mehreren Wagen befahren wird.

Fig. 47 (Bleichert u. Co., Leipzig-Gohlis) zeigt die Linienführung einer Elektrohängebahn zur Bedienung eines Gießereilagerplatzes und zur Kupolofenbegichtung.

Die Hängebahnwagen werden für Lasten von wenigen hundert bis 5000 Kilo

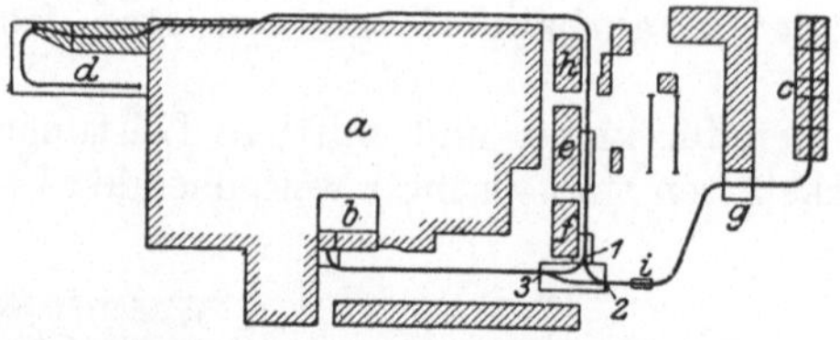

Fig. 46. Elektrohängebahn in einem Gußstahlwerk (Grundriß).

a Gießerei. *b* Kesselhaus. *c* Lagerschuppen (Kohle, Koks und Sand). *d* Kohlenschuppen. *e* Sandschuppen. *f* Sandmühle. *g* Sandgrube. *h* Tischlerei. *i* Wage. *1—3* Hängebahn-Weichen.

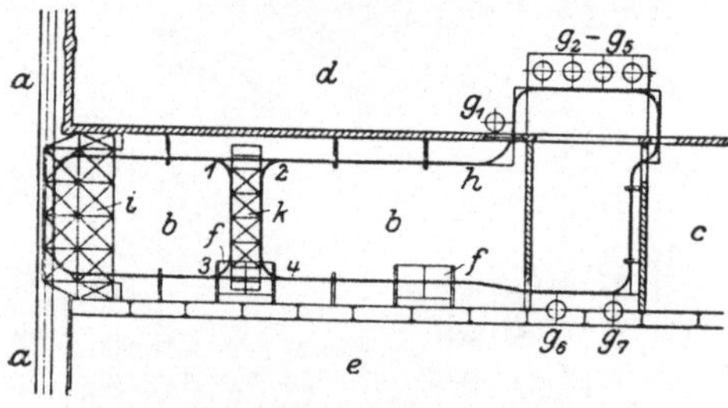

Fig. 47. Elektrohängebahn zur Kupolofen-Begichtung.

a Anfuhrgleis für Brenn- und Rohstoffe. *b* Lagerplatz. *c* bis *e* Gießereihallen. *f* Kokshochbehälter. g_1 bis g_7 Kupolöfen. *h* Gleisanlage. *i* Tragkonstruktion zu *h*. *k* Fahrbare Gleisbrücke zur Lagerplatzbedienung. *1* bis *4* Übergangsweichen zwischen Hängebahn und Gleisbrücke.

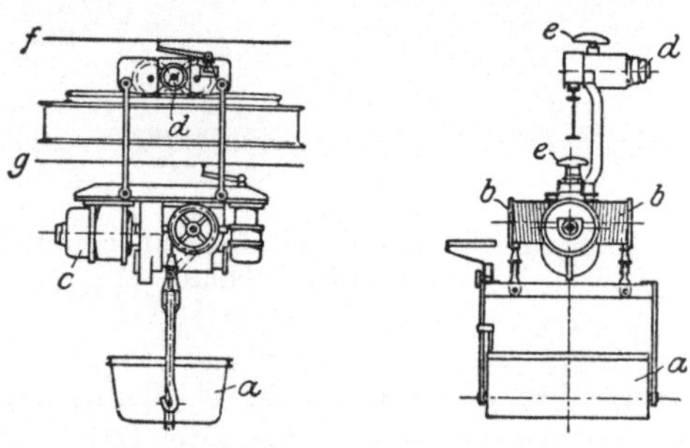

Fig. 48. Elektrohängebahnwagen mit heb- und senkbarem Kippkübel.

a Kippkübel. *b* Seiltrommeln. *c* Hubmotor. *d* Fahrmotor. *e* Stromabnehmer. *f—g* Schleifleitungen.

gramm und mehr, sowie nach Bedarf mit oder ohne Hubwerk ausgeführt. Fahrgeschwindigkeit meist 1 m/sek. Zur Förderung von Schüttgütern Ausrüstung der Wagen mit Kippkübeln oder Klappgefäßen, die dadurch entladen werden, daß die Verriegelungsvorrichtung der Gefäße beim Vorbeifahren des Wagens an der Entladestelle durch

Fig. 49. Führerstands-Laufkatze für Greiferbetrieb.

Anstoßen gegen einen Anschlag ausgelöst wird. Auf Fig. 48 (Bleichert u. Co.) ist ein Elektrowindenwagen mit Kippkübel dargestellt.

Zum selbsttätigen Aufnehmen und Abgeben von Schüttgütern werden die Elektrohängebahnwagen auch mit Selbstgreifern (s. S. 232) und entsprechend ausgebildetem Hubwerk ausgeführt.

Stromart: Gleichstrom oder Drehstrom. Gleichstrom ist im allgemeinen vorteilhafter, da die Stromzufuhr- und Schalteinrichtung einfacher und billiger wird.

Bei den Elektrohängebahnen wird jeder beladene Wagen für sich und unabhängig von den andern in Gang gesetzt, worauf er die Strecke selbsttätig durchläuft. An den vorgeschriebenen Haltestellen halten die Wagen von selbst oder durch Fernsteuerung an. Bei Pendelbahnen wird die Fahrtrichtung an der Entladestelle selbsttätig umgeschaltet. Einschalten des Stromes für die Abfahrt durch Zugschalter, durch Fernsteuerung oder wenn die Gefäße aus Schüttrumpfen beladen werden, durch das zunehmende Gewicht nach vollzogener Beladung.

Der selbsttätige Betrieb der Ring- oder Schleifenbahnen macht das Innehalten eines bestimmten Wagenabstándes erforderlich. Zu diesem Zwecke rüstet man die Elektrohängebahnen mit geeigneten Sicherheitsvorrichtungen (Blocksicherungen oder Zugdeckungen) aus, die in neuerer Zeit eine weitgehende Durchbildung erfahren haben.

Bei unübersichtlichen weitläufigen Anlagen, bei vielen Gleisabzweigungen und bei Greiferbetrieb ist es zweckmäßig, ein oder mehrere Laufkatzen mit Führerbegleitung auf der Hängebahn vorzusehen. Diese haben den Vorzug, daß der Führer stets die Last vor Augen hat, so daß ein flottes und sicheres Arbeiten gewährleistet ist.

Fig. 49 (Kaiser u. Co., Kassel) zeigt eine Laufkatze mit angebautem Führerstand, deren Hubwerk, der Arbeitsweise des Greifers entsprechend, mit zwei Trommeln ausgerüstst ist.

2. Mittel für senkrechte Förderung.

a) Hebewerkzeuge.

Ihrer geringen Hubhöhe (bis 0,5 m) wegen arbeiten sie ohne Huborgan (Seil oder Kette). Antrieb von Hand oder durch Druckwasser. In Rücksicht auf Tragbarkeit ist geringes Eigengewicht Hauptbedingung.

Anwendung zu Montagezwecken und zum Heben schwerer Lasten.

Zahnstangenwinden. Tragkraft 1,5 bis 20 t. Hub 0,3 bis 0,5 m. Antrieb durch Kurbel. Ein oder zwei Stirnrädervorgelege zwischen Kurbel und Zahnstangentriebling. Wirkungsgrad 50 bis 70%. Gewicht je nach Tragkraft und Ausführung 16 bis 100 kg.

Schraubenwinden. Tragkraft 5 bis 20 t. Hub 0,24 bis 0,4 m. Antrieb durch Handhebel oder Ratsche. Spindel selbsthemmend, daher schlechter Wirkungsgrad (30 bis 40%). Gewicht je nach Tragkraft 69 bis 100 kg.

Schrauben-Schlittenwinden gestatten noch ein wagerechtes Verschieben der Last. Verschiebeweg je nach Tragkraft und Ausführung 0,2 bis 0,4 m.

Schrauben-Hebeböcke (Lokomotivhebeblöcke) werden zum Heben von Lokomotiven, Tendern, Dampfkesseln, Eisenbahnwagen u. dgl. verwendet.

Das Heben der genannten Lasten erfordert vier Hebeböcke, von denen je zwei durch einen Querträger miteinander verbunden sind, der an der auf und ab gehenden Spindelmutter gelenkig befestigt ist. Der Querträger des einen Bockpaares greift am Vorderteil, der andere am Hinterteil der zu hebenden Last an.

Antrieb durch Handkurbeln oder elektrisch (durch einen Motor).

Druckwasserwinden (hydraulische Hebeböcke) dienen zum Heben und Verschieben schwerer Lasten sowie zum Ausrichten schwerer Werkstücke an den Bearbeitungsmaschinen, Auf- und Lospressen von Radreifen u. dgl.

Fig. 50. Anheben schwerer freiliegender Arbeitsstücke mittels Daumenkräften.

Fig. 51. Anheben eines schwer beladenen entgleisten Schienenwagens durch Daumenkräfte.

Arbeitsweise nach Art der Druckwasserpresse. Druckerzeugung durch eine mittels Handhebel angetriebene einfach wirkende Pumpe. Ein Gefrieren des Druckwassers wird durch Beigabe von Glyzerinöl verhindert. Wirkungsgrad etwa 60 bis 70%.

Bei den Daumenkräften stützt sich die Last auf den auf und ab bewegbaren Stempel. Tragkraft 20 bis 300 t. Hub je nach Tragkraft und Ausführung 180 bis 500 mm; Gewicht 85 bis 300 kg.

Fig. 50 (Fried. Krupp-Grusonwerk) zeigt die Benutzung von Daumenkräften beim Anheben schwerer freiliegender Werkstücke. Damit sich die Last möglichst gleichmäßig auf die Stempel der vier Daumenkräfte verteilt, ist auf jedem Stempel eine Kopfplatte mit balliger Auflagefläche aufgesetzt.

Bei den Hebeknechten bleibt der Stempel stehen, und die Last stützt sich auf die Kopfplatte des heb- und senkbaren Gehäuses, oder sie wird durch eine am Gehäuse angebrachte Pratze getragen, die jedoch nur zur Hälfte der Tragkraft beansprucht werden darf.

Tragkraft 3 bis 60 t; Hub 200 bis 315 mm; Gewicht je nach Tragkraft und Hub 30 bis 160 kg.

Fig. 51 (Fried. Krupp-Grusonwerk): Anwendung von Hebeknechten beim Anheben eines entgleisten, mit einer schweren Panzerplatte beladenen Wagens.

Die Daumenkräfte und Hebeknechte werden auch in Sonderausführung (z. B. mit wagerechter Schlittenbewegung, ähnlich wie Schrauben-Schlittenwinden) geliefert.

Fig. 52. Handlaufkran mit Druckluft-Hebezeug.

b) Drucklufthebezeuge (Zylinderhebezeuge)

werden verwendet, wenn bereits zu anderen Zwecken eine Druckluftzentrale vorhanden ist.

Unmittelbar wirkende Drucklufthebezeuge werden am Haken von Handlaufwinden oder -Kranen aufgehängt und haben den Nachteil einer großen Bauhöhe.

Das Hubwerk besteht im wesentlichen aus dem Zylinder, dem Kolben, an dessen Stange der Lasthaken angeordnet, und dem Steuerhahn, der vom Fußboden aus durch Zugketten bedient wird. Der Zylinderraum unter dem Kolben steht mit der Druckluftleitung in Verbindung, während der obere Raum zum Steuern benutzt wird. Zuführung der Luft durch einen biegsamen Metallschlauch. Die Drucklufthebezeuge arbeiten ruhig und stoßfrei und sind einfach in ihrer Arbeitsweise und Bedienung. Sie lassen jedoch nur einen beschränkten Hub zu und haben den Nachteil, daß sie der unvermeidlichen Undichtigkeiten wegen die Last nicht lange schwebend halten können. Da die Drucklufthebezeuge gegen Staub und Schmutz abdichten, so sind sie besonders für Gießereibetriebe geeignet.

Hub (normal): 1000 bis 1750 mm; Hubkraft von Größe $LH\,3$ (Maschinenfabrik Oberschöneweide) mit 150 mm Zylinderdurchmesser und 6 bzw. 7 at Luftdruck 850 bzw. 1000 kg; Luftverbrauch für einen Hub 0,132 m³; Gewicht des Hebezeuges 85 kg.

Fig. 52 zeigt ein an der Katze eines Handlaufkranes aufgehängtes Drucklufthebezeug beim Ausheben des Tiegels aus dem Schmelzofen einer Metallgießerei.

Liegend angeordnete Druckluftzylinder mit Rollenzugübersetzung lassen große Hubhöhen (bis etwa 10 m) zu. Anwendung nur unter besonderen Umständen.

c) Flaschenzüge.

Die Tragbarkeit erfordert ebenso wie bei den Hebewerkzeugen geringes Eigengewicht.

α. **Handflaschenzüge.** Für den Werkbetrieb kommen nur vollwertige Hebezeuge, wie die Schraubenflaschenzüge mit Drucklagerbremse und die Stirnradflaschenzüge, in Betracht.

Schraubenflaschenzüge mit Drucklagerbremse. Tragkraft 0,5 bis 20 t; Hub 3 bis 10 m; Wirkungsgrad in eingelaufenem Zustand 55 bis 65%; Huborgan: kalibrierte Rundeisenkette über 10 t Tragkraft, Gelenkkette.

Antrieb durch Handkette und Haspelrad. Als Übersetzung zwischen Haspelrad und treibendem Kettenrad ist ein zweigängiges Schneckengetriebe eingebaut, das einen guten Wirkungsgrad ergibt.

Der durch den Lastzug am treibenden Kettenrad auf die Schneckenwelle ausgeübte Längsdruck wird zur Betätigung der Drucklagerbremse herangezogen.

Fig. 53 (E. Becker, Berlin-Reinickendorf) zeigt einen Schraubenflaschenzug mit Drucklagerbremse Bauart Becker.

a Haken zum Einhängen des Flaschenzuges. b lose Rolle. c Kettennuß. d Schneckenrad mit c aus einem Stück hergestellt. e Kettenbügel. f Kettenabstreifer. g Haspelrad. h Schneckenwelle mit Vollkonus i. k Hohlkonus mit Sperrad. l federbelastete Sperrklinke; m Druckschraube.

Beim Heben wird der Vollkegel der Bremswelle mit dem Sperradhohlkegel unter dem Einfluß der Last gekuppelt. Der Längsdruck wird durch eine Druckschraube aufgenommen, während das mit der Welle gekuppelte Sperrad unter der federbelasteten Klinke fortgeleitet. Hört die Antriebkraft auf, dann dreht das auf der Lastwelle sitzende Schneckenrad die Schneckenwelle in entgegengesetztem Sinne. Der Sperradhohlkegel legt sich gegen die Klinke, und die Last ist gestellt.

Die Last wird durch Ziehen am andern Ende der Haspelkette gesenkt, wodurch die Kegelreibung überwunden und die Last abwärts bewegt wird.

Weitere Bauarten von Drucklagerbremsen: Lüders (F. Piechatzek, Berlin. — E. Weiler, Berlin-Heinersdorf); Maxim (Gebr. Bolzani, Berlin N).

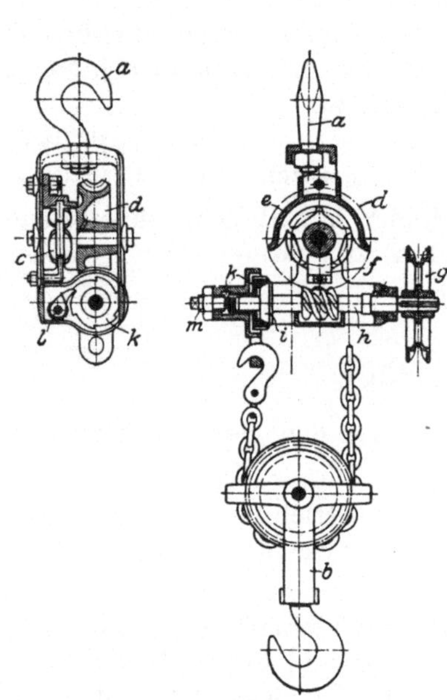

Fig. 53. Schraubenflaschenzug mit Drucklager-Bremse.

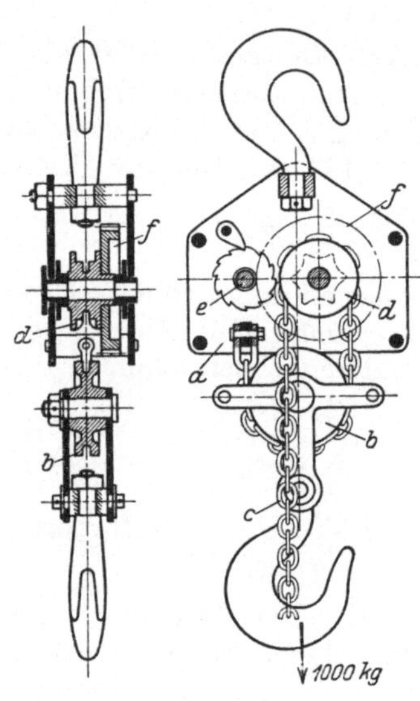

Fig. 54. Stirnrad-Flaschenzug von 1000 kg Tragkraft.

a Aufhängung der Kette. b Lose Rolle mit Haken. c freies Ende der Hubkette. d Kettennuß. e Antriebwelle mit Haspelrad. Ritzel des Stirnradvorgeleges und Gewindelastdruckbremse.

Stirnradflaschenzüge. Sie arbeiten mit ein- oder mehrfacher Stirnräderübersetzung und haben daher einen günstigen Wirkungsgrad (70 bis 80%). Der zur Betätigung der Lastdruckbremse erforderliche Längsdruck der Antriebwelle wird durch Schrägstellung der Zähne des ersten Vorgeleges oder durch ein flachgängiges Gewinde hervorgerufen.

Fig. 54. (De Fries, Düsseldorf): Stirnradflaschenzug von 1000 kg Tragkraft mit kalibrierter Rundeisenkette als Huborgan.

Die Bauart der Record-Flaschenzüge (Gebr. Bolzani, Berlin) ist ähnlich. Herstellung für Tragkräfte von 0,3 bis 5 t ohne und über

1 t Tragkraft mit loser Rolle. Hub 3 bis 10 m. Bedienung durch einen Arbeiter.

Bei gleichem Kraftaufwand arbeitet ein Stirnradflaschenzug um die Hälfte schneller als ein Schraubenflaschenzug; bei gleicher Geschwindigkeit erfordert er nur ein Drittel der Antriebkraft des letzteren. Weitere Vorteile: Niedrige Bauhöhe und infolge der verwendeten hochwertigen Werkstoffe kleines Eigengewicht.

Wegen ihres günstigen Wirkungsgrades und ihres schnellen Arbeitens werden die Stirnradflaschenzüge im Werkstättenbetriebe vielfach bevorzugt.

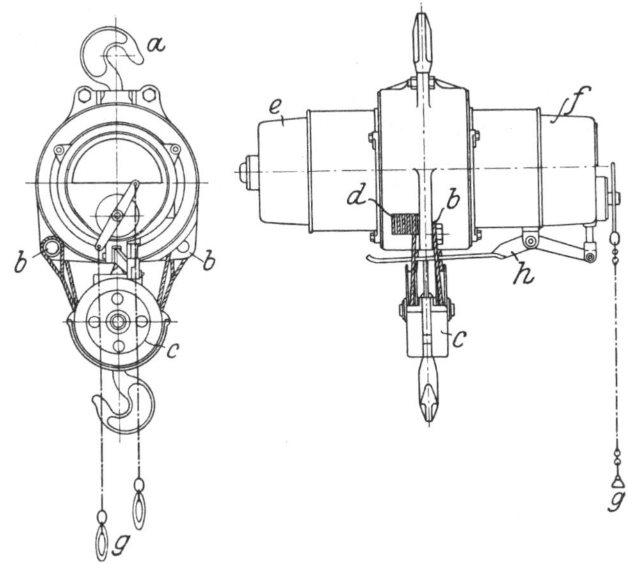

Fig. 55. Elektroflaschenzug.

a Haken zum Aufhängen des Flaschenzuges. b Endbefestigungen der beiden Hubseile. c Zweirollige Flasche. d Linke Seiltrommel. e Motor. f Bremse. g Kontroller-Zugschnüre. h Endschalter.

β. Elektrische Flaschenzüge (Elektrozüge). Sie werden durch einen kleinen Elektromotor angetrieben, arbeiten mit großer Hubgeschwindigkeit und sind bequem und ohne Kraftaufwand bedienbar. Trotz ihrer höheren Anlagekosten sind die Elektroflaschenzüge in den meisten Fällen wirtschaftlicher als die Handflaschenzüge. Im Werkstättenbetriebe sind sie ein unentbehrliches Hubfördermittel, das die langsam arbeitenden Handflaschenzüge mehr und mehr verdrängt.

Ausrüstung je nach Bedarf mit Gleichstrom- oder Drehstrommotor. Tragkraft 0,5 bis 5 t; Hubgeschwindigkeit je nach Tragkraft 7 bis herab auf 4 m/min. Huborgan: Kalibrierte Kette, meist jedoch Drahtseil. Übersetzung: Schneckengetriebe und Stirnrädervorgelege oder reine Stirnräderübersetzung. Bremse: Bei den Flaschenzügen kleinerer Tragkraft Lastdruckbremse, bei größerer Tragkraft gewichtbelastete, elektromagnetisch gelüftete Bandbremse oder doppelte Backenbremse.

Der Kontroller zum Steuern des Motors wird entweder am Flaschenzuggehäuse angebaut und vom Fußboden aus durch Zugschnüre betätigt, oder er wird an beliebiger Stelle, in Reichweite des den Flaschenzug bedienenden Arbeiters angeordnet.

Fig. 55 zeigt den äußeren Bau des Elektroflaschenzuges der Firma Bleichert & Co., Leipzig-Gohlis. Der Motor arbeitet mittels eines Stirnräder-Umlaufgetriebes und innen verzahnter Vorgelege auf die beiden Seiltrommeln, die sich nicht in gleicher, sondern entgegengesetzter Richtung drehen, wobei die beiden Hubseile nicht wie üblich auf derselben Trommelseite, sondern an diametral gegenüberliegenden Punkten ablaufen. Diese Anordnung ermöglicht es, die beiden losen Rollen der Flasche dadurch auszuschalten, daß die Hubseilenden am Flaschengehäuse befestigt werden. Es werden dann Lasten bis zur halben Tragkraft mit doppelter Geschwindigkeit gehoben. Das erwähnte Umlaufrädergetriebe ist derart gebaut, daß es die Kräfte und Geschwindigkeiten der beiden Seilzüge selbsttätig ausgleicht, so daß, auch wenn ohne lose Rollen gearbeitet wird, beide Seile gleich belastet sind.

Die Elektroflaschenzüge können an jedem beliebigen, von Hand bedienten Kran aufgehängt oder eingebaut werden, wodurch dessen Leistung entsprechend gesteigert wird.

I-Träger-Laufkatzen zum Einhängen von Flaschenzügen und mit eingebautem Hand- oder elektrischem Flaschenzug siehe S. 235.

d) Ortsfeste Winden.

Zu Hubarbeiten dienende ortsfeste Winden, wie Bock- und Wandwinden, Reibungswinden mit Transmissions- oder elektrischem Antrieb (Speicherwinden) u. a. spielen im Werkstättenbetriebe eine untergeordnete Rolle.

Über Bau und Anwendung dieser Winden s. Dubbel: Taschenb. f. d. Maschinenbau, 4. Aufl., S. 374. Ortsfeste Winden für wagerechte Lastbewegung (Spills und Rangierwinden) s. unter „Platzverkehr“.

e) Aufzüge.

Für den Bau und Betrieb der Aufzüge ist die „Polizeiverordnung, betreffend die Einrichtung und den Betrieb von Aufzügen (Fahrstühlen) in Preußen“ maßgebend. Die Vorschriften der übrigen Länder des Reiches weichen von den für Preußen geltenden nur in wenigen Einzelheiten ab.

In den Geltungsbereich der Polizeiverordnung (Titel I) fallen alle Aufzugvorrichtungen, deren Fahrkörbe, Kammern oder Plattformen zwischen festen Führungen bewegt werden, sofern ihre Hubhöhe 2 m übersteigt.

Nicht in den Geltungsbereich fallen die Aufzüge in den, den Bergbehörden unterstehenden Betrieben, ferner Schrägaufzüge, die nicht zwischen festen Führungen, sondern auf Führungen laufen, und Paternosterwerke für Lasten.

Einteilung der Aufzüge (Titel II) in: Personen- und Lastenaufzüge.

Zu ersteren gehören auch die Aufzüge mit Führerbegleitung.

Die Aufzüge werden von den behördlichen Sachverständigen geprüft und abgenommen. In Betrieb befindliche Aufzüge sind regelmäßigen Prüfungen unterworfen (Titel VI, §§ 33 bis 37 der Polizeiverordnung). Über Betrieb der Aufzüge siehe Titel V der genannten Verordnung.

Handaufzüge, Druckwasseraufzüge und Riemenbetriebaufzüge kommen für den neuzeitlichen Werkstättenbetrieb kaum oder nur für untergeordnete Zwecke in Frage, da man den elektrischen Aufzügen allgemein den Vorzug gibt.

Die elektrischen Aufzüge werden für Gleichstrom, Drehstrom und einphasigen Wechselstrom eingerichtet. Als Huborgan kommt, von besonderen Fällen abgesehen, allgemein das Drahtseil in Frage.

Lastenaufzüge. Kleinaufzüge werden in der Regel für eine Tragkraft von 25 kg, mitunter auch bis 100 kg gebaut. Hubgeschwindigkeit etwa 0,5 m/sek, Bemessung des Gegengewichtes derart, daß der Förderkasten ganz und die Nutz-

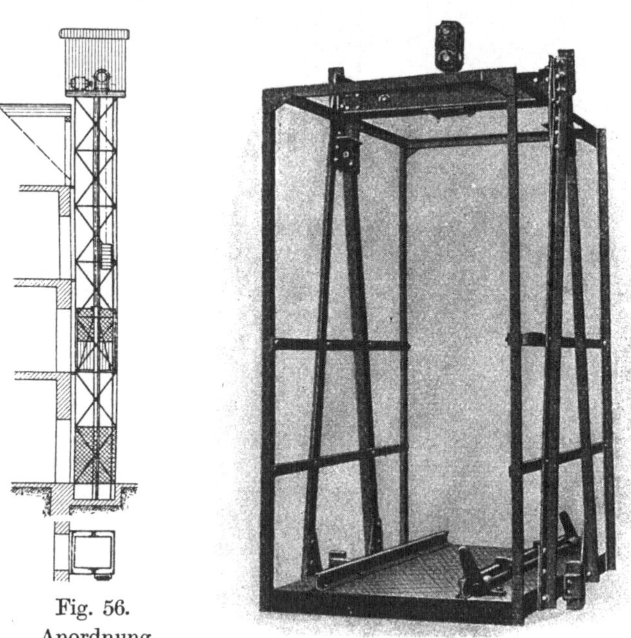

Fig. 56.
Anordnung
eines Aufzuges
an einer Ge-
bäudewand.

Fig. 57.   Fahrkorb für Schmalspurwagen.

last zur Hälfte ausgeglichen wird. Leistung des Motors je nach Tragkraft 0,5 bis 1 PS. Bei Gleichstrom Anwendung von Hauptstrommotoren. Anlassen der kleineren Motoren ohne, der größeren mit Widerstand.

Die Steuerung ist in der Regel eine einfache Druckknopfsteuerung. Der Aufzug wird in Handhöhe (etwa 700 mm) bedient und ist nicht betretbar. Vom Einbau einer Fangvorrichtung kann Abstand genommen werden.

Die zur Förderung der Rohstoffe, Werkteile, Halb- und Fertigerzeugnisse zwischen ebener Erde und den oberen Stockwerken der

Werkgebäude dienenden Aufzüge sind entweder reine Lastenaufzüge oder Lastenaufzüge mit Führerbegleitung. Bei ersteren ist das Mitfahren von Personen gesetzlich verboten. Letztere können zur Personenförderung herangezogen werden.

Die Tragkraft der Lastenaufzüge hängt von dem Gewicht der regelmäßig zu fördernden Güter ab und ist reichlich anzunehmen. Übliche Tragkraft für Werkstättenaufzüge 500 bis 5000 kg, im besonderen auch bis 40 000 kg. Fahrgeschwindigkeit je nach Tragkraft und Art der Steuerung 0,2 bis 0,5 m/sek. Höhere Fahrgeschwindigkeiten sind in

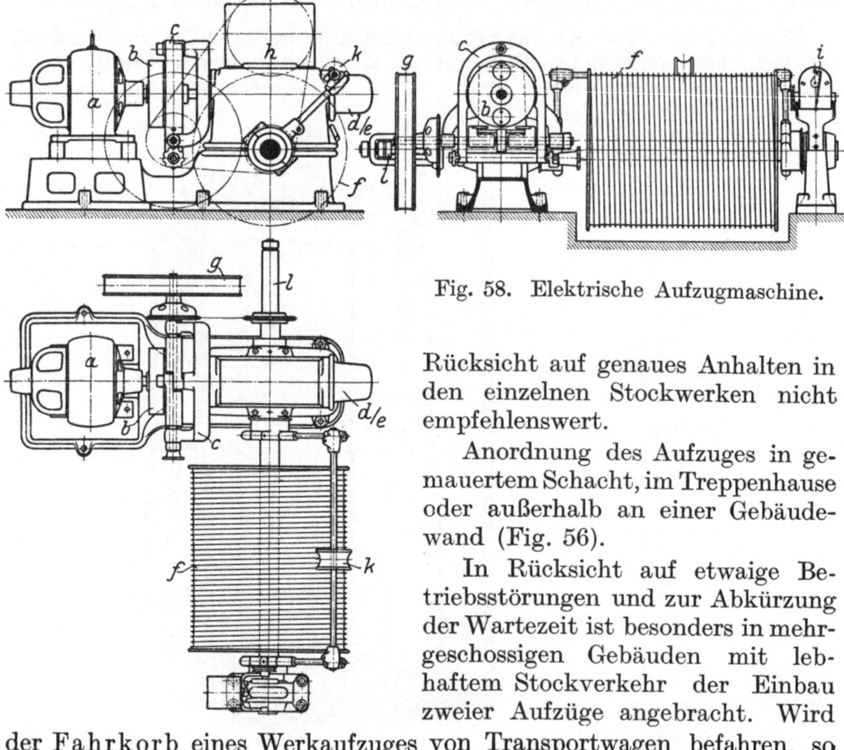

Fig. 58. Elektrische Aufzugmaschine.

Rücksicht auf genaues Anhalten in den einzelnen Stockwerken nicht empfehlenswert.

Anordnung des Aufzuges in gemauertem Schacht, im Treppenhause oder außerhalb an einer Gebäudewand (Fig. 56).

In Rücksicht auf etwaige Betriebsstörungen und zur Abkürzung der Wartezeit ist besonders in mehrgeschossigen Gebäuden mit lebhaftem Stockverkehr der Einbau zweier Aufzüge angebracht. Wird der Fahrkorb eines Werkaufzuges von Transportwagen befahren, so sind entsprechende Schienen auf der Plattform vorzusehen.

Fig. 57 (W. Fredenhagen, Offenbach) läßt die Ausführung eines Fahrkorbes erkennen, der von Schmalspurwagen befahren wird. An der einen Schiene ist eine durch Fußtritt bediente Feststellvorrichtung angeordnet, die ein Verschieben des Wagens während der Fahrkorbbewegung verhindert.

Der übliche Bau einer normalen Aufzugmaschine ist aus Fig. 58 (Carl Flohr, Berlin) ersichtlich.

a Motor. b elastische Kupplung, auf deren Umfang die Haltebremse c (doppelte, durch eine Spiralfeder belastete Backenbremse) angeordnet. d—e Schneckengetriebe, auf dessen Radwelle die Seiltrommel f sitzt. g Steuerscheibe, den Anlasser h bedienend und die Haltebremse durch Nocken lüftend. i Grenzschalter in Verbindung mit der Schlaffseilausrückung k. l Spindelendschalter mit Wandermutter.

Aufstellung der Aufzugmaschine je nach den räumlichen Verhältnissen auf dem Schachtgerüst (Fig. 56), im Keller des Gebäudes oder in einem der Stockwerke.

Für reine Lastenaufzüge genügt ein Tragseil, für solche mit Führerbegleitung und Personenaufzüge sind zwei vorgeschrieben.

Zur Verminderung der Motorleistung werden das Eigengewicht des Fahrkorbes ganz und die Nutzlast zur Hälfte durch ein oder zwei Gegengewichte ausgeglichen.

Während Lastenaufzüge in eisernen Straßen geführt werden, sind für Personenaufzüge Holzstraßen vorgeschrieben. Die Gegengewichte erhalten eine Führung aus Profileisen, die zur Vermeidung des Herausspringens oben geschlossen ist.

Fahrschacht. Bei der höchsten Stellung des Fahrkorbes muß vom Leitrollengerüst noch ein Abstand von mindestens 1 m, bei der tiefsten Stellung ein solcher von 0,5 m vom Schachtboden vorhanden sein.

Fahrschacht entweder Mauerwerk oder standsicheres eisernes Gerüst (Fig. 56) das mit Drahtgeflecht, Wellblech, Rabitzwänden u. dgl. ummantelt ist.

Unterhalb des Leitrollengerüstes ist der Fahrschacht, um ein Herabfallen von Teilen auf den Fahrkorb zu vermeiden, sicher abzudecken.

Besondere Rücksicht ist beim Bau des Schachtes auf die gesetzlich verlangte Feuersicherheit zu nehmen, auch ist für ausreichende Beleuchtung Sorge zu tragen.

Die Fahrschachttüren können ein- oder zweiflügelig sein, dürfen jedoch nicht in die Fahrbahn des Korbes hineinschlagen.

Türen zu feuersicheren Schächten müssen gleichfalls feuersicher sein.

Steuerung. Lastenaufzüge ohne Personenbegleitung erhalten zur Betätigung des Umkehrenlassers meist einfache Seilsteuerung. Das Seil wird außerhalb des Aufzuges nahe der Schachttüren angeordnet, damit es von allen Haltestellen aus bedient werden kann. Durch Ziehen am Steuerseil auf- oder abwärts wird die Steuerscheibe (g in Fig. 56) gedreht, die Haltebremse gelüftet und der Anlasser betätigt. Der Fahrkorb bewegt sich dann entgegengesetzt dem Sinne des am Steuerseil ausgeübten Zuges. Hub des Steuerseiles nach auf- oder abwärts je 500 bis 1000 mm. Entsprechender Drehungswinkel der Steuerscheibe je 90° bis 180°. Selbsttätiges Anhalten des Fahrkorbes nach vorherigem Einstellen einer Stockwerkseinstellvorrichtung. Reine Lastenaufzüge erhalten auch Druckknopfsteuerung, deren Druckknopfregister außerhalb des Fahrkorbes an den Haltestellen angeordnet ist und die ein Versenden des Fahrkorbes nach jedem Stockwerk oder ein Heranholen nach einem bestimmten Stockwerk ermöglicht.

Lastenaufzüge mit Personenbegleitung (und reine Personenaufzüge) erhalten Seil-, Hebel- oder Druckknopfsteuerung.

Bei der Seilsteuerung wird das innerhalb des Fahrschachtes angeordnete Steuerseil entweder unmittelbar durch Ziehen oder mittelbar durch ein Handrad betätigt.

Die Hebel- und Druckknopfsteuerungen sind rein elektrische Steuerungen. Bei ersteren befindet sich im Innern des Fahrkorbes ein durch einen Hebel bedienter Umschalter, der auf den Anlasser einwirkt; bei letzteren sind innerhalb und außerhalb des Aufzuges Druckknopfregister angeordnet, die den Steuerapparat beeinflussen.

Welche von den genannten Steuerungen jeweils in Frage kommt, hängt von den Betriebsverhältnissen des Aufzuges ab.

Zur Bestimmung der Tragkraft von Personenaufzügen rechnet man mit einem Gewicht von 75 kg je Person. Fahrgeschwindigkeit nicht über 0,7 m/sek. Bei höheren Fahrgeschwindigkeiten sind besondere Einrichtungen zur Geschwindigkeitsverminderung vor dem Anhalten bzw. mehrere Geschwindigkeitsstufen erforderlich. Höchste zulässige Fahrgeschwindigkeit 1,5 m/sk.

Für die Aufzüge sind in der Polizeiverordnung eine Anzahl Sicherheitsvorschriften verlangt, die natürlich für Personenaufzüge und Lastenaufzüge mit Führerbegleitung weitergehender sind als für reine Lastenaufzüge.

Die wichtigsten Sicherheitsvorrichtungen der Aufzüge sind:

1. Fangvorrichtungen. Sie haben die Aufgabe, beim Bruch des Tragorganes ein Herabstürzen des Fahrkorbes zu vermeiden. Eine brauchbare Fangvorrichtung darf nur mit geringem Stoß wirken und soll den Fahrkorb erst allmählich zur Ruhe bringen. Nach den polizeilichen Forderungen muß sich der Fahrkorb an den Führungsschienen festklemmen, nachdem er höchstens 0,25 m tief gefallen ist.

2. Geschwindigkeitsregler. Er ist ein Fliehkraftregler und wird durch ein endloses, am Fahrkorb befestigtes Seil angetrieben, das durch ein senkrecht geführtes Gewicht gespannt ist. Wird die höchste zulässige Senkgeschwindigkeit überschritten, so schlägt das Reglerpendel aus und klemmt das Seil fest, wodurch die Fangvorrichtung eingerückt und der Fahrkorb stillgelegt wird.

3. Schlaffseil- (Hängeseil-) Ausrückung. Sie wird an der Aufzugmaschine (s. Fig. 56) angebracht und stellt beim Bruch oder Schlaffwerden eines Tragseiles die Maschine ab.

4. Endschalter (Grenzschalter) haben beim Versagen oder verspäteten Wirken des Steuerapparates ein Überschreiten der höchsten und tiefsten Fahrkorbstellung zu verhindern.

Nach § 16 der preußischen Polizeiverordnung wird für Personenaufzüge und Lastenaufzüge mit Führerbegleitung verlangt: „Die Aufzüge sind zum selbsttätigen Anhalten in ihrer Endstellung mit zwei Einrichtungen zu versehen, die unabhängig voneinander in Wirksamkeit treten und gleichzeitig die Übertragung der Betriebskraft aufheben. Eine dieser Vorrichtungen muß unabhängig von der Steuervorrichtung in Tätigkeit treten."

Die hiernach verlangten, unabhängig voneinander wirkenden Endausschaltungen läßt man zweckmäßig nicht gleichzeitig, sondern nacheinander in Tätigkeit treten.

Die erste Endausschaltung erfolgt betriebsmäßig und ermöglicht ein sofortiges Zurückfahren des Fahrkorbes.

Der zweite Endschalter tritt erst in Tätigkeit, wenn der erste versagt hat. Da er nicht betriebsmäßig betätigt wird, so ist ein Zurückfahren des Fahrkorbes ausgeschlossen. Er ist in der Regel an der Aufzugsmaschine angeordnet und ist je nach Art der Steuerung ein einfacher Spindelschalter oder ein Spindelschalter mit Momentausschaltung, der mit der Schlaffseilausrückung vereinigt ist (Carl Flohr, Berlin).

5. Türverschlüsse verhindern ein Öffnen der Schachttüren, solange der Fahrkorb nicht hinter der betreffenden Türe steht.

6. Steuerungsverriegelung. Sie ist mit den Türverschlüssen verbunden und macht ein Ingangsetzen des Fahrkorbes nur dann möglich, wenn sämtliche Türen ordnungsgemäß verschlossen sind. Ferner wird durch sie vermieden, den Fahrkorb von einer andern Stelle in Bewegung zu setzen, solange er sich in einem andern Stockwerk bei geöffneter Türe befindet.

Zur weiteren Ausrüstung der Aufzüge gehören:

Hub- und Stockwerkanzeiger. Sie sind bei Aufzügen, deren jeweilige Fahrkorbstellung nicht ersichtlich ist, in jedem Stockwerk anzuordnen.

Ein Läutewerk (bei Führerbegleitung überflüssig), sowie eine Notwinde. Diese kann eine über dem Schacht aufgestellte Handwinde sein, welche bei Bruch des Tragorgans zum Hochziehen des Fahrkorbes dient.

3. Mittel für wagerechte und senkrechte, sowie stark geneigte Förderung.

a) Laufwinden und Krane.

Lastaufnahmemittel. Einzellasten und Stückgüter werden in der Regel durch Schlingketten oder Seile im Lasthaken aufgehängt. Die Lasthaken sind einfache Haken (für Tragkräfte bis etwa 50 t) oder Doppelhaken (für Tragkräfte von 25 bis 100 t). Mitunter werden auch Schäkel (geschlossene Haken) angewendet, die jedoch den Nachteil haben, daß die Anschlagseile durch die Schäkelöffnung hindurchgezogen werden müssen.

Zum Aufnehmen von Stückgütern der verschiedensten Art sind dem Bedürfnis entsprechend eine Anzahl Gehänge entstanden, die der Form, Größe und Beschaffenheit dieser Güter angepaßt sind.

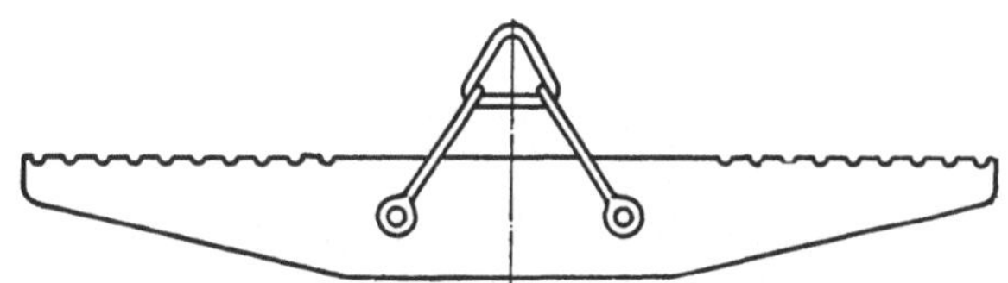

Fig. 59. Gießerei-Tragbalken. (Alte Ausführung.)

Fig. 59 bis 63 geben einige Beispiele von Krangehängen, wie sie für den Werkstättenbetrieb in Frage kommen.

Fig. 59 zeigt einen Lastbalken (Balancier) bekannter Ausführung, wie er im Gießereibetriebe zum Aufhängen und Wenden der Formkästen allgemein benutzt wird. Die Formkästen werden in Rundeisenschlaufen oder Ketten aufgehängt, die in entsprechende Vertiefungen der oberen Balkenkante eingreifen.

Da die meisten Unglücksfälle im Kranbetriebe der Gießereien auf schlechte Schweißstellen an den Aufhängeteilen dieser Lastbalken zurückzuführen sind, so ist es betriebssicherer, Gießerei-Tragbalken nach Art von Fig. 60 (G. Senssenbrenner, Düsseldorf-Oberkassel) zu verwenden.

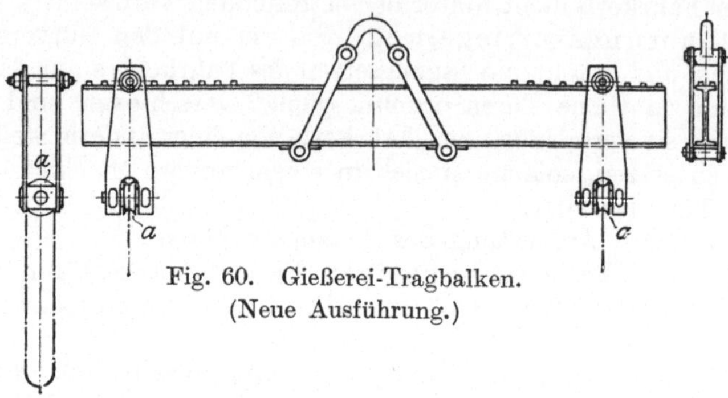

Fig. 60.   Gießerei-Tragbalken.
(Neue Ausführung.)

Die bei dieser Bauart vorgesehenen Wenderollen a gestatten ein leichteres Wenden der Formkästen als bei der üblichen Ausführungsart mittels geschweißter Rundeisenschlaufen.

In Fig. 61 (Ardeltwerke, Eberswalde) ist ein Tragbalken zum Transport von Wellenstahl dargestellt, der das Fördergut mittels Pratzen auf-

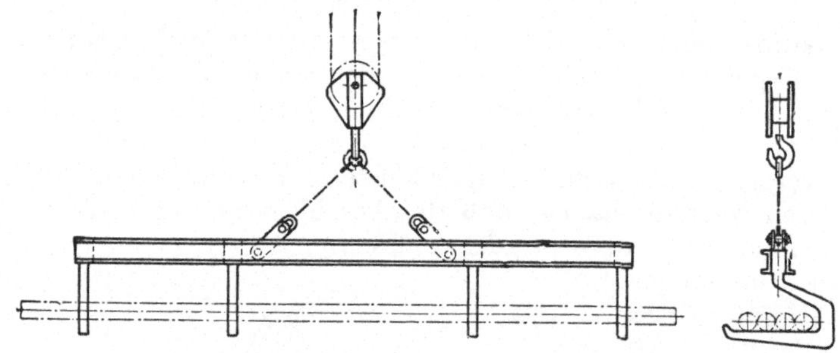

Fig. 61.   Tragbalken für Wellenstahl.

nimmt. Um ein Herabrollen der Wellen zu vermeiden, sind die Pratzen an ihren Enden etwas aufgebogen.

Das Bestreben, die Handarbeit beim Aufnehmen und Abgeben des Fördergutes möglichst auszuschließen, hat zur Verwendung zangenartiger Greifzeuge geführt, die, an das Fördergut angelegt, sich bei Anziehen der Hubseile selbsttätig schließen und bei Nachlassen derselben öffnen. In den Bearbeitungswerkstätten sind derartige, den jeweiligen Arbeitsstücken angepaßte Zangen besonders angebracht, da sie die unproduktive Zeit vermindern und damit die Erzeugung steigern.

In Fig. 62 ist eine von Hand einstellbare Zange für zylindrische Körper dargestellt. *a* sind die Greifbacken, die an den Zangenarmen *b* drehbar angeordnet sind. Zum Schließen und Öffnen der Zange dient eine Spindel *c* mit Rechts- und Linksgewinde, die mittels des Handkreuzes *d* angetrieben wird und sich in Muttern *e* bewegt, die an den Zangenhebeln gelenkig angeordnet sind.

Fig. 63 zeigt eine selbstspannende Zange für zylindrische Körper.

In den Werken der Maschinenindustrie, in denen es sich vor allem um das Verladen, Fördern und Stapeln von Eisen- und Stahlteilen verschiedenster Art handelt, sind die Lasthebemagnete besonders geeignet, die Handarbeit beim Aufnehmen der Last auf einen Kleinstwert zu beschränken und erhebliche Ersparnisse an Arbeitslohn zu machen. Die Lasthebemagnete sind leicht und bequem bedienbar und lassen sich

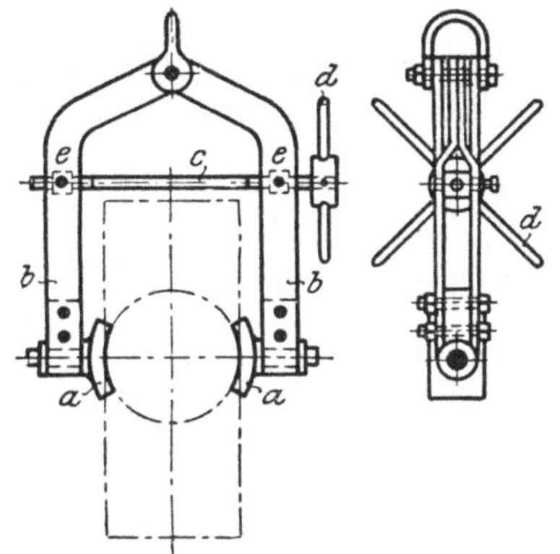

Fig. 62. Von Hand einstellbare Zange.

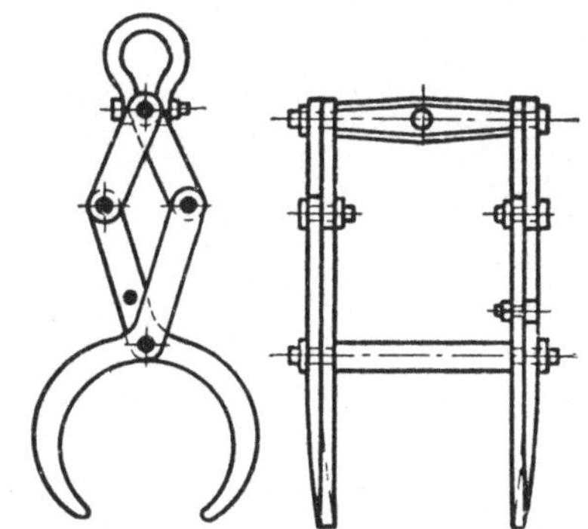

Fig. 63. Selbstspannende Zange.

am Haken jedes elektrisch betriebenen Kranes (oder Dampfkranes) aufhängen. Stromart: Gleichstrom von 110 bis 550 Volt. Bei Drehstrom ist die Aufstellung eines Umformersatzes notwendig.

Für die Förderung durch Magnete kommen im allgemeinen in Betracht: Eisen- und Stahlblöcke, Gußteile, Walzeisen verschiedenster Art (Stangen, Schienen, Träger, Bleche u. dgl.), Röhren, Stahlbrocken, Masseln, Schrott, Späne u. a. Die Magnete sind besonders zum Aufnehmen der drei letztgenannten Güter vorteilhaft, da deren Verladung von Hand nur unter hohen Kosten möglich ist.

Von den Ausführungsarten der Lasthebemagnete ist der Rundmagnet mit ebener Polfläche die am meisten gebräuchliche.

Fig. 64 (Demag, Duisburg) gibt den Schnitt durch einen Rundmagneten mit herausnehmbarer Spule. Die magnetischen Kraftlinien gehen vom Kern des Magneten durch das Fördergut und treten am Rande wieder in das Magnetgehäuse ein.

Bewickelung der Spule mit Kupfer- oder Aluminiumdraht. Kupfer hat eine höhere Leitfähigkeit, die um etwa 50% größer ist als die des

Aluminiums und bietet daher den Vorzug geringeren Stromverbrauches. Aluminium dagegen ergibt ein kleines Eigengewicht für den Magneten und wird daher meist bevorzugt.

Die Rundmagnete werden für Durchmesser von 700 bis 1800 mm und für Tragkräfte von 7000 bis 30 000 kg hergestellt.

Die Tragkräfte der Lasthebemagnete gelten jedoch nur für das Aufnehmen massiver größerer Eisenkörper von glatter Form, wie Blöcke, Gußteile u. dgl. Für andere Fördergüter, wie Fallkugeln, Masseln, Schrott und Späne, sinkt die Tragkraft bzw. die Leistung für einen Hub außerordentlich. Fig. 65 gibt einen Vergleich der durchschnittlichen Hubleistung eines Rundmagneten von 1150 mm Durchmesser

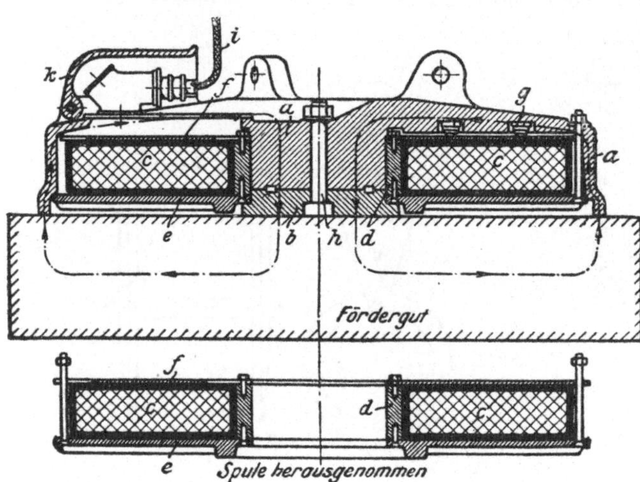

Fig. 64. Rundmagnet mit herausnehmbarer Spule.

a Magnetgehäuse. *b* Polschuh. *c* Spule. *d* Polring. *e* Grundplatte. *f* Deckplatte. *g* Federn. *h* Polschrauben. *i* Kabel. *k* Schutzhaube zum Kabelanschluß.

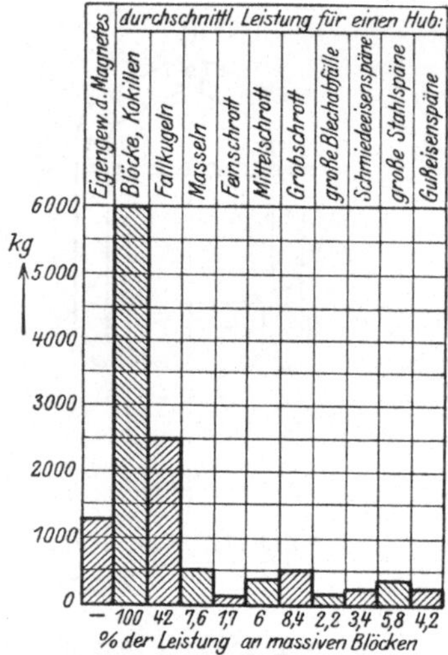

Fig. 65. Hubleistungen eines Magneten bei verschiedenen Fördergütern.

(AEG.), der in kaltem Zustande eine Energie von 4,2 kW verbraucht. Der Vergleich läßt erkennen, daß die Leistung des Magneten bei Kleinschrott, Blechabfällen und Eisen- bzw. Stahlspänen wegen des großen magnetischen Widerstandes äußerst gering ist und bei Flußeisenspänen nur 3.4 % der Tragkraft an Einzelblöcken beträgt. Trotz dieser geringen Leistung ist das Verladen dieser Güter mit Hilfe eines Magneten wirtschaftlicher als von Hand.

Da besonders langlockige Späne von dem Magneten nur in kleiner Menge aufgenommen werden und beim Versand viel Laderaum einnehmen, ist vorherige Zerkleinerung der Späne vorteilhaft.

Auf die Tragkraft eines Magneten ist die Temperatur von geringem Einfluß; heiße Eisenstücke können bei Temperaturen bis etwa 500° C noch mit genügender Sicherheit befördert werden. Dagegen verringert der Mangangehalt des Eisens die Tragkraft des Magneten außerordentlich. Eisen mit etwa 7% Mangangehalt wird von Magneten nicht mehr getragen.

Zum Verladen von Trägern, Schienen, regelmäßig gestapelten Blöcken u. dgl. bauen die Firmen Magnete von rechteckiger Form (Flachmagnete) und Magnete mit hufeisenförmigen Polen.

Fig. 66 (Magnetwerk, Eisenach) zeigt einen Flachmagneten beim Verladen von Stahlblöcken und Fig. 67 (Rheinmetall, Düsseldorf) das Fördern von I-Trägern durch zwei, an einem Querstück aufgehängte Hufeisenmagnete.

Magnete mit beweglichen Polen nach Art von Fig. 68 (Demag, Duisburg) befördern Eisenstücke mit ungleichförmiger Oberfläche, geordnet liegende Knüppel u. dgl. Ihre Polfinger stellen sich den kleinen Höhenunterschieden des Fördergutes entsprechend ein, wodurch die Wirkung des Magneten erheblich gesteigert wird.

Fig. 66. Flachmagnet beim Verladen von Stahlblöcken.

Fördergefäße für Schüttgüter. Für das Verladen von Schüttgütern (Kohle, Koks, Asche, Sand u. a.) stehen verschiedene Bauarten von Fördergefäßen zur Verfügung, die am Kranhaken eingehängt oder an den Seilen des Hubwerkes befestigt werden.

Diese Fördergefäße werden wie Kippkübel und Klappgefäße voll geschaufelt bzw. aus einem Schüttrumpf gefüllt und entleeren selbsttätig, oder sie nehmen als Selbstgreifer das Fördergut mechanisch auf und entleeren es in gleicher Weise.

Fig. 67. Fördern von I-Trägern durch zwei an einem Querstück aufgehängte Hufeisenmagnete.

Fig. 69 und 70 (Friedr. Krupp-Grusonwerk) zeigen einen **Kipp-kübel** üblicher Ausführung in Be- und Entladestellung. Der Kübel ist in der Beladestellung verriegelt, und der Schwerpunkt des gefüllten Kübels liegt etwas vor dem Aufhängebügel. In Entladehöhe schlägt der Bügel gegen einen Anschlag, wodurch die Verriegelung ausgelöst wird, so daß der Kübel kippt und sich entleert. Da der Schwerpunkt des leeren Kübels hinter dem Aufhängebügel liegt, so kehrt der leere Kübel wieder in die Beladestellung zurück, wo er wieder verriegelt wird.

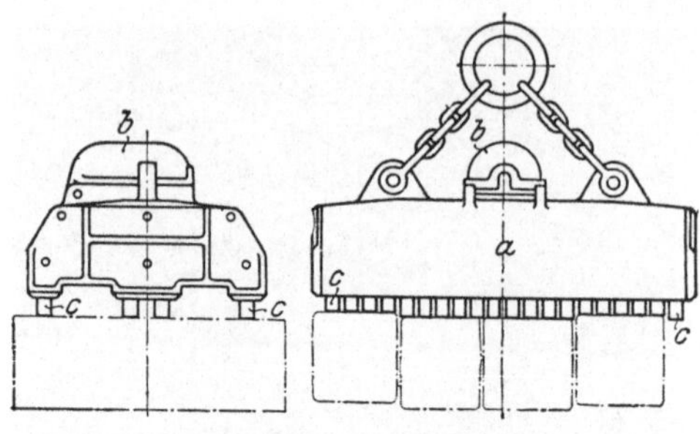

Fig. 68. Magnet mit beweglichen Polen.

a Magnetgehäuse.   *b* Kabelanschluß.   *c* in senkrechter Richtung einstellbare Polfinger.

In Fig. 71 und 72 (Demag, Duisburg) ist ein **Klappkübel** in Be- und Entladestellung dargestellt, dessen Arbeitsweise ein Hubwerk mit 2 Trommeln (Hub- und Entleertrommel) erfordert. Die Hubseile sind an einem Querstück befestigt, an dessen Enden das Gefäß in seiner Klappachse aufgehängt ist. Die Entleerseile greifen außen an den Gefäßschalen an.

Fig. 69 und 70. Kippkübel in Be- und Entladestellung.

Fig. 73 bis 76 erläutern die Arbeitsweise des von den meisten Hebezeugfirmen hergestellten **Stangengreifers**, der vereinfacht und unter Fortlassung des Schließflaschenzuges dargestellt ist. Das Seil f ist an der Entleertrommel und das Seil g an der Hub- und Schließtrommel befestigt. In der Ausführung Fig. 77 haben die Greifer 2 Entleer- und 2 Schließseile. Erstere sind mittels eines Querstückes gelenkig am Greiferkopf befestigt, letztere dienen als Zugorgan eines Zwillingsrollenzuges, dessen feste Rollen im Greiferkopf und dessen lose Rollen in der auf- und abbewegbaren Traverse gelagert sind.

Bei den meist üblichen Greiferwindwerken arbeitet der Hubmotor

Fig. 71 und 72. Klappkübel, geschlossen und geöffnet.

mittels zweier Stirnrädervorgelege auf die Hub- und Schließtrommel. Die Haltebremse, auf der elastischen Kupplung zwischen Motor und Triebwerk angeordnet, ist durch ein Gewicht belastet und wird durch einen Bremsmagneten gelüftet. Die Entleertrommel wird von der Hubtrommel aus angetrieben, sitzt lose auf ihrer Welle und wird der Wirkungsweise des Greifers entsprechend zeitweise starr und zeitweise elastisch an das Hubwerk angeschlossen. Dies bedingt die Anordnung einer Kupplung für das Vorgelegeritzel an der Entleertrommel sowie einer Rutschkupplung. Während eines Greiferspiels ist der Arbeitsgang folgender:

1. Öffnen und Entleeren (Fig. 73). Der Greifer hängt am Entleerseil, und das Hubseil wird nachgelassen. Die Traverse bewegt sich unter dem Einfluß ihres Gewichtes und der Schalengewichte so lange abwärts, bis die Anschläge der Schalenwangen aufeinanderstoßen und der Greifer seine größte Maulweite erreicht hat.

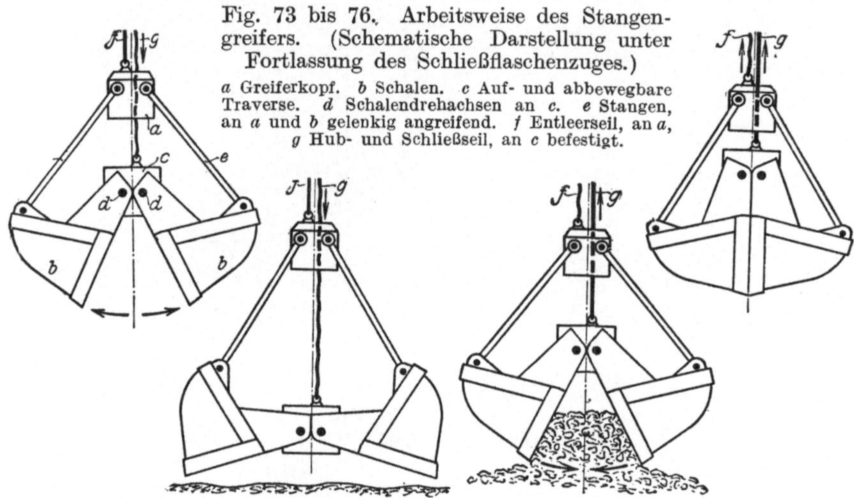

Fig. 73 bis 76. Arbeitsweise des Stangengreifers. (Schematische Darstellung unter Fortlassung des Schließflaschenzuges.)

a Greiferkopf. b Schalen. c Auf- und abbewegbare Traverse. d Schalendrehachsen an c. e Stangen, an a und b gelenkig angreifend. f Entleerseil, an a, g Hub- und Schließseil, an c befestigt.

2. Senken des geöffneten Greifers (Fig. 74). Das Entleer- und Schließseil werden so lange nachgelassen, bis sich der Greifer auf das Fördergut aufgesetzt und eingegraben hat.

3. Schließen und Füllen (Fig. 75). Das Schließseil wird angezogen, die Traverse geht nach oben, und die Schalen bewegen sich unter Aufnehmen des in ihrem Schließbereich befindlichen Gutes so lange gegeneinander, bis ihre Schneiden aufeinandertreffen.

4. Heben des gefüllten Greifers (Fig. 76). Ist der Greifer geschlossen, so geht die Schließbewegung unmittelbar in die Hubbewegung über. Der Greifer hängt am Schließseil, das auf seiner Trommel aufgewickelt wird. Gleichzeitig wird auch das Entleerseil durch entsprechenden Umlauf der Entleertrommel eingezogen.

Die bauliche Ausführung des in Fig. 73 bis 76 schematisch dargestellten Stangengreifers ist bei den einzelnen Hebezeugfirmen verschieden.

Fig. 77 zeigt die Ausführung des Demag-Greifers, der in drei Bauarten — für leichtes, mittelschweres und schweres Fördergut — hergestellt wird.

Einseilgreifer sind nur in bestimmter (einstellbarer) Höhenlage entleerbar und können, da sie kein besonderes Windwerk erfordern, unmittelbar an den Hubseilen eines elektrisch betriebenen Kranes aufgehängt werden. Sie kommen in Frage, wenn Stückgutkrane zeitweise zum Schüttgüterumschlag herangezogen werden. In diesem Falle wird

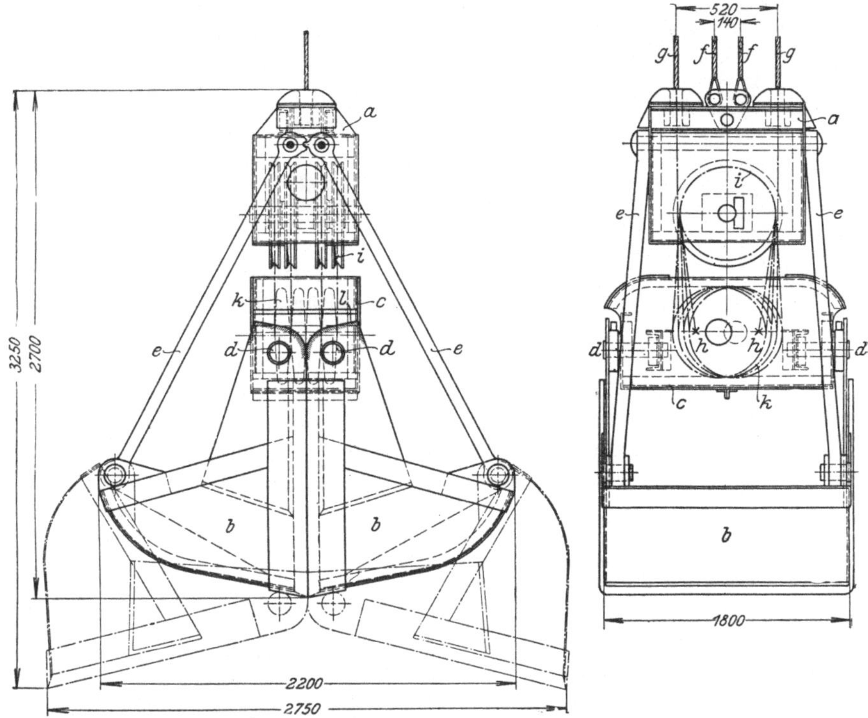

Fig. 77. Demag-Greifer von 1,5 m³ Inhalt.

a Greiferkopf. *b* Schalen. *c* Traverse. *d* Schalendrehachsen, an *c* angeordnet. *e* Lenker.
f Entleerseile, am Greiferkopf gelenkig befestigt. *g* Hub- und Schließseile, *h* Befestigungen
von *g* an der Traverse, *i* feste Rollen, *k* lose Rollen des Schließflaschenzuges, *l* Anschläge
an den Schaufelwangen zur Begrenzung der größten Maulweite.

man jedoch vielfach einen Motorgreifer vorsehen, der ohne weiteres im Kranhaken eingehängt und nach erfolgter Schüttgutverladung wieder abgesetzt wird.

Die Motorgreifer werden nicht durch den Zug der Hubseile, sondern durch einen Elektromotor geschlossen, der mittels entsprechender Übersetzung (eingängiges Schneckengetriebe und Stirnrädervorgelege) auf den Schließflaschenzug arbeitet. Eine Rutschkupplung hält unzulässig hohe Beanspruchungen vom Triebwerk fern. Zum Öffnen und Schließen des Greifers läuft der Motor in entsprechendem Sinne.

Fördergefäße für flüssige Metalle (flüssiges Eisen und flüssigen Stahl) kommen für den Gießereibetrieb in Betracht.

Gießpfannen von kleinem Eiseninhalt sind entweder Handpfannen (15 bis 25 kg Inhalt) oder Scherpfannen (50 bis 300 kg Inhalt).

Gießpfannen mit größerem Eiseninhalt (500 bis 15 000 kg) werden entweder auf Schmalspurwagen, auf Hängebahnen, meist jedoch, besonders bei größerem Gewicht, durch Krane befördert.

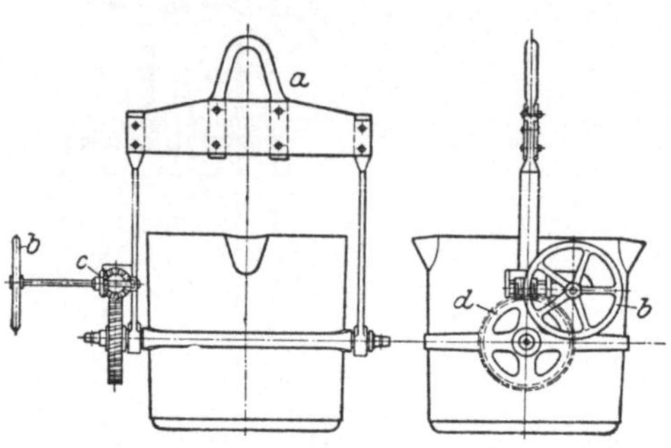

Fig. 78. Gießpfanne.

Fig. 78 (G. Senssenbrenner, Düsseldorf - Oberkassel) zeigt eine Kran-Gießpfanne, die mittels des Bügels *a* am Kranhaken aufgehängt wird. Die Pfanne wird durch Drehen des Handrades *b* und vermittels des Kegelrädergetriebes *c* und eines Schneckengetriebes *d* gekippt

Gießtrommeln werden für Eiseninhalte von 750 bis 2000 kg angewendet. Ihre Hauptvorteile sind: Leichte Handhabung, völlig gefahrlose Bedienung und geringe Wärmestrahlungsverluste infolge der geschlossenen Gefäßform. Auch werden die Arbeiter nicht durch Hitze- und Lichtausstrahlung belästigt. Während bei den Gießpfannen das Eisen teilweise beim Kippen des Gefäßes gehoben werden muß, ist bei den Gießtrommeln lediglich die Reibung des flüssigen Eisens an den Trommelwänden und die Zapfenreibung zu überwinden. Das Kippen einer Gießtrommel erfordert daher keine so große Übersetzung wie das einer inhaltgleichen Gießpfanne.

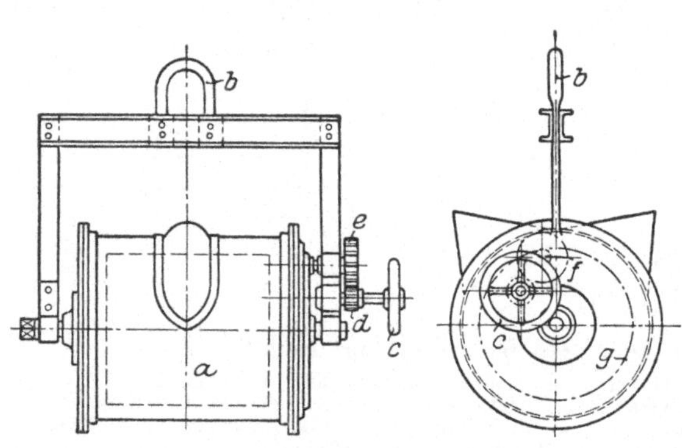

Fig. 79. Gießtrommel.

Fig. 79 (G. Senssenbrenner, Düsseldorf-Oberkassel) gibt die Darstellung einer Gießtrommel zum Aufhängen an einen Kran.

a Trommel. *b* Aufhängebügel. *c* Handrad zum Kippen der Trommel, mittels des Stirnrädergetriebes *d — e* und des Ritzels *f* auf den an der Trommelstirnwand befestigten Innenzahnkranz *g* arbeitend.

Ausmauern der Gießtrommeln nach Entfernung der leicht abnehmbaren Stirnwände. Da die Gießtrommeln von allen Seiten gleiche Spannung haben, ist ihre Lebensdauer erheblich größer als die der Gießpfannen.

Größte Sorgfalt zur Vermeidung von Brüchen erfordert die Ausführung der Pfannen- und Trommelgehänge, was besonders für Gießpfannen mit großem Eiseninhalt gilt.

α. **Laufkatzen und Laufwinden für ⊥-Trägerbahnen.** Sie ermöglichen bei einem Geringstaufwand von Anlagekosten eine wagerechte und senkrechte Bewegung der Last. Die Laufkatzen bzw. Laufwinden sind in der Regel auf dem Untergurt, seltener auf dem Obergurt der ⊥-Trägerbahn fahrbar. Letztere ist durch den Einbau von Drehscheiben und Weichen beliebig verzweigbar.

Laufkatzen zum Einhängen von Flaschenzügen. Einfachste Ausführung als einrollige Obergurt- oder zweirollige Untergurt-Laufkatzen für leichte Lasten (bis etwa 3 t). Für Lasten bis

Fig. 80. Obergurt-Laufkatze.

Fig. 81. Untergurt-Laufkatze.

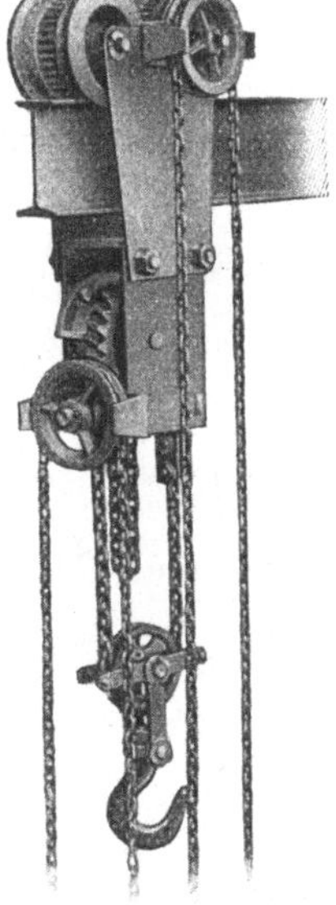

Fig. 82. Obergurt-Laufkatze mit eingeb. Schneckenhebezeug.

Fig. 83. Untergurt-Laufkatze mit eingeb. Stirnradhebezeug.

10 t Verwendung zweirolliger Obergurt- oder vierrolliger Untergurt-Laufkatzen. Größere Tragkraft (über 1 t) erfordert Anordnung eines Fahrwerks, das vom Fußboden aus durch Handkette und Haspelrad bedient wird.

Fig. 80 und 81 (Paul Weyermann, Berlin-Tempelhof) zeigen die Ausführung einer zweirolligen Obergurt - Laufkatze und einer vierrolligen Untergurt-Laufkatze mit Fahrwerksantrieb.

Bei den Untergurt-Laufkatzen (Fig. 80) sind die Laufräder kegelig und schwach ballig gehalten. Wegen der Schräge der befahrenen I-Flanschen muß das Fahrgestell zur Vermeidung des seitlichen Ausbiegens kräftig ausgeführt sein. Antrieb der beiden Laufräder einer Seite durch das auf der Haspelradwelle sitzende Ritzel.

Handlaufkatzen. Ausführung als Ober- bzw. Untergurt-Laufkatzen mit eingebautem Schnecken- oder Stirnradhebezeug. Fig. 82 (E. Weiler, Berlin-Heinersdorf): Zweirollige Obergurt-Laufkatze mit eingebautem Schneckenhebezeug. Tragkraft: Bis 10 000 kg. Huborgan: kalibrierte Rundeisenkette. Für Lasten über 1000 kg Anordnung einer losen Rolle.

Fig. 83 (E. Weiler): Vierrollige Untergurt-Laufkatze mit eingebautem Stirnradhebezeug. Herstellung ohne lose Rolle für Tragkräfte von 250 bis 2500 kg, mit loser Rolle für 1000 bis 5000 kg Tragkraft.

Die Trägerlaufkatzen werden auch mit eingebautem Elektroflaschenzug (s. S. 219) und mit Handfahrwerk ausgeführt. Laufkatzen mit Handfahrwerk sind jedoch nur für kürzere Fahrstrecken angebracht.

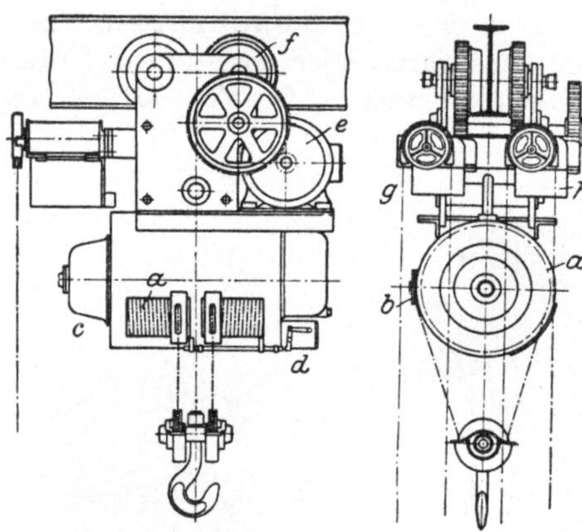

Fig. 84. Elektrische Laufkatze.
(Laufkatze mit eingeb. Elektroflaschenzug.)

Elektrische Laufkatzen. Anwendung für größere Hub- und Fahrstrecken, sowie bei öfterer Inanspruchnahme.

Bei Tragkräften bis 5 t lassen sich die Elektrolaufkatzen dadurch billiger herstellen, daß als Hubwerk ein normaler Elektroflaschenzug eingebaut wird.

Fig. 84 (Demag, Duisburg). Elektrolaufkatze mit eingebautem Elektroflaschenzug.

a ist die Trommel und *b* die Ausgleichrolle des Zwillingsrollenzuges. *c* Hubmotor, *d* Stromunterbrechung für höchste Hakenstellung, *e* Fahrmotor, der mittels doppelter Stirnräderübersetzung auf die angetriebenen Laufräder *f* arbeitet, *g* und *h* durch Zugschnüre bediente Steuerapparate.

Tragkraft der Laufkatze 3 t. Arbeitsgeschwindigkeiten und Motorleistungen. Heben: 4 m/min mit 3,3 PS; Fahren: 30 m/min mit 1,8 PS. Befahrbarer kleinster Krümmungshalbmesser: 3 m.

Trägerlaufkatzen größerer Tragkraft werden mit Rücksicht auf das Befahren von Krümmungen (kleinster Halbmesser 2,5 bis 3 m) mit zwei vierrolligen Drehgestellen ausgerüstet.

Für große Fahrstrecken gibt man entsprechend hohe Fahrgeschwindigkeit (60 bis 120 m/min) und führt die Laufkatzen mit angebautem Führersitz oder Führerstand aus, in dem die Steuerapparate angeordnet werden.

Fig. 85 (Gebr. Bolzani, Berlin N): Führersitz-Laufkatze von 5 t Tragkraft und 8 m Hub.

Arbeitsgeschwindigkeiten: Heben $v_1 = 4{,}65$ m/min; Katzenfahren $v_2 = 60$ m/min. Leistungen und Drehzahlen der Motoren: $N_1 = 9{,}4$ PS;

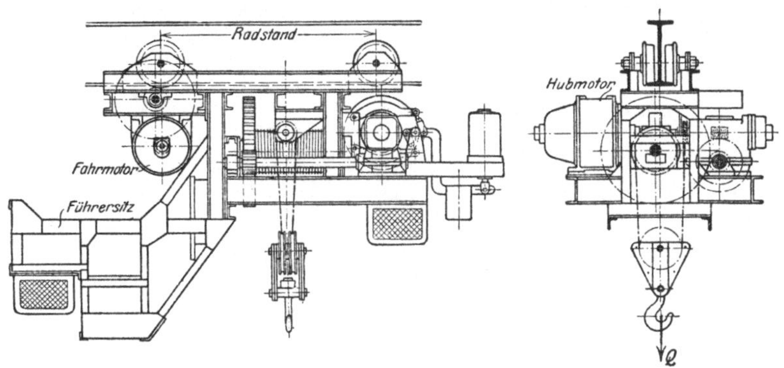

Fig. 85. Elektrische Führersitzlaufkatze.

$n_1 = 1260$; $N_2 = 4{,}3$ PS; $n_2 = 1000$. Haltebremse: Doppelte Backenbremse. Elektr. Senkbremse. Laufraddurchmesser 220 mm; Radstand 1250 mm.

Zur Förderung von Schüttgütern werden die Trägerlaufkatzen meist mit einem Selbstgreifer ausgerüstet. Sie erhalten dann ein Zweitrommel-Hubwerk, das von dem angebauten Führerstand aus gesteuert wird.

β. **Krane.** 1. **Laufkrane** (Brückenlaufkrane). Normale Laufkrane haben im allgemeinen drei Lastbewegungen: Heben bzw. Senken, Katzenfahren und Kranfahren. Von diesen können bei elektrischem Antrieb zwei gleichzeitig ausgeführt werden. Bei Laufkranen mit Hilfshubwerk tritt noch eine vierte Bewegung, das Hilfsheben, hinzu.

Das Arbeitsfeld der Laufkrane ist ein Rechteck. Sie sind, da sie keine Grundfläche beanspruchen, besonders zur Lastenförderung in den Werkstätten und zur Bedienung von Lagerplätzen geeignet. Innerhalb der Werkstätten ist ihre Fahrbahn an der Gebäudekonstruktion angebaut. Auf freien Lagerplätzen wird eine eiserne Hochbahn errichtet, auf der die Krane fahren.

Handlaufkrane werden im Werkstättenbetriebe allgemein durch Handkette und Haspelrad vom Fußboden aus angetrieben. Verwendung ist nur bei kleineren oder mittleren Tragkräften, kurzen Förderwegen (kleiner Hub, kleine Spannweite und kurze Kranfahrstrecke) oder bei seltener Benutzung des Kranes angebracht.

Elektrische Laufkrane. Ausführung der normalen Laufkrane mit je einem Motor für jede Kranbewegung (Fig. 86).

Laufkrane mit kleiner Spannweite oder kurzer Kranfahrstrecke erhalten bei kleiner und mittlerer Tragkraft auch gemischten An-

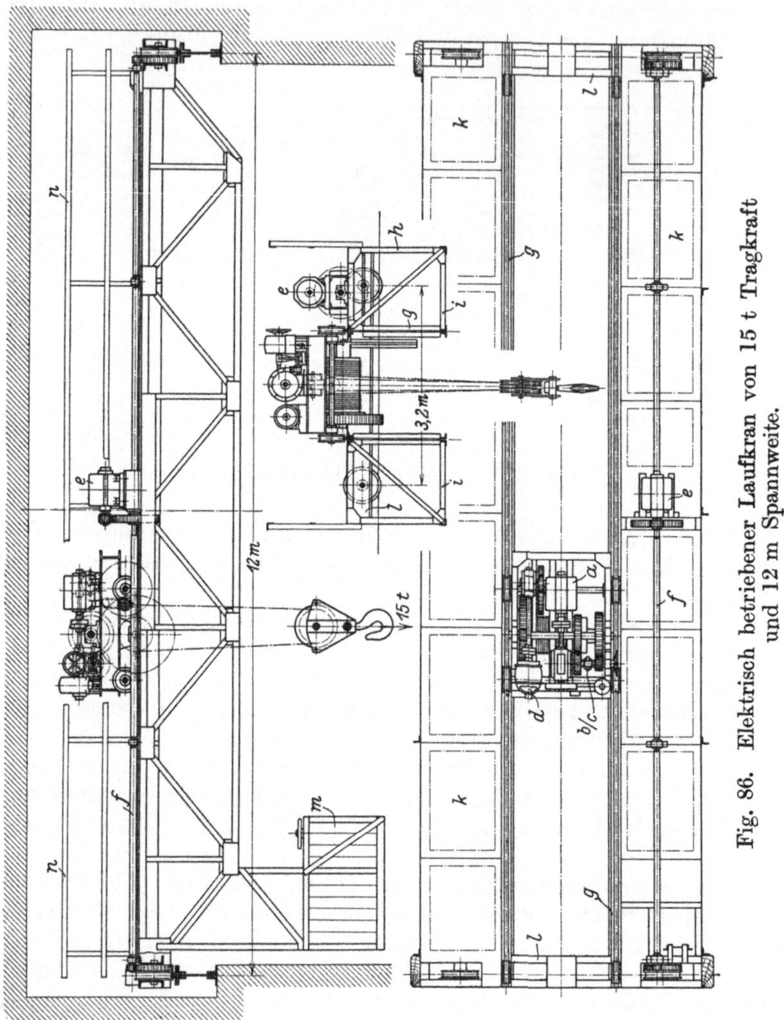

Fig. 86. Elektrisch betriebener Laufkran von 15 t Tragkraft und 12 m Spannweite.

trieb (z. B. Heben elektrisch und Winden- oder Kranfahren von Hand).

Die normalen elektrischen Laufkrane der verschiedenen Kranbau-firmen weichen hinsichtlich der Arbeitsgeschwindigkeiten, der Bauart, des lichten Durchfahrtprofils und des Krangewichtes wenig mehr voneinander ab.

Fig. 86 (Neußer Eisenwerk, Düsseldorf-Heerdt) zeigt die Ausführung eines normalen elektrischen Laufkranes von 15 t Tragkraft, 8 m Hub und 12 m Spannweite.

a Hubmotor. $b-c$ umschaltbares Stirnrädervorgelege zum Einstellen zweier Hubgeschwindigkeiten. d Katzenfahrmotor. e Kranfahrmotor. f Fachwerkswelle. g Hauptträger. h Seitenträger (Bühnenträger). i Querverband. k Belag (gelochtes Blech 5 mm stark). l Querträger (Radträger). m Führerkorb, in dem die Steuerwalzen aufgestellt. n Geländer. Stromart: Gleichstrom 220 Volt.

Arbeitsgeschwindigkeiten und Motorleistungen:

Heben:	2 bzw. 5 m/min;	10 PS bei 900 Uml./min.
Katzenfahren:	30 m/min;	2,5 PS bei 950 Uml./min.
Kranfahren:	60 m/min;	10 PS bei 900 Uml./min.

Betrieb der Laufkrane durch Gleichstrom oder Drehstrom, mitunter auch Einphasenstrom. Steuerung der Motoren durch Kontroller, die im Führerkorb aufgestellt sind oder an der Kranbrücke angebaut vom Fußboden aus durch Zugschnüre bedient werden.

Die normalen Laufkrane größerer Tragkraft (von etwa 15 t ab) werden mit Hilfshubwerk nach Art von Fig. 87 (Ardeltwerke, Eberswalde) ausgeführt.

Änderung der Hubgeschwindigkeit mit Hilfe der Steuerapparate durch Ein- oder Abschalten von Widerständen. Abstufung der Hubgeschwindigkeit durch ein umschaltbares Stirnrädervorgelege (Fig. 86).

Beim Arbeiten in Formereien oder Zusammenbauwerkstätten, wo ein langsames und genaues Bewegen der Last oft um wenige Millimeter gefordert ist, wird die Hubgeschwindigkeit auf mechanischem Wege durch den M.A.N.-Doppelantrieb oder elektrisch durch Anwendung der Leonard-Schaltung feinstufig und innerhalb weiter Grenzen geregelt.

Fig. 87. Laufkran mit Hilfshubwerk.

Laufkrane mit verschiebbarem Ausleger (Fig. 149, Krane b_1 und b_2) haben einen größeren Arbeitsbereich und ermöglichen Lasten aus dem benachbarten Werkstättenschiff aufzunehmen oder abzusetzen. Statt der gewöhnlichen Laufwinde ist auf der Kranbrücke ein Wagen angeordnet, an dem parallel den Hauptträgern ein Ausleger fest angebaut ist. Auf den Untergurt und im Innern dieses Auslegers führt dann eine normale Kranlaufwinde oder eine Katze, deren Hub- und Fahrbewegung durch Seilzüge von dem auf dem Wagen angeordneten Triebwerk aus abgenommen werden.

Laufkrane mit drehbarem Ausleger oder Laufdrehkrane (Fig. 149 Kran a) haben den Kranen mit verschiebbarem Ausleger gegenüber größere Beweglichkeit, auch ermöglichen sie ein bequemes und leichtes Einstellen des Auslegers in die jeweilige Lastlage, wobei jede Stelle des befahrenen Arbeitsfeldes erreichbar ist. Infolge dieser Vorteile werden die Laufdrehkrane den Laufkranen mit verschiebbarem Ausleger meist vorgezogen.

Ein Nachteil der Auslegerlaufkrane ist, daß infolge des hinzutretenden Auslegermomentes die Raddrücke der Kranbrücke wesentlich höher ausfallen als bei normalen Laufkranen gleicher Tragkraft und Spannweite.

Laufkrananlagen mit Übergangsbrücken sind ein zweckmäßiges Mittel zur ununterbrochenen Förderung leichter und mittlerer Lasten aus einem Werkstättenschiff in das andere, ohne Zuhilfenahme ebenerdiger Fördermittel.

Fig. 88 gibt die schematische Darstellung einer Laufkrananlage mit Übergangsbrücken.

Die Laufkrane a im Mittelschiff und in den Seitenschiffen, deren Querschnitt aus der Figur ersichtlich, werden von elektrischen Untergurt-Laufkatzen b befahren. An den Kranfahrbahnen c dieser Krane sind zwischen zwei Gebäudestützen und in bestimmten Abständen Übergangsbrücken d angebaut, auf denen die Laufkatzen, wenn zwei Krane vor der Übergangsbrücke stehen, Lasten aus einem Schiff in das andere überführen. Die Übergangsstellen der Katzenfahrbahnen sind derart gesichert, daß die Laufkatzen nur dann ihre Fahrbahn verlassen können, wenn beide Krane genau vor einer Übergangsbrücke stehen.

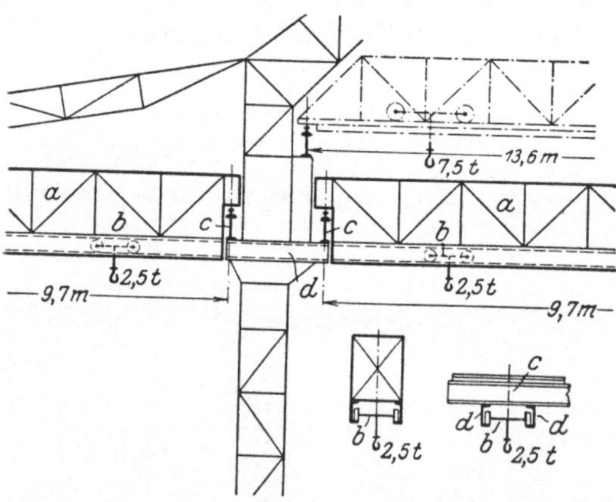

Fig. 88. Laufkrananlage mit Übergangsbrücken.

Sonderlaufkrane: Laufkrane mit Greiferbetrieb zur Förderung von Schüttgütern sowie zur Bekohlung von Gaserzeugern (Generatoren). — Lokomotiv-Laufkrane zum Heben und Fördern der Lokomotiven in den Instandsetzungswerkstätten.

2. **Wandlauf-
krane oder Konsol-
krane** sind Ausleger-
krane, deren Fahrbahn
erhöht an der Längs-
seite der Gebäudekon-
struktion angeordnet
ist. Sie beanspruchen
daher keine Grund-
fläche und entlasten
die über ihnen fahren-
den Laufkrane. An-
trieb meist elektrisch,
nur in besonderen
Fällen sieht man bei
kurzer Förderstrecke
für die eine oder an-
dere Kranbewegung
Handbedienung durch
Kette und Haspelrad
vor.

Der Bauart des
Krangerüstes und den
an ihm auftretenden
Kräften entsprechend
sind an der Gebäude-
konstruktion drei Fahr-
schienen erforderlich.
Von diesen nimmt die
mittlere die aus den
senkrechten Kräften
herrührenden Rad-
drücke auf, während
die obere und untere
die aus den Kipp-
kräften herrührenden
wagerechten Rad-
drücke aufnehmen.

Fig. 89 (Demag,
Duisburg): Elektri-
scher Wandlaufkran
von 2,5 t Tragkraft
und 5,5 m Ausladung.

Da die Wandlauf-
krane eine erhebliche
exzentrische Beanspru-
chung auf die Gebäude-
konstruktion ausüben,

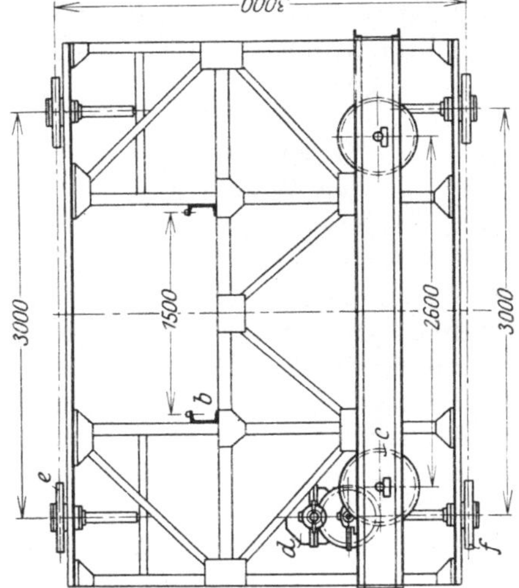

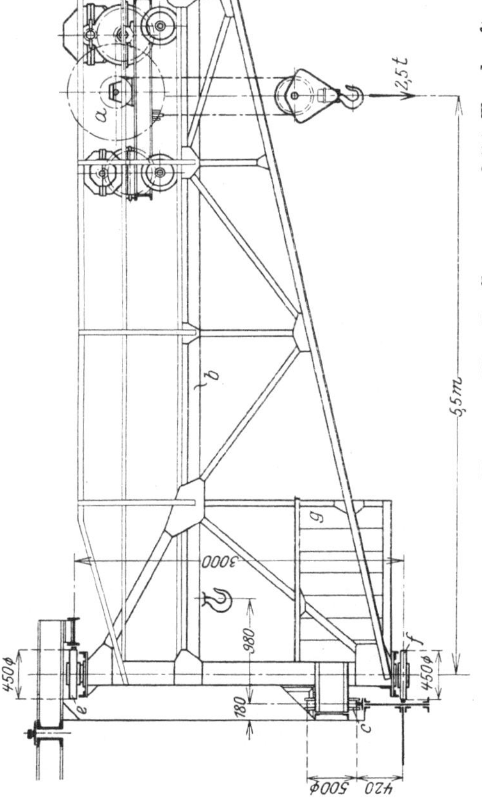

Fig. 89. Wandlaufkran von 2,5 t Tragkraft und 5,5 m Ausladung.

a Normale 2,5 t-Laufkatze. *b* Kranausleger mit Katzenfahrbahn. *c* Kranlaufräder. *d* Kranfahrmotor. *e* Obere und *f* untere wagerechte Druckrollen. *g* Führerkorb mit Steuerapparaten.

so sind Tragkraft und Ausladung bzw. das Produkt derselben (das Kranmoment) beschränkt, auch ist die Gebäudekonstruktion sorgfältig auszubilden und zu bemessen.

Tragkraft in der Regel: 2,5 t, 5 t, 7,5 t und 10 t. Größte Ausladung kaum über 10 m. Größtes Kranmoment etwa 60 tm.

Nachteilig bei den Wandlaufkranen ist die verhältnismäßig große Durchbiegung des Kragarmes und das stoßweise Zurückfedern desselben bei plötzlicher Entlastung.

Bei den Wandlauf-Schwenkkranen ist der Ausleger nicht fest, sondern drehbar am Fahrgestell angeordnet. Schwenkbereich: 180°. Ausladung meist unveränderlich.

Fig. 90 (Demag, Duisburg): Wandlauf-Schwenkkran von 3 t Tragkraft, 6 m Ausladung und 10 m Hubhöhe. Arbeitsgeschwindigkeiten: Heben: 10 m/min; Drehen: 36 m/min; Kranfahren: 120 m/min.

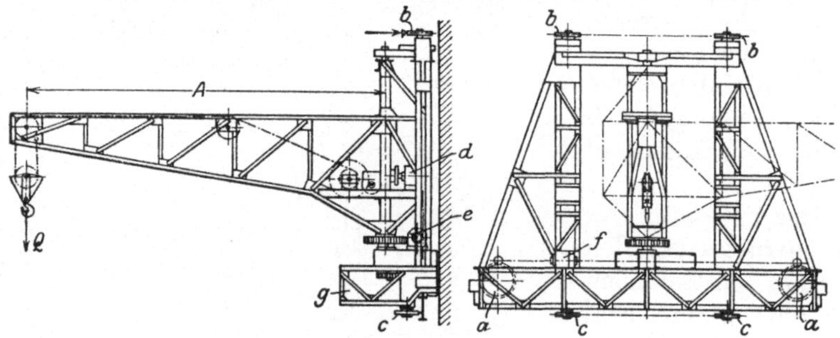

Fig. 90. Wandlauf-Schwenkkran.

a Kranlaufräder, beide angetrieben. *b* Obere, *c* untere wagerechte Druckrollen.
d Hubmotor. *e* Schwenkmotor. *f* Kranfahrmotor. *g* Führerkorb.

Der Ausleger ist mit der drehbaren Säule fest verbunden, die am Fahrgestell in einem unteren Spur- und Halslager und in einem oberen Halslager beweglich ist.

Die Wandlauf-Schwenkkrane haben den Vorteil, daß man mit dem drehbaren Ausleger bequem an jede Stelle des bestrichenen Arbeitsfeldes gelangt und allen im Wege stehenden Hindernissen leicht ausweichen kann. Wird der schmale Ausleger bei Nichtbenutzung des Kranes parallel zur Fahrbahn gestellt, so wird das Arbeitsfeld des im gleichen Schiff über ihm fahrenden Laufkranes nicht beeinträchtigt.

Wandlauf-Drehkrane nach Art von Fig. 91 haben vollen Drehbereich und sind daher geeignet, Lasten in dem benachbarten Werkstättenschiff aufzunehmen und abzusetzen.

Steht der Ausleger des Kranes im Nachbarschiff, so wirken die Kräfte an den beiden wagerechten Fahrbahnen entgegengesetzt und suchen den Kran abzuheben. Daher sind je zwei obere und untere wagerechte Fahrbahnen und am Kran zwei weitere obere und untere Druckrollen erforderlich.

Fig. 91 (Carl Flohr, Berlin N) zeigt einen Wandlauf-Drehkran von 5 t Tragkraft, 6,25 m Ausladung und 6,3 m Hub. Der um 360° schwenkbare Ausleger a ist an der drehbaren Säule b befestigt. Letztere ist bei c durch ein Spur- und Halslager und bei d durch ein Rollenlager in dem fahrbaren Krangerüste e gelagert. f sind die senkrechten Laufräder, die beide angetrieben sind, g_1 und g_2 die wagerechten Druckrollen, die bei

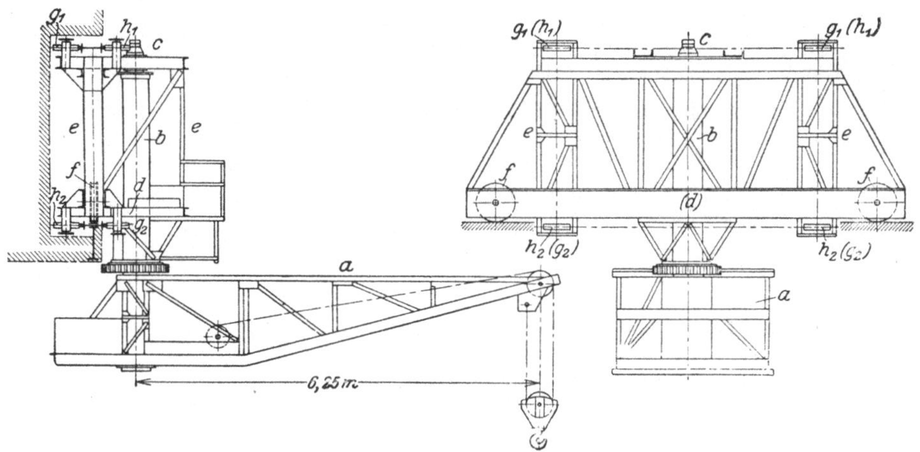

Fig. 91. Wandlauf-Drehkran von 5 t Tragkraft, 6,25 m Ausladung und 6,3 m Hub.

der in der Figur gezeichneten Auslegerstellung anliegen. Wird der Ausleger um 180° gedreht, so liegen die anderen wagerechten Druckrollenpaare h_1 und h_2 an.

3. Tor- oder Bockkrane werden fast ausschließlich im Freien, zur Lagerplatzbedienung und zu Verladezwecken verwendet.

Das Krangerüst weist die kennzeichnende Form eines Volltores oder eines Halbtores auf. Ausführung entweder vollwandig oder als Fachwerk. Ortsfeste Torkrane haben einen geringen Arbeitsbereich und werden als Überladekrane verwendet. Das Arbeitsfeld eines fahrbaren Torkranes ist ein Rechteck.

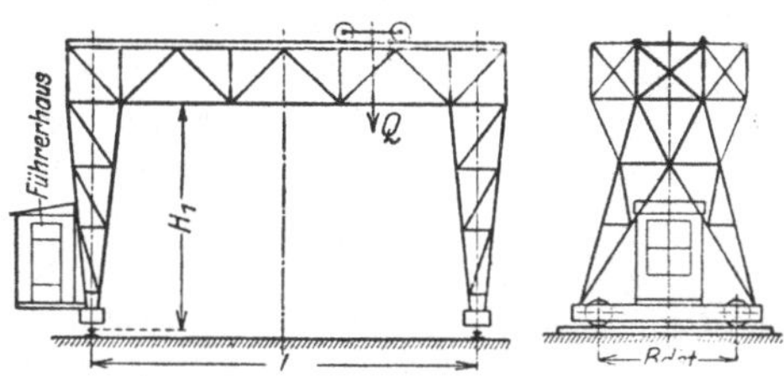

Fig. 92. Volltorkran (Bockkran).
L Stützweite. H_1 lichte Torhöhe.

Ebenso wie die Laufkrane erhalten die Torkrane entweder Handantrieb (durch Kette und Haspelrad), oder elektrischen Antrieb. Handantrieb nur für selten benutzte Krane, sowie solche von kleiner oder mittlerer Tragkraft bei kurzen Lastwegen. Sonst allgemein elektrischer Antrieb.

Die Winden der Torkrane sind normale Kranlaufwinden.

Die fahrbaren Volltorkrane (Fig. 92) laufen auf zwei ebenerdig verlegten Schienen. Ihre Fahrgeschwindigkeit wird daher aus Sicherheitsgründen niedriger als bei den Laufkranen auf Hochbahnen gehalten. Zum Fahren eines Torkranes ist ein größerer Arbeitsaufwand erforderlich als zum Fahren eines Laufkranes von gleicher Tragkraft, Spannweite und Fahrgeschwindigkeit. Dies ist darauf zurückzuführen, daß das zu bewegende Fahrgewicht bei einem Torkrane größer ist als das eines gleichwertigen Laufkranes. Auch ist der Wirkungsgrad des

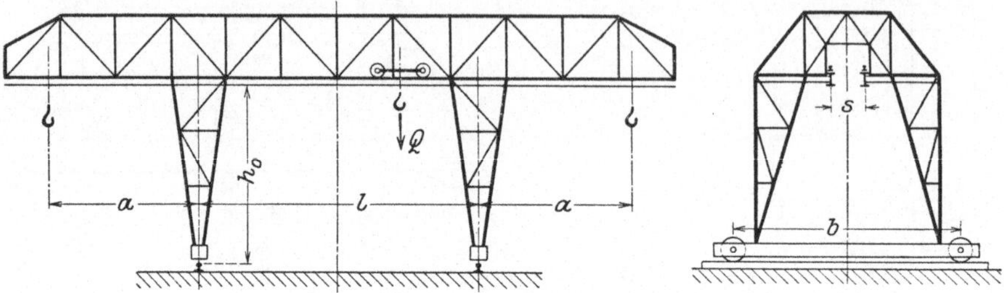

Fig. 93. Torkran (Bockkran) mit beiderseitigen Kragarmen und innen laufender Katze.

l Tor-Stützweite. a Ausladung der Kragarme. h_0 Lichte Torhöhe. b Radstand des Kranes. s Spurweite der Katze.

Torkranfahrwerks infolge der hinzutretenden senkrechten Fahrwerkswellen mit je zwei Kegelrädergetrieben niedriger und der Stromverbrauch des Kranfahrmotors entsprechend höher.

Zur Vermeidung zu großer Stützweiten führt man die Torkrane auch mit ein- oder beiderseitigem Kragarm aus. (Fig. 93.) Wegen des Durchfahrens der Laufkatze durch die Stützen ordnet man die Katzenfahrbahn auf dem Untergurt der Kranhauptträger an und bildet die Stützen nach Art von Fig. 93 aus.

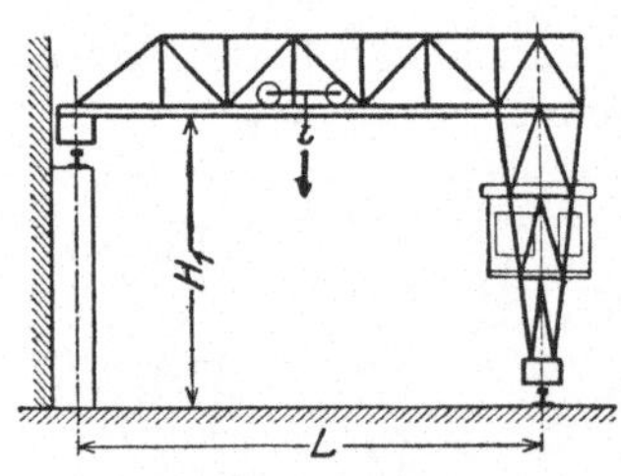

Fig. 94. Halbtorkran (einhüftiger Bockkran).

Das Führerhaus mit den Steuerapparaten wird bei den Torkranen ohne Kragarme zwischen zwei Stützenbeinen und bei größerer lichter Torhöhe zwecks guter Übersichtlichkeit erhöht angeordnet. Bei Kranen mit Kragarmen wird es außerhalb einer Stütze angebaut.

Verlegung der Haupt-(Längs-)Schleifleitung der Torkrane meist oberirdisch, seltener unterirdisch.

Halbtorkrane oder einhüftige Bockkrane (Fig. 94) kommen in Betracht, wenn der zu bedienende Lagerplatz an der Längswand eines Werkstättengebäudes gelegen ist. Die erhöhte Fahrbahn für den oberen Radträger wird dann wie bei einem Laufkran an die Gebäudewand angeschlossen. Bei den Halbtorkranen wird die Katzenfahrbahn auf dem Obergurt oder Untergurt der Hauptträger angeordnet.

4. **Verladebrücken.** Sie gleichen hinsichtlich der Form des Krangerüstes den Torkranen, haben jedoch größere Spannweite und größere lichte Torhöhe als diese.

Verladebrücken werden angewendet, wenn der zu bedienende Lagerplatz unmittelbar neben der Ladestelle gelegen ist.

Zur Förderung und Stapelung von Walzeisen, Schrott u. dgl. werden sie mit Lasthebemagneten und zur Förderung von Schüttgütern (Kohle, Koks, Asche, Sand u. dgl.) mit Klappgefäßen oder Selbstgreifern ausgerüstet. Siehe S. 227 Lastaufnahmemittel.

Tragkraft in der Regel 3 bis 15 t, bei Greiferbetrieb 5 bis 10 t. Ausführung meist mit ein- oder beiderseitigem Kragarm und Spannweiten bis etwa 100 m.

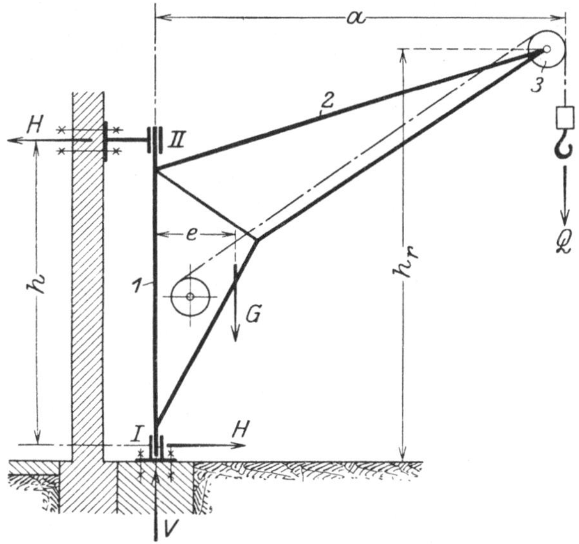

Fig. 95. Drehkran mit drehbarer Säule (Wanddrehkran).

Arbeitsgeschwindigkeiten: Heben bis 60 m/min; Katzenfahren bis 300 m/min; Kranfahren bis 60 m/min.

Leistung bei Greiferbetrieb und Kohlenumschlag bis 150 t/st und mehr.

Ausführungen von Verladebrücken s. unter „Ladeverkehr".

5. **Drehkrane.** Ortsfeste Drehkrane haben einen geringen Arbeitsbereich und werden daher im Werkstätten-Außendienst nur zu untergeordneten Verladearbeiten u. dgl. herangezogen. Innerhalb der Werkstätten fördern sie kleine und mittlere Arbeitsstücke auf kurze Wege und entlasten die Laufkrane, denen der Transport schwerer Stücke zufällt.

Die Ausladung a der Drehkrane ist je nach den Betriebsanforderungen fest (Fig. 95) oder veränderlich (Fig. 96 und 97).

Das Produkt aus Tragkraft und Ausladung $Q \cdot a$ heißt Kran- oder Auslegermoment und wird in der Regel in tm ausgedrückt.

Nach Art der Aufnahme des Kranmomentes und der an dem drehbaren Teil wirkenden senkrechten Kräfte unterscheidet man Säulendrehkrane (mit drehbarer oder feststehender Säule) und Drehscheibenkrane.

Antrieb der ortsfesten Drehkrane von Hand oder elektrisch.

Drehkrane mit drehbarer Säule werden im Werkbetrieb hauptsächlich als Wanddrehkrane oder sog. Gießerei-Drehkrane verwendet. Auch an Dampfhämmern oder Werkzeugmaschinen angebaute Drehkrane haben drehbare Säule. Fig. 95: Schema eines einfachen Wanddrehkranes. a Ausladung. h_r Rollenhöhe über Fußboden. h Säulenhöhe. 1 drehbare Säule, an der der Ausleger 2 angebaut. I unteres Spur- und Halslager. II Oberes Halslager. V senkrechte, H obere bzw. untere Auslegerstützkraft.

Kranmoment der Wanddrehkrane in Rücksicht auf die Belastung der Gebäudewand nur bis etwa 12 tm. Drehbereich auf 180° beschränkt, bei Anbau des Kranes an einer Gebäudeecke Drehbereich 270°.

Das Hubwerk wird auf dem unteren Teil des drehbaren Auslegers aufgebaut, mitunter auch getrennt vom Kran angeordnet. Huborgan: In der Regel Drahtseil. Wegen des geringen Drehwiderstandes ist ein besonderes Drehwerk meist nicht erforderlich. Erhebliche Verminderung des Drehwiderstandes wird durch Einbau von Wälzlagern (Kugel- oder Rollenlagern) statt der Gleitlager erreicht.

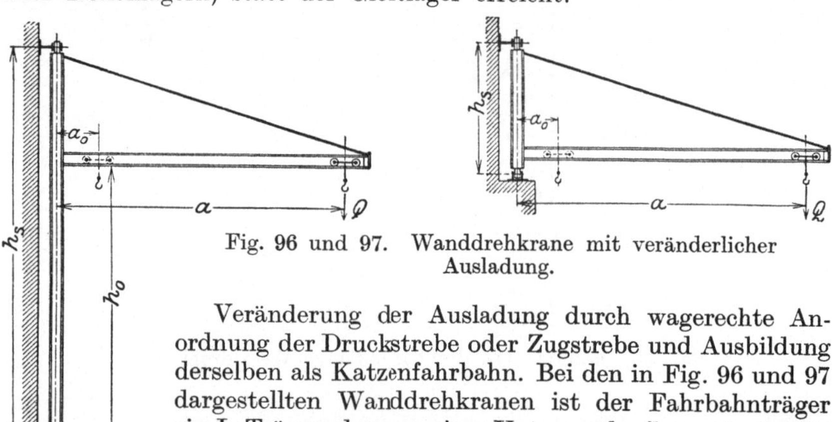

Fig. 96 und 97.   Wanddrehkrane mit veränderlicher
Ausladung.

Veränderung der Ausladung durch wagerechte Anordnung der Druckstrebe oder Zugstrebe und Ausbildung derselben als Katzenfahrbahn. Bei den in Fig. 96 und 97 dargestellten Wanddrehkranen ist der Fahrbahnträger ein I-Träger, der von einer Untergurtlaufkatze (s. S. 235) befahren wird.

Bei Anordnung des oberen Säulenlagers an der Gebäudedecke wird voller Drehbereich des Auslegers (360°) und Ausführung mit Gegengewicht ermöglicht.

Fig. 98 (F. Piechatzek, Berlin N) zeigt einen Gießereidrehkran üblicher Bauart mit Antrieb von Hand.

a drehbare Kransäule. b unteres, c oberes Säulenlager. d Hubwerk, am Unterteil von a angebaut. e Haspelrad zum Antrieb des Katzenfahrwerks. f endlose Fahrketten, deren Kettennüsse von e mittels eines Stirnrädervorgeleges angetrieben werden.

Antrieb der Gießereidrehkrane auch elektrisch. Übliche Tragkräfte 5 t, 7,5 t und 10 t.

Bei den freistehenden Drehkranen ist der Ausleger um eine feststehende Säule drehbar, die für Kranmomente bis etwa 20 tm als geschmiedete Siemens-Martin-Stahlsäule ausgeführt wird. Die freistehenden Drehkrane ermöglichen im Gegensatz zu den Wanddrehkranen die Anordnung eines Gegengewichtes, durch das die Beanspruchung der Säule herabgemindert wird. Meist wird das Moment des Eigengewichtes voll und das Kranmoment zur Hälfte ausgeglichen.

Fig. 99: Freistehender Drehkran ohne bzw. mit Gegengewicht (schematische Darstellung). *1* feststehende Säule, in die Grundplatte *2* eingelassen. *3* Fundament. *4* Drehbarer Ausleger. *I* oberes Längs- und Querlager (Spur- und Halslager). *II* unteres Querlager (Hals- oder

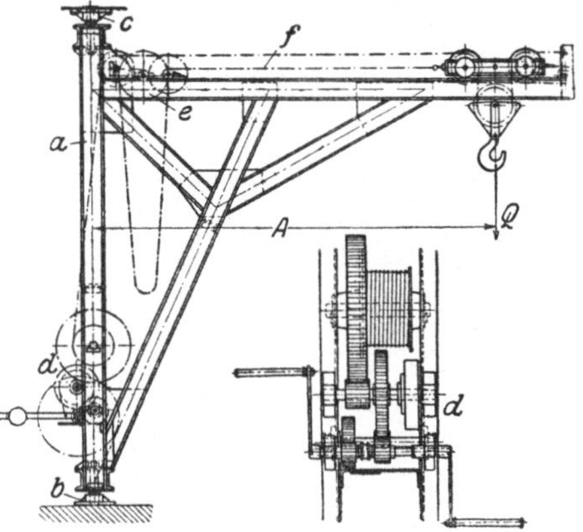

Fig. 98.   Gießerei-Drehkran.

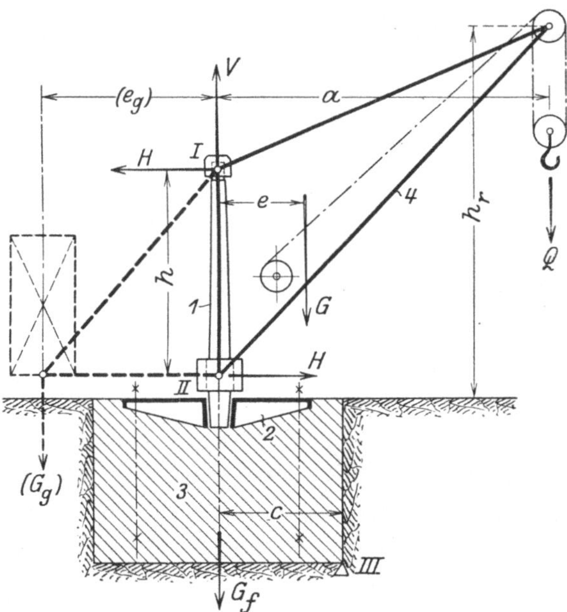

Fig. 99.   Drehkran mit fester Säule (freistehender Drehkran).

Rollenlager). G_f Fundamentgewicht. G_g Gegengewicht. e_g Gegengewichtsabstand von der Drehachse. V senkrechte Stützkraft. H wagerechte Stützkräfte.

Die freistehenden Drehkrane müssen in Rücksicht auf Standsicherheit ein genügend schweres Fundamentgewicht haben. Ausführung des Fundamentes in Mauerwerk oder Beton.

Fig. 100 (Schenck u. Liebe - Harkort, Düsseldorf): Elektrisch betriebener freistehender Schmiede - Drehkran von 6 t Tragkraft und 6,25/2 m Ausladung. *a* Feststehende Stahlsäule, um die der Ausleger drehbar. *b* Hubwerk. *c* Katzenfahrwerk. *d* Fahrketten. *e* Wendevorrichtung. *f* Drehwerk. *g* Führersitz mit Steuerapparaten.

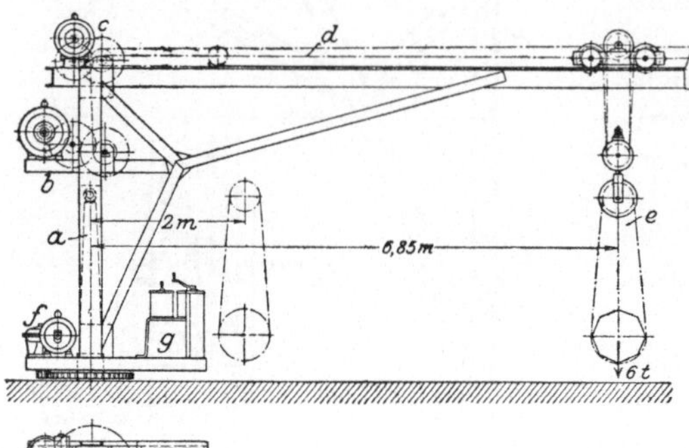

Fig. 100. Freistehender Drehkran mit veränderlicher Ausladung.

Bei den Drehscheibenkranen (Fig. 101) werden die Kippmomente des drehbaren Auslegers nur durch senkrechte Kräfte auf das Unterteil der Drehscheibe übertragen. Die Anordnung eines Gegengewichtes ist daher bei diesen Kranen Bedingung.

1 Drehbare Plattform, auf der der Ausleger *2* aufgebaut. *3* Kreisförmige Schiene auf dem festen Kranunterteil sitzend. *4* Laufrollen,

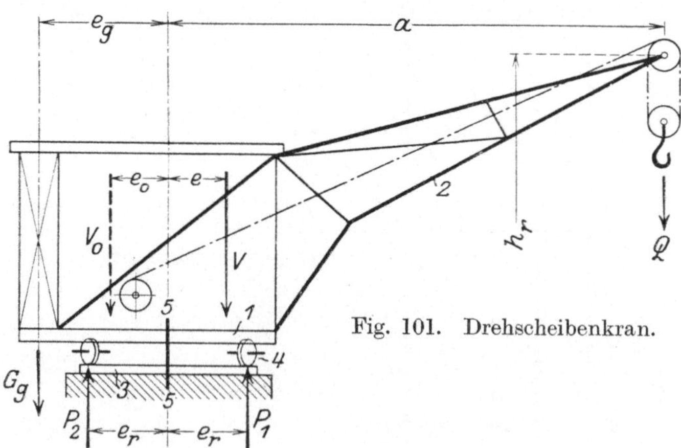

Fig. 101. Drehscheibenkran.

an *1* gelagert. *5* Königzapfen. *a* Ausladung des Kranes. G_g Gegengewicht. e_g dessen Abstand von der Drehachse. V bzw. V_0 Mittelkraft der senkrechten Kräfte bei belastetem bzw. unbelastetem Kran (muß stets innerhalb der Stützfläche liegen). P_1 bzw. P_2 Laufrollendrucke.

Die Drehscheibenkrane werden selten ortsfest, meist fahrbar ausgeführt. Ihre Hauptanwendung finden sie als Verladekrane in Häfen und industriellen Werken.

Fahrbare Drehkrane. Man unterscheidet Einschienen- und Zweischienendrehkrane.

Einschienendrehkrane (Velozipedkrane) beanspruchen nur wenig Bodenfläche und finden vorzugsweise in niedrigen Fabrikräumen, wo keine Laufkrane eingebaut werden können und nur ein schmaler Gang für die Durchfahrt vorhanden ist, Verwendung. Fig. 102 (Losenhausenwerk, Düsseldorf) zeigt die meist übliche Bauart eines Velozipedkranes. Tragkraft $Q = 2{,}5$ t, Ausladung $A = 6$ m.

a Zweirädriger Unterwagen, in den die Siemens-Martin-Stahlsäule b eingesetzt ist. c oberes Spur- und Halslager. d unteres Rollen-

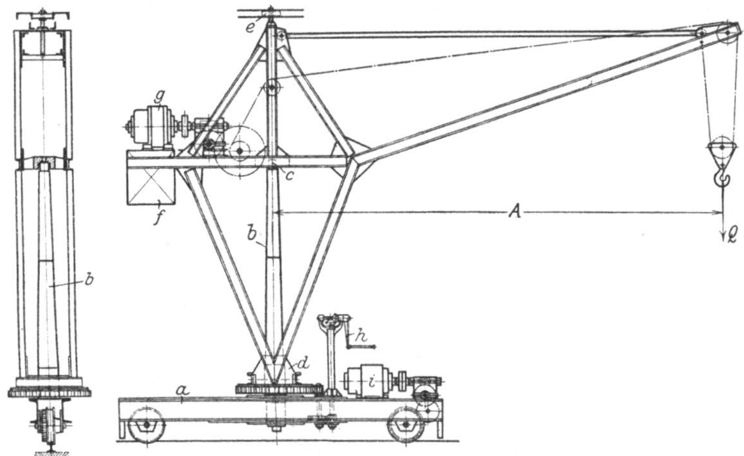

Fig. 102.   Einschienendrehkran. (Velozipedkran).

lager. e obere Führungsrolle, deren Fahrbahn aus zwei C-Eisen besteht. f Gegengewicht. g Hubmotor. h Drehwerkantrieb (von Hand). i Kranfahrmotor. Der Führerstand mit den beiden Steuerwalzen ist auf dem Unterwagen über dem nicht angetriebenen Laufrad aufgebaut. Arbeitsgeschwindigkeiten und Motorleistungen: Heben 5,00 m/min mit 4,5 PS; Drehen von Hand; Kranfahren 50 m/min mit 4,5 PS.

Die Einschienendrehkrane erfordern eine Standsicherheit nur in Richtung der Fahrbahn. Senkrecht zu dieser ist die Standfestigkeit durch die oberen Druckrollen gewährleistet. Am Fahrgestell angeordnete, sich gegen die Laufschiene legende untere Druckrollen entlasten die Laufräder gegen Kräfte senkrecht zur Fahrtrichtung.

Antrieb der Einschienen-Drehkrane meist elektrisch, mitunter auch für eine Kranbewegung, z. B. Drehen (Fig. 102), von Hand. Durch die Anordnung von Drehscheiben kann die Kranfahrbahn eines Einschienendrehkranes beliebig verzweigt werden.

Zweischienendrehkrane (Rollkrane). Der Drehkran ist auf einem in Walzeisen hergestellten vierrädrigen Unterwagen aufgebaut. Ausführung des drehbaren Teils seltener mit feststehender Säule, meist als Drehscheibenkran.

Anwendung der Zweischienendrehkrane nur im Werkaußendienst. Innerhalb der Werkstätten beanspruchen sie zuviel Grundfläche und behindern den ebenerdigen Verkehr. Die Zweischienendrehkrane sind meist auf Normalspur fahrbar. Größere Spur nur für Verladekrane. Besondere Aufmerksamkeit erfordert die Standfestigkeit der Zweischienendrehkrane. Sie müssen sowohl in belastetem als auch in unbelastetem Zustande und bei jeder Auslegerstellung standfest sein.

Antrieb von Hand, durch Dampf oder elektrisch.

Fahrbare Handdrehkrane sind, da sie nur für gelegentliche Förderarbeiten in Frage kommen und für größere Lasten sowie größere Förderstrecken ungeeignet sind, für den Werkstättenbetrieb ohne Bedeutung.

Fahrbare Dampfdrehkrane (Fig. 103) sind mit Zughaken und Puffern ausgerüstet und dienen auf den Werkhöfen zu Verladearbeiten und zum Verschieben der Eisenbahnwagen auf dem vollspurigen Werkgleisnetz.

Ihrer mannigfachen Vorzüge, insbesondere ihrer vielseitigen Verwendbarkeit wegen werden sie trotz der gegenwärtigen Brennstoffknappheit viel angewendet.

Die Dampfdrehkrane werden von den Kranbaufirmen in kleineren Reihen hergestellt und sind daher in ihren Anlagekosten entsprechend niedriger.

Fig. 103 gibt die Normalausführung des Demag-Dampfkranes unter Bezeichnung der Steuerorgane.

Der Kessel der Dampfkrane ist in der Regel ein stehender Quersiederkessel, dessen Feuerung dem jeweiligen Brennstoff (Steinkohle Briketts, Braunkohle, Holz, Torf oder Öl) entsprechend ausgeführt wird. Als Dampfmaschine wird entweder eine liegende oder stehende umsteuerbare Zwillingsmaschine verwendet.

Der Ausleger der Dampfkrane wird in seiner Form den verschiedensten Anforderungen angepaßt. Außer der Normalausführung (Fig. 103) wird er auch verlängert, geknickt oder für große Hubhöhen, wie sie auf Schiffbauplätzen erforderlich sind, hergestellt.

Arbeitsgeschwindigkeiten des Dampfdrehkranes Fig. 103. Heben: 10 bzw. 20 m/min bei 6 bzw. 3 t Last. Drehen: $2^1/_2$ Umdrehungen i. d. min.

Wippen des Auslegers aus der tiefsten in die höchste Lage: 50 Sek.

Kranfahren: Bei Vollast 50 bis 60 m/min; ohne Last 100 bis 200 m/min.

Zugkraft auf geradem Gleis: drei beladene 20 t-Wagen oder 9 bis 10 leere Wagen.

Dampfdruck des Kessels: 8 at Überdruck. Heizfläche: 7 m². Rostfläche: 0,35 m².

Zylinderdurchmesser der liegend angeordneten Dampfmaschine: 160 mm. Hub: 180 mm. Drehzahl: 180 i. d. min.

Die Steuerorgane des Kranes (Fig. 103) sind derart angeordnet, daß der Führer zwei Bewegungen bequem ausüben kann, und zwar: Heben und Drehen, Heben und Einziehen, Fahren und Einziehen sowie Drehen und Einziehen.

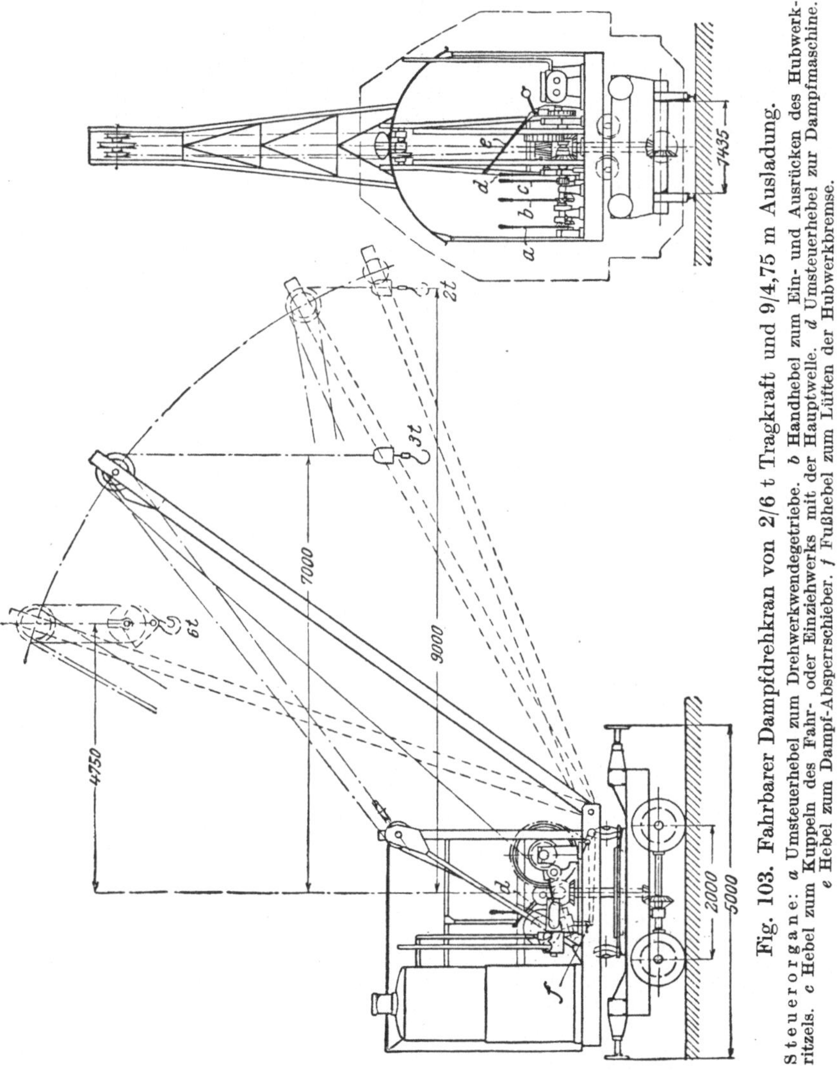

Fig. 103. Fahrbarer Dampfdrehkran von 2/6 t Tragkraft und 9/4,75 m Ausladung. Steuerorgane: *a* Umsteuerhebel zum Drehwerkwendegetriebe. *b* Handhebel zum Ein- und Ausrücken des Hubwerkritzels. *c* Hebel zum Kuppeln des Fahr- oder Einziehwerks mit der Hauptwelle. *d* Umsteuerhebel zur Dampfmaschine. *e* Hebel zum Dampf-Absperrschieber. *f* Fußhebel zum Lüften der Hubwerkbremse.

Die Dampfkrane werden entweder mit einfachem Lasthaken oder zur Verladung von Schüttgütern mit Klappgefäßen oder Selbstgreifern (s. S. 230) ausgerüstet. Im letzteren Falle erhalten sie, der Arbeitsweise dieser Fördergefäße entsprechend, ein Zweitrommelwindwerk.

Werden die Dampfkrane mit einem Lasthebemagneten (s. S. 227) ausgerüstet, so dient als Stromzuführung zum Kran ein bewegliches Kabel, das an Steckkontakte angeschlossen wird, die in Abständen von etwa 50 m längs der Fahrgleise vorgesehen sind.

Elektrische fahrbahre Drehkrane sind, wenn sie wie die Dampfkrane mit Zughaken und Puffern ausgeführt werden, ebenso wie die Dampfkrane zu Lade- und Verschiebezwecken verwendbar.

Mittel für stark geneigte Förderung. Von den aussetzend arbeitenden Förderern kommen für den Werkbetrieb ortsfeste und fahrbare Schrägaufzüge und Eisenbahnwagenkipper in Betracht. Die Eisenbahnwagenkipper sind jedoch nur ein Entlademittel für Schüttgüter und werden unter „Ladeverkehr“ betrachtet.

B. Stetig arbeitende Förderer oder Dauerförderer.

Stetig arbeitende Förderer dienen in der Regel zum Transport von Schüttgütern, auch zum Fördern von Stückgütern kleinen und mittleren Gewichts werden die Dauerförderer in neuerer Zeit mehr und mehr herangezogen. Je nach der Bauart wird das Gut ununterbrochen in wagerechter, senkrechter, schwach oder stark geneigter Richtung und in ebenen oder in Raumkurven bewegt. Die Dauerförderer sind meist ortsfest. Einige Bauarten, wie Bandförderer, Elevatoren, Rollenförderer u. a. werden auch fahrbar ausgeführt. Antrieb: Hauptsächlich durch Elektromotor, bei ortsfesten Förderern auch Riemenantrieb. Im besonderen wird das Fördergut durch den Einfluß der Schwerkraft (Schwerkraftförderer) oder durch einen Luftstrom (pneumatische Förderer) bewegt.

Für die Wahl eines Dauerförderers sind die Eigenschaften des Fördergutes (spezifisches Gewicht, Stückgröße und Temperatur), die Förderrichtung, die Größe der Förderstrecke, die geforderte Stundenleistung, die Höhe des Arbeitsverbrauches und die gegebenen örtlichen und Betriebsverhältnisse maßgebend.

1. Mittel für wagerechte und schwach geneigte Förderung.

a) Kratzerförderer.

Arbeitsweise (Fig. 104): Das Gut wird an beliebiger Stelle bei a einer Rinne b zugeführt, in der es durch Schaufeln c, die an einer endlosen Kette d befestigt sind, fortgeschoben wird. Abgabe des Gutes durch Öffnen einer Klappe oder eines Schiebers e am Rinnenboden. Zur Verminderung der Reibung läuft die Kette auf Rollen f, an deren Achsen die Schaufeln befestigt sind. g fest gelagerte (angetriebene), h zwecks Nachstellen der Kette verschiebbare Umlenkrolle.

Arbeitsgeschwindigkeit 0,2 bis 1 m/sk. Wirtschaftlich für Leistungen von 8 bis 15 t/st und für Förderstrecken bis etwa 25 m.

Nachteile: Starker Verschleiß, Wertverminderung verschiedener Güter infolge Zerreibens und Zerquetschens zwischen Schaufeln und

Rinne, hoher Arbeitsverbrauch, besonders bei Kratzern ohne Rinnenboden und bei gleitender Kette, daher Anwendung dieser nur für kleine
Förderstrecken und Stundenleistungen.

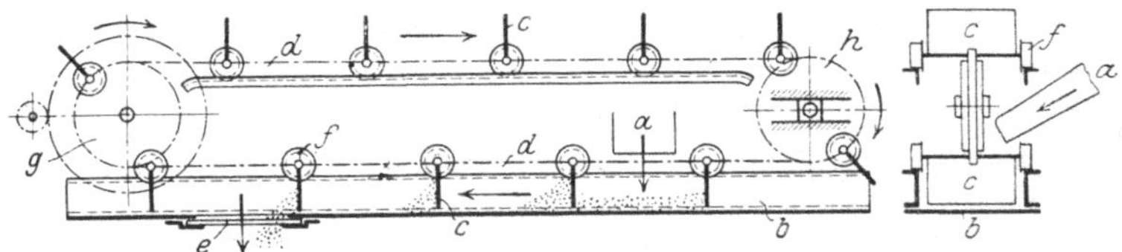

Fig. 104. Kratzerförderer.

Die Kratzer werden zum Transport von Kohle, Koks, Asche, Sand
u. dgl. für wagerechte und schräge Förderrichtung verwendet. Die
Schaufeln sind aus Blech, der Rinnentrog je nach Art des Fördergutes
aus Holz oder Eisen.

b) Förderrinnen.

α. **Schubrinnen.** Anwendung für kleinstückiges, feinkörniges oder
schlammiges Gut.

Fig. 105 (Vereinigte Schmirgel- und Maschinenfabriken, Hannover-
Hainholz): Schaufelförderer für Formsand. *a* ist ein mittels Differen-

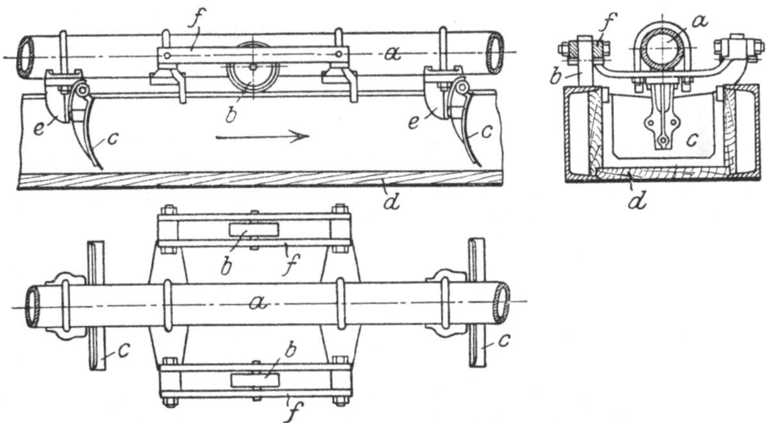

Fig. 105. Schaufelförderer für Formsand.

tialrollen *b* auf ⊏-Eisenschienen gelagertes, durch ein Kurbelgetriebe
bewegtes Gasrohrgestänge. Mit diesem sind Schaufeln *c*, die in eine
Rinne *d* eingreifen, gelenkig verbunden. Beim Rückgang heben sich die
Schaufeln an und gleiten über dem Gut fort. Bei Bewegung in der
Förderrichtung (im Pfeilsinne) legen sie sich gegen Anschläge *e* und
schieben das Gut vor sich her.

Vorteile des Förderers: Langsamer hin und hergehender Gang, daher keine Erschütterungen in der Tragkonstruktion; geringer Kraftbedarf und keine Schmierstellen, da die am Gasrohrgestänge befestigten Flacheisenschienen *f* unmittelbar auf die Rollenbolzen drücken und die gleitende Reibung durch rollende ersetzen. Niedrige Unterhaltungs- und Wartekosten.

β. **Schwingeförderrinnen.** Verwendung zur Förderung der verschiedensten Schüttgüter in wagerechter und geneigter Richtung (bis etwa 15°).

Die Schwingförderrinnen sind besonders für mittlere Leistungen und Förderwege geeignet und wegen geringer Raumbeanspruchung auch in engen und schwer zugänglichen Räumen gut verwendbar. Anlage- und Wartekosten ziemlich niedrig. Arbeitsverbrauch unter gleichen Verhältnissen hoch, aber niedriger als der der Kratzer und Schneckenförderer.

Bewegung derart, daß das zugeführte und getragene Gut zeitweise in der Förderrichtung fortbewegt wird.

Fig. 106 (A. Ritter, Altona): Bauart und Arbeitsweise einer Schüttelrinne. Die Rinne *a* ist mittels schräger Blattfedern *b* auf dem Unter-

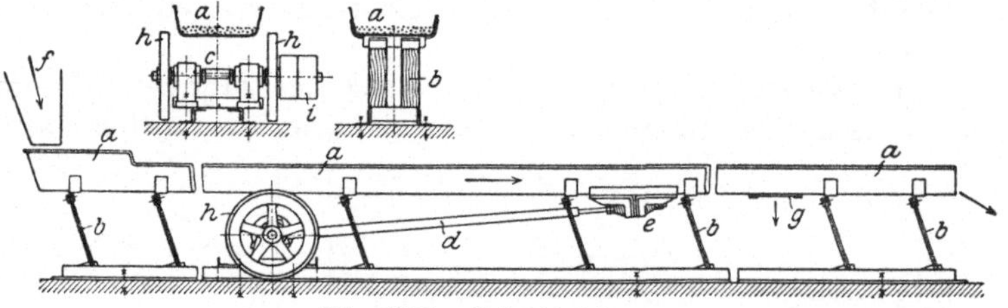

Fig. 106. Schüttelrinne.

teil des Förderers befestigt. Durch Kurbelgetriebe *c—d*, dessen Schubstange bei *e* an der Rinne gelenkig und elastisch befestigt, wird die Rinne hin und her bewegt, wobei sie sich infolge des Anschlages der Federn gleichzeitig etwas hebt und senkt. Die Rinne wird zunächst mit dem Fördergurt vorwärts (im Pfeilsinne) bewegt und dabei angehoben. Beim Rückgang senkt sich die Rinne gleichzeitig, so daß sich das Gut von der Rinne abhebt und solange frei in der Luft schwebend vorwärts bewegt, bis der Rückwärtsgang beendet ist. Während der Förderung nimmt daher das Gut eine hüpfende Vorwärtsbewegung an, wobei es sich gleichzeitig über den ganzen Rinnenboden verteilt. *f* Zuführung des Fördergutes. Abgabe des Fördergutes entweder am Ende der Rinne oder an beliebiger Stelle durch Einbau eines Schiebers *g*. *h* Schwungräder. *i* Fest- und Losscheibe des Riemenantriebes.

Arbeitsgeschwindigkeit bei 300 bis 400 Uml./min der Antriebswelle etwa 0,1 bis 0,2 m/sk. Leistung je nach Rinnenbreite (200 bis 1000 mm) und Schichthöhe (25 bis 60 mm) etwa 3 bis 70 m³/st.

Die Rinne wird in Flußenblech hergestellt. Blechstärke je nach Art des Fördergutes und dem Grade der zu erwartenden Abnutzung. Federn aus Stahlblech oder Eschenholz. Halbmesser der geknöpften Welle 10 bis 20 mm. Zur Erreichung eines gleichmäßigen Ganges sind auf der Antriebswelle zwei Schwungräder angeordnet.

c) Förderschnecken.

Fig. 107 (A.T.G., Leipzig-Großzschocher): Bauart und Wirkungsweise einer Förderschnecke.

Das Gut wird bei a dem geschlossenen Schneckentrog b zugeführt. Durch Drehen der in b gelagerten Schnecke c schieben die aus Blech hergestellten Spiralen das Fördergut vor sich her. Abgabe durch einen im Rinnenboden angeordneten Blechschieber d. Antrieb der Schnecke durch Fest- und Losscheibe e, sowie ein Kegelrädergetriebe. f Zwischenlager.

Schnecken werden bei kleineren Stundenleistungen (2 bis 10 t) und für kürzere Förderwege (bis 20 m) angewendet. Bei Leistungen bis 5 t/st sind sie auch für mittlere Strecken (bis 50 m) noch wirtschaftlich.

Vorteile: Einfacher und gedrängter Bau, bequeme Entladungsmöglichkeit, niedrige Anlage- und Wartungskosten.

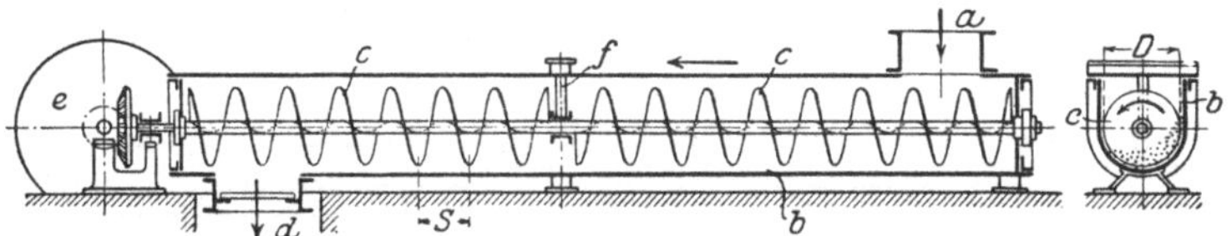

Fig. 107. Förderschnecke.

Nachteile: Hoher Arbeitsverbrauch wegen der ungünstigen Reibungsverhältnisse, sowie Wertverminderung verschiedener Güter infolge Zermahlen.

Die Leistung einer Förderschnecke ist vom Durchmesser der Schnecke D (Fig. 106), der Größe der Steigung S und der Drehzahl der Welle abhängig. Üblich: 50 bis 100 Uml./min.

Schneckengänge meist vollwandig (Fig. 106) aus Blech hergestellt und auf den Wellen genau aufgezogen, so daß sie diese versteifen.

Exzentrische Lagerung der Schneckenwelle im Trog derart, daß der Spielraum zwischen Schnecke und Trogboden sich im Drehsinn keilförmig vergrößert, ergibt den Vorteil, daß Gewinde und Fördergut geschont werden. Da auch Klemmungen stückigen Gutes fast vermieden werden, wird der Arbeitsverbrauch vermindert.

Bei stark abnutzend wirkenden Gütern (Kohle, Erz, Sand u. dgl.) Ausführung der Schneckengänge auch in Gußeisen. Bandspiralen verstopfen bei grobstückigem Gut nicht so leicht, sind jedoch nur für kleinere Leistungen geeignet.

Antrieb bei kleiner Leistung und kurzer Förderstrecke durch Riemenscheibe, sonst Kegelrädervorgelege zwischen Riemenantrieb und Schneckenwelle.

Schneckentrog aus Flußeisenblech mit Saumwinkeln eingefaßt.

d) Förderbänder.

Man unterscheidet biegsame Förderbänder (Gurtförderer) und Gliederbandförderer.

α. Biegsame Förderbänder (Gurtförderer). Das Band ist je nach Art des Fördergutes ein Textilband, ein Gummiband, oder ein dünnes gehärtetes Stahlband.

Fig. 108 gibt die schematische Darstellung eines Gurtförderers. Antrieb des endlosen Bandes a durch Rolle b, Spannung des Bandes durch die in einer wagerechten Führung einstellbare Rolle c. Tragrollen d, die bei dem fördernden Trumm in kleineren und beim leeren Trumm in größeren Abständen angeordnet sind, verhindern ein unzulässig großes Durchhängen des Bandes. Das Fördergut wird an beliebiger Stelle durch feste oder fahrbare Schurren zugeführt.

Abgeben des Gutes ebenfalls an beliebiger Stelle mittels Abstreichers, durch Abwurfwagen (e Fig. 108) oder an der Endrolle.

Größte Förderlänge je nach Art des Gurtwerkstoffes: 105 bis 200 m. Fördergeschwindigkeit: 1,5 bis 3 m/sek. Bandneigung entsprechend

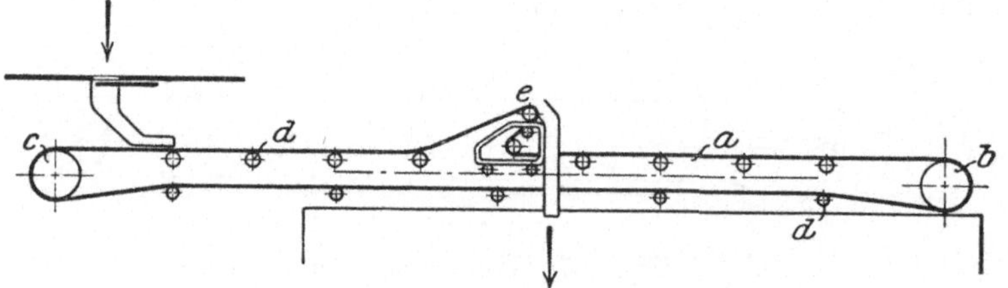

Fig. 108. Gurtförderer mit Abwurfwagen.

Gurtgeschwindigkeit und Fördergut im Mittel etwa 18°. Leistung: 12 bis 100 t/st und mehr.

Vorteile: Einfache Bauart, Verwendbarkeit für hohe Leistungen, geringer Arbeitsverbrauch, geräuschloser Gang, weitgehende Schonung des Gutes, sowie geringe Bedienungs- und Wartekosten. Nachteile: Besonders bei kleinen Leistungen und kurzen Förderstrecken große Anlagekosten und hohe Unterhaltungskosten infolge starker Abnutzung der Textilbänder. Ferner bei höheren Arbeitsgeschwindigkeiten starke Staubbildung.

Neuerdings Verwendung der Gurtförderer auch zur Förderung von Stückgütern (Säcken, Ballen, Kisten u. dgl.) bei Bandneigungen bis 20°.

Baumwollgurte und Hanfgurte sind billig in der Beschaffung, jedoch nur für trockene Räume und leichtes Fördergut wie Braunkohle, Torf, Getreide u. dgl. geeignet. Für feuchte Räume und feuchtes Fördergut Balata- oder Gummigurte.

Anordnung des Bandes flach oder muldenförmig, dieses für grobstückiges Gut und große Leistungen. Wegen der hohen Beanspruchung wählt man bei muldenförmigem Band Gummigurte und die Arbeitsgeschwindigkeit niedriger als bei flachem Band. Für gerade Gurte mittlere Arbeitsgeschwindigkeit: 1,5 bis 2 m/sek, für Muldengurte 25 bis 30% niedriger.

Antrieb meist durch Riemenscheibe oder Elektromotor mit entsprechenden Stirnradvorgelegen. Vergrößerung des Umspannungsbogens der Treibrolle wie der Spannrolle durch Leitrollen.

Anziehen der Spannrolle bei kurzen Förderern (10 bis 20 m Achsenabstand) durch Zugspindeln, bei größerem Abstand durch Gewichte.

Stahlbandförderer (Sandviken Transport-Ges. m. b. H., Berlin-Charlottenburg). Das Stahlband ist infolge der geringen Stärke (0,8 bis 0,9 mm) sehr biegsam und dehnt sich bei Temperaturerhöhung äußerst wenig. Vorteile: Große Steifigkeit des Bandes in der Querrichtung und damit große Beschickbreite, Schmälerhalten der End- und Tragrollen als die Bandbreite, geringer Durchhang, wodurch vollständige Abgabe auch feuchten und klebrigen Gutes

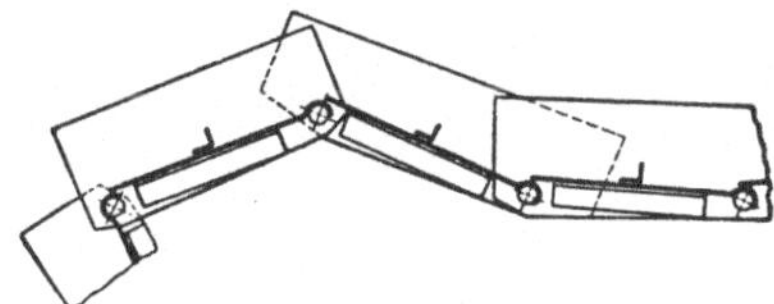

Fig. 109.   Gliederbandförderer für Schüttgüter.

möglich. Besondere Eignung zur Förderung harten und scharfkantigen, sowie heißen Gutes. Führung des arbeitenden Bandtrumms auf Holz

Fig. 110.   Gliederbandförderer für Stückgüter.

schleifend oder rollend, des leeren Trumms stets auf Rollen. Abgeben des Fördergutes durch einseitigen oder doppelseitigen (pflugförmigen) Abstreicher.

Eignung auch zur Förderung von Stückgütern (Säcke, Kisten, Steine u. dgl.).

β. **Gliederbandförderer.** Bei diesen besteht das Förderband aus zwei endlosen ständig umlaufenden Ketten, an denen die das Fördergut tragenden Bandglieder befestigt sind. Die als Zugmittel dienenden Ketten sind bei kleineren Ausführungen Sonderketten aus Temperguß (A. Stotz, Stuttgart-Kornwestheim), meist jedoch Gelenkketten.

Als tragende Bandelemente dienen bei Stückgutförderung Holz- oder Eisenplatten, bei Schüttgutförderung Stahlplatten mit aufgebogenen Seitenwänden und mit Spaltüberdeckung.

Fig. 109 (Bleichert & Co., Leipzig-Gohlis) läßt die Ausführungsart der Bandelemente eines Gliederbandförderers für Schüttguttransport erkennen. Die aufgenieteten Winkeleisen verhindern bei geneigter Förderrichtung ein Zurückgleiten des Gutes.

Für größere Steigungen werden die tragenden Bandteile auch trogförmig ausgebildet, wobei jedoch Abgabe des Fördergutes nur am Ende des Förderers möglich ist.

Fig. 110 (Palmer Bee-Co., Detroit) zeigt einen Gliederbandförderer amerikanischer Bauart beim Transport von Radkörpern.

2. Mittel für senkrechte und stark geneigte Förderung.

a) Senkrecht- und Schrägbecherwerke (Elevatoren für Schüttgutförderung).

Arbeitsweise (Fig. 111 und 112): In einem Gehäuse, dem das Fördergut bei a zugeführt wird, ist eine endlose Kette b mit den Bechern c geneigt angeordnet (Schrägbecherwerk). d_1 treibender Kettenstern, d_2 Spann-Kettenstern. Die Becher (Fig. 111) schöpfen das Gut aus einem Trog (Schöpfbecherwerk) und geben es bei e ab. Bei den Aufgabebecherwerken (Fig. 112) wird das Gut durch eine Aufgabeschurre unmittelbar den Bechern zugeführt. Ist der wagerechte Förderweg gleich Null, so ist das Becherwerk ein Senkrechtbecherwerk.

Förderhöhe 5 bis 25 m. Arbeitsgeschwindigkeit: 0,4 bis 2,5 m/sek, bei Senkrechtbecherwerken mindestens 0,8 m/sek, damit das Gut noch unter der Wirkung der Fliehkraft herausgeworfen wird und nicht zurückfällt. Übliche Leistungen: 10 bis 120 t/st bei 75% Becherfüllung.

Vorteile: Geringe Anforderungen an Bedienung, Wartung und Unterhaltung.

Nachteile: Ziemlich hoher Arbeitsverbrauch im Verhältnis zur Nutzleistung. Möglichkeit des Verstopfens bei grobstückigem Gut.

Zugorgan: Meist Gelenkkette (Tempergußkette oder Laschenkette). Bei Senkrechtbecherwerken für feinkörniges Gut auch Baumwoll- oder Balatagurt. Becher aus Flußeisen- oder Stahlblech, gepreßt oder genietet und mit Randverstärkung. Becherinhalt: 5 bis 110 l. Kettensterne bei Laschenketten vier- oder sechskantig.

A.T.G.-Becherwerke für große Leistungen und Förderhöhen, erhalten Geschwindigkeitsausgleich, der Aufheben der Beschleunigungen und der dadurch bedingten Stöße in den Ketten ermöglicht.

Führung der Kette bei Schrägbecherwerken mittels auswechselbarer, auf Winkeleisen laufender Schleifbacken. Bei größerer Neigung Rollenführung der Kette.

Herstellung des Becherwerkgehäuses aus Blech mit abnehmbaren Stirnwänden.

Schräge Becherwerke werden auch fahrbar ausgeführt (Z. V. d. I. 1913, S. 1046).

Über Becherwerksentlader mit Zubringeschnecken zum Entladen von Eisenbahnwagen s. S. 266 unter Ladeverkehr.

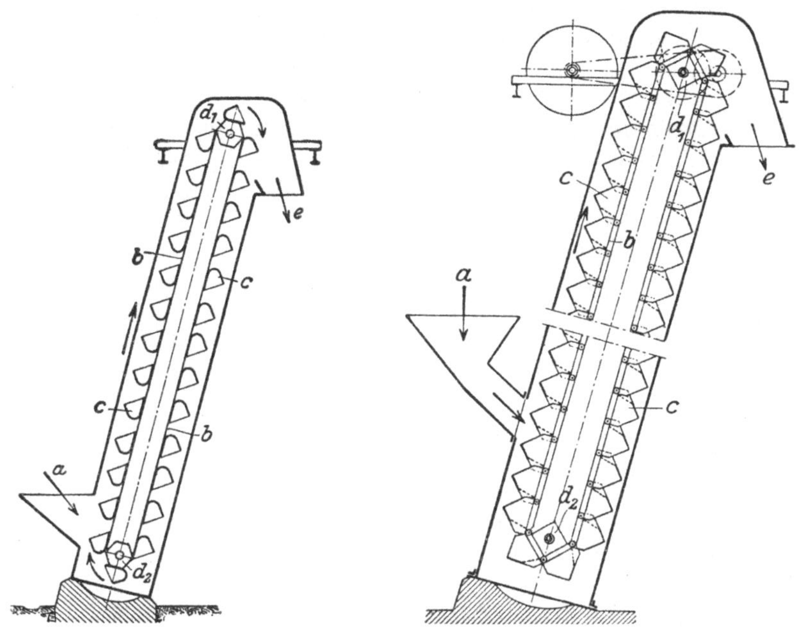

Fig. 111 und 112. Schrägbecherwerke. (Schöpfbecherwerk und Aufgabebecherwerk.)

b) Elevatoren für Stückgüter.

Sie arbeiten mit zwei endlosen Ketten, an denen auf einer schrägen Bahn rollende oder zwischen zwei senkrechten Schienen geführte Mitnehmer bzw. Förderschalen angeordnet sind, die das Fördergut von einem geneigt angeordneten, rostartigen Tisch aus aufnehmen und in ähnlicher Weise abgeben. Ausführung auch mit pendelnd aufgehängten Förderschalen (Schaukellaufzüge). Anwendung zum Heben von Fässern, Kisten, Säcken, Ballen u. dgl.

Über fahrbare Stapelelevatoren s. Z. V. d. I. 1913, S. 1045.

c) Elevatoren für Personenförderung (Paternosteraufzüge).

Anwendung in Gebäuden mit lebhaftem Verkehr zwischen den einzelnen Stockwerken.

Die Paternosteraufzüge für Personenförderung fallen in den Geltungsbereich der Polizeiverordnung betr. die Einrichtung und den Betrieb von Aufzügen (Fahrstühlen) in Preußen. Über Bau und Betrieb der Paternosteraufzüge siehe Dubbel, Taschenbuch f. d. Maschinenbau, 4. Aufl., S. 547.

3. Mittel für wagerechte, senkrechte und geneigte Förderung, sowie Förderung in ebenen oder in Raumkurven.

a) Pendel- oder Schaukelbecherwerke.

Fig. 113 (A. Stotz, Stuttgart-Kornwestheim): Bauart und Arbeitsweise eines Pendelbecherwerkes. An den Gelenken der Kette sind die Becher pendelnd (schaukelnd) aufgehängt. Führung der Kette innerhalb der senkrechten Ebene beliebig. Beschicken der Becher am unteren wagerechten Strang durch eine ortsfeste oder fahrbare Füllvorrichtung. Entleeren am oberen Strang durch eine fahrbare Vorrichtung an der die Becher durch Auflaufen seitlicher Rollen gekippt werden.

Bauarten: Amme, Giesecke & Konegen, A.T.G., Bleichert, Luther, Pohlig (Bauart Hunt), Stotz (Fig. 113) u. a.

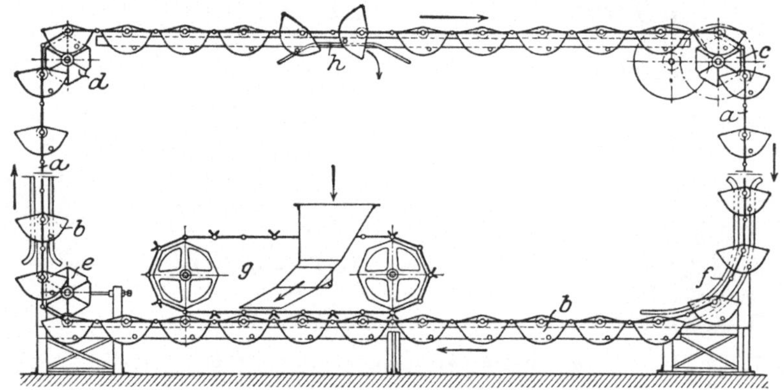

Fig. 113. Pendelbecherwerk (Schema).

a Gelenkkette. *b* Becher, an *a* pendelnd aufgehängt. *c* Antrieb. *d* Umlenk-, *e* Spannkettenstern. *f* Kurvenführung der Becherkette. *g* Füllvorrichtung. *h* Kurvenbahn, an der die Becher mittels Rollen auflaufen und zwecks Entladung gekippt werden.

Die Pendelbecherwerke werden hauptsächlich in den Kesselhäusern zur Bekohlung der Dampfkessel und zur Abfuhr der Asche angewendet. Siehe S. 283 „Kesselbekohlung und -Entaschung".

Vorteile: Einfache Bauart, hohe Betriebssicherheit und selbsttätiges staubfreies Arbeiten, bequeme Aufgabe und Abgabe des Fördergutes, sowie niedrige Betriebs- und Unterhaltungskosten. Dagegen hohe Anlagekosten bei nicht genügender Ausnutzung.

Geschwindigkeit der Huntschen Pendelbecherwerke (Pohlig) 0,15 bis 0,3 m/sek. Becherinhalt zwischen 16 und 200 l, zweckmäßig nicht unter 50 l. Stundenleistung je nach Wahl der Bechergröße und Arbeitsgeschwindigkeit zwischen 5 und 250 m³.

Mit beispielsweise 50 l Becherinhalt, 700 mm Becherabstand und einer Kettengeschwindigkeit von 0,2 m/sek bei ²/₃ Füllung Leistung bei Kohlenförderung 30 t/st.

b) Raumbewegliche Becherwerke.

Sie ermöglichen Führung der Becherkette auch in Raumkurven, sowie ein Verdrehen der Kette im auf- bzw. abwärtsgehenden Strang und bieten gute Anpassungsfähigkeit auch unter den ungünstigsten örtlichen Verhältnissen.

Bauarten: Bleichert & Co., Leipzig-Gohlis, Carl Schenck, Darmstadt.

c) Schaukelförderer

dienen zum Transport von Stückgütern oder sehr grobstückigem Massengut. Arbeitsweise ähnlich den raumbeweglichen Becherwerken.

Die Förderschalen sind an der Kette pendelnd aufgehängt. Aufsetzen und Abnehmen des Gutes bei der geringen Arbeitsgeschwindigkeit (0,1 bis 0,3 m/sek) von Hand.

Die Schaukelförderer werden im Werkstättenbetriebe zum Transport großer Mengen kleiner und mittlerer Arbeitsstücke angewendet.

d) Schwerkraftförderer.

Förderung nur abwärts. Vorzug: Kein Arbeitsverbrauch. Verwendung zum Transport von Stückgütern mit glatter Auflagefläche. Die geneigte Förderbahn, deren Neigung verstellbar, ist gerade oder gekrümmt und kann durch Öffnungen in der Bordwand und Einsetzen von Abstreifern verzweigt werden. Wendelrutschen haben eine spiralig verlaufende Bahn und werden zur Förderung von oberen Stockwerken nach unteren oder nach ebener Erde verwendet.

Die gleitende Reibung der Schwerkraftförderer läßt sich auch durch rol-

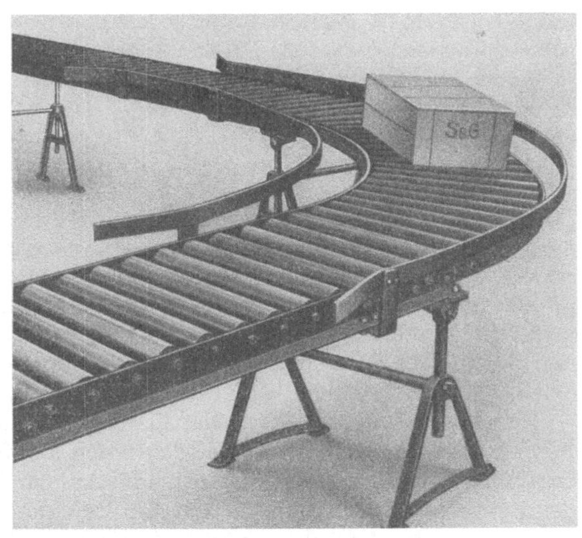

Fig. 114. Kurve eines Rollbahnförderers.

lende Reibung dadurch ersetzen, daß man die ganze Fahrbahn aus Rollen herstellt, die senkrecht zur Bahn gelagert sind. Durch Anwendung von Rollen kann die Neigung der Bahn sehr gering gehalten werden.

Die Stützen der Rollbahnen sind in ihrer Höhe einstellbar, so daß die Geschwindigkeit innerhalb gewisser Grenzen verändert werden kann.

Die Rollbahnen ermöglichen bei entsprechender Ausführung auch eine Förderung in Kurven und den Übergang in Zweiglinien, sowie die Anordnung aufklappbarer Stücke als Durchgang. Fig. 114 (Siegerin-Goldmannwerke, Mannheim) zeigt das Kurvenstück einer Rollbahn. Anwendung der Schwerkraftrollenförderer im Gießereibetrieb und in den Bearbeitungswerkstätten.

e) Wasserstrahlförderung (Förderung durch Druckwasser).

Diese Förderart wird neuerdings zum Abführen der Asche unter den Dampfkesseln bei gleichzeitigem Löschen und Granulieren der Asche angewendet.

Siehe unter Kesselbekohlung- und Entaschung S. 286.

f) Luftförderer (pneumatische Förderer).

Anwendung zur Förderung kleinstückiger, körniger und staubförmiger Güter (Kohle, Flugasche, Holzspäne, Holzstaub u. a.).

Man unterscheidet: Saugluftförderanlagen, Druckluftförderanlagen und vereinigte Saug- und Druckluftförderanlagen. Für den Werkstättenbetrieb kommen nur Saugluftförderer in Betracht.

Vorteile: Vollkommen selbsttätige Förderung, geringe Bedienungs- und Wartekosten, Schonung des Fördergutes, keine Staubentwicklung und keine Verluste, geringer Raumbedarf und Unabhängigkeit von Witterungseinflüssen. Nachteil: Großer Arbeitsverbrauch.

Pneumatische Ascheförderanlage s. S. 289, Holzspäneförder- und Entstaubungsanlage S. 296.

IV. Das Werkstattfördersystem.

Die zur Ausführung der laufenden Förderarbeiten eines Werkes dienenden Fördermittel bilden ein zusammenhängendes System, das schnell, betriebssicher und mit geringstem Kostenaufwand arbeiten muß.

Um dieses zu erreichen, sind vor allem geeignete, neuzeitige Fördermittel erforderlich, deren Wahl von der Fördermenge, der Richtung und Länge des Transportweges, der Fördergeschwindigkeit und von den gegebenen örtlichen und Betriebsverhältnissen abhängt.

Zur Beurteilung der Wirtschaftlichkeit eines Fördermittels sind die Förderkosten maßgebend. Diese setzen sich aus folgenden Teilbeträgen zusammen: den Anlagekosten (Kosten für Abschreibung und Verzinsung), den Betriebskosten (Kosten für den Arbeitsverbrauch und die Bedienung der Anlage), den Unterhaltungskosten (Kosten für Ausbesserungen, Ersatzteile usw.), den Kosten für eine etwaige Verzögerung der Inbetriebsnahme und einem Sicherheitszuschlag, der Fehlern in der Rechnung und Ausführung Rechnung trägt.

Nachstehend wird das Werkstattfördersystem einer Maschinenfabrik mit Eisengießerei, dessen laufende Förderarbeiten S. 190 aufgeführt sind, in seinen einzelnen Zweigen betrachtet und angegeben, nach welchen Gesichtspunkten und mit welchen Mitteln das Werkstattfördersystem neuzeitig gestaltet wird. Teilgebiete der Werkstattförderung wie der Ladeverkehr, der Platzverkehr, die Lagerplatzbedienung und die Kesselbekohlung und -Entaschung, sind von allgemeinem Interesse, da sie für alle industriellen Werke in Frage kommen.

A. Werkstätten-Außenverkehr.

(Förderung außerhalb der Werksgebäude.)

1. Ladeverkehr.

Der Ladeverkehr umfaßt das Entladen der im Werk eingegangenen Güter und das Verladen der Versandgüter. Er ist je nach der Erzeugungshöhe eines Werkes mehr oder weniger umfangreich und beeinflußt von vornherein die Wirtschaftlichkeit des Unternehmens.

Die gegenwärtige Abwicklung des Ladeverkehrs ist jedoch in vielen Werken als unwirtschaftlich zu bezeichnen, da ein großer Teil der Ladearbeit noch von Hand, also zu langsam und zu teuer ausgeführt wird.

Je nach der örtlichen Lage eines Werkes und seinem Anschluß an die öffentlichen Verkehrswege sind entweder Straßenfahrzeuge, Eisenbahnwagen oder Schiffe zu be- oder entladen.

Das Be- oder Entladen von Straßenfahrzeugen ist, da es nur für kleinere Fördermengen in Frage kommt, von untergeordneter Bedeutung. Beim Verladen von Kohle, Koks und anderen Schüttgütern verwendet man Kraftfahrzeuge mit Selbstentladung, deren Entladung fast kostenlos vor sich geht. Motorlastwagen, die ohne Anhänger fahren, werden durch Kippen des Wagenkastens nach hinten entleert. Fahren sie mit Anhänger, so erhalten beide Seiten-Entladung.

Da die große Mehrzahl der industriellen Werke für ihre An- und Abfuhr an das Reichsbahnnetz angeschlossen ist und nur verhältnismäßig wenige den Vorteil der Lage an einer Wasserstraße haben, so kommt dem Be- und Entladen der Eisenbahnwagen erhöhte Bedeutung zu. Um möglichst an Wagenstandgeldern zu sparen, beschleunigt man das Umladen an den Eisenbahnwagen dadurch, daß man bisherige Handförderer durch neuzeitige mechanische Lademittel ersetzt, denen vielfach noch die Aufgabe zufällt, den an der Ladestelle gelegenen Lagerplatz zu bedienen oder die Güter weiter zu befördern.

Unter den verschiedenen Lademitteln stehen die Krane an erster Stelle, da sie sowohl zum Umladen von Stückgütern als auch von Schüttgütern gleich verwendbar sind.

Das schnelle Arbeiten der Verladekrane erfordert nicht nur hohe Arbeitsgeschwindigkeiten, sondern auch zur Erhöhung der stündlichen Kranspielezahl die Anwendung geeigneter Lastaufnahmemittel (siehe S. 225).

Von den verschiedenen Kranbauarten (siehe S. 237) kommen für den Eisenbahnwagen-Ladeverkehr vorwiegend in Frage: Auf Hochbahnen fahrende Laufkrane, ortsfeste und fahrbare Torkrane, ortsfeste und fahrbare Drehkrane und Verladebrücken.

Dampfkrane (vgl. S. 250) werden in neuerer Zeit in ausgedehntem Maße im Ladeverkehr verwendet, da sie auch zum Verschieben der Eisenbahnwagen auf den Fabrikhöfen und Lagerplätzen gleich geeignet sind. Ihrer vielseitigen Benutzbarkeit wegen zieht man sie oft den fahrbaren elektrischen Drehkranen vor, zumal ihre eigene Kraftquelle eine gewisse Unabhängigkeit bietet.

Ist bei der Ladestelle ein Lagerplatz gelegen, auf dem die Güter gestapelt werden, so benutzt man auf Hochbahnen fahrende Laufkrane oder Voll- bzw. Halbtorkrane. Diese überspannen den Lagerplatz und ermöglichen an jeder Stelle ihres Arbeitsbereiches das Absetzen oder Aufnehmen des Ladegutes. Bei großer Lagerplatzbreite ist bei entsprechenden Umschlagverhältnissen eine Verladebrücke angebracht.

Ein vorzügliches Hilfsmittel zum Be- und Entladen der Eisenbahnwagen und zur Weiterbeförderung der Güter nach den Lagerplätzen und Verbrauchsstellen der industriellen Werke sind

Fig. 115. Elektrohängebahn mit ferngesteuerter Hubkatze.

die Elektrohängebahnen (siehe S. 212). Sie sind auch für kleine Förderleistungen verwendbar und beanspruchen wenig Bedienung und Wartung.

Fig. 115 zeigt die Be- und Entladestelle einer kleinen Elektrohängebahnanlage (Carl Schenck G. m. b. H.) für die Bekohlung und Entaschung der Zentralheizung einer Fabrik. Die Bahn ist eine Pendelbahn und wird von einem ferngesteuerten Wagen mit Hubwerk und Klappkübel befahren. Der Klappkübel wird auf den Eisenbahnwagen herabgelassen und von Hand beladen. Er wird dann bis in seine höchste Stellung gehoben und fährt nach dem Kesselhause, wo er über den Bunkern selbsttätig entladen wird. Der Wagen fährt dann wieder zur Beladestelle zurück und wird von neuem beladen.

Für die Ascheabfuhr befährt er ein Zweiggleis, das über dem Aschelagerplatz verlegt ist. Er wird daselbst beladen, gehoben und fährt über den Hochbunker an der Ladestelle (Fig. 115), in den er die Asche abgibt. Ist der Bunker gefüllt, so wird er durch Öffnen eines Drehschieberverschlusses und mittels einer einstellbaren Auslaufschurre unmittelbar in den Eisenbahnwagen entleert.

Der Klappkübel faßt rund 700 kg Steinkohle. Leistung der Anlage: etwa 8 bis 10 t/st.

Wird an verschiedenen Stellen der Bahn be- oder entladen, so ist es vielfach vorteilhaft, eine Führerstandslaufkatze zu wählen, die bei Schüttgutförderung zweckmäßig mit einem Selbstgreifer und einem, der Wirkungsweise desselben entsprechenden Zweitrommelwindewerk ausgerüstet ist.

Fig. 116 gibt die Ansicht der Ladestelle einer Elektrohängebahn

Fig. 116. Elektrohängebahn mit Führerstandslaufkatze.

zur Förderung von Walzeisen nach dem Lagerplatz (Allg. Transport-Ges. Leipzig). Die Bahn hat eine Länge von 165 m und wird von einer Führerstandslaufkatze befahren. Stromart: Drehstrom.

Das Bestreben, Schüttgüter, insbesondere Kohle, sowie kleinere Stückgüter mit einem geringsten Aufwand an Arbeitskräften umzuladen, hat in neuerer Zeit zu einer weitgehenden Anwendung verschiedener Dauerförderer (siehe S. 252) geführt. Diese sind meist Spiralförderer, Bandförderer oder Schrägbecherwerke und werden mit Rücksicht auf die Ortsveränderung fahrbar hergestellt.

In Fig. 117 (Bleichert & Co., Leipzig-Gohlis) ist ein fahrbarer Bandförderer zum Be- und Entladen der Eisenbahnwagen mit Schüttgütern dargestellt. Das endlose Gummiband ist 500 mm breit und läuft mit einer Geschwindigkeit von 1 m/sek. Abstand der Endwellen: 10 m.

Der Bandförderer wird in der Regel durch einen Elektromotor angetrieben, dem der Strom durch ein an Steckkontakte anschließbares Kabel zugeführt wird. Mitunter wird auch ein Benzinmotor vorgesehen, der der Bandneigung entsprechend verstellbar gelagert ist.

Besonders geeignet zum Entladen der im Werk einlaufenden, mit Kohle beladenen Wagen sind fahrbare schräge Becherwerke (Elevatoren), die zur Weiterleitung des Gutes mit einem andern Fördermittel, einem Schneckenförderer oder einem Bandförderer, verbunden

Fig. 117. Fahrbarer Bandförderer.

werden. Ein Nachteil verschiedener Becherwerksentlader ist der, daß ihre Speisevorrichtung sich leicht verstopft, wodurch Unterbrechungen im Ladeverkehr eintreten. Auch werden verschiedene Kohlensorten durch Zerkleinern in ihrem Werte vermindert.

Diese Nachteile werden bei dem Becherwerksentlader mit Zubringeschnecken Fig. 118 (Heinzelmann & Sparmberg, Hannover) vermieden. Das schräge Becherwerk ist an einem fahrbaren Gestell pendelnd aufgehängt und wird bei Nichtbenutzung hochgeklappt. An seinem Unterteil ist zu beiden Seiten des Becherwerks je ein rechts- bzw. linksgängige Schnecke gelagert. Die Gesamtlänge beider Schnecken ist etwas kürzer als die lichte Wagenbreite gehalten. Beim Arbeiten wird das Becherwerk auf das Ladegut gesetzt und die Schnecken führen dem Becherwerk das Ladegut selbsttätig und ununterbrochen zu. Die Heinzelmannentlader werden meist elektrisch angetrieben, sind aber auch für Antrieb durch einen Verbrennungsmotor geeignet.

Bei dem in der Figur dargestellten Entlader wird die vom Becherwerk gehobene Kohle mittels einer Schurre unmittelbar in den Tiefbunker des Gaserzeugerraumes abgegeben.

Aus dem Tiefbunker wird dann die Kohle durch einen Greifer-Laufkran in die Hochbunker gefördert. Durch Öffnen des Bodenverschlusses der Hochbunker werden die Gaserzeuger beschickt.

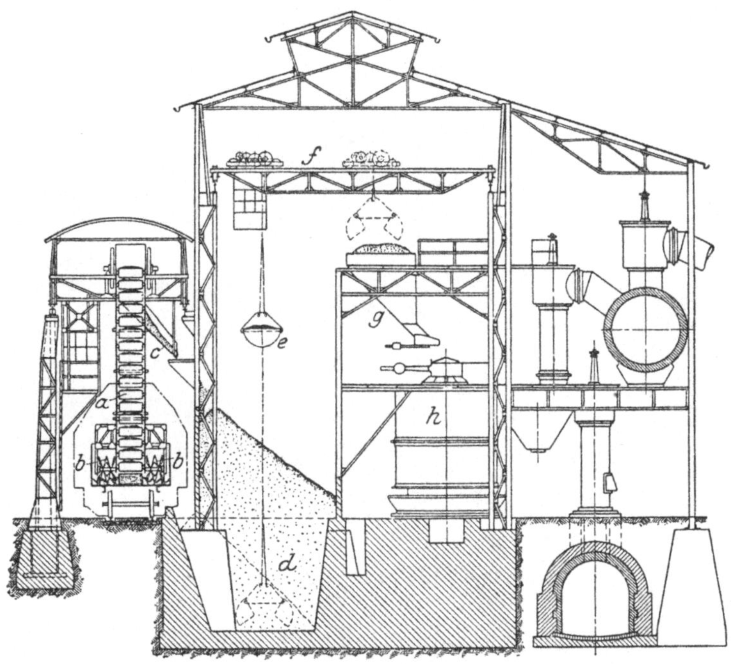

Fig. 118. Gaserzeugeranlage mit fahrbarem Becherwerkentlader.
a Am Fahrgestell pendelnd aufgehängtes Becherwerk mit Zubringeschnecken *b*. *c* Schurre.
d Tiefbunker. *e* Greifer. *f* Laufkran. *g* Hochbunker. *h* Gaserzeuger.

Die Leistung beträgt bei einem Entlader von 500 mm Becherlänge 30 bis 35 t/st. Da die Anlagekosten von Becherwerksentladern der gekennzeichneten Bauart verhältnismäßig niedrig sind und die Förderer zu ihrer Bedienung nur ein bis zwei Mann erfordern, so sind sie, wenn es sich nicht um großstückiges hartes Schüttgut handelt, ein zweckmäßiges Entlademittel.

Kleinstückige Braunkohle (Nuß II und III), Feinkohle bis 2 mm Körnung, Staubkohle, sowie Asche und Schlacke, insbesondere Flugasche werden gegenwärtig in zunehmendem Maße durch Saugluft (pneumatisch) befördert.

Eisenbahnwagen-Kipper entladen bei größeren Fördermengen schnell und wirtschaftlich. Bei den meist üblichen Plattformkippern

(Stirnkippern) wird der zu entladende O-Wagen auf die Plattform gefahren und mit einer Fangvorrichtung an der einen Achse verankert. Nach Öffnen der in Frage kommenden Stirnwand wird er dann, wie aus Fig. 119 (Fried. Krupp A.-G., Grusonwerk, Magdeburg-Buckau) ersichtlich, bis etwa 45° gekippt, worauf er seinen Inhalt in eine Schüttgrube entleert. Die Kipper sind in der Regel für 20 t-Wagen mit 4,5 m Radstand bemessen und werden fast durchweg elektrisch angetrieben.

Fig. 119. Eisenbahnwagen-Kipper.

Sie sind bereits für eine Leistung von 60 t/st wirtschaftlich, was drei O-Wagen von 20 t oder vier O-Wagen von 15 t Ladegewicht entspricht. Bei kleineren Fördermengen sind sie auch dann angebracht, wenn die Kohle in eine Grube entleert und durch ein Becherwerk oder ein anderes Fördermittel weitergeleitet wird.

2. Platzverkehr.

Der Platzverkehr in engerem Sinne umfaßt folgende Förderarbeiten:
Übernahme der im Werk einlaufenden Güter und Weiterleitung zu den Lagern; Verkehr zwischen den Lagern und Werkstätten, sowie von Werkstätte zu Werkstätte; Weiterleitung der versandfertig verladenen Güter.

Grundlegend für eine glatte Abwicklung des Platzverkehrs sind folgende Punkte:

Die im Werk ein- und ausgehenden Transporte dürfen einander nicht behindern.

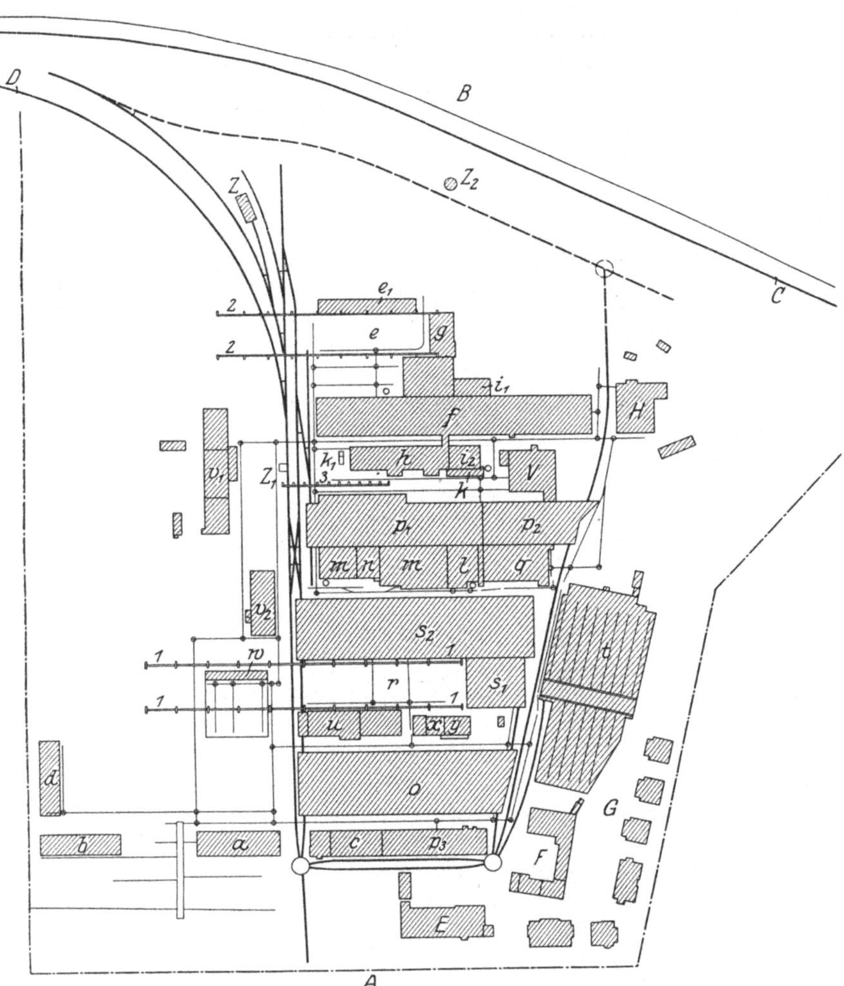

Fig. 120. Lageplan der Ardeltwerke G. m. b. H., Eberswalde.

A Straße. *B* Kanal. *C* Kleinbahn. *D* Kleinbahnanschluß. *E* Verwaltungsgebäude. *F* Wirtschaftsgebäude. *G* Werk-Siedlung. *H* Wohlfahrtsgebäude.

a Sägewerk. *b* Bretterschuppen. *c* Tischlerei. *d* Modellschuppen. *e* Schrottlagerplatz. e_1 Formsandschuppen. *f* Gießerei. *g* Kupolofenhaus. *h* Gußputzerei. i_1 Akkumulator. i_2 Kompressor. *k* Lager. *l* Gelbgießerei. *m* Schmiede. *n* Akkumulator. *o* Mechanische Werkstatt. p_1 Zahnradfräserei. p_2 Magnetbau. p_3 Teilbau. *q* Werkzeugmacherei. *r* Walzeisenlager. s_1 Zentral-Zuschneiderei. s_2 Eisenbauwerkstätte. *t* Eisenbahnwagen - Reparaturwerkstätte. *u* Magazin. *v* Elektrisches Magazin. v_1-v_2 Lagerräume. *w* Gußlagerschuppen. *x* Malerei. *y* Zentralbetriebsbüro. *z* Pumpwerk.

———·———·——— Werksgrenze
——————————— Vollspurgleise.
— — — — — Proj. Vollspurgleise.
——————————— Schmalspurgleise.
1—1, 2—2 Kranfahrbahnen. 3 Hängebahn.

Die wichtigsten Verkehrspunkte (Werkstätten und Lager) sollen derart angeordnet und miteinander verbunden sein, daß die Rohstoffe und Erzeugnisse auf kürzestem Wege und möglichst ohne Rücktransport durch das Werk gehen.

An Platzverkehrsmitteln kommen in Frage: Die an die Reichsbahn angeschlossene vollspurige Werkbahn, die schmalspurige Werkbahn, gleislose Fördermittel und Hängebahnen.

Unter diesen steht die vollspurige Werkbahn an erster Stelle. Sie dient zum Eingang der Rohstoffe und Halbfertigerzeugnisse in das Werk, zur Abfuhr der Versandgüter und zur Förderung schwerer Lasten innerhalb des Werkes. Ihre Linienführung ist so angelegt, daß alle für den Arbeits- und Transportgang in Frage kommenden Werkstätten und Lager miteinander verbunden sind. Gleisanlage der vollspurigen Werkbahn siehe S. 199.

Fig. 120 gibt als Beispiel den Lageplan der Ardeltwerke, Eberswalde, und läßt die Linienführung des Gleisnetzes erkennen. Das Werk liegt

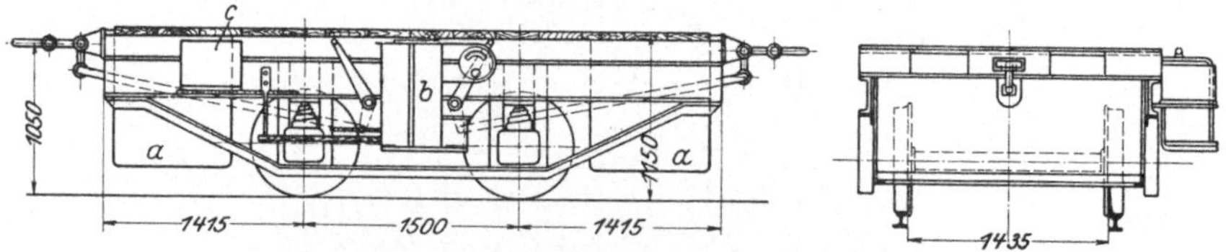

Fig. 121. Akkumulatoren-Plattformwagen.

a Batterie, b Fahrschalter, c Widerstand zu b.

an einer Wasserstraße und hat Anschluß an eine Kleinbahn. Für die Gleisverzweigung ist eine Anzahl Drehscheiben und Weichen vorgesehen. Zum Verschieben der Wagen dient eine Dampflokomotive.

Außer den Eigentumswagen der Reichsbahn und den zum Verkehr auf der Reichsbahn zugelassenen Privatwagen verkehren auf dem Werkbahnnetz noch werkeigene Wagen, die besonderen Bedürfnissen des Werkes Rechnung tragen. Sie sind nur für den Innendienst bestimmt und dürfen auf die Reichsbahngleise nicht übergehen.

Fig. 121 zeigt einen vollspurigen Akkumulatoren-Plattformwagen (Z. V. d. I. 1922, S. 81), der zur schnellen Beförderung von Gütern aller Art, zwischen den Lagern und Werkstätten, also für den Werkstätten-Eingangs- und Ausgangsverkehr, besonders geeignet ist.

Der Wagen kann auch mit einem Anhänger fahren und hat eine Zugkraft von 480 kg bei einer Geschwindigkeit von 6 km/st. Tragkraft: 10 t. Er wird durch zwei Hauptschlußmotoren angetrieben, die von der unter der Plattform aufgehängten Batterie gespeist werden. Betriebsspannung: 150 Volt. Die Batterie hat 80 Zellen und eine Kapazität von 180 Ah. bei 36 Amp. Entladestrom.

Verschiebedienst. Von größtem Einfluß auf die Wirtschaftlichkeit des Werkbahnbetriebes ist das Verschieben der Eisenbahnwagen, das noch in vielen, namentlich kleineren Werken nicht mechanisch, son-

dern durch ein größeres Aufgebot an Arbeitskräften ausgeführt wird.
Wenn man bedenkt, daß zum Verschieben eines beladenen Wagens etwa
10 bis 12 Mann erforderlich sind, die ihrer laufenden Arbeit entzogen
werden, so erkennt man diese Art des Verschiebens als besonders teuer.

Dampflokomotiven kommen nur bei lebhaftem Verschiebebetrieb und bei ausgedehntem Gleisnetz in Frage. Bei kleinen und mittleren Werken sind sie ihrer geringen Ausnutzung wegen unwirtschaftlich.

Bei der gegenwärtigen Brennstoffknappheit sind sie in kohlenreichen
Gebieten angebracht. Für Werke, die weit von den Kohlengewinnungs-
gebieten entfernt sind, wird die anzufahrende Kohle durch die hohen
Frachtkosten zu sehr belastet und der Verschiebebetrieb dadurch gesteuert.

Fig. 122. Kranlokomotive.

Fig. 122 (A. Borsig G. m. b. H., Berlin-Tegel) zeigt eine Werk-Ver-
schiebelokomotive, die durch einen aufgebauten Drehkran von 3 t Tragkraft und 5 m Ausladung auch zu Verladearbeiten verwendbar ist.

Sind in der Nähe des Verschiebebereiches leicht entzündbare Güter
gelagert, so werden statt der gewöhnlichen Lokomotiven feuerlose
Dampflokomotiven verwendet. Diese werden von einer ortsfesten
Kesselanlage aus gespeist, haben infolge ihrer Kesselwandisolierung geringe Wärmeverluste und sind auch wirtschaftlicher als die gewöhnlichen Lokomotiven.

Motorlokomotiven nach Fig. 123 (Orenstein u. Koppel A. G.
Berlin) haben den Vorteil sofortiger Betriebsbereitschaft, verbrauchen
während der Arbeitspausen keinen Brennstoff und haben den Dampflokomotiven von gleicher Leistung gegenüber ein geringeres Dienst-
gewicht.

Die Motorlokomotiven arbeiten wirtschaftlich, brauchen keinen
geprüften Lokomotivführer und sind besonders angebracht, wenn es
sich um kürzere Fahrstrecken (unter 200 m) handelt und im Verschiebebetrieb größere Pausen eintreten.

Steht Strom zur Verfügung, so wird man im allgemeinen **elektrische Lokomotiven**, die wirtschaftlich am günstigsten sind, vorziehen.

Fig. 123.
Motorlokomotive beim Verschieben von Güterwagen.

Ihre Motoren werden entweder von einem Oberleitungsnetz aus oder durch eine Akkumulatorenbatterie gespeist.

Hat das Gleisnetz nur wenige Weichen, so ist eine von einer Oberleitung aus gespeiste Lokomotive üblich. Ist dagegen die Gleisanlage stark verzweigt, so ist das Oberleitungsnetz in seiner Anlage und Unterhaltung zu teuer. Man verwendet dann besser eine Akkumulatorenlokomotive, deren Adhäsionsdruck und damit die Zugkraft durch das Batteriegewicht erhöht wird.

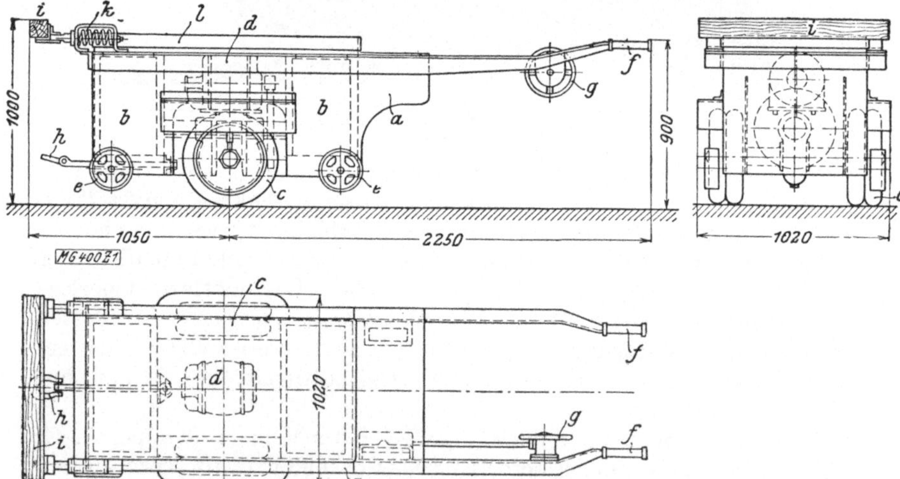

Fig. 124. Einachsschlepper Bauart Moòg.

a Fahrgestell. *b*—*b* Stromsammler. *c* Laufräder. *d* Motor, mittels Stirnrädergetriebe, Schneckenvorgelege und Differentialgetrieben auf die Laufräder arbeitend. *e* Hilfsräder. *f* Deichsel, *g* Kontroller-Handrad, *h* Zuggestänge. *i* Puffer. *k* Pufferfederung. *l* Ladeplatte.

Bei weniger flottem Verschiebedienst und nicht zu großen Gleisstrecken sind Sonderfahrzeuge wie der Lokomotor der Firma H. Breuer

& Co., Höchst a. M. und das Akkumulatorenfahrzeug der Brown-Boveri & Co., Mannheim ein zweckmäßiges Verschiebemittel. Letzteres hat, ebenso wie der Lokomotor den Vorzug einer niedrigen Bauhöhe. Es kann daher unter das überragende Rahmenende des Wagens fahren und nach Kupplung mit demselben Drehscheiben befahren.

Besondere Beachtung verdient der gleislos fahrende Einachsschlepper Bauart Moog, der sich durch geringe Anlagekosten auszeichnet und zu den verschiedensten Transportarbeiten innerhalb des Werkes verwendbar ist.

Fig. 124 (Gottwald Müller, Berlin-Karlshorst) läßt die Ausführung des Einachsschleppers erkennen.

Das Fahrzeug hat ein Gewicht von rund 1600 kg. Seine Zugkraft beträgt normal 250 kg und steigt je nach Größe der Adhäsion zwischen den Gummirädern und dem Fahrweg bis 750 kg. Fahrgeschwindigkeit in Rücksicht auf das Mitgehen des Führers: rund 60 m/min.

Bei der angegebenen Zugkraft kann der Schlepper einen Zug bis zu 100 t Gesamtgewicht verschieben.

Im Verschiebedienst der kleinen und mittleren Werke haben sich besonders die Dampfkrane (s. S. 250), die auch für die verschiedenen Umladearbeiten verwendbar sind, bewährt.

An Stelle der Dampfkrane treten auch gegebenenfalls auf Vollspur fahrende elektrische Drehkrane mit oberirdischer Stromzuführung oder mit Akkumulatorenbatterie.

Ist die Verwendung von Lokomotiven der ungenügenden Ausnutzung wegen nicht angängig, so läßt sich die Aufgabe eines wirtschaftlichen Verschiebedienstes in den meisten Fällen mit Hilfe einer Seilverschiebeanlage lösen.

Die Seilverschiebeanlagen — Spills, Verschiebewinden und Verschiebeanlagen mit endlosem Seil — passen sich dem vorhandenen Gleisnetz gut an, bieten große Manövrierfähigkeit und erfordern, da zum Verschiebedienst ein oder zwei Mann genügen, geringe Bedienungs- und Wartekosten. Sie werden fast durchweg elektrisch angetrieben. Nur unter besonderen Verhältnissen kommen andere Antriebsarten, wie Dampfantrieb oder Antrieb durch Verbrennungsmotoren gelegentlich in Frage.

Elektrische Spills. In Verbindung mit einer Anzahl, der Gleisanlage entsprechend angeordneter Umlenkrollen sind sie in vielen Fällen, besonders in kleinen und mittleren Werken, das gegebene Hilfsmittel zum Verschieben der Wagen. Die Spills sind auch bei den beschränktesten örtlichen Verhältnissen anwendbar und sind in ihrer Bedienung außerordentlich einfach.

Das Spill ist, wie in Fig. 125 (Fried. Krupp, A.-G., Grusonwerk, Magdeburg-Buckau) ersichtlich, bis Kastenoberkante versenkt eingebaut. Es wird durch Einschalten des Motors in Gang gesetzt und der Arbeiter legt ein, mittels Haken an den Wagen eingehängtes Drahtseil in ein oder mehreren Umschlingungen um den Spillkopf. Er kann dann bei kleinem Zug am Seil und infolge der Seilreibung am

Spillkopf eine große Zugkraft an den Wagen ausüben und diese verschieben. Sollen die Wagen in entgegengesetzter Richtung verschoben werden, so wird das Seil wie in Fig. 125 um eine Umlenkrolle gelegt.

Die Spills werden für Zugkräfte von 300 bis 5000 kg und Seilgeschwindigkeiten von 60 bis herab auf 15 m/min gebaut. Ausrüstung mit Gleichstrom- oder Drehstrommotor. Von 1000 kg Zugkraft aufwärts werden die Spills wie in den Fig. 125 doppelköpfig hergestellt.

Die Spills sind für Seillängen bis etwa 120 m verwendbar, solche mit selbsttätiger Seilaufwicklung auch bis 300 m.

Da der Arbeitsbereich der Spills beschränkt ist, so verwendet man für größere Fahrstrecken Verschiebewinden, die ein Arbeiten mit Seillängen bis etwa 400 m zulassen. Bei den Verschiebewinden wird das

Fig. 125. Verschieben von Eisenbahnwagen mittels elektrischen Spills.

über Umlenkrollen geführte Drahtseil an dem zu verschiebenden Wagenzug eingehängt und auf der in Gang gesetzten Seiltrommel aufgewickelt.

Fig. 126 (Joseph Vögele, Mannheim) zeigt die Bauart einer Verschiebewinde mit Überlastungskupplung.

Der Motor arbeitet mittels zweier Stirnrädervorgelege auf die, auf ihrer Welle aufgekeilte Trommel. Letztere kann durch eine Kegelreibungskupplung, deren auf der Trommelwelle verschiebbarer Vollkegel in den Hohlkegel des lose auf der Welle sitzenden Trommelrades eingreift, ein- oder abgeschaltet werden. Die Kupplung wird durch Handrad und Spindel betätigt. Sie dient gleichzeitig als Überlastungskupplung (Rutschkupplung) und hält Überlastungen und Stöße vom Triebwerk fern. Sind starke Steigungen in der Gleisanlage vorhanden, so erhält die Winde, um im Gefälle laufende Wagen anhalten zu können, an Stelle der Fußtrittbremse eine durch Handrad betätigte Spindelbremse. Eine von der Trommelwelle aus angetriebene Seilführungsvorrichtung gewährleistet ein ordnungsmäßiges Auf- und Abwickeln des Zugseiles.

Bei stärkeren und sehr langen Seilen wird außer der Zugseiltrommel noch eine weitere Trommel auf der Trommelwelle angeordnet, deren dünnes Seil zum Einholen des Zugseiles dient. Diese Seilverholtrommel wird von dem Verschiebewindwerk angetrieben. Sie wird bei Bedarf mit diesem gekuppelt oder ausgerückt.

Die Verschiebewinden der gekennzeichneten Bauart werden in fünf

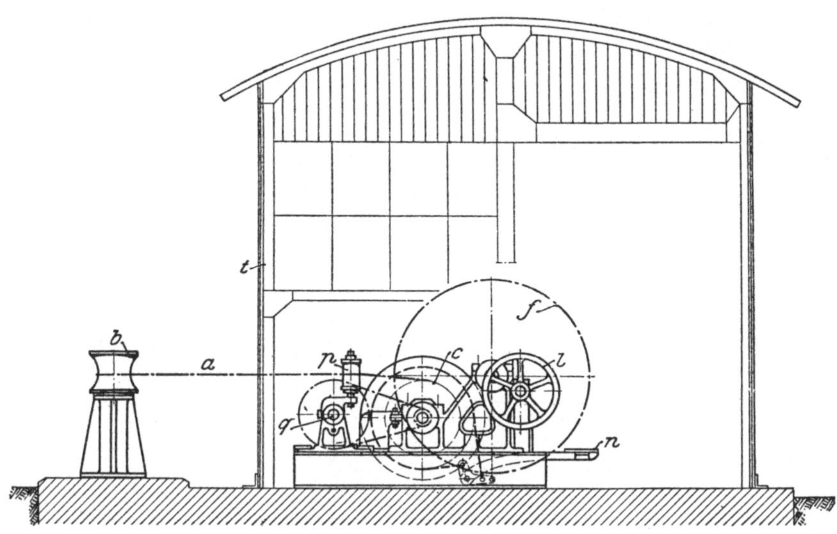

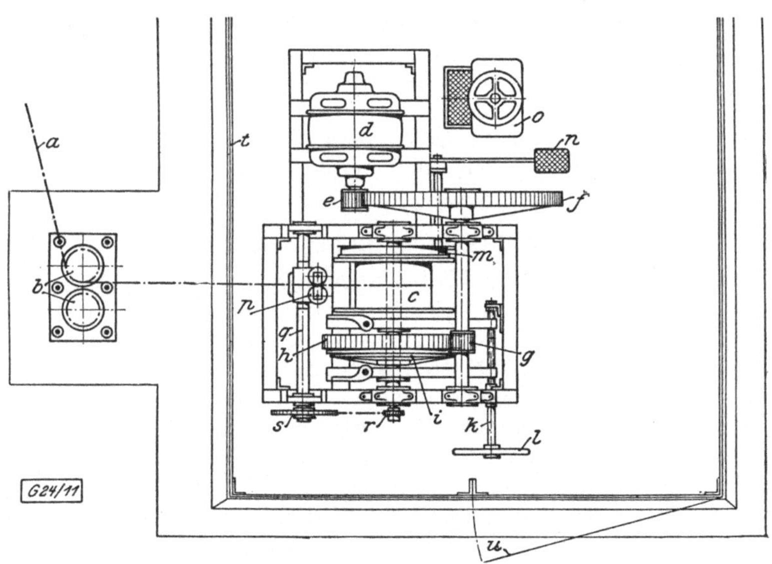

Fig. 126. Verschiebewinde mit Überlastungskupplung.

a Zugseil. *b* Doppelrollenbock. *c* Seiltrommel. *d* Motor. *e—f* Motorvorgelege. *g—h* Trommelvorgelege. *i* Kegelreibungskupplung. *k* Spindel. *l* Handrad zur Betätigung von *i*. *m* Bremse. *n* Fußtritthebel zu *m*. *o* Anlasser. *p* Seilaufwickelvorrichtung. *q* Spindel. *r—s* Kettentrieb zu *p*. *t* Schutzhaus zur Winde.

Größen und für Zugkräfte von 500 bis 2500 kg gebaut. Seilgeschwindigkeit je nach Zugkraft 60 bis herab auf 30 m/min.

Verschiebeanlagen mit endlosem Seil (Fig. 127). Ihre Anwendung ist dann gegeben, wenn es sich um langgestreckte Anschlußgleise und Gleisanlagen mit wenig Weichen, Drehscheiben, Schiebebühnen und Wegübergängen handelt. Verschiebeanlagen mit endlosem Seil haben den Spills und Verschiebewinden gegenüber den Vorteil, daß die Wagen sowohl in beiden Richtungen als auch von verschiedenen Stellen aus gleichzeitig verschoben werden können.

Zum Verschieben eines Wagenzuges wird das Hilfsseil mittels Haken an den Wagen eingehängt und durch einen Seilgreifer mit dem ständig umlaufenden Arbeitsseil gekuppelt. Werden die Wagen nach der anderen Richtung verschoben, so wird das Hilfsseil mit dem entgegen-

Fig. 127. Verschiebeanlage mit endlosem Seil auf einem Werkbahnhof. Rechts Antrieb mit selbsttätiger Seilspannvorrichtung.

gesetzt laufenden Strang des Arbeitsseils verbunden. Der mitgehende Arbeiter trägt den Seilgreifer, der so gestaltet ist, daß er die Umlenk- und Tragrollen des Arbeitsseiles stoßfrei passiert.

3. Lagerplatz-Bedienung.

Brennstoffe, Rohstoffe, Halbfertigerzeugnisse und andere Güter werden, soweit sie weniger witterungsempfindlich sind, auf offenen Plätzen gelagert. Für eine Maschinenfabrik mit Eisengießerei (laufende Förderarbeiten siehe S. 189) kommen im allgemeinen folgende Lagerplätze in Frage: Kohlenlagerplatz, Holzlagerplatz, Lagerplatz für Gießereirohstoffe (Masseln usw.), Schrottlagerplatz, Formkastenlager, Blocklager für die Schmiede und Walzeisenlager. Zu ihrer Bedienung sind geeignete Hebe- und Fördermittel erforderlich, denen das Be- und Entladen der Platzverkehrsmittel und das Verteilen und Stapeln der Güter auf den Lagerplätzen zufällt. Damit die Platzfläche gut ausgenutzt wird, werden die Lagergüter möglichst hoch, jedoch ohne Gefahr für das Bedienungspersonal gestapelt.

Unter den verschiedenen Lagerplatzbedienungsmitteln stehen die Krane (siehe S. 237) an erster Stelle. Sie werden je nach Art der zu fördernden Güter (Stück- oder Schüttgüter) mit geeigneten Lastaufnahmemitteln, wie Zangen, Pratzen, Magneten oder Selbstgreifern ausgerüstet. Lastaufnahmemittel siehe S. 225. Da die Lagerplätze in der Regel rechteckig sind, so eignen sich die Tor- oder Bockkrane und die auf einer Hochbahn fahrenden Laufkrane am besten zu ihrer Bedienung. Auf Normalspur fahrende Dampfdrehkrane und elektrisch betriebene Rollkrane können ihrer beschränkten Ausladung wegen nur zwei parallel ihrer Spur liegende schmale Flächenstreifen bedienen, haben jedoch den Vorteil, daß sie auch zum Verkehr zwischen den Lagerplätzen und Werkstätten, zu Ladearbeiten und für den Verschiebeverkehr verwendbar sind.

Handelt es sich um einen Lagerplatz von großer Breite, der gleichzeitig an einer Ladestelle gelegen ist, so sieht man gegebenenfalls eine Verladebrücke vor, die den Lagerplatz in seiner ganzen Breite überspannt. Die Anwendung einer Verladebrücke erfordert jedoch hohe Anlagekosten und setzt eine genügende Ausnützung dieses Fördermittels voraus.

Fig. 128 und 129 (Demag, Duisburg) zeigen die beiden Hauptausführungsarten von Verladebrücken.

Fig. 128: Verladebrücke mit Greiferlaufkatze. Die Brücke dient zum Umladen der mit Flußschiffen ankommenden Schüttgüter in Eisenbahnwagen. Tragkraft: 3,5 t. Stützweite: 70 m. Länge des wasser- und landseitigen Kranarmes je 20 m. Somit Gesamtlänge der Brücke: 110 m. Fig. 129: Verladebrücke mit oben fahrendem Greiferdreh-

Fig. 128. Verladebrücke mit Greifer-Laufkatze.

kran. Tragkraft: 4 t; Stützweite: 72 m; Kragarmlänge: 16,8 m; Ausladung des Drehkranes: 15 m.

Zur Bedienung eines breiten Holz-oder Kohlenlagerplatzes verwendet man in neuerer Zeit in zunehmendem Maße **Kabelkrane**, die in ihrer Beschaffung und im Betriebe billiger als die schweren Verladebrücken sind.

Laufkrane auf Hochbahnen. Im Gegensatz zu den Torkranen behindern sie den Verkehr auf ebener Erde nicht und lassen daher höhere Arbeitsgeschwindigkeiten zu als diese. Ferner hat ein Torkran ein wesentlich höheres Eigengewicht als ein Laufkran von gleicher Tragkraft und Spannweite. Da, gleiche Geschwindigkeit angenommen, zum Fahren eines Torkranes ein größerer Arbeitsaufwand erforderlich ist, so gleicht dieses Mehr an Arbeitsaufwand, besonders bei flott arbeitenden Kranen von großer Fahrstrecke die Anlagekosten der eisernen Hochbahn aus. In solchen Fällen wird man daher den Laufkran mit Hochbahngerüst dem auf ebener Erde fahrenden Volltorkran vorziehen.

Ist ein Lagerplatz von großer Breite zu bedienen, so würde ein Laufkran von entsprechender Spannweite zu schwer und teuer werden. Man unterteilt dann den Lagerplatz und ordnet mehrere auf eisernen Hochbahnen fahrende Laufkrane von kleinerer Spannweite an. Fig. 130 zeigt eine derartige Laufkrananlage zur Bedienung eines Holzlagerplatzes (M.A.N., Werk Nürnberg).

Fig. 129. Verladebrücke mit Greifer-Drehkran.

Der etwa 90 m breite Holzlagerplatz (siehe Fig. 130) ist in vier Felder
unterteilt und mit vier, auf eisernen Hochbahnen fahrenden Laufkranen

Fig. 130. Laufkrananlage eines Holzlagerplatzes.

Fig. 131. Lagerplatzbedienung durch Handhängebahn.

von 3 bzw. 8 t Tragkraft und 24,5 bzw. 21 m Spannweite ausgerüstet.
Zum Aufnehmen der Holzstämme hat jeder Kran zwei Laufkatzen, die
mit geeigneten selbstsperrenden Zangen versehen sind.

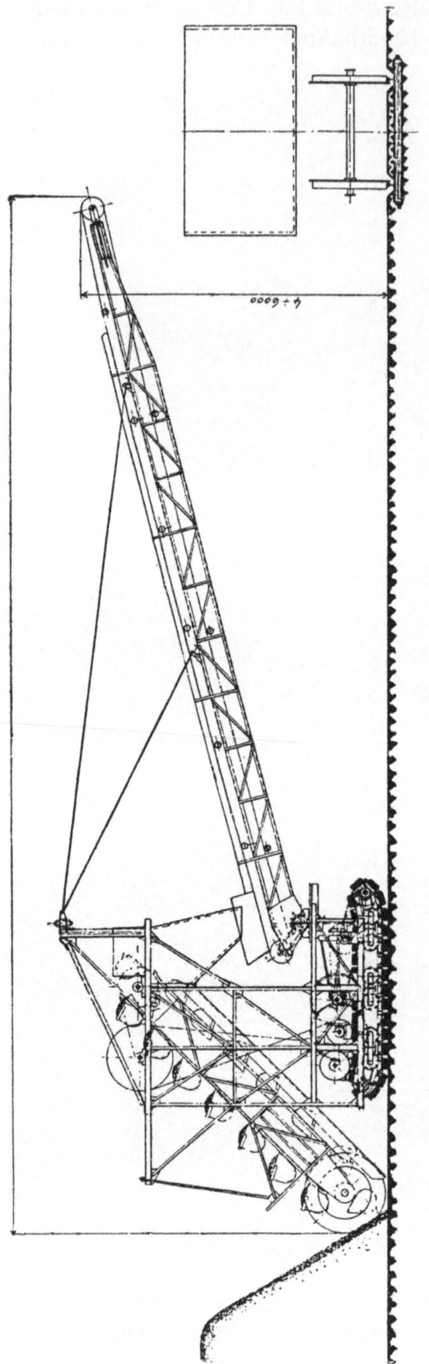

Fig. 132. Selbstfahrende Be- und Entlademaschine für Kohle und andere Schüttgüter.

Ein ausgezeichnetes und neuzeitiges Hilfsmittel zur Bedienung der Lagerplätze sind die Hängebahnen. Sie kommen für Lasten bis etwa 3 t, höchstens 5 t in Frage und werden meist so angewendet, daß sie das Gut aus einem Schiff oder Eisenbahnwagen entladen und nach Bedarf zum Lagerplatz oder unmittelbar zur Verbrauchsstelle fördern. Je nach der Ausdehnung des Hängebahnnetzes und der geforderten Leistung sieht man entweder eine Handhängebahn oder eine Elektrohängebahn vor.

In Fig. 131 (J. Pohlig A.-G., Köln) ist eine Handhängebahn auf dem Lagerplatz einer Maschinenfabrik dargestellt. Die Wagen sind zum Heben der Last mit einem eingehängten Schneckenflaschenzug ausgerüstet und haben eine Tragkraft von 3 t. Die Bauart der eingebauten Weiche und Drehscheibe ist S. 209 gekennzeichnet. In einem Fabrikbetriebe legt man das Gleisnetz einer Handhängebahn zweckmäßig so an, daß die in Frage kommenden Lagerplätze und Werkstätten miteinander verbunden sind und die Hängebahn zur Durchführung des Werkstätten-Eingangs- und Ausgangsverkehrs herangezogen wird.

Elektrohängebahnen werden im Werkstättenbetriebe hauptsächlich zur Kohlenförderung und zur Förderung im Gießereibetriebe verwendet. Dient die Elektrohängebahn auch zur Bedienung eines Lagerplatzes, so ordnet man meist nach Art von Fig. 47 S. 212 eine fahrbare Brücke in der Gleisführung an, deren beide Schienen durch vier Weichen an den endlosen Hauptgleisstrang angeschlossen sind. Durch diese fahrbare Brücke, auf die die Wagen übergehen, kann die ganze Lagerplatzfläche bestrichen werden. Bau und Anwendung der Elektrohängebahnen siehe S. 212.

Neben den vorstehend erwähnten aussetzend arbeitenden Förderern kommen zur Bedienung der Lagerplätze noch einige Bauarten von Dauerförderern in Betracht. Unter diesen sind die bereits unter Ladeverkehr gekennzeichneten Becherwerke mit Zubringespiralen bei entsprechender Ausbildung auch als Bedienungsmittel für die Kohlenlagerplätze geeignet.

Fig. 132 (Heinzelmann & Sparmberg, Hannover) zeigt eine selbstfahrende Be- und Entlademaschine neuester Ausführung zur Bedienung eines Kohlenlagerplatzes. Die Maschine besteht im wesentlichen aus einem Becherwerk mit Zubringeschnecken, die auf das Fördergut aufgesetzt werden und es der Becherkette zuführen. Diese fördert das Gut hoch und gibt es vermittelts eines Schüttrumpfes an ein Förderband ab, das den wagerechten bzw. geneigten Weitertransport übernimmt. Das Förderband ist auf einem Gitterausleger angeordnet, der noch um eine senkrechte Achse schwenkbar ist. Das Ganze wird von einem auf Raupenketten fahrbaren Gerüst aus Eisenfachwerk getragen, das auch den Antriebmotor aufnimmt.

Entsprechend der Breite der Zubringeschnecken lassen sich 4 m breite Streifen des Kohlenstapels in einem Gange abtragen und in die Eisenbahnwagen verladen. Umgekehrt können mit der Maschine auch Kohle und andere Schüttgüter aus den Eisenbahnwagen nach dem Lagerplatz umgeschlagen werden. Hierzu wird die Maschine vor den geöffneten Wagen gefahren, das herausfallende Gut wird von den Zubringeschnecken aufgenommen, der Becherkette zugeführt und durch das schwenkbare Förderband auf den Lagerplatz verteilt.

Je nach Größe der Becher werden Umschlagleistungen bis zu 60 t/st erzielt.

B. Werkstätten-Innenverkehr.
(Förderung innerhalb der Werksgebäude.)
1. Kesselkohlung und -Entaschung.

In neuzeitig eingerichteten Betrieben finden wir eine mechanische Förderung der Kohle vom Lagerplatz zum Kesselhause, Verteilung der Kohle auf die einzelnen Kessel, mechanische Kesselfeuerung und eine neuzeitige Entaschungsanlage. Durch eine derartige Kesselbedienung werden große Ersparnisse an Arbeitslöhnen gemacht, der Kesselbetrieb selbst wird durch die gleichmäßige Kohlenzufuhr regelmäßiger, auch werden die Kessel, da sie nicht wie bei Handbedienung wechselnder Abkühlung ausgesetzt sind, geschont.

a) Kesselbekohlungsanlagen.

Die für den unmittelbaren Verbrauch bestimmte Kohle wird im Kesselhause entweder auf ebener Erde gelagert, in Tiefbunker gegeben (Fig. 134 bis 136) oder bei größeren Verbrauchsmengen in Hochbunker über den Kesseln gefördert (Fig. 137 bis 139). Sie wird durch neuankommende Kohle oder vom Lagerplatz aus mittels geeigneter Transportmittel ergänzt.

Zur mechanischen Förderung innerhalb des Kesselhauses kommen je nach dem vorhandenen Kesselsystem, der stündlichen Kohlenverbrauchsmenge, der Art und Länge des Förderweges und den mitunter schwierigen räumlichen Verhältnissen folgende Fördermittel in Betracht: Handhängebahnen, Elektrohängebahnen, Hängebahnen mit Führersitzlaufkatzen, sowie die verschiedenen Bauarten der stetig arbeitenden Förderer. Von diesen dienen die senkrechten und schrägen Becherwerke (Elevatoren) zur Förderung in senkrechter bzw. stark geneigter Richtung, während Kratzerförderer, Förderrinnen,

Fig. 133. Kesselbekohlung mittels Elektrohängebahn.

Schnecken- und Bandförderer für den wagerechten Transport in Frage kommen. Durch die Verbindung eines Elevators mit den vorgenannten wagerechten Förderern lassen sich bei kleinen und mittleren stündlichen Kohlenmengen die meisten transporttechnischen Aufgaben im Kesselhause lösen.

Pendelbecherwerke mit doppeltem Kettenstrang fördern in wagerechter und senkrechter Richtung und lassen in ihrer Bewegungsebene jede gewünschte Ablenkung zu. Handelt es sich um ungünstige räumliche Verhältnisse, so verwendet man zweckmäßig raumbewegliche Becherwerke (Spiralbecherwerke), die eine Führung der Becherkette in senkrechten, wagerechten und in Raumkurven ermöglichen. Pendelbecherwerke und raumbewegliche Becherwerke werden in dem rückkehrenden Strang auch zur Ascheabfuhr verwendet.

Durch die Anwendung einer Hängebahn ergibt sich bereits bei klei-

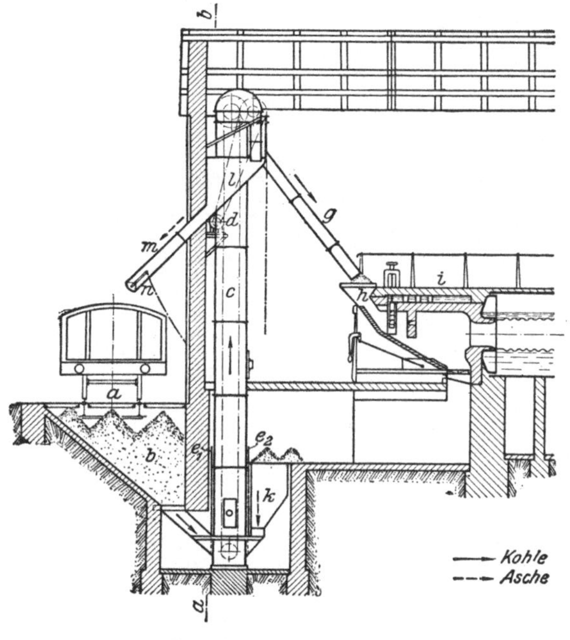

Fig. 134.

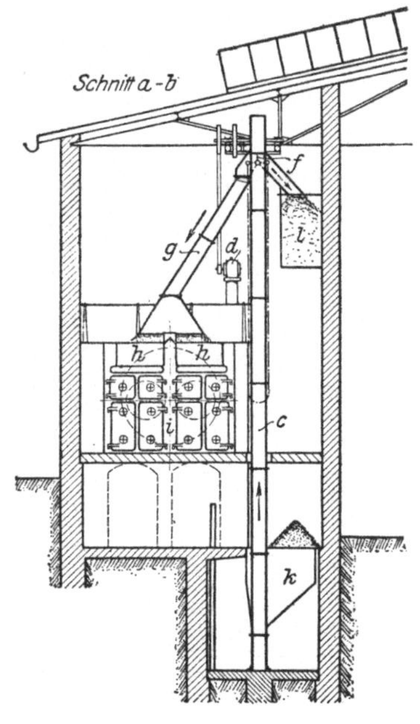

Fig. 135.

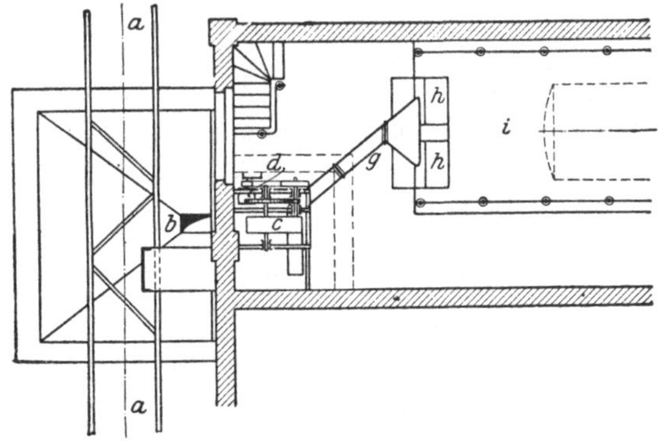

Fig. 136.

Fig. 134 bis 136. Kesselbekohlung und -entaschung durch ein senkrechtes Becherwerk. *a* Anfuhrgleis. *b* Kohlenbunker. *c* Senkrechtes Becherwerk. *d* Elektromotor zum Antrieb der Becherkette. $e_1 - e_2$ Schieber für Kohlen- bzw. Aschenzufuhr zum Becherwerk. *f* von Hand bediente Klappe zum Einstellen bei Kohlen- bzw. Aschenförderung. *g* Kohlenzuführrohr zu den Beschicktrichtern *h* des Dampfkessels *i*. *k* Aschengrube. *l* Aschen-Hochbunker. *m* Asche-Auslaufrohr mit Drehschieberverschluß *n*.

nen Förderleistungen meist eine günstige Lösung für den Einbau einer Kesselbekohlungsanlage.

Fig. 133 (Bleichert & Co., Leipzig-Gohlis) läßt das Beschicken der Dampfkessel durch einen Elektrohängebahnwagen mit Hubwerk erkennen. Das Fördergefäß hat schrägen Boden, wird am Kohlenlager

gesenkt und von Hand vollgeschaufelt. Es wird dann gehoben und vor
den Beschicktrichter des Kessels gefahren, wo es gegen einen Anschlag
stößt und sich selbsttätig entleert. Die Schaltvorrichtung zum Steuern

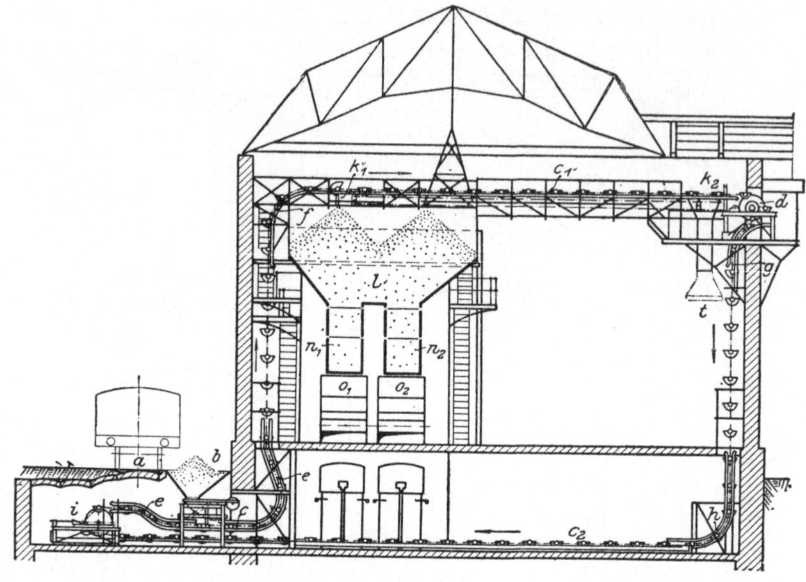

Fig. 137.

der Motoren des Elektrowindenwagens ist an der Wand des Kesselhauses angeordnet und wird vom Heizer bedient. Gegebenenfalls ist
der Betrieb der Hängebahnanlage auch vollkommen selbsttätig.

In Fig. 134 bis 136 (Sächs. Maschinenfabrik vorm. Rich. Hartmann
A.-G., Chemnitz) ist eine Bekohlungs- und Entaschungsanlage für einen
mit Treppenrost ausgerüsteten Zweiflammrohrkessel von 112 m² Heizfläche dargestellt.

Die ankommende Rohbraunkohle wird von Hand in eine, mit einem Flacheisen-
rost abgedeckte Schüttgrube entladen. Aus dieser fließt sie bei geöffnetem Schieber e_1 dem senkrechten Becherwerk c zu, das sie hochfördert und bei entsprechender Stellung der Wechselklappe f mittels des Ablaufrohres g den Beschicktrichtern
des Kessels zuführt. Soll Asche gefördert werden, so wird der Schieber e_2 an der
Aschegrube geöffnet, die Asche wird vom Becherwerk gehoben und nach Umstellen
der Wechselklappe f in den Aschen-Hochbehälter l abgegeben. Aus diesem wird
dann die Asche durch das Ablaufrohr m bei geöffnetem Drehschieber unmittelbar
in die Eisenbahnwagen verladen.

Die Anlage, die durch einen Elektromotor von 2 PS Leistung angetrieben wird, ist baulich äußerst einfach und daher in ihren Anschaffungskosten niedrig. Einer etwaigen Vergrößerung bei Aufstellung eines
zweiten Kessels ist Rechnung getragen.

Fig. 137 bis 139 (Sächs. Maschinenfabrik vorm. Richard Hartmann)
geben ein Beispiel für eine Kesselbekohlungsanlage mit Pendelbecherwerk.

Die Kohle wird durch einen Trichter b und eine mechanische Aufgabevorrichtung der endlosen, ständig umlaufenden Becherkette zugeführt, die sie hochfördert. Über den Hochbunkern werden die Becher durch eine einstellbare Kippvorrichtung k_1 entleert. Aus den Bunkern gelangt dann die Kohle durch die Ablaufrohre n_1 bzw.

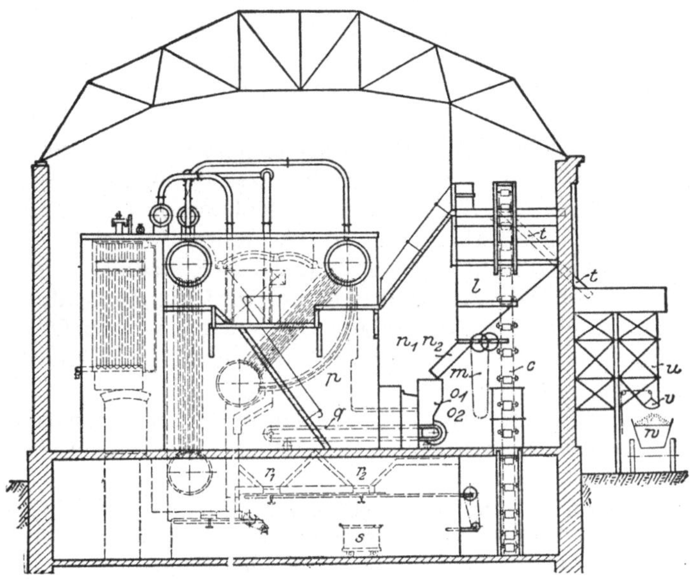

Fig. 138.

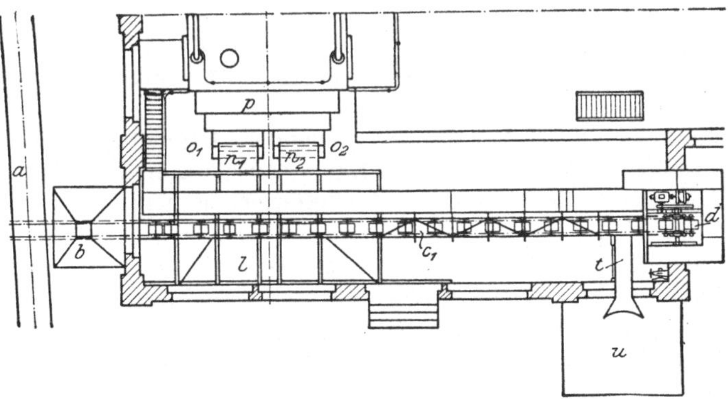

Fig. 139.

Fig. 137 bis 139. Kesselbekohlung- und -entaschung mittels Pendelbecherwerk.

n_2 in die Beschicktrichter o_1 bzw. o_2 der Kesselfeuerungen. Die Asche wird von den Ausfallstellen r_1 bzw. r_2 aus in einen, im Aschekanal fahrenden schmalspurigen Kippwagen entleert und an den unteren Strang der Becherkette abgegeben. Sie wird dann hochgefördert und durch Kippen der Becher bei k_2 mittels des Auslaufrohres t in den Aschebunker geleitet. Aus diesem wird sie durch Öffnen des Drehscheibenverschlusses in die Straßenfahrzeuge entleert.

Stündliche Leistung der Becherkette: Etwa 10 t. Becherinhalt: Etwa 16 l. Arbeitsgeschwindigkeit: 18 m/min. Kraftbedarf: Etwa 3 PS.

b) Entaschungsanlagen.

Das Entaschen der Kessel ist für den Menschen eine schwere, gesundheitschädigende Arbeit und für den Betrieb eine große Belastung an Arbeitslohn. Deshalb verwendet man neuerdings mehr und mehr mechanische Hilfsmittel.

Ein im Aschekanal fahrender Schmalspurwagen mit kippbarem Kasten wird unter den Aschetrichter des Kessels gefahren, worauf die Asche durch Öffnen des Trichterbodenverschlusses in den Wagen entleert wird. Der Wagen wird dann auf die Förderschale eines Aufzuges gebracht, auf Fußbodenhöhe gehoben und zur Entladestelle gefahren. Sind größere Aschemengen abzuführen, so wird die Asche durch den Aufzug in einen Hochbehälter gefördert, aus dem sie durch Öffnen der Bodenklappe unmittelbar in einen Eisenbahnwagen oder in ein Straßenfahrzeug entladen wird.

Bei kleineren Kesselanlagen ist die Anordnung eines Wandschwenkkranes zum Heben des Aschewagens auf Fußbodenhöhe billiger und daher vorzuziehen.

Fig. 140 (Demag, Duisburg) zeigt einen derartigen Wandschwenkkran, an dessen Auslegerspitze ein Elektroflaschenzug eingehängt ist. Das Fördergefäß des Aschewagens hat schrägen Boden und eine Seitenklappe, die zum Abgeben der Asche entriegelt wird.

Statt des Aschewagens kann unter den hintereinanderliegenden Aschenfallstellen auch ein wagerechter Dauerförderer (Kratzer- oder Schneckenförderer, Förderrinne oder ein Stahlbandförderer) angeordnet werden, der die Asche einem Elevator zuführt, durch den sie hochgefördert wird.

Ist ein zur Kesselbekohlung dienendes Pendelbecherwerk oder ein raumbewegliches Becherwerk im Kesselhause eingebaut, so wird dieses in den meisten Fällen auch zur Ascheförderung herangezogen. Siehe Fig. 137 bis 139.

In neuerer Zeit führt man das Entaschen der Kessel in zunehmendem Maße durch Asche-Spülanlagen oder durch Saugluftanlagen aus.

Fig. 141 und 142 (Fr. Gröpel, Bochum) geben das Schema einer Asche-Spülanlage und erläutern deren Arbeitsweise.

Die Verschlußklappen der Aschetrichter a werden von Hand geöffnet und die Asche fällt in eine offene, geneigte Spülrinne b, in die bei c ein Wasserstrom eingeleitet wird. Die in den Wasserstrom fallende Asche wird vollständig abgelöscht, gleichzeitig auf 30 bis 50 mm Korngröße granuliert und in den Schöpftrog d des Entwässerungsbecherwerks e übergeführt. Dieses fördert die Asche unter gleichzeitigem Entwässern in den Aschebunker f, aus dem sie unmittelbar in die Fahrzeuge entladen wird. Das aus dem Aschebunker abtropfende Wasser wird in Rinnen aufgefangen und in den Saugbehälter g der Pumpen h geleitet. Auch das in den Schöpftrog d des Entwässerungsbecherwerks gelangte Wasser wird in einen Klärbehälter übergeführt und aus diesem wieder nach den Spülrinnen gepumpt.

Der Wasserverbrauch der Anlage ist infolge der Klärung und Wiederverwendung des benutzten Wassers sehr gering, da nur das der Schlacke noch anhaftende, sowie das beim Ablöschen derselben verdunstende Wasser ersetzt werden muß.

Der Arbeitsverbrauch der Pumpen beträgt je nach der Förderhöhe 20 bis 25 PS, der des Entwässerungsbecherwerks 10 bis 15 PS. Dieser

Fig. 140. Wandschwenkkran zum Hochziehen der Aschewagen.

Arbeitsverbrauch spielt jedoch eine ganz untergeordnete Rolle, da in jeder Schicht nur etwa 20 bis 25 Minuten gespült wird.

Um auch große Schlackenstücke leicht abführen zu können, bemißt man die Pumpen und Spülrinnen reichlich. Die Spülrinnen werden in Eisen oder Beton ausgeführt und sind mit leicht auswechselbaren Schleißblechen versehen. Wird die Asche von Hand aus den Feuerungen

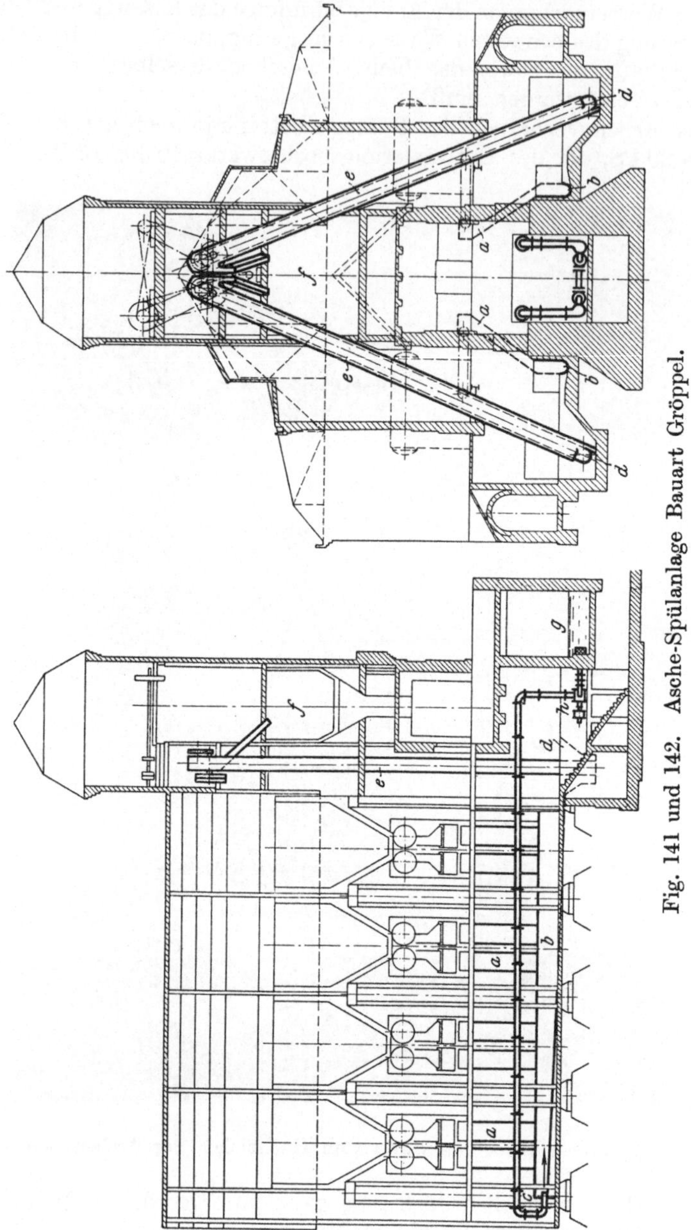

Fig. 141 und 142. Asche-Spülanlage Bauart Gröppel.

gezogen oder wie bei den Treppenrostfeuerungen durch Stochen entfernt, was meist in unregelmäßigen Zeiträumen geschieht, so muß in jeder Schicht häufiger gespült werden.

Die Entaschung der Dampfkessel durch Saugluft (pneumatische Entaschung) wird infolge ihrer günstigen Arbeitsweise und der weitgehenden Ersparnis an Arbeitslöhnen trotz des höheren Kraftverbrauches gegenüber den anderen mechanischen Förderern mehr und mehr angewendet.

Fig. 143 (Gebr. Seck, Dresden) erläutert den Arbeitsvorgang des Entaschens mittels einer Saugluftanlage.

An der Aschenanfallstelle wird ein biegsamer Schlauch mit dem Saugrüssel a angesetzt. Der von dem Gebläse b angesaugte Luftstrom reißt die Asche durch die Förderleitung c nach dem Abscheider (Rezipienten) d mit. Infolge der großen Querschnittserweiterung des Förderrohres im Abscheider verliert der Luftstrom seine Tragkraft und der größte Teil der Asche fällt in den darunterliegenden Hochbehälter e, aus dem sie in die Fahrzeuge abgelassen wird.

Der von dem Luftstrom noch mitgeführte Aschestaub geht in die Leitung f weiter, wo er in dem Wasserfilter g so vollkommen niedergeschlagen wird, daß das Gebläse nur noch reine Luft ansaugt. Der aus dem Gebläse austretende Luftstrom wird zur Schalldämpfung in eine Grube geleitet.

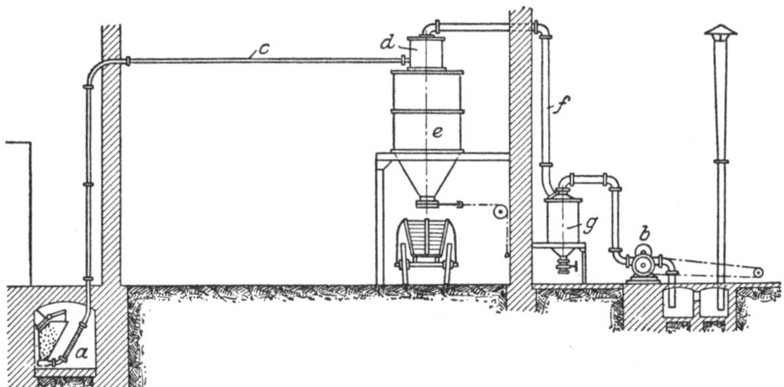

Fig. 143. Saugluft-Entaschungsanlage (Schema).

Bei größeren Anlagen wird statt des Gebläses eine Kolbenpumpe eingebaut, die einen günstigeren Wirkungsgrad hat als das Gebläse. Größte Förderlänge der Saugluftentaschungsanlagen: etwa 400 bis 500 m. Größte Förderhöhe etwa 25 m. Bei 200 bis 300 m Förderweg ist an der Pumpe eine Luftleere von 450 mm Q.S. erforderlich. Die Luftgeschwindigkeit beträgt 20 bis 25 m/sek. Entsprechend der Abnahme der Luftdichte steigt die Geschwindigkeit nach dem Sammelkessel zu auf 40 bis 50 m/sek.

Flugasche wird von Saugluftanlagen ohne weiteres abgesaugt. Steinkohlenschlacke dagegen ist vorher in einem Schlackenbrecher zu zerkleinern, was bei Braunkohlenasche durch Zerschlagen mit einer Stange geschehen kann.

2. Förderung in den Fertigungswerkstätten.

a) Allgemeiner Verkehr.

Der Verkehr innerhalb der Werkstätten läßt sich in ebenerdigen Verkehr (einschl. Flurverkehr in den oberen Stockwerken der Werkgebäude), Überflurverkehr und senkrechten Verkehr (Verkehr zwischen ebener Erde und den oberen Gebäudegeschossen) gliedern. Die für den allgemeinen Verkehr in Betracht kommenden Fördermittel sind durchweg aussetzend arbeitende Förderer (siehe S. 191). Außer diesen werden in neuerer Zeit und bei entsprechenden Transportverhältnissen auch Dauerförderer mehr und mehr angewendet.

α. **Ebenerdiger Verkehr (Flurverkehr).** Der weitaus größte Teil des Innenverkehrs entfällt auf den ebenerdigen Verkehr und den Flurverkehr in den oberen Stockwerken. Je nach Art der herzustellenden Erzeugnisse und den örtlichen und Betriebsverhältnissen kommen für den ebenerdigen Verkehr gleislose Fördermittel, sowie Schmalspurbahnen und Vollspurbahnen in Frage, deren Fahrzeuge den besonderen Anforderungen der Werkstätten angepaßt werden. Gleislose

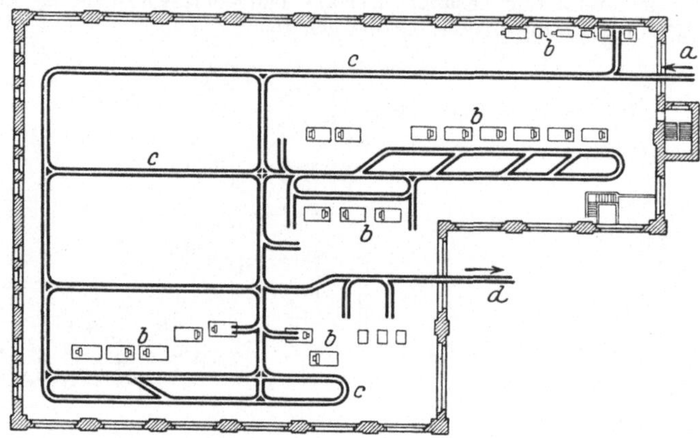

Fig. 144. Zweischienen-Hängebahn in einer Bearbeitungswerksstätte (Gleisplan).
a Werkstätten-Eingang. *b* Werkzeugmaschinen. *c* Hängebahngleisanlage. *d* Werkstätten-Ausgang.

Förderer kommen nur für Lasten bis höchstens 3 t in Frage. Da sie einen glatten und ebenen Fußboden erfordern, so ist ihre Anwendung in den Bearbeitungswerkstätten, in den Lagerräumen und bei Herstellung kleinerer Maschinen in den Zusammenbauwerkstätten gegeben.

Das schmalspurige Gleisnetz wird im allgemeinen auch auf die einzelnen Werkstätten ausgedehnt. Es dient vorwiegend dem Werkstätten-Eingangs- und -Ausgangsverkehr und ist in der Gießerei und Schmiede als Innenfördermittel nicht zu entbehren.

Das vollspurige Gleisnetz wird je nach Bedarf und Art der herzustellenden Erzeugnisse an die einzelnen Werkstätten angeschlossen. Schwerere Lasten können daher ohne Umladen unmittelbar an ihren Bestimmungsort geleitet werden.

Innerhalb der Werkstätten sind die Voll- und Schmalspurgleise in Rücksicht auf den Verkehr der gleislosen Fördermittel versenkt.

β. **Überflurverkehr.** Ein Hauptvorteil des Überflurverkehrs ist, daß er das Arbeiten und den Verkehr auf ebener Erde nicht behindert und den Flurverkehr selbst in erheblichem Maße entlastet. Da die Überflurförderer keine Bodenfläche beanspruchen, so bieten sie eine wirtschaftliche Ausnutzung der Werkräume. Überflurförderer sind die Hängebahnen (zur Förderung leichterer Lasten) und verschiedene Kranbauarten (Laufkrane und Konsolkrane).

Bei Anwendung einer Hängebahn sieht man je nach den räumlichen und Betriebsverhältnissen eine I-Trägerbahn mit von Hand bedienten oder elektrisch betriebenen Untergurt-Laufkatzen (s. S. 235) vor. Ist das Gleisnetz stark verzweigt, so wählt man für Lasten bis etwa 2 t eine ein- oder zweischienige Handhängebahn (s. S. 208).

Fig. 144 (Kaiser & Co., Cassel) zeigt als Beispiel die Gleisanordnung einer Zweischienen-Hängebahnanlage in einer Bearbeitungswerkstätte. Die Schienen sind zwei Doppelkopfschienen und werden von zweirädrigen Laufkatzen mit angebautem Stirnradflaschenzug (Fig. 145) befahren.

Ihre Hauptanwendung finden die Hängebahnen im Gießereibetriebe, wo sie je nach den Transportanforderungen

Fig. 145. Laufkatze mit Stirnradflaschenzug.

als Hand- oder Elektrohängebahnen ausgeführt werden. Sie dienen dann nicht nur zum Innentransport, sondern auch zur Förderung außerhalb der Werkstätten und zu Umladearbeiten.

In den Werkstätten der Maschinenindustrie beanspruchen die Krane erhöhte Bedeutung, da eine sachgemäße Kranausrüstung der Fertigungswerkstätten von großem Einfluß auf die Höhe der Erzeugung ist. Langsam arbeitende Krane setzen die Produktion einer Werkstätte herab und üben einen ungünstigen Einfluß auf die Arbeitslust der Arbeiter aus, die müßig abwarten müssen, bis ein Werkstück an Ort und Stelle befördert ist. Von Hand bediente Krane hat man daher nur für leichte Lasten, kurze Förderwege und gelegentliche Benutzung. Elektrische Krane arbeiten zwecks Abkürzung der Förderzeit mit genügend hohen Geschwindigkeiten.

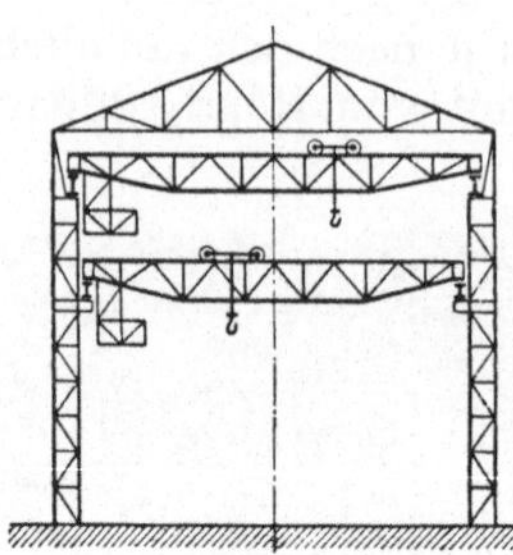

Fig. 146.
Zwei Laufkrane übereinander.

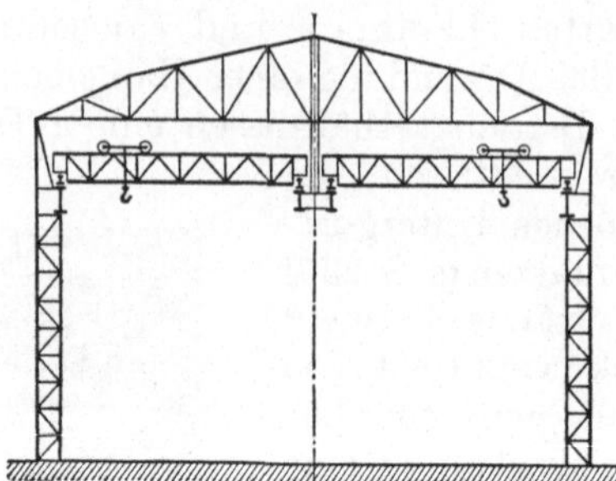

Fig. 147.
Zwei Laufkrane nebeneinander.

Die große Mehrzahl der Werkstätten-Innendienstkrane ist fahrbar. Nur die Sonderzwecken dienenden Krane (zur Bedienung der Arbeitsmaschinen usw.) sind ortsfest.

Im allgemeinen kommen für den Verkehr in den einzelnen Werkstätten folgende Kranbauarten in Betracht.

Laufkrane (s. S. 237). Sie sind die gegebene Kranbauart für Innenräume und können mit ihrem Lasthaken fast die ganze Grundfläche eines Gebäudes bestreichen. Elektrische Laufkrane größerer Tragkraft, die häufig leichtere Lasten fördern, haben eine Laufkatze mit Hilfshubwerk (Fig. 87, S. 239). Untergurt-Laufkrane erfordern bei gleicher Entfernung der Laufkatzenschienen vom Fußboden eine größere Gebäudehöhe, haben jedoch den Vorteil eines größeren lichten Raumes unterhalb des Kranes, was gegebenenfalls

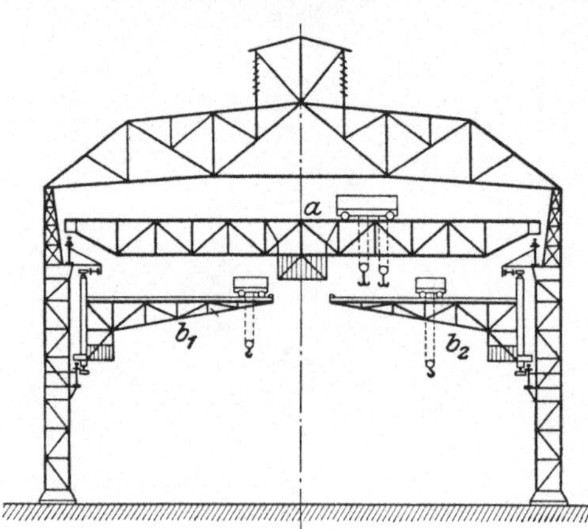

Fig. 148.
Werkstätte mit Laufkran und Konsolkranen.

für den Einbau von Wandlaufkranen ausschlaggebend ist. Im allgemeinen wird man jedoch die normalen Laufkrane (Obergurtlaufkrane), die in der Herstellung billiger sind, vorziehen.

Die Anordnung zweier Laufkrane auf gemeinsamer Fahrbahn kommt für lange Kranfahrstrecken (über 80 bis 100 m) in Frage. Beide Krane teilen sich dann in den Förderbereich und können gegebenenfalls be-

sonders schwere Lasten zusammen und mittels eines Tragbalkens aufnehmen, der an den beiden Lasthaken eingehängt ist. Zwei auf gemeinsamer Bahn fahrende Laufkrane
behindern jedoch einander und man
zieht daher meist vor, zwei Laufkrane übereinander anzuordnen
(Fig. 146).

Haben beide Krane verschiedene
Tragkraft, so ist die Entscheidung,
ob man den Kran größerer oder
kleinerer Tragkraft nach oben verlegt,
von den Transportbedürfnissen der
Werkstätte abhängig.

Werkstätten, die der Längsrichtung nach in zwei getrennte Arbeitsgebiete unterteilt sind, rüstet man
mit zwei nebeneinander fahrenden
Laufkranen aus (Fig. 147).

Wandlaufkrane (Konsolkrane). Um den in einem Werkstättenschiff fahrenden Laufkran zu
entlasten, bedient man sich in neuerer Zeit der Wandlauf- oder Konsolkrane (s. S. 241), deren erhöhte Fahrbahn an der Längsseite der Gebäudekonstruktion angebaut ist. Die Wandlaufkrane beherrschen ein Arbeitsfeld,
das ihrer größten und kleinsten Ausladung entspricht und dienen zur
Förderung leichterer Lasten, während
der Transport schwerer Lasten dem
Laufkran zufällt.

Fig. 148 (Demag, Duisburg) zeigt
den Querschnitt einer Werkstätte, die
mit einem normalen Laufkran von
30/10 t Tragkraft und zwei Wandlaufkranen von je 5 t Tragkraft ausgerüstet ist.

Der Ausleger eines Wandlauf-
Schwenkkranes nach Fig. 90, S. 242
kann bei Nichtbenutzung des Kranes
parallel zur Kranfahrbahn gestellt
werden, wodurch das Arbeitsfeld des
über ihm fahrenden Laufkranes vollkommen frei ist.

Um in mehrschiffigen Werkstätten die Lasten mittels der Krane

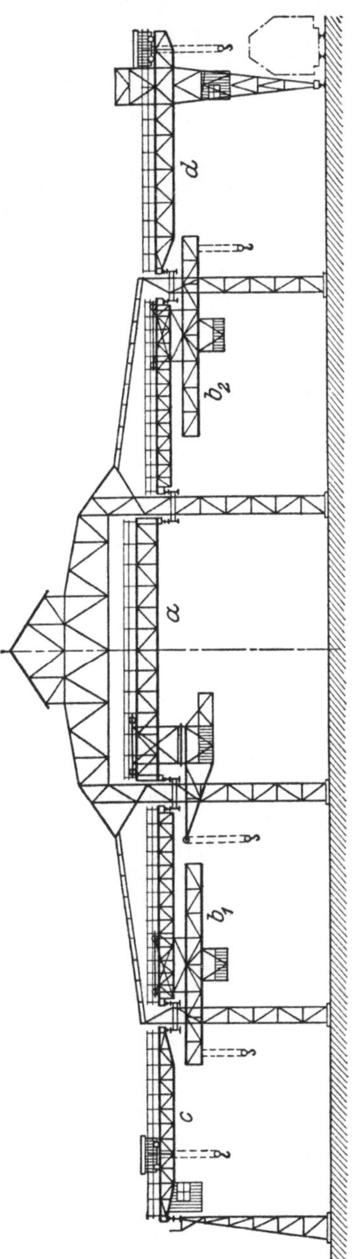

Fig. 149. Krananlage einer dreischiffigen Bearbeitungswerkstätte.

und ohne Heranziehen von Zwischenfördermitteln (gleislosen Transportwagen oder Schienenfahrzeugen) aus einem Schiff in das andere fördern zu können, verwendet man je nach den räumlichen Verhältnissen Laufkrane mit verschiebbarem Ausleger, Laufdrehkrane, Laufkrananlagen mit Übergangsbrücken und Wandlaufdrehkrane.

Fig. 149 (Demag, Duisburg) gibt als Beispiel die Krananlage einer dreischiffigen Berabeitungswerkstätte und zeigt, wie mit Hilfe geeigneter Krantypen ein ununterbrochener Quertransport von den beiderseitigen Lagerplätzen zur Werkstätte und durch die Werkräume ermöglicht wird.

Im Mittelschiff ist ein Laufdrehkran a und in den beiden Seitenschiffen sind Laufkrane b_1 und b_2 mit doppelseitigem verschiebbarem Ausleger angeordnet. Zur Bedienung der Lagerplätze ist je ein Laufkran c und ein Halbtorkran d vorgesehen. Laufkrananlage mit Übergangsbrücken s. S. 240, Wandlaufdrehkrane S. 242.

Außer den vorgenannten über Flur fahrenden Kranen kommen in Werkstätten-Innendienst noch auf ebener Erde fahrende Einschienendrehkrane oder Velozipedkrane (s. S. 249) in Frage. Sie werden angewendet, wenn sich wegen der niedrigen Gebäudehöhe Laufkrane nicht einbauen lassen.

γ. Senkrechter Verkehr. Der senkrechte Verkehr zwischen ebener Erde und den oberen Stockwerken der Werkgebäude wird in der Regel durch gewöhnliche Aufzüge durchgeführt. Lastenaufzüge sind hinsichtlich der Fahrkorbgrundfläche und der Tragkraft reichlich zu bemessen und sollen gegebenenfalls durch Transportwagen befahrbar sein.

Fig. 150 gibt die schematische Anordnung der Aufzüge eines mehrstöckigen Werkgebäudes.

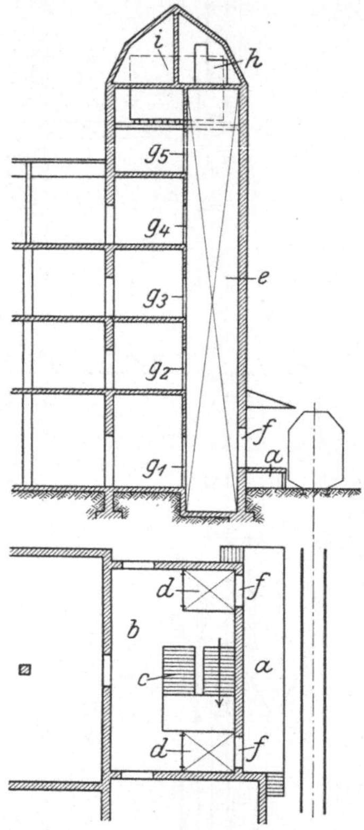

Fig. 150. Anordnung der Aufzüge in einem mehrstockigen Werkgebäude.

a Verladerampe. b Treppenhaus. c Treppen. d Aufzüge. e Aufzugschacht. f Schachttüren an der Verladerampe. g_1 bis g_5 Schachttüren in den Stockwerken. h Aufzugmaschinen. i Wasserbehälter im obersten Geschoß des Treppenhauses.

Vielfach werden die Lastenaufzüge im Freien und an einer Gebäudewand vorgesehen. Diese Anordnung hat jedoch den Nachteil, daß die Aufzüge den Witterungseinflüssen ausgesetzt sind.

Ist zwischen ebener Erde und den einzelnen Geschossen des Werkgebäudes ein starker Personenverkehr vorhanden, so baut man häufig einen besonderen Personenaufzug ein, um das Besteigen der Treppen und unnützen Aufenthalt der Arbeiter im Treppenhause zu vermeiden. Über Bau, Steuerung, Sicherheitsvorrichtungen und gesetzliche Vorschriften über Einrichtung und Betrieb der Aufzüge siehe S. 220.

δ. **Dauerförderung (stetige Förderung).** In Werken, in denen sehr große Mengen kleiner und mittlerer Arbeitstücke zu befördern sind, ist der Transport durch die vorstehend genannten aussetzend arbeitenden Förderer (Transportwagen, Aufzüge, Krane usw.) nicht mehr zu bewältigen, da hierzu eine große Anzahl Fördermittel mit entsprechenden Bedienungsmannschaften erforderlich wären. Auch verursacht diese Art des Transportes große Schwierigkeiten und ist eine ständige Quelle für Gefahren und Unfälle. Man verwendet daher in solchen Fällen Dauerförderer, die die großen Fördermengen bei mäßigen Arbeitsgeschwindigkeiten und infolge ihres ununterbrochenen Ganges schnell und sicher bewältigen. Diese Fördereinrichtungen sind meist Schaukelförderer (s. S. 261) und für Förderung in wagerechter, senkrechter, geneigter oder beliebiger Richtung (auch in Raumkurven) gleich verwendbar.

b) **Besondere Transportbedürfnisse der Fertigungswerkstätten.**

α. **Tischlerei.** Holzlagerplatz, Holzschuppen, Tischlerei und Modellschuppen liegen in Rücksicht auf Feuergefahr nicht zu nahe beieinander, insbesondere werden Tischlerei und Modellschuppen räumlich voneinander getrennt. Dieser darf ebenfalls der Feuergefahr wegen nicht in unmittelbarer Nähe der Gießerei liegen, trotzdem dies aus Transportrücksichten erwünscht wäre.

Auf die Ausrüstung des Holzlagerplatzes mit geeigneten Hebe- und Fördermitteln wird, auch bei größeren Holzbearbeitungswerkstätten, vielfach zu wenig Wert gelegt. Eine Laufkrananlage ermöglicht eine größere Stapelhöhe der Hölzer und damit eine bessere Platzausnutzung. Auch werden die auf den Holzlagerplätzen so oft vorkommenden Unfälle auf das äußerste eingeschränkt. Eine mustergültige Krananlage zur Bedienung eines großen Holzlagerplatzes ist in Fig. 130 dargestellt.

Zur Förderung schwerer Holzteile zwischen den Lagern und den Holzbearbeitungswerkstätten verwendet man meist Schmalspurbahnen, innerhalb der Tischlerei auch gleislose Transportmittel. Zur Bewegung schwerer Holzteile (großer Modelle u. dgl.) ist ein Handlaufkran kleinerer Tragkraft oft zweckmäßig.

Besondere Beachtung im Tischlereibetriebe erfordert die Abförderung des Schnittholzes (Abfallholzes), der Hobel- und Sägespäne und des gesundheitsschädlichen Holzstaubes. Größere Mengen Abfallholz, die zum Versand kommen, werden zur Ersparung von Arbeitskräften mit einem stetigen Förderer unmittelbar aus der Tischlerei in die Straßenfahrzeuge oder Eisenbahnwagen gefördert. Für die Abführung der Späne und des Holzstaubes, die vorteilhaft zur Feuerung der Dampfkessel nutzbar gemacht werden, verwendet man selbsttätige Späne- und Staubförderanlagen, die so angelegt sind, daß sie die Späne und den

Staub an den Holzbearbeitungsmaschinen absaugen und nach dem Kesselhause fördern.

Fig. 151 (Danneberg & Quandt, Berlin) gibt das Schema einer Späneförder- und Entstaubungsanlage.

a—d Holzbearbeitungsmaschinen, deren Absaugerohre an das Hauptsauge-rohr angeschlossen sind. *e* Exhaustor. *f* Holzabscheider. *g* Zentrifugalspäne- und Staubabscheider. *h* Umschaltklappe für die Zuführung zum Dampfkessel oder zum Eisenbahnwagen.

Derartige Anlagen werden für Förderlängen bis 300 m und Förder-höhen bis 30 m ausgeführt.

Unterirdische Anordnung des Hauptsaugerohres (Fig. 151) ist mit Rücksicht auf Platz und Lichtverhältnisse günstiger als oberirdische, bedingt jedoch des erforderlichen Kanals wegen höhere Anlagekosten.

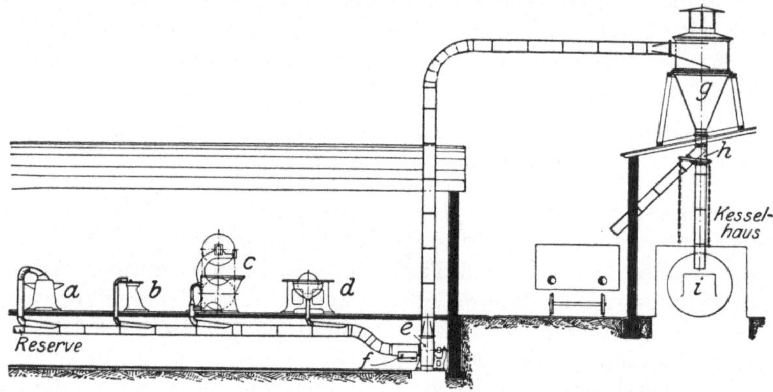

Fig. 151. Späneförder- und Entstaubungsanlage.

Auf eine neuzeitige Lagerung und Einordnung sowie Förderung der Modelle ist großer Wert zu legen. Viele Firmen heben noch eine ganz beträchtliche Anzahl Modelle auf, die kaum oder höchst selten benutzt werden. Da dies eine unwirtschaftliche Ausnutzung der Modellager-räume ist, so sind die Modelle in bestimmten Zeiträumen auf ihre Ver-wendung hin zu prüfen. Modelle, deren Wiederbenutzung unwahr-scheinlich ist, sind zu vernichten, auch auf die Gefahr hin, daß gelegent-lich ein neues Modell angefertigt werden muß.

β. Gießerei. Die im Gießereibetriebe auszuführenden wichtigsten Förderarten sind:

Förderung der Rohstoffe (Roheisen, Koks, Formsand u. a.), der Formkästen und Modelle von den Lagern zur Gießerei. — Förderung während der Herstellung der Gießformen. — Kupolofenbeschickung. — Förderung während des Gießvor-ganges. — Förderung in der Gußputzerei. — Sandaufbereitung und -förderung. — Bedienung der Fallwerkanlage.

Für den allgemeinen Transport ist die Gießerei an das vollspurige und schmalspurige Werkgleisnetz angeschlossen. In neuerer Zeit wer-den die Hängebahnen im Gießereibetriebe ihrer verschiedenen Vorteile wegen mehr und mehr zu den verschiedensten Förderarbeiten, insbesondere zur Bedienung der Lagerplätze, zur Kupolofenbeschickung und zur Förderung des flüssigen Eisens herangezogen. Von großer Bedeutung im Gießereibetriebe ist eine sachgemäße Kranausrüstung der Form- und Gießhallen. Außer den Laufkranen werden in der Gießerei in neuerer Zeit vielfach die Wandlaufkrane bevorzugt. Sie sind bei der Ausführung der Formarbeiten ein Ersatz für die bisher angewendeten veralteten Gießereidrehkrane, die nur noch in kleinen Gießereien angebracht sind.

Da im Gießereibetriebe zu den verschiedensten Arbeitsvorgängen bereits eine Druckluftzentrale vorhanden ist, so werden vielfach auch

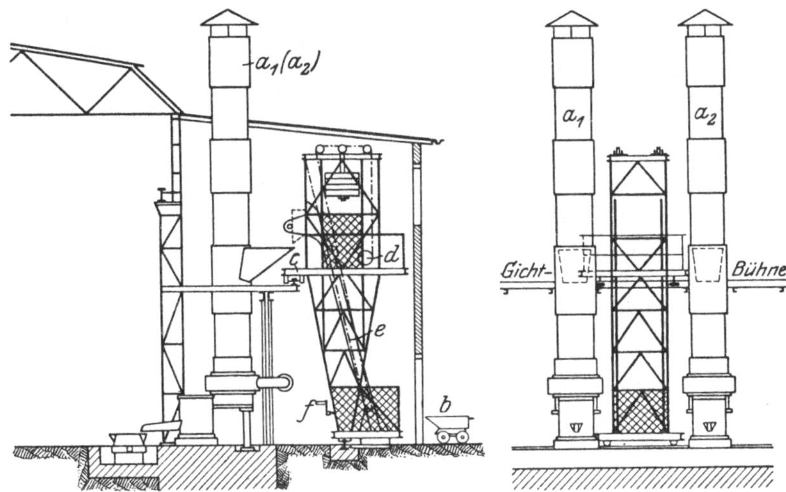

Fig. 152. Kupolofenbeschickung durch fahrbaren Schrägaufzug.

Drucklufthebezeuge (s. S. 216), wie zum Aufsetzen und Abnehmen von Formkästen, verwendet.

Zur Kupolofenbeschickung kommen im allgemeinen in Frage: ortsfeste Senkrecht- und Schrägaufzüge, fahrbare Aufzüge, Elektrohängebahnen und gelegentlich auch Laufkrane, die gleichzeitig zur Lagerplatzbedienung verwendet werden. Um das Begichten der Kupolöfen mit möglichst geringem Aufwand an Arbeitskräften durchzuführen, ordnet man vorteilhaft selbsttätige Beschickvorrichtungen an.

Fig. 152 (Ardeltwerke, Eberswalde) läßt die Bauart eines fahrbaren Schrägaufzuges zur selbsttätigen Begichtung zweier Kupolöfen erkennen.

Der Aufzug wird vor den Beschicktrichter eines der beiden Kupolöfen a_1 bzw. a_2 gefahren. Hierauf wird der kippbare Begichtungswagen b auf die Förderschale geschoben und durch einen Hebel in seiner Stellung verriegelt. Nach Einschaltung des elektrischen auf einer Plattform c in Gichtbühnenhöhe angeordneten Hubwerks d wird die Förderschale mit dem Wagen in schrägen Führungsschienen e nach oben befördert, wo sich der Kippwagen nach Erreichung der Höchststellung selbsttätig in den Beschicktrichter des Ofens entleert. Nach dem Entleeren wird der Motor umgeschaltet und der Wagen wieder herabgelassen. Die Aufzugwinde zeigt die übliche Ausführung mit Endausschaltung für höchste und tiefste Stellung der Förderschale. Bei der geringen Fahrstrecke des Aufzuges (von Ofen zu Ofen) ist für das Fahrwerk Handantrieb durch Kurbeln *f* angebracht.

Das flüssige Eisen wird während des Gießvorganges in kleineren Mengen von Hand (in Hand- oder Scherpfannen) und in größeren Mengen in Gießpfannen oder Gießtrommeln mittels Schmalspurwagen, Hängebahnen oder Kranen befördert.

Die zum Tragen kleiner Gießpfannen (bis etwa 200 kg Eiseninhalt) verwendeten Scheren alter Ausführung (Fig. 153) erfordern zum Transport drei Arbeitskräfte, während die verbesserte Columbusschere nach Fig. 154 (G. Senssenbrenner, Düsseldorf-Oberkassel), die mit zwei Gabeln, einer festen und einer drehbaren, ausgerüstet ist, zur Förderung der Pfanne nur zwei Mann benötigt. Die verbesserte Pfanne bietet beim Transport und beim Kippen der Pfanne wesentliche Vorteile und ermöglicht der alten Ausführung gegenüber ein Drittel Lohnersparnis.

Fig. 153.
Gießpfannenschere alter Bauart.

Fig. 154.
Gießpfannenschere neuer Bauart.

Besonders geeignet zum Transport von Gießpfannen (bis 2000 kg Eiseninhalt) und Gießtrommeln sind die Hängebahnen, da sie im Gegensatz zu einem Kran die gleichzeitige Förderung mehrerer Pfannen zulassen. Handhängebahnwagen mit Gießpfanne s. Fig. 44, S. 211.

Fig. 155 (Demag, Duisburg) zeigt eine Führersitz-Laufkatze mit eingebautem Elektroflaschenzug beim Befördern einer Gießpfanne.

Gießpfannen über 2000 kg Eiseninhalt werden entweder auf Schmalspurwagen oder durch Krane befördert. Zum Transport schwerer Gießpfannen wird der im Gießereihauptschiff fahrende Laufkran herangezogen.

Zur Sandförderung verwendet man in neuerer Zeit in zunehmendem Maße verschiedene Bauarten von stetigen Förderern (Kratzerförderer, Förderrinnen, Bandförderer, Elevatoren u. a.).

Ein zum Formsandtransport besonders geeigneter Dauerförderer ist der in Fig. 105, S. 253 dargestellte Schaufelförderer mit Differentialrollen (der Vereinigt. Schmirgel- und Maschinenfabriken, Hannover-Hainholz).

Die Aufbereitung des Formsandes geschieht bei den älteren Anlagen durch verschiedene räumlich voneinander getrennte Maschinen.

Dieses Verfahren bedingt große Förderwege und erfordert entsprechend viele Arbeitskräfte.

Selbsttätige Sandaufbereitungsanlagen sind leistungsfähiger und beanspruchen bei ihrer gedrängten Bauart wenig Bodenfläche, die in der Gießerei ohnehin knapp ist.

Fig. 155. Führersitz-Laufkatze mit Gießpfanne.

γ. **Schmiede (Hammerschmiede).** Ebenso wie die Gießerei ist die Schmiede an das schmalspurige und gegebenenfalls an das vollspurige Gleisnetz angeschlossen. Neben diesen kommen je nach Größe und Gewicht der während des Herstellungsganges zu fördernden Güter noch Handhängebahnen und Krane in Betracht. Diese werden zum Fassen der Rohteile, zum Einsetzen derselben in die Öfen, zum Bewegen der Werkstücke während des Formgebungsvorganges mit Traggeschirren, Zangen oder Wendevorrichtungen ausgerüstet.

Handhängebahnen (s. S. 211) bieten den Vorteil einer weitgehenden Verzweigungsmöglichkeit. Sie sind jedoch nur für den Transport leich-

Fig. 156. Handhängebahn zur Beförderung von Langblöcken.

terer Lasten, bis höchstens 1000 kg geeignet, da sonst die Tragegeschirre zu schwer und unhandlich werden.

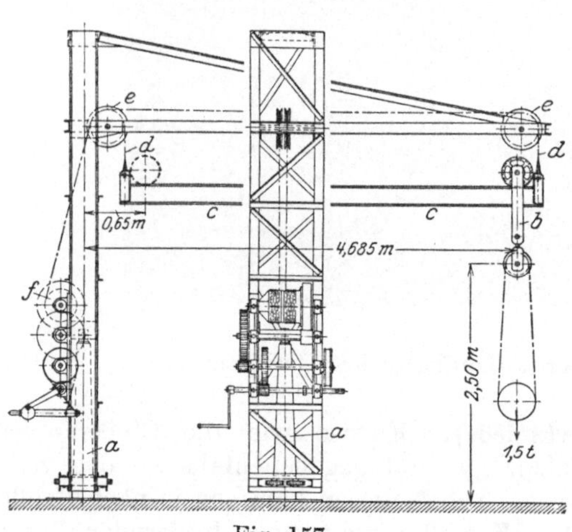

Fig. 157.
Von Hand betriebener Schmiededrehkran.

Fig. 156 (Kaiser & Co., Kassel) zeigt eine zweischienige Hängebahn beim Entnehmen von Blöcken aus dem Ofen. Die Blockzange ist mittels einer Stange an der zweirädrigen Laufkatze gelenkig aufgehängt und nach allen Richtungen leicht beweglich.

Für die Förderung schwerer Werkstücke und Gesenke sind Laufkrane entsprechender Tragkraft erforderlich. Ortfeste Krane (Drehkrane) kommen nur für die Bewegung mittelschwerer Arbeitstücke zwischen Hammer bzw. Presse und den neben ihnen gelegenen Öfen, sowie zum Wenden der Werkstücke während des Schmiedens in Frage.

In Fig. 157 (Schenck & Liebe-Harkort, Düsseldorf) ist ein von Hand
bedienter Schmiededrehkran von 1500 kg Tragkraft dargestellt.

a feststehende Kransäule aus Siemens-Martin-Stahl. *b* einrollige Obergurt-
laufkatze mit Wendekette. *c* Fahrbahnträger (I-Träger) zu *b*, an den Hubseilen *d*
aufgehängt. *e* Umlenkerollen, *f* Trommel des Hubwerkes zum Heben und Senken
von *c*.

Fig. 158 (Ardeltwerke, Eberswalde) zeigt einen, an einen Dampfhammer angebauten Handdrehkran von 2 t Tragkraft und 3 m Ausladung.

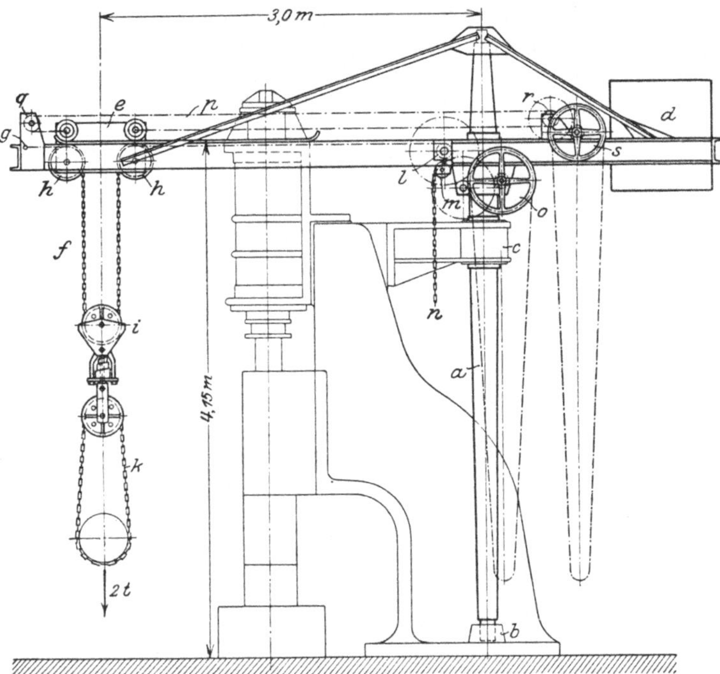

Fig. 158. Dampfhammer mit angebautem Drehkran.

a drehbare Säule mit angebautem Ausleger. *b—c* Säulenlager. *d* Ausleger-
Gegengewicht. *e* Laufkatze. *f* Hubkette, bei *g* befestigt. *h* Leitrollen zu *f*. *i* Kran-
flasche mit federnd aufgehängter Wendevorrichtung *k*. *l* Kettennuß. *m* Leitrolle.
n loses Kettenende. *o* Haspelrad, mittels zweier Stirnrädervorgelege die Kettennuß *l* antreibend. *p* Fahrkette, deren beide Enden am Laufkatzenrahmen befestigt.
q Leitrolle. *r* Kettennuß. *s* Hapselrad mittels Stirnrädervorgeleges auf die Fahr-
kettennuß arbeitend.

Bei größerer Entfernung der Öfen von den Hämmern und bei schwere-
ren Arbeitstücken sieht man elektrisch betriebene Laufkrane vor, die
einerseits zum Fördern der Schmiedestücke und andererseits zum Ab-
stützen und Bewegen derselben während des Arbeitsvorganges dienen.
Der Führerkorb dieser Laufkrane ist so tief wie möglich aufzuhängen,
damit der Kranführer die Arbeit verfolgen kann und in guter Verbindung mit dem leitenden Schmied ist.

Während leichtere und mittlere Arbeitstücke sich beim Schmieden mit der Zange und unter Zuhilfenahme einer Wendekette (Fig. 157 und 158) drehen lassen, ist für schwere Teile eine besondere Wendevorrichtung notwendig, die im Lasthaken des Laufkranes eingehängt und durch einen besonderen Elektromotor angetrieben wird. Um die beim Bearbeiten der schweren Teile auftretenden Stöße zu mildern, ordnet man in der Aufhängung Kegelfedern an, die die Stöße elastisch aufnehmen.

Fig. 159 (Ardeltwerke, Eberswalde) läßt den Bau einer elektrischen Wendevorrichtung von 5 t Tragkraft erkennen.

a Arbeitstück. *b* Wendekette (Gelenkkette). *c* treibendes Kettenrad. *d* Motor. *e* elastische Kupplung. *f* eingängiges Schneckengetriebe. *g—h* Stirnrädergetriebe mit Zwischenrad *i*. *k* elastische Aufhängung der Wendevorrichtung.

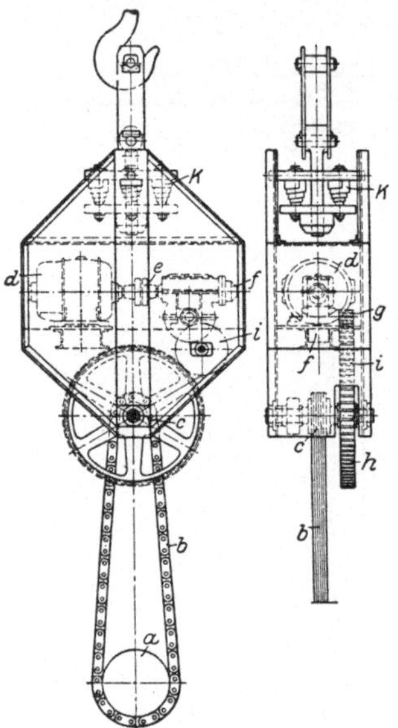

Fig. 159.
Elektrische Wendevorrichtung.

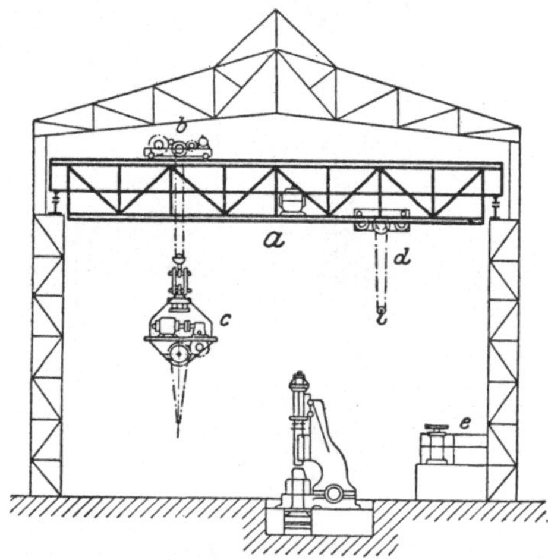

Fig. 160. Krananlage einer Hammerschmiede.
a Laufkran. *b* Katze mit Wendevorrichtung *c*. *d* Hilfskatze. *e* Steuerbühne.

Der in Fig. 160 (Demag, Duisburg) dargestellte Schmiedelaufkran ist mit einer Laufwinde großer Tragkraft, an der die Wendevorrichtung aufgehängt ist, und einer Hilfswinde kleinerer Tragkraft ausgerüstet. Der Kran wird von einer seitlichen Bühne aus, auf der die Kontroller aufgestellt sind, gesteuert.

Neben den üblichen Lauf- und Drehkranen werden in den Hammerschmieden und Preßwerken in neuerer Zeit besondere Beschickkrane verwendet, die die Blöcke zum Anwärmen in die Öfen einsetzen, die vorgewärmten Blöcke aus den Öfen entnehmen und zu den Hämmern bzw. Pressen befördern. Diese Blockbeschickkrane sind mit einem im Kreise schwenkbaren, sowie heb- und senkbaren Beschickarm ausgerüstet, dessen Stempel in einem an der Katze angebauten Fachwerkgerüst geführt ist. Der Führer hat seinen Sitz auf einer Plattform am hinteren Teil des Beschickarmes und hat daher immer die Last vor Augen.

Die zum Einsetzen von Glühkisten in die Härteöfen dienenden Beschickkrane sind in ihrer Bauart den vorerwähnten Blockbeschickkranen ähnlich.

d. **Bearbeitungswerkstätten.** Die Leistung der Bearbeitungswerkstätten ist in hohem Maße von der zweckmäßigen Einrichtung und dem schnellen Arbeiten der vorhandenen Hebe- und Fördermittel abhängig. Zur Innehaltung des kürzesten Förderweges werden die Werkzeugmaschinen derart gruppiert, daß die Arbeitstücke ständig und in einer Richtung die Werkräume durchlaufen. An der Anfangstelle des Bearbeitungsganges sind Rohteillager für Guß- und Schmiedestücke, Stangenmaterial usw. vorgesehen, die von den Hauptlagern aus regelmäßig ergänzt werden. Ebenso sind an den in Frage kommenden Stellen

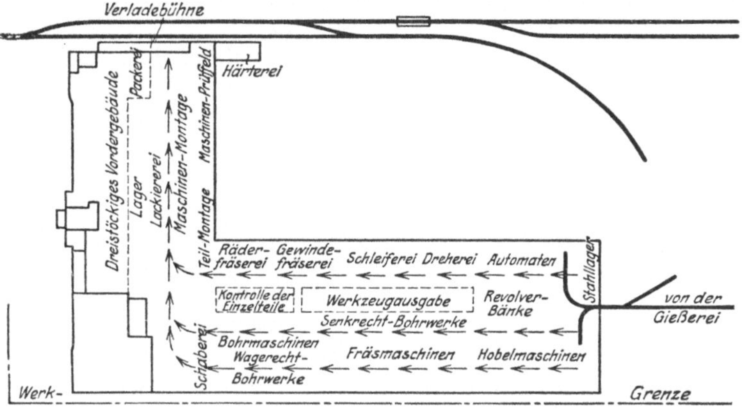

Fig. 161. Fräßmaschinenfabrik (Grundriß).

Zwischenlager angeordnet, die zur Einführung neuer Rohstoffe und Halbfertigteile oder zur Aufnahme der aus dem Arbeitsgang ausscheidenden Werkstücke dienen.

Ein Beispiel für den ununterbrochenen und stets in einer Richtung durch die Werkstätten laufenden Gang der Erzeugnisse gibt der in Fig. 161 gezeigte Grundriß einer Fräsmaschinenfabrik (Cinc. Mill Mach. Co.; Alf. H. Schütte, „Blätter f. d. Betrieb" 1913, S. 1).

Die Rohteile gelangen von der Gießerei oder dem Stangenlager zu den Werkzeugmaschinen. Nachdem die Arbeitsstücke die verschiedenen Bearbeitungsstufen durchlaufen haben, kommen sie zum Einzelteil-Fertiglager. Die fertigen und geprüften Einzelteile werden dann an die Teilmontage abgegeben, wo die in sich abgeschlossenen Einzelteile zusammengebaut werden. Diese gehen dann weiter zur Maschinenmontage, wo die Maschinen (Fräsmaschinen) zusammengestellt, geprüft und zum Versand gebracht werden.

In den Bearbeitungswerkstätten sind besonders anzustreben: möglichste Entlastung des Facharbeiters von Transportarbeiten — geeignete Hebe- und Fördermittel zum Auf- und Absetzen der Arbeitstücke an den

Werkzeugmaschinen, sowie zum Transport von Maschine zu Maschine und zu den Lagern — wirtschaftliche Abfuhr der Späne und Abfallteile.

Dem an der Maschine tätigen Facharbeiter sind nur solche Transportarbeiten zuzumuten, die, wie das Auf- und Absetzen der Werkstücke, eng mit der Produktion verknüpft sind. Diese Arbeiten werden ihm weitgehend erleichtert. Insbesondere wird das Bücken des Arbeiters durch Einstellen von Arbeitstischen und Kästen mit erhöhtem Boden vermieden. Für alle übrigen Förderarbeiten, wie das Heranschaffen der Rohteile, den Gang von Werkzeugmaschine zu Werkzeugmaschine, die Förderung der Fertigteile zum Einzelteil-Fertiglager, sowie die Abfuhr der Späne und Abfallteile werden ungelernte Arbeiter verwendet. Für leichte Transportarbeiten werden zweckmäßig jugendliche und daher billigere Arbeitskräfte herangezogen.

Das Auf- und Absetzen der Arbeitstücke an den Werkzeugmaschinen ist eine sich ständig wiederholende Arbeit. Um ein Ermüden des Arbeiters und damit ein Sinken der Produktion zu verhindern, werden daher nur leichte Teile von Hand und ohne Hebevorrichtung auf- und abgesetzt.

Die in Arbeitskästen mittels gleisloser Transportmittel (siehe S. 192) angefahrenen Rohteile setzt man auf der einen Maschinenseite so ab, daß sie der Arbeiter bequem aus denselben entnehmen kann. Die bearbeiteten Teile gibt er dann an die auf der anderen Maschinenseite stehenden leeren Kästen ab, die dann zur Ausführung der folgenden Arbeitstufe an die nächste Arbeitsmaschine befördert werden.

Je nachdem es sich um einen senkrechten oder senkrechten und wagerechten Transport handelt, kommen zur Bedienung der Werkzeugmaschinen folgende Hebe- und Fördermittel in Frage.

1. Einfache, im eigenen Werk hergestellte Hebelhubvorrichtungen, Seilzüge mit Gewichtsausgleich u. a.
2. Ortsfest aufgehängte Flaschenzüge.
3. I-Trägerbahnen mit Untergurt-Laufkatze.
4. An Werkzeugmaschinen angebaute Hebe- und Fördermittel.
5. Ortsfeste Drehkrane einfacher Bauart.
6. Fahr- und lenkbare Werkstättenkrane und
7. die dem allgemeinen Verkehr in den Werkstätten dienenden fahrbaren Krane.

Unter den Handflaschenzügen (siehe S. 217), die man für leichtere Lasten und zeitweise auszuführende Hubarbeiten verwendet, gibt man den Stirnradflaschenzügen den Schraubenflaschenzügen gegenüber den Vorzug, da sie einen besseren Wirkungsgrad haben und schneller arbeiten. Stirnradflaschenzüge kleiner Tragkraft (250 kg) werden auch an beiden Enden der Hubkette mit Haken ausgerüstet, so daß die Last stets an dem in der tiefsten Lage befindlichen Haken eingehängt werden kann. Diese Ausführung erfordert eine entsprechende Ausbildung der Bremsvorrichtung, erspart jedoch dem Arbeiter das zeitraubende Haspeln zum Senken der Last.

Elektroflaschenzüge (siehe S. 219) sind das gegebene Hubfördermittel für die Bearbeitungswerkstätten. Sie werden für Tragkräfte bis 5000 kg nergestellt und vom Fußboden aus durch Zugschnüre gesteuert. Der Hauptvorteil der Elektroflaschenzüge liegt in ihrem schnellen Arbeiten.

Beispielsweise sind zum Heben einer Last von 1000 kg auf 4 m Höhe bei Verwendung eines Handflaschenzuges mindestens zwei Mann erforderlich, die diese Arbeit in drei Minuten verrichten. Mit einem Elektroflaschenzug dagegen, dessen Motor 1,7 PS hat, wird die gleiche Arbeit in etwa 40 Sekunden ausgeführt, was einer fast fünffachen Leistung entspricht.

Zwischen den umfangreichen Transmissionsanlagen der Bearbeitungswerkstätten lassen sich oft schwer geeignete Hebevorrichtungen, wie Krane u. dgl. einbauen. Diesem Übelstande hilft das in Fig. 162 (Fried. Krupp A.-G., Grusonwerk) schematisch dargestellte Sonderhebezeug zur Bedienung von Werkzeugmaschinen ab, das über der

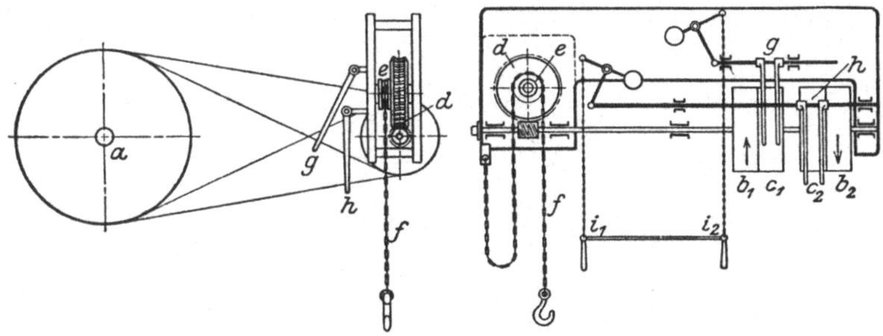

Fig. 162. Schneckenhebezeug mit Riemenantrieb.

Maschine an der Gebäudedecke oder Dachkonstruktion befestigt wird. Es ist ein eingängiges Schneckenhebezeug, das von einer Transmissionswelle aus angetrieben wird.

a treibende Welle. b_1—b_2 Festscheiben für Heben und Senken. c_1—c_2 Losscheiben auf der Schneckenwelle. d Schneckenrad. e Kettennuß, beide aus einem Stück gegossen. f Hubkette mit Lasthaken. g—h Riemenrücker. i_1—i_2 Handketten zur Bedienung von g—h. Da zur Bedienung des Hebezeuges eine Hand genügt, bleibt die andere zum Lenken des Arbeitsstückes und zum Einführen in die Maschine frei. Wird der Kettenzug losgelassen, so schiebt der Riemenrücker den Riemen unter der Einwirkung eines Gewichtes auf die Losscheibe, wodurch das Hebezeug stillgelegt wird.

Der größere Arbeitsverbrauch des Hebezeuges infolge des eingängigen Schneckengetriebes spielt im Vergleich zu dem Arbeitsverbrauch der Maschinenvorgelege keine Rolle. Auch hat die eingängige Schnecke den Vorzug, daß sie wegen ihrer Selbsthemmung eine besondere Drucklagerbremse erspart.

Sind die Werkstücke auch in wagerechter Richtung zu bewegen, so ordnet man über der Werkzeugmaschine eine I-Trägerbahn an, die von einer Obergurt-, meist jedoch von einer Unterflansch-Laufkatze (s. S. 235) befahren wird.

Fig. 163 (Ludw. Löwe & Co., Berlin) zeigt eine Handlaufkatze mit eingebautem Stirnradflaschenzug zur Beförderung von Bremszylindern und zum Auf- und Absetzen derselben an den Drehbänken. Um das zeitraubende Anbinden der Werkstücke durch Seile oder Ketten zu vermeiden, wird eine selbstspannende Zange verwendet, die am vorderen und hinteren Ende des Zylinders angreift. Derartige den jeweils zu befördernden Werkstücken angepaßte, selbsttätige Lastaufnahmemittel sind bei größeren Erzeugungsmengen von erheblichem wirtschaftlichem Einfluß.

Statt der Handlaufkatzen verwendet man zur Abkürzung der unproduktiven Zeit mehr und mehr solche mit eingebautem Elektroflaschenzug, die je nach Länge der Fahrstrecke Handbedienung oder elektrischen Antrieb für das Fahrwerk erhalten (s. S. 236).

In neuerer Zeit ist man nach amerikanischem Muster dazu übergegangen, an den Werkzeugmaschinen kleine Drehkrane einfacher Bauart mit eingehängtem Flaschenzug oder mit Handlaufkatze anzubauen, die zum Auf- und Absetzen der Arbeitstücke

Fig. 163. Handlaufkatze mit Zange zum Transport von Bremszylindern.

dienen. Im allgemeinen rüstet man Drehbänke, Schleifmaschinen, Blech- und Profileisenscheren, Stanzmaschinen u. a. mit angebauten Drehkranen aus.

Fig. 164 (Maschinenfabrik Oberschöneweide) zeigt eine elektrisch betriebene vierspindelige Spezialdrehbank, an deren Bett zwei Drehkrane mit je einem eingehängten Stirnradflaschenzug eingebaut sind.

Ist die Gebäudehöhe nicht zu niedrig und sind keine störenden Transmissionen vorhanden, so ordnet man zur Bedienung der Werkzeugmaschinen ortsfeste Drehkrane nach Art von Fig. 96 und 97, S. 246, an, deren Ausladung unter Umständen so bemessen werden kann, daß ein Kran mehrere in seinem Arbeitsbereich liegende Maschinen bedient. Diese Krane werden meist mit Unterflansch-Laufkatzen mit eingebautem Elektroflaschenzug und mit Handfahrwerk ausgerüstet.

Fig. 165 (Demag, Duisburg) gibt die Ansicht einer Bearbeitungswerkstätte, mit Wanddrehkranen zur Bedienung der Werkzeugmaschinen.

Fahr- und lenkbare Werkstättenkrane nach Art von Fig. 14, S. 195, eignen sich für Lasten bis etwa 3 t. Infolge ihrer besonderen Bauart

Fig. 164. Spezialdrehbank mit angebauten Drehkranen.

können diese Krane dicht an die Werkzeugmaschinen heranfahren und Arbeitstücke auf- und absetzen.

Zum Aufsetzen und Abnehmen schwerer Arbeitsstücke werden die dem allgemeinen Verkehr in den Werkstätten dienenden Krane herangezogen.

Für den Transport der Arbeitsteile zwischen unmittelbar benachbarten Lagern und den Werkzeugmaschinen sowie zwischen Werkzeugmaschine und Werkzeugmaschine verwendet man gegenwärtig auch Schwerkraftrollenförderer (s. S. 261), die jedoch nur für leichte und mittlere Werkstücke mit ebener Auflagefläche in Frage kommen. Sie haben den Vorzug, daß sie keine Arbeit verbrauchen und infolge ihres geringen Gewichtes leicht transportabel sind.

Schwere Werkstücke werden durch die den Werkstätten-Innendienst versehenden Krane von Werkzeugmaschine zu Werkzeugmaschine befördert.

In den Bearbeitungswerkstätten ist noch die Art der Lagerung und Abfuhr der Späne und Abfallteile von wesentlicher Bedeutung.

Da die Späne fortlaufend und in kleineren Mengen an den Maschinen
abzufördern sind, so ist das Spänelager in nächster Nähe der Werkstätte angeordnet.

Fig. 165. Bearbeitungswerkstätte mit Wanddrehkranen zur Bedienung der Werkzeugmaschinen.

Das Spänelager erhält getrennte Abteile für Guß-, Schmiedeeisen-
und Stahlspäne und muß so eingerichtet sein, daß das Verladen der Späne
nach Anfüllung der Lager möglichst wenig Arbeitslohn erfordert. Rot-
und Weißmetallspäne spielen infolge ihrer verhältnismäßig geringen

Menge meist eine untergeordnete Rolle. Sie werden in der Regel im Betriebe wieder verwendet und im Magazin oder einem verschließbaren Raum gelagert.

Vor ihrer Lagerung werden die Späne entölt. Langlockige Schmiedeeisen- und Stahlspäne werden zerkleinert, damit sie nicht zuviel Laderaum erfordern und von einem Lasthebemagneten in größerer Menge aufgenommen werden.

Fig. 166 (Magnetwerk Eisenach) zeigt eine Einrichtung zum Zerkleinern langlockiger Späne und Verladen derselben durch einen Lasthebemagnet.

Fig. 166.
Zerkleinerung langlockiger Späne und Verladen mittels Lasthebemagnet.

Größere Spänemengen fördert man zweckmäßig in einen Hochbunker, dessen Fassungsvermögen einem O-Wagen von 15 bis 20 t entspricht. Die Späne werden durch Öffnen des Bodenverschlusses ohne Handarbeit in den Wagen abgegeben. Erwähnenswert ist noch das Spänelager der AEG, Berlin (Brunnenstraße), das unterirdisch angelegt ist. Die Späne werden durch Kippwagen angefahren und nach Öffnen des jeweiligen Deckels in die unterirdischen Abteile entleert. Die Abfuhr der Späne nach Anfüllung des Lagers geschieht durch Eisenbahnwagen. Der zu beladende Wagen wird auf die Plattform eines elektrischen Aufzuges gefahren und so weit gesenkt, bis er mit den Gleisen des unterirdischen Lagerraumes bündig ist, worauf er vor die zu entleerenden, parallel dem Schienenstrang liegenden Abteile gerollt wird. Die Späne werden dann durch einen mit einem Lasthebemagneten ausgerüsteten Laufkran in den Wagen verladen. Ist dieser beladen, so wird er wieder auf die Plattform des Aufzuges gefahren, gehoben und durch eine elektrische Verschiebelokomotive abgeholt. Solange die Plattformgleise des

Aufzuges nicht in gleicher Höhe mit den ebenerdigen Gleisen sind, ist die Plattform gesperrt.

ε. **Zusammenbauwerkstätten (Montagehallen).** Zur Ersparung an Förderweg werden in den Zusammenbauwerkstätten Zwischenlager angeordnet, aus denen die fertigen Einzelteile und sonstige während des Zusammenbaues der Maschinen benötigten Hilfsmittel, wie Werkzeuge, Öl und dergleichen, nach Bedarf abgegeben werden. Diese Zwischenlager werden vom Einzelteil-Fertiglager und vom Magazin aus regelmäßig wieder angefüllt.

Erhebliche Vorteile bei dem Zusammenbau kleiner und mittlerer Werkzeug- und Holzbearbeitungsmaschinen bietet die Verwendung der Hubtransportwagen (s. S. 193). Bei diesen Maschinen wird das in der Bearbeitungswerkstätte fertiggestellte Maschinenbett auf ein Ladegestell nach Art von Fig. 9, S. 194, aufgeschraubt und durch den Hub-

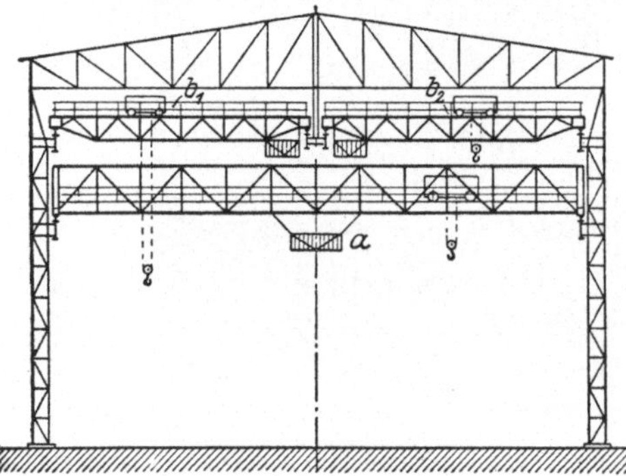

Fig. 167. Krananordnung in einer Zusammenbauwerkstätte.

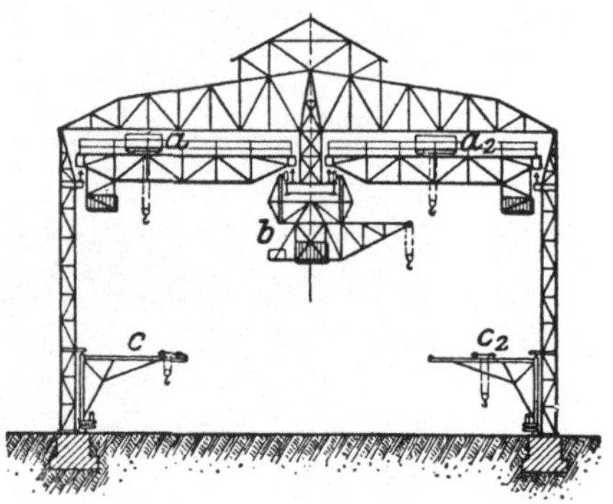

Fig. 168. Krananordnung in einer Zusammenbauwerkstätte.

transportwagen nach der Zusammenbauwerkstätte gefördert. Die auf dem Ladegestell ruhende Maschine wird dann vollständig fertiggestellt und nach erfolgter Prüfung in das Fertiglager übergeführt, wo sie mit dem Ladegestell abgesetzt wird und bis zum Versand lagert.

In Fabriken, in denen große Maschinen zusammengebaut werden, hält man die Förderwege der schweren Stücke so kurz wie möglich. Sie werden zu diesem Zwecke in der Zusammenbauwerkstätte auf Maschinen bearbeitet, die an den Längswänden der Halle aufgestellt sind. Um die schweren Stücke weniger bewegen zu müssen, macht man auch von trag- oder fahrbaren Werkzeugmaschinen ausgedehnten Gebrauch.

Zur Förderung von und nach den Zusammenbauwerkstätten kommen je nach Art der herzustellenden Erzeugnisse das schmalspurige oder vollspurige Gleisnetz in Frage.

Ebenso wie in den andern Werkstätten der Maschinenfabriken (Gießerei, Schmiede- und Bearbeitungswerkstätten) ist eine sachgemäße Kranausrüstung der Zusammenbauhallen von großer Bedeutung zur Erreichung einer großen Leistung unter geringstem Aufwand an Arbeitskräften.

Kranausrüstung der Werkstätten siehe S. 292.

Fig. 167 und 168 (Demag, Duisburg) zeigen zweckmäßige Krananordnungen für Zusammenbauwerkstätten, deren Halle in zwei Felder mit getrennten Arbeitsgebieten unterteilt ist. In Fig. 167 dient der untere Laufkran a zum Transport schwerer Lasten, während die beiden oberen Laufkrane kleinerer Tragkraft b_1 und b_2 die leichteren Lasten in den beiden Arbeitsfeldern befördern.

In Fig. 168 fällt die Förderung in den beiden Arbeitsfeldern je einem Laufkran a_1 bzw. a_2 zu, während die Drehlaufkatze b den Verkehr zwischen

Fig. 169. Transportvorrichtung für fortschreitende Montage.

den beiden Feldern übernimmt. Wanddrehkrane c_1 und c_2 dienen zum Auf- und Absetzen der an den Längswänden der Halle aufgestellten Werkzeugmaschinen.

Besonderer Erwähnung bedarf die in amerikanischen Fabriken, insbesondere solchen der Kraftwagenindustrie, in neuerer Zeit viel angewandte sog. fortschreitende Montage. Bei dieser bleiben die die Zusammenbauarbeiten ausführenden Arbeiter an ihrer Stelle, während die Hauptarbeitstücke durch eine mechanische Fördervorrichtung an ihnen vorbeibewegt werden. Jeder Arbeiter hat an seinem Platz die von ihm anzubauenden Teile bereit und führt nur eine bestimmte Arbeitstufe aus. Die verschiedenen Arbeiten müssen in annähernd gleichen Zeiten erledigt werden. Auch müssen, um ein Unterbrechen des Arbeitsganges zu vermeiden, für austretende Arbeiter Ersatzleute zur Stelle sein.

Fig. 169 und 170 (Palmer Bec-Co., Detroit) lassen die Bauart der bei der fortschreitenden Montage verwendeten Fördervorrichtungen erkennen.

In Fig. 169 ist die Vorrichtung ein gewöhnlicher Gliederbandförderer mit zwei endlosen Gelenkketten. Der Förderer dient zum fortschreitenden Zusammenbau

Fig. 170. Transportvorrichtung für fortschreitende Montage.

Fig. 171. Hängebahn in einem Magazin.

von Gasöfen, die im Vordergrund fertiggestellt ankommen und zum Weitertransport abgesetzt werden.

Fig. 170 zeigt eine endlose doppelte Förderkette für den fortschreitenden Zusammenbau von Radachsensätzen für Kraftwagen. Die Kette wird durch einen Elektromotor und entsprechende Rädervorgelege angetrieben. An der Kette sind in bestimmten Abständen beiderseits Lager angeordnet, auf denen die Achsen während des Arbeitsvorganges gelagert werden.

3. Förderung in den Lagerräumen.

Gute Verkehrsverbindungen mit den in Betracht kommenden Werkräumen und geeignete Hebe- und Fördermittel in den Lagerräumen selbst sind zur Ersparung an Arbeitskräften und zur wirtschaftlichen Ausnutzung des teuren zur Verfügung stehenden Raumes notwendig.

In den Lagerräumen, wo es sich stets um einen glatten und ebenen Fußboden handelt, sind zur Förderung leichterer Lasten (bis etwa 2500 kg) die S. 191 u. f. gekennzeichneten gleislosen Förderer das gegebene Transportmittel. Für die An- und Abfuhr mittlerer oder schwerer Güter werden die Lager an das schmal- oder regelspurige Gleisnetz angeschlossen. Ebenso wie in den Fertigungswerkstätten sind gegebenenfalls auch in den Lagerräumen Hängebahnen (s. S. 208), insbesondere I-Trägerbahnen mit Untergurt-Laufkatzen (s. S. 235) vorteilhaft, da sie keine Grundfläche beanspruchen und in ihrer Gleisführung beliebig verzweigbar sind.

Fig. 171 (Demag, Duisburg) zeigt eine Elektrolaufkatze beim Befahren der Weiche einer I-Trägerbahn in einem Magazinraum.

Um die oberen Abteile der Lagergestelle, die vom Fußboden aus nicht mehr erreichbar sind, bedienen zu können, ist häufig vor dem Lagergestell eine Hängebahn vorgesehen. Neben der Laufkatze kleiner Tragkraft, die es ermöglicht, das Lagergut vor das gewünschte Abteil zu heben, wird noch eine verschiebbare Leiter angeordnet, die am

Fig. 172. Hängebahn mit fahrbarer Leiter vor einem Lagergestell.

Fußboden auf Rollen läuft und deren Oberteil mittels eines Laufrollenpaares fahrbar aufgehängt ist.

Fig. 172 (Palmer Bee-Co., Detroit) zeigt eine Hängebahn mit fahrbarer Leiter zur Bedienung eines Magazinlagergestells.

In den Stabeisen- und Rohrlagern werden neuerdings, sofern keine

besondere Abstecherei vorhanden ist, zur Ersparung an Förderweg,
Sägen und Scheren aufgestellte, auf denen die von den Fertigungswerk-

Fig. 173. Eisenbahnwagen-Versenkbühne (gehoben).

Fig. 174. Eisenbahnwagen-Versenkbühne (gesenkt).

stätten angeforderten Stücke bereits auf Arbeitslänge abgeschnitten werden.

Zum Heben und Fördern schwerer Lasten sieht man in den Lagerräumen auch Laufkrane vor, die ihrer Beanspruchungsart entsprechend leichter gehalten werden als die normalen Werkstättenkrane.

Je nach Bedürfnis werden sie von Hand oder elektrisch mit Bedienung der Kontroller durch Zugschnüre angetrieben.

Zur Lagerung schwerer Maschinenteile, Gesenke für die Schmiede, schwere Fertigteile bis zu einigen 1000 kg u. dgl. schlägt Buff (Werkstattstechnik, 1919, S. 97) bei beschränkten Raumverhältnissen verschiebbare, übereinander laufende Ablegebühnen in den Lagern vor, die ähnlich wie Lauf- oder Halbtorkrane fahrbar sind. Das Aufsetzen und Abnehmen der Lagergüter geschieht durch einen oberhalb der Bühnen fahrenden Laufkran. Die Anlegung fahrbarer Ablegebühnen erfordert entsprechend große Kosten, macht sich jedoch gegebenenfalls infolge der erreichbaren hohen Raumausnutzung bezahlt.

Fig. 173 und 174 (Krupp-Grusonwerk) zeigen eine elektrisch betriebene Eisenbahnwagen-Versenkbühne in einem Elektromotoren-Versandlager (AEG).

Der ankommende leere Wagen fährt auf die Versenkbühne und wird soweit herabgelassen, bis seine Ladefläche mit dem Lagerboden bündig ist. Die zu verladenden Motoren werden mittels einer Transportkarre, an der ein kleiner Ausleger mit Haken aufgebaut ist, an den Aufhängeösen aufgenommen und in den Wagen hineingefahren, wo sie durch Hochheben der Deichsel leicht abgesetzt werden. Nachdem der Wagen beladen ist, wird die Bühne wieder gehoben und der Wagen auf dem Gleis abgerollt.

Tragkraft der Versenkbühne: 20 000 kg; Hub 2 m.

Benutzte Literatur über Hebe- und Förderanlagen.

Werke.

Aumund: Hebe- u. Förderanlagen, I. Bd. Berlin, Julius Springer 1916. — Bethmann, Aufzugbau. Braunschweig, Vieweg & Sohn 1913. — Bethmann, Hebezeuge. 2. Aufl. Braunschweig, Vieweg & Sohn 1921. — Böttcher, Krane. München, R. Oldenbourg 1906. — Buff, Werkstattbau. 2. Aufl. Berlin, Julius Springer 1923. — Dub, Der Kranbau. Wittenberg, A. Ziemsen 1921. — Dubbel, Taschenb. f. d. Maschinenbau (Abschn. Hebemasch.), 4. Aufl. Berlin, Julius Springer 1924. — v. Hanffstengel, Förderung d. Massengüter. 1. Bd., 3. Aufl. 1921; 2. Bd., 2. Aufl. Berlin, Julius Springer 1915. — v. Hanffstengel, Billig Verladen u. Fördern, 2. Aufl. Berlin, Julius Springer 1919. — Michenfelder, Krane u. Transportanl. f. Hütten-, Hafen- u. Werkstattbetriebe. Berlin, Julius Springer 1912. — Pietrkowski, Die Umladung d. Massengüter. Wittenberg, A. Ziemsen 1918. — Wettich, Hebezeuge, 2. Aufl. Hannover; M. Jänecke 1913.

Zeitschriften.

AEG-Mitteilungen. — Auslandszeitschrift Industrie u. Technik. — Alfr. H. Schütte, Blätter f. d. Betrieb. — „Der Betrieb" (Zeitschr. Maschinenbau). — Dingl. Polyt. Journal. — E. T. Z. — Elektrotechnik u. Maschinenbau. — Factory. — Fördertechnik u. Frachtverkehr. — Gießerei-Zeitung. — Hanomag-Nachrichten. — Hawa-Nachrichten. — Kruppsche Monatshefte. — Journ. f. Gas- u. Wasserversorgung. — Machinery. — Org. f. d. Fortschritte d. Eisenbahnwesens. — Siemens-Zeitschr. — Stahl u. Eisen. — Werkstattstechnik. — Werkzeugmaschine. — Zeitschr. d. Bayer. Rev.-Vereins. — Zeitschr. d. V. d. I. — Zeitschr. f. Dampfkessel- u. Maschinenbetrieb.

Der praktische Maschinenbauer

Ein Lehrbuch

für Lehrlinge und Gehilfen, ein Nachschlagebuch für den Meister

Herausgegeben von

Dipl.-Ing. H. Winkel

Erster Band:

Werkstattausbildung

Von **August Laufer**
Meister der Württ. Staatseisenbahn

Mit 100 Textfiguren. (214 S.) 1921. — Gebunden 4 Goldmark

Zweiter Band:

Die wissenschaftliche Ausbildung

I. Teil:

Mathematik und Naturwissenschaft

Bearbeitet von
R. Kramm, K. Ruegg und **H. Winkel**

Mit 369 Textfiguren. (388 S.) 1923 — Gebunden 7 Goldmark

II. Teil:

Fachzeichnen, Maschinenteile, Technologie

Bearbeitet von
W. Bender, H. Frey, K. Gotthold und **H. Guttwein**

Mit 887 Textfiguren. (420 S.) 1923 — Gebunden 8 Goldmark

Freytags Hilfsbuch für den Maschinenbau, für Maschineningenieure, sowie für den Unterricht an Technischen Lehranstalten. Siebente, vollständig neubearbeitete Auflage. Unter Mitarbeit von Fachleuten herausgegeben von Prof. **P. Gerlach.** Mit 2484 in den Text gedruckten Abbildungen, 1 farbigen Tafel und 3 Konstruktionstafeln. (1502 S.) 1924.
Gebunden 17.40 Goldmark

Kurzer Leitfaden der Elektrotechnik für Unterricht und Praxis in allgemeinverständlicher Darstellung. Von Ingenieur **Rudolf Krause.** Vierte, verbesserte Auflage, herausgegeben von Prof. **H. Vieweger.** Mit 375 Textfiguren. (278 S.) 1920.
Gebunden 6 Goldmark

Aufgaben aus der Maschinenkunde und Elektrotechnik. Eine Sammlung für Nichtspezialisten nebst ausführlichen Lösungen. Von Ingenieur Prof. **Fritz Süchting,** Clausthal. Mit 88 Textabbildungen. (251 S.) 1924.
6.60 Goldmark

Technisches Denken und Schaffen. Eine gemeinverständliche Einführung in die Technik. Von Professor Dipl.-Ing. **G. von Hanffstengel,** Charlottenburg. Dritte, durchgesehene Auflage. Mit 153 Textabbildungen. (224 S.) 1922.
Gebunden 4 Goldmark

Das praktische Jahr in der Maschinen- und Elektromaschinenfabrik. Ein Leitfaden für den Beginn der Ausbildung zum Ingenieur. Von Dipl.-Ing. **F. zur Nedden.** Zweite, vermehrte Auflage. Überarbeitet und neu herausgegeben auf Veranlassung und unter Mitwirkung des Deutschen Ausschusses für Technisches Schulwesen. Mit 6 Textabbildungen. (256 S.) 1921.
Gebunden 5.40 Goldmark

Maschinenbau und graphische Darstellung. Einführung in die Graphostatik und Diagrammentwicklung. Von Dipl.-Ing. **W. Leuckert,** Assistent an der Technischen Hochschule zu Berlin, und Dipl.-Ing. **H. W. Hiller,** Stadtbaumeister. Zweite, verbesserte und vermehrte Auflage. Mit 72 Textabbildungen und 2 Tafeln. (96 S.) 1922.
1.80 Goldmark

Maschinenelemente. Leitfaden zur Berechnung und Konstruktion für technische Mittelschulen, Gewerbe- und Werkmeisterschulen sowie zum Gebrauche in der Praxis. Von **Hugo Krause,** Ingenieur. Vierte, vermehrte Auflage. Mit 392 Textfiguren. (336 S.) 1922.
Gebunden 8 Goldmark

Hundert Versuche aus der Mechanik. Von Professor **Georg v. Hanffstengel,** Charlottenburg. Mit 100 Textabbildungen. (54 S.) 1925.
3.30 Goldmark

Technische Elementar-Mechanik. Grundsätze mit Beispielen aus dem Maschinenbau. Von Regierungsbaumeister a. D. Professor Dipl.-Ing. **Rudolf Vogdt,** Aachen. Zweite, verbesserte und erweiterte Auflage. Mit 197 Textfiguren. (164 S.) 1922.
2.50 Goldmark

Leitfaden der Mechanik für Maschinenbauer. Mit zahlreichen Beispielen für den Selbstunterricht. Von Professor Dr.-Ing. **Karl Laudien.** Mit 229 Textfiguren. (178 S.) 1921.
4 Goldmark

Grundzüge der technischen Mechanik des Maschineningenieurs. Ein Leitfaden für den Unterricht an maschinentechnischen Lehranstalten. Von Professor Dipl.-Ing. **P. Stephan,** Regierungsbaumeister. Mit 283 Textabbildungen. (166 S.) 1923.
2.50 Goldmark

Angewandte darstellende Geometrie insbesondere für Maschinenbauer. Ein methodisches Lehrbuch für die Schule sowie zum Selbstunterricht. Von Studienrat **Karl Keiser**, Leipzig. Mit 187 Abbildungen im Text. (164 S.) 1925. 5.70 Goldmark

Lehrbuch der Mathematik. Für mittlere technische Fachschulen der Maschinenindustrie. Von Professor Dr. **R. Neuendorff**, Oberlehrer an der Staatlichen Höheren Schiff- und Maschinenbauschule, Privatdozent an der Universität Kiel. Zweite, verbesserte Auflage. Mit 262 Textfiguren. (280 S.) 1919. Gebunden 7.35 Goldmark

Analytische Geometrie für Studierende der Technik und zum Selbststudium. Von Professor Dr. **Adolf Heß**, Winterthur. Mit 140 Abbildungen. (179 S.) 1925. 7.50 Goldmark

Trigonometrie für Maschinenbauer und Elektrotechniker. Ein Lehr- und Aufgabenbuch für den Unterricht und zum Selbststudium. Von Dr. **Adolf Heß**, Professor am Kantonalen Technikum in Winterthur. Vierte, unveränderte Auflage. (Unveränderter Neudruck.) Mit 112 Textfiguren. (148 S.) 1922. 3 Goldmark

Planimetrie mit einem Abriß über die Kegelschnitte. Ein Lehr- und Übungsbuch zum Gebrauch an technischen Mittelschulen. Von Dr. **Adolf Heß**, Professor am Kantonalen Technikum in Winterthur. Zweite Auflage. Mit 207 Textfiguren. (159 S.) 1920. 2.50 Goldmark

Der praktische Maschinenzeichner. Leitfaden für die Ausführung moderner maschinentechnischer Zeichnungen. Von **W. Apel** und **A. Fröhlich**, Konstruktions-Ingenieure. Mit 96 Figuren. (44 S.) 1921. 1.50 Goldmark

Freies Skizzieren ohne und nach Modell für Maschinenbauer. Ein Lehr- und Aufgabenbuch für den Unterricht. Von **Karl Keiser**, Oberlehrer an der Städtischen Maschinenbau- und Gewerbeschule zu Leipzig. Dritte, erweiterte Auflage. Mit 22 Einzelfiguren und 24 Figurengruppen. (76 S.) 1921. 2 Goldmark

Das Maschinen-Zeichnen. Begründung und Veranschaulichung der sachlich notwendigen zeichnerischen Darstellungen und ihres Zusammenhanges mit der praktischen Ausführung. Von Professor **A. Riedler**, Berlin. Zweite, neubearbeitete Auflage. Mit 436 Textfiguren. (242 S.) 1913. Zweiter, unveränderter Neudruck. 1923. Gebunden 9 Goldmark

Werkstattbücher für Betriebsbeamte, Vor- und Facharbeiter. Herausgegeben von **Eugen Simon**, Berlin.

Bisher sind erschienen:

Heft 1: **Gewindeschneiden.** Von Oberingenieur **Otto Müller.** 7. bis 12. Tausend. 1922.

Heft 2: **Meßtechnik.** Von Betriebsingenieur Prof. Dr. **Max Kurrein,** Berlin. Zweite, verbesserte Auflage. 7. bis 14. Tausend. 1923.

Heft 3: **Das Anreißen in Maschinenbau-Werkstätten.** Von Ingenieur **Hans Frangenheim.** 7. bis 12. Tausend. 1922.

Heft 4: **Wechselräderberechnung für Drehbänke** unter Berücksichtigung der schwierigen Steigungen. Von **Georg Knappe.** 7. bis 12. Tausend. 1923.

Heft 5: **Das Schleifen der Metalle.** Von Dr.-Ing. **Bertold Buxbaum.** Zweite, verbesserte Auflage. 1925.

Heft 6: **Teilkopfarbeiten.** Von Dr.-Ing. **W. Pockrandt.** 7. bis 12. Tausend. 1923.

Heft 7: **Härten und Vergüten.** Von **Eugen Simon.** Erster Teil: Stahl und sein Verhalten. Zweite, verbesserte Auflage. 7. bis 15. Tausend. 1923.

Heft 8: **Härten und Vergüten.** Von **Eugen Simon.** Zweiter Teil: Die Praxis der Warmbehandlung. Zweite, verbesserte Auflage. 7. bis 15. Tausend. 1923.

Heft 9: **Rezepte für die Werkstatt.** Von **Hugo Krause,** Ingenieur-Chemiker. 7. bis 10. Tausend. 1924.

Heft 10: **Kupolofenbetrieb.** Von **Carl Irresberger.** Zweite, verbesserte Auflage. 5. bis 10. Tausend. 1923.

Heft 11: **Freiformschmiede.** Von **P. H. Schweißguth.** Erster Teil: Technologie des Schmiedens. Rohstoff der Schmiede. 1922.

Heft 12: **Freiformschmiede.** Von **P. H. Schweißguth.** Zweiter Teil: Einrichtungen und Werkzeuge der Schmiede. 1923.

Heft 13: **Die neueren Schweißverfahren.** Von Prof. Dr.-Ing. **Paul Schimpke** Chemnitz. Zweite Auflage. In Vorbereitung.

Heft 14: **Modelltischlerei.** Von **R. Löwer.** Erster Teil: Allgemeines. Einfachere Modelle. 1924.

Heft 15: **Bohren.** Von **J. Dinnebier.** 1924.

Heft 16: **Reiben und Senken.** Von **J. Dinnebier.** 1925

Heft 17: **Modelltischlerei.** Von **R. Löwer.** Zweiter Teil: Beispiele von Modellen und Schablonen zum Formen. 1925.

Heft 18: **Technische Winkelmessungen.** Von Dr. **G. Berndt,** Professor an der Technischen Hochschule Dresden. 1925.

Heft 19: **Das Gußeisen.** Seine Herstellung, Zusammensetzung, Eigenschaften und Verwendung. Von **J. Mehrtens.** 1925.

Heft 20: **Festigkeit und Formänderung.** Von Dipl.-Ing. **H. Winkel.** 1925.

Heft 21: **Das Einrichten von Automaten.** Erster Teil: Die Automaten System Spencer und Brown & Sharpe. 1925.

Heft 22: **Die Fräser,** ihre Konstruktion und Herstellung. Von **Paul Zieting.** 1925.

Jedes Heft 1.50 Goldmark